全国执业兽医资格考试推荐用书

执业兽医资格考试 （水生动物类）

通关必做题

执业兽医资格考试（水生动物类）通关必做题编写组　编

中国农业出版社

北　京

本书编写人员 （按姓氏笔画排序）

邓益琴　巩　华　刘新华　杨国坤　杨移斌
范兰芬　林贞武　罗　丹　赵宇江　袁　圣
顾　娜　郭　闯　黄　瑜　黄小丽　黄郁葱
梁日深　熊　思

前　言

　　据不完全统计，目前国内仅农牧企业每年就需要兽医专业人才超万名，兽医人才供应存在巨大缺口。从 2011 年国家开始实行执业兽医（水生动物类）资格考试制度以来，已举行了 8 届考试。由于水生动物类执业兽医资格考试内容覆盖面广，从兽医法律法规、组织胚胎学、解剖学，到公共卫生、病理、药理、生理、病害及养殖与饲料等 15 门课程，考点既多又细、题量大且变化多、理论与实践相互交融，每年实际通过率基本不足 20％。尽管目前市面已有《执业兽医资格考试应试指南》等参考资料，但缺乏贴切考试大纲的练习题，不利于考生全面了解自身薄弱项和彻底掌握要点。

　　为协助有志于从事水生动物诊疗的考生系统掌握水生动物类执业兽医资格考试所需知识，快速打造应考能力，提高备考效率，在中国农业出版社发起下，由专业的水产资讯平台——水产前沿牵头组织水产行业十余位国内骨干青年专家学者编写了本书。其中，第一和第十三篇由武汉启新盛生物科技有限公司赵宇江总经理编写，第二篇由仲恺农业工程学院梁日深副教授编写，第三篇由华南农业大学范兰芬副教授编写，第四篇由河南师范大学水产学院杨国坤博士编写，第五和第六篇由中国水产科学研究院珠江水产研究所巩华副研究员编写，第七篇由中国水产科学研究院南海水产研究所邓益琴副研究员编写，第八篇由湖南农业大学水产学院刘新华副教授编写，第九篇由广东海洋大学水产学院黄瑜博士编写，第十篇由中国水产科学研究院长江水产研究所杨移斌助理研究员编写，第十一篇由四川农业大学黄小丽教授编写，第十二篇由江苏农牧科技职业学院袁圣副教授和广东海洋大学黄郁葱副教授共同编写，第十四篇由仲恺农业工程学院顾娜博士编写，第十五篇由江苏省渔业技术推广中心正高级工程师郭闯编写。熊思、罗丹、林贞武负责总体编写组织工作与全局统稿工作。

　　本书编者以水生动物类执业兽医资格考试大纲为依据，结合水产行业多年从业经验以及对考试趋势的研判进行编写，是目前市场上第一本系统性梳理水生动物类执业兽医资格考试的每个学科、每个考纲可能出现的考题的集大成之作。可为广大考生提供实战练习，同时附有答案解析，助您巩固考纲中的考点，顺利通过兽医考试！

编 写 组

2023 年 3 月

目　录

第一篇

兽医法律法规与职业道德

1. 下列哪一类不属于《动物防疫法》所称的动物产品(　　)

    A. 生牛奶   B. 动物的精液

    C. 动物的饲料   D. 生鸭蛋

[答案] C

[解析]《动物防疫法》所称的动物产品，是指动物的肉、生皮、原毛、绒、脏器、脂、血液、精液、卵、胚胎、骨、蹄、头、角、筋以及可能传播动物疫病的奶、蛋等。生牛奶和生鸭蛋属于可能传播动物疫病的奶、蛋。

2. 对人、动物构成严重危害，可能造成较大经济损失和社会影响的动物疫病，属于(　　)

    A. 一类疫病   B. 二类疫病

    C. 三类疫病   D. 四类疫病

[答案] B

[解析] 一类疫病是指对人、动物构成特别严重危害，可能造成重大经济损失和社会影响，需要采取紧急、严厉的强制预防、控制等措施的动物疫病；二类疫病是指对人、动物构成严重危害，可能造成较大经济损失和社会影响，需要采取严格预防、控制等措施的动物疫病；三类疫病是指对人、动物构成危害，可能造成一定程度的经济损失和社会影响，需要及时预防、控制的动物疫病。无四类疫病。

3. 下列哪项不属于《动物防疫法》所称的"动物防疫"的内容(　　)

    A. 动物疫病的预防、控制   B. 动物疫病的诊疗、净化、消灭

    C. 动物、动物产品的检疫   D. 病死动物、病害动物产品的无害化处理

    E. 动物疫病的技术指导、培训

[答案] E

[解析]《动物防疫法》所称的"动物防疫"是指动物疫病的预防、控制、诊疗、净化、消灭和动物、动物产品的检疫以及病死动物、病害动物产品的无害化处理。

4. 动物疫病预防控制机构在动物疫病监测中的职责是(　　)

A. 制定本行政区域的动物疫病监测计划
B. 对动物疫病的发生、流行等情况进行监测
C. 野生动物疫源疫病监测工作
D. 建立健全动物疫病监测网络

[答案] B
[解析] 县级以上人民政府的职责是建立健全动物疫病监测网络、加强动物疫病监测等；省、自治区、直辖市人民政府农业农村主管部门根据国家动物疫病监测计划，制定本行政区域的动物疫病监测计划；动物疫病预防控制机构按照国务院农业农村主管部门的动物疫病监测计划，对动物疫病的发生、流行等情况进行监测；野生动物保护、农业农村主管部门按照职责分工做好野生动物疫源疫病监测等工作。

5. 依照《动物防疫法》和《行政许可法》，下列哪些场所不需要办理动物防疫条件合格证（　　）
    A. 动物产品无害化处理场所　　　　　　B. 病死猪无害化处理场
    C. 集贸市场　　　　　　　　　　　　　D. 动物屠宰加工厂

[答案] C
[解析] 经营动物、动物产品的集贸市场应当具备国务院农业农村主管部门规定的动物防疫条件，并接受农业农村主管部门的监督检查，并未要求办理动物防疫条件合格证。

6. 国家对严重危害养殖业生产和人体健康的动物疫病实施强制免疫。关于强制免疫的说法错误的是（　　）
    A. 强制免疫病种的区域的确定主体是国务院农业农村主管部门
    B. 强制免疫计划的制定主体是省、自治区、直辖市人民政府农业农村主管部门
    C. 省级以上人民政府农业农村主管部门负责组织实施动物疫病强制免疫计划，并对饲养动物和个人履行强制免疫义务的情况进行监督检查
    D. 用于预防接种的疫苗应当符合国家质量标准

[答案] C
[解析] 县级以上人民政府农业农村主管部门负责组织实施动物疫病强制免疫计划，并对饲养动物和个人履行强制免疫义务的情况进行监督检查。

7. 关于动物疫病预防的重要措施的说法错误的是（　　）
    A. 种用、乳用动物应当符合国务院农业农村主管部门规定的健康标准
    B. 动物、动物产品的运载工具、垫料、包装物、容器等应当符合国务院农业农村主管部门的动物防疫要求
    C. 染疫动物的排泄物经过发酵可以用做农家肥
    D. 采集、保存、运输动物病料或者病原微生物以及从事病原微生物研究、教学、检

测、诊断等活动，应当遵守国家有关病原微生物实验室管理的规定

[答案] C

[解析] 染疫动物及其排泄物、染疫动物产品、运载工具中的动物排泄物以及垫料、包装物、容器等被污染的物品，应该按照国家有关规定处理，不得随意处置。

8. 重大动物疫情是指(　　)

　　A. 一类动物疫病突然发生，迅速传播，给养殖业生产安全造成严重威胁、危害，以及可能对公众身体健康与生命安全造成危害的情形

　　B. 一、二类动物疫病突然发生，迅速传播，给养殖业生产安全造成严重威胁、危害，以及可能对公众身体健康与生命安全造成危害的情形

　　C. 一、二、三类动物疫病突然发生，迅速传播，给养殖业生产安全造成严重威胁、危害，以及可能对公众身体健康与生命安全造成危害的情形

　　D. 一、二、三、四类动物疫病突然发生，迅速传播，给养殖业生产安全造成严重威胁、危害，以及可能对公众身体健康与生命安全造成危害的情形

[答案] C

[解析]《动物疫病法》规定的动物疫病只分为三类。

9. 下列关于发生一类动物疫病的控制措施，错误的是(　　)

　　A. 划定疫点、疫区和受威胁区

　　B. 县级以上人民政府可以对疫区实行封锁

　　C. 县级以上地方人民政府应当立即组织有关部门和单位采取封锁、隔离、扑杀、销毁、消毒、无害化处理、紧急免疫接种等强制性措施

　　D. 在封锁期间，禁止染疫、疑似染疫和易感染的动物、动物产品流出疫区

[答案] B

[解析] 发生一类动物疫病时，所在地县级以上人民政府接到农业农村主管部门的报告后，应当对疫区实行封锁。

10. 下列关于发生二类动物疫病的控制措施，错误的是(　　)

　　A. 所在地县级以上人民政府农业农村主管部门应当划定疫点、疫区

　　B. 所在地县级以上人民政府农业农村主管部门应当划定受威胁区

　　C. 县级以上地方人民政府根据需要组织有关部门和单位采取隔离、扑杀、销毁、消毒、无害化处理、紧急免疫接种、限制易感染的动物和动物产品及有关物品出入等措施

　　D. 县级以上地方人民政府应当立即组织有关部门和单位采取封锁、隔离、扑杀、销毁、消毒、无害化处理、紧急免疫接种等强制性措施

[答案] D

[解析] D项为发生一类动物疫病需要采取的措施。

11. 二、三类动物疫病呈暴发性流行时( )

A. 不需要划定疫点、疫区和受威胁区

B. 县级以上地方人民政府暂时没有必要发布封锁令

C. 按照一类动物疫病处理

D. 在封锁期间，二、三类动物疫病的易感染的动物、动物产品可以流出疫区

[答案] C

12. 实施动物、动物产品检疫的主体是( )

A. 动物卫生监督机构　　　　B. 动物防疫监督机构

C. 县级农业农村主管部门　　D. 县级兽医主管部门

[答案] A

13. 按照《动物防疫法》，饲养的犬只未按照规定定期进行狂犬病免疫接种的，将由县级以上地方人民政府农业农村主管部门责令其改正，可以处以( )

A. 一千元以下罚款，逾期不改正的，处一千元以上五千元以下罚款

B. 三千元以下罚款，逾期不改正的，处三千元以上五千元以下罚款

C. 五千元以下罚款，逾期不改正的，处五千元以上一万元以下罚款

D. 三千元以下罚款，逾期不改正的，处三千元以上一万元以下罚款

[答案] A

14. 未按照规定处置染疫动物、染疫动物产品及被污染的有关物品的，违法行为人将承担( )

A. 一千元以上五千元以下罚款　　B. 三千元以上五千元以下罚款

C. 五千元以上一万元以下罚款　　D. 五千元以上五万元以下罚款

[答案] D

15. 按照《动物防疫法》规定，屠宰病死或者死因不明的育肥猪，将承担( )

A. 没收违法所得、育肥猪及猪肉产品，并处五万元以上十五万元以下罚款

B. 没收违法所得、育肥猪及猪肉产品，并处检疫合格育肥猪、猪肉产品货值金额十倍以上三十倍以下罚款

C. 没收违法所得、育肥猪及猪肉产品，并处检疫合格育肥猪、猪肉产品货值金额十倍以上三十倍以下罚款，货值金额不足一万元的，并处五万元以上十五万元以下罚款

D. 没收违法所得、育肥猪及猪肉产品，并处检疫合格育肥猪、猪肉产品货值金额十五倍以上三十倍以下罚款，货值金额不足一万元的，并处五万元以上十五万元以下罚款

[答案] D

16. 违反《动物防疫法》规定，未取得动物诊疗许可证从事动物诊疗活动的，县级以上人民政府农业农村主管部门责令停止诊疗活动，没收违法所得，并处(　　)

    A. 违法所得一倍以上五倍以下罚款

    B. 三千元以上三万元以下罚款

    C. 违法所得一倍以上三倍以下罚款，违法所得不足三万元的，并处三千元以上三万元以下罚款

    D. 违法所得一倍以上五倍以下罚款，违法所得不足三万元的，并处五千元以上三万元以下罚款

[答案] C

17. (　　)应当制定《全国重大动物疫情应急预案》，报国务院批准，并按照不同动物疫病病种及其流行特点和危害程度，分别制定实施方案，报国务院备案。

    A. 国务院兽医主管部门　　　　　B. 动物卫生监督机构

    C. 动物防疫监督机构　　　　　　D. 卫生主管部门

[答案] A

18. (　　)负责重大动物疫情的监测。

    A. 国务院兽医主管部门　　　　　B. 动物卫生监督机构

    C. 动物防疫监督机构　　　　　　D. 卫生主管部门

[答案] C

19. 接受重大动物疫情报告的主体是疫情所在地的县（市）(　　)

    A. 兽医主管部门　　　　　　　　B. 动物卫生监督机构

    C. 动物防疫监督机构　　　　　　D. 卫生主管部门

[答案] C

20. 发生重大动物疫情时，应当对疫点采取相应的措施，其中不包括下列哪一措施(　　)

    A. 扑杀并销毁染疫动物和易感染的动物及其产品

    B. 对病死的动物、动物排泄物，被污染饲料、垫料、污水进行无害化处理

    C. 隔离疫点所有人员，不得离开疫点

    D. 对被污染的物品、用具、动物圈舍、场地进行严格消毒

[答案] C

21. 发生重大动物疫情可能感染人群时，(　　)应当对疫区内易受感染的人群进行监测，并采取相应的预防、控制措施。

    A. 兽医主管部门　　　　　　　　　　　B. 动物卫生监督机构

C. 动物防疫监督机构　　　　　　　D. 卫生主管部门

[答案] D

22. 发生重大动物疫情时，应当对疫区采取相应的措施，其中不包括下列哪一措施（　　）

A. 在疫区周围设置警示标志，在出入疫区的交通路口设置临时动物检疫消毒站，对出入的人员和车辆进行消毒

B. 扑杀并销毁染疫动物和易感染的动物及其产品

C. 关闭动物及动物产品交易市场，禁止动物进出疫区和动物产品运出疫区

D. 对动物圈舍、动物排泄物、垫料、污水和其他可能受污染的物品、场地，进行消毒或者无害化处理

[答案] B

[解析] 该措施应为扑杀并销毁染疫动物和疑似染疫动物及其同群动物，销毁染疫和疑似染疫的动物产品，对其他易感染的动物实行圈养或者指定地点放养，役用动物限制在疫区内使役。

23. 某集团养殖公司发生严重的非洲猪瘟，且已被认定为重大动物疫情。此后，公司研究中心紧急采集了相关的病料。该行为将受到何种处罚（　　）

A. 用于疾病的研究，不受处罚

B. 在公司内部的研究中心，进行相关研究可免于处罚

C. 由动物防疫监督机构给予警告，并处 5 000 元以下的罚款，构成犯罪的，依法追究刑事责任

D. 由动物防疫监督机构给予警告，并处 10 000 元以下的罚款

[答案] C

[解析] 重大动物疫病应当由动物防疫监督机构采集病料。其他单位和个人采集病料的，应当具备以下条件：①重大动物疫病病料采集目的、病原微生物的用途应当符合国务院兽医主管部门的规定；②具有与采集病料相适应的动物病原微生物实验室条件；③具有与采集病料所需的生物安全防护水平相适应的设备，以及防止病原感染和扩散的有效措施。非洲猪瘟病毒属于第一类、高致病性病原微生物，其相关的实验活动需要在三级、四级动物病原微生物实验进行。

24. 下列关于活禽交易市场的动物防疫条件，不包括（　　）

A. 活禽交易区与市场其他区域相对隔离　　　B. 水禽和其他家禽要在一起存放

C. 宰杀间与活禽存放间应该隔离　　　　　　D. 宰杀间与出售场地应当分开

[答案] B

[解析] 水禽和其他家禽需要分开存放。

25. 屠宰动物的，应当提前（　　）向所在地动物卫生监督机构申报检疫；急宰动物的，

可以随时申报。

　　A. 2h
　　B. 6h
　　C. 8h
　　D. 12h

[答案] B

26. 跨省、自治区、直辖市引进用于饲养的非乳用、非种用动物到达目的地后，货主或者承运人应该在(　　)向所在县级动物卫生监督机构报告，并接受监督检查。

　　A. 6h 内
　　B. 12h 内
　　C. 24h 内
　　D. 48h 内

[答案] C

27. 县级动物卫生监督机构依法向屠宰场派驻官方兽医实施检疫。官方兽医按照农业农村部规定，在动物屠宰过程中实施全流程同步检疫和必要的实验室疫病监测。下列不属于屠宰动物需要符合的条件的是(　　)

　　A. 无任何的传染病和寄生虫病
　　B. 符合农业农村部规定的相关屠宰检疫规程要求
　　C. 需要进行实验室疫病检测的，检测结果符合要求
　　D. 骨、角、生皮、原毛、绒按规定消毒合格，需要进行实验室疫病检测的，检测结果符合要求

[答案] A
[解析] 应为无规定的传染病和寄生虫病。

28. 兽医处方限于当次诊疗结果用药，开具当日有效。特殊情况下需要延长有效期的，由开具兽医处方的执业兽医师注明有效期限，但有效期最长不得超过(　　)

　　A. 2d
　　B. 3d
　　C. 5d
　　D. 7d

[答案] B

29. 兽医处方笺的正文包括初步诊断情况和 Rp。Rp 应当分列兽药名称、规格、数量、用法、用量等内容；对于食品动物还应当注明(　　)

　　A. 用药禁忌
　　B. 休药期
　　C. 是否需要停食
　　D. 最大用药量

[答案] B

30. 兽医处方由处方开具、兽药核发单位妥善保存(　　)以上。保存期满后，经所在单位主要负责人批准、登记备案，方可销毁。

　　A. 1 年
　　B. 2 年

C. 3 年   D. 5 年

[答案] B

31. 国家突发重大动物疫情的工作原则不包括(　　)

A. 统一领导，分级管理   B. 快速反应，高效运转

C. 预防为主，群防群控   D. 严格处理，减少损失

[答案] D

[解析] 国家突发重大动物疫情的工作原则容易与重大疫情应急工作原则搞混淆。国家突发重大动物疫情的工作原则为统一领导，分级管理；快速反应，高效运转；预防为主，群防群控。重大疫情应急工作应当遵循"及时发现、快速反应、严格处理、减少损失"的16字原则。

32. 按照重大动物疫情的发生、发展规律和特点，分析其危害程度、可能的发展趋势，将作出相应级别的预警。其中，红色表示哪一预警级别(　　)

A. 特别严重   B. 严重

C. 较重   D. 一般

[答案] A

[解析] 依次用红色、橙色、黄色、蓝色表示特别严重、严重、较重、一般四个预警级别。

33. 特别重大突发动物疫情应急响应的终止，应当由(　　)对疫情控制情况进行评估，提出终止应急措施的建议，按程序报批宣布。

A. 农业农村部   B. 省级人民政府兽医行政管理部门

C. 市（地）级人民政府兽医行政管理部门   D. 县级人民政府兽医行政管理部门

[答案] A

34. 下列哪一疾病是我国尚未发现的动物疫病(　　)

A. 疯牛病   B. 牛瘟

C. 非洲猪瘟   D. 牛肺疫

[答案] A

[解析] 疯牛病、非洲马瘟等在其他国家和地区已经发现，在我国尚未发生过。

35. 下列哪一疾病是我国已经消灭的动物疫病(　　)

A. 疯牛病   B. 牛瘟

C. 非洲猪瘟   D. 非洲马瘟

[答案] B

[解析] 牛瘟、牛肺疫等疫病是在我国曾发生过，但已扑灭净化的动物疫病。

36. 在密闭的高压容器内，通过向容器夹层或容器内通入高温饱和蒸汽，在干热、压力或蒸汽、压力的作用下，处理病死及病害动物和相关动物产品的方法是(　　)

A. 焚烧法
B. 化制法
C. 高温法
D. 硫酸分解法

[答案] B

37. 在常压状态下，在封闭系统内利用高温处理病死及病害动物和相关动物产品的方法是(　　)

A. 焚烧法
B. 化制法
C. 高温法
D. 硫酸分解法

[答案] C

38. 下列不属于重大疫情应急工作指导方针的是(　　)

A. 加强领导、密切配合
B. 依靠科学、依法防治
C. 及时发现、快速反应
D. 群防群控、果断处置

[答案] C
[解析] 重大疫情应急工作应当坚持"加强领导、密切配合，依靠科学、依法防治，群防群控、果断处置"的24字方针。

39. 下列不属于重大疫情应急工作原则的是(　　)

A. 及时发现
B. 快速反应
C. 密切配合
D. 减少损失

[答案] C
[解析] 重大疫情应急工作应当遵循及时发现、快速反应、严格处理、减少损失的16字原则。

40. 重大动物疫情的监测主体是(　　)

A. 动物防疫监督机构
B. 县级以上人民政府
C. 国务院兽医主管部门
D. 县级以上卫生主管部门

[答案] A

41. 县（市）动物防疫监督机构接到疫情报告后，应当立即赶赴现场调查核实。初步认为属于重大动物疫情的，应当在(　　)内将情况逐级报省、自治区、直辖市动物防疫监督机构，并同时报所在地人民政府兽医主管部门；兽医主管部门应当及时通报同级卫生主管部门。

A. 1h
B. 2h
C. 4h
D. 8h

[答案] B

42. 重大动物疫情发生后，省、自治区、直辖市人民政府和国务院兽医主管部门应当在（　　）内向国务院报告。

　　A. 1h
　　B. 2h
　　C. 4h
　　D. 8h

[答案] C

43. 重大动物疫情由（　　）认定；必要时，由国务院兽医主管部门认定。

　　A. 动物防疫监督机构

　　B. 县级以上人民政府

　　C. 省、自治区、直辖市人民政府兽医主管部门

　　D. 县级以上卫生主管部门

[答案] C

44. 重大动物疫情由（　　）按照国家规定的程序，及时准确公布；其他任何单位和个人不得公布重大动物疫情。

　　A. 动物防疫监督机构　　　　　B. 县级以上人民政府

　　C. 国务院兽医主管部门　　　　D. 县级以上卫生主管部门

[答案] C

45. 重大动物疫情由（　　）采集病料。

　　A. 动物防疫监督机构　　　　　B. 县级以上人民政府

　　C. 国务院兽医主管部门　　　　D. 卫生主管部门

[答案] A

46. 发生重大动物疫情时，（　　）应当对疫区内易感染的人群进行监测，并采取相应的预防、控制措施。

　　A. 动物防疫监督机构　　　　　B. 县级以上人民政府

　　C. 国务院兽医主管部门　　　　D. 卫生主管部门

[答案] D

47. 根据突发重大动物疫情的范围、性质和危害程度，国家通常将重大动物疫情划分为（　　）级。

　　A. 三
　　B. 四
　　C. 五
　　D. 六

[答案] B
[解析] 根据突发重大动物疫情的范围、性质和危害程度，国家通常将重大动物疫情划分为特别重大（Ⅰ级）、重大（Ⅱ级）、较大（Ⅲ级）、一般（Ⅳ级）四级。

48. Ⅰ级重大动物疫情是指疫情发生（　　）
    A. 特别重大　　　　　　　　　B. 重大
    C. 较大　　　　　　　　　　　D. 一般

[答案] A

49. 终止重大动物疫情应急处理工作的条件，不包括（　　）
    A. 自疫区内最后一头（只）发病动物及其同群动物处理完毕起
    B. 经过一个潜伏期以上的监测
    C. 未出现新的病例
    D. 疫区完成彻底消毒

[答案] D
[解析] 终止重大动物疫情应急处理工作的条件：①自疫区内最后一头（只）发病动物及其同群动物处理完毕起；②经过一个潜伏期以上的监测；③未出现新的病例。

50. 违反《重大动物疫情应急条例》规定，拒绝、阻碍动物防疫监督机构进行重大动物疫情监测，或者发现动物出现群体发病或者死亡，不向当地动物防疫监督机构报告的，由动物防疫监督机构给予警告，并处（　　）的罚款；构成犯罪的，依法追究刑事责任。
    A. 1 000 元以上 2 000 元以下　　　B. 2 000 元以上 5 000 元以下
    C. 5 000 元以上 10 000 元以下　　D. 10 000 元以上 50 000 元以下

[答案] B

51. 违反《重大动物疫情应急条例》规定，不符合相应条件采集重大动物疫病病料，或者在重大动物疫病病原分离时不遵守国家有关生物安全管理规定的，由动物防疫监督机构给予警告，并处（　　）的罚款；构成犯罪的，依法追究刑事责任。
    A. 2 000 元以下　　　　　　　B. 5 000 元以下
    C. 5 000 元以上 10 000 元以下　　D. 10 000 元以上 50 000 元以下

[答案] B

52. 种畜禽场的选址应当距离养殖小区和城镇居民区（　　）
    A. 500m 以上　　　　　　　　B. 1 000m 以上
    C. 3 000m 以上　　　　　　　D. 5000m 以上

[答案] B

53. 种畜禽场的选址应当距离动物屠宰加工场、动物和动物产品集贸市场(　　)
    A. 500m 以上
    B. 1 000m 以上
    C. 3 000m 以上
    D. 5 000m 以上

[答案] C

54. 下列不属于动物屠宰加工场所动物防疫条件需要满足的布局要求的是(　　)
    A. 生产区与生活办公区分开，并有隔离设施
    B. 入场动物卸载区域有固定的车辆消毒池，并配有车辆清洗、消毒设备
    C. 屠宰加工间入口设置人员更衣消毒室
    D. 生产区内各栋舍间距离 5m 以上

[答案] D
[解析] 饲养场、养殖小区的布局要求中有一项为生产区内各养殖栋舍间距离 5m 以上或者有隔离设施。动物屠宰加工场所的布局要求中没有这一项。

55. 专门经营动物的集贸市场的防疫条件要求，距离动物饲养场和养殖小区(　　)
    A. 500m 以上
    B. 1 000m 以上
    C. 3 000m 以上
    D. 5 000m 以上

[答案] A
[解析] 专门经营动物的集贸市场的防疫条件要求，距离人口集中区域、生活饮用水源地、动物饲养场和养殖小区、动物屠宰加工场所 500m 以上。

56. 兼营动物和动物产品的集贸市场的防疫条件要求，距离动物饲养场和养殖小区(　　)
    A. 500m 以上
    B. 1 000m 以上
    C. 3 000m 以上
    D. 5 000m 以上

[答案] A
[解析] 兼营动物和动物产品的集贸市场的防疫条件要求，距离动物饲养场和养殖小区 500m 以上，距离种畜禽场、动物隔离场所、无害化处理场所 3 000m 以上。

57. 根据《动物检疫管理办法》（农业农村部 2022 年第 7 号令），出售、运输种用动物及其精液、卵、胚胎等，货主应当提前(　　)向所在地动物卫生监督机构申报检疫。
    A. 3d
    B. 6d
    C. 10d
    D. 15d

[答案] A
[解析] 根据《动物检疫管理办法》（农业农村部 2022 年第 7 号令）第八条，出售或运输动物、动物产品的，货主应当提前 3d 向所在地动物卫生监督机构申报检疫。

58. 跨省、自治区、直辖市引进的乳用、种用动物到达输入地后，应当在隔离场或者饲养场内的隔离舍进行隔离观察，隔离期(　　)

    A. 3d　　　　　　　　　　　　B. 10d

    C. 15d　　　　　　　　　　　　D. 30d

[答案] D

[解析] 根据《动物检疫管理办法》(农业农村部 2022 年第 7 号令)第十七条，跨省、自治区、直辖市引进的乳用、种用动物到达输入地后，应当在隔离场或者饲养场内的隔离舍进行隔离观察，隔离期为 30d。经隔离观察合格的，方可混群饲养；不合格的，按照有关规定进行处理。

59. 下列场所不需要取得动物防疫条件合格证的是(　　)

    A. 动物屠宰场　　　　　　　　B. 养鸡场

    C. 集贸市场　　　　　　　　　D. 病死猪处理场

[答案] C

[解析] 集贸市场不需要取得动物防疫条件合格证，但要符合相应的动物防疫条件。

60. 出售或者运输的动物、动物产品经所在地县级(　　)机构的官方兽医检疫合格，并取得动物检疫合格证明后，方可离开产地。

    A. 兽医主管　　　　　　　　　B. 兽药主管

    C. 动物卫生监督　　　　　　　D. 动物防疫监督

[答案] C

61. 出售或者运输大口黑鲈的受精卵，货主应当提前(　　)向所在地县级动物卫生监督机构申报检疫。

    A. 3d　　　　　　　　　　　　B. 10d

    C. 15d　　　　　　　　　　　　D. 20d

[答案] D

[解析] 出售或者运输水生动物的亲本、稚体、幼体、受精卵、发眼卵及其他遗传育种材料等水产苗种的，货主应当提前 20d 向所在地县级动物卫生监督申报检疫。

62. 养殖、出售或者运输合法捕获的野生水产苗种，货主应当在捕获野生水产苗种后(　　)内向所在地县级动物卫生监督机构申报检疫。

    A. 2d　　　　　　　　　　　　B. 10d

    C. 15d　　　　　　　　　　　　D. 20d

[答案] A

63. 最新的《执业兽医和乡村兽医管理办法》自(　　)起施行。

A. 2022 年 10 月 1 日　　　　B. 2021 年 10 月 1 日

C. 2022 年 8 月 22 日　　　　D. 2023 年 1 月 1 日

[答案] A

64. 根据《执业兽医和乡村兽医管理办法》，执业兽医未经亲自诊断、治疗，开具处方、填写诊断书、出具动物诊疗有关证明文件的，由县级以上地方人民政府农业农村主管部门责令限期改正，处(　　)罚款。

A. 一千元以上三千元以下　　B. 一千元以上五千元以下

C. 三千元以上五千元以下　　D. 五千元以上一万元以下

[答案] B

65. 根据《执业兽医和乡村兽医管理办法》，乡村兽医不按照备案规定区域从事动物诊疗活动的，由县级以上地方人民政府农业农村主管部门责令限期改正，处(　　)罚款。

A. 一千元以上三千元以下　　B. 一千元以上五千元以下

C. 三千元以上五千元以下　　D. 五千元以上一万元以下

[答案] B

66. 最新的《动物诊疗机构管理办法》自(　　)起施行。

A. 2022 年 10 月 1 日　　　　B. 2021 年 10 月 1 日

C. 2022 年 8 月 22 日　　　　D. 2023 年 1 月 1 日

[答案] A

67. 动物诊疗，是指动物疾病的预防、诊断、治疗和动物绝育手术等经营性活动。下列不属于动物诊疗的经营活动的是(　　)

A. 动物的健康检查　　　　　B. 填写动物疫病诊断书

C. 出具动物诊疗有关证明文件　　D. 动物的寄养

[答案] D

[解析] 动物诊疗，是指动物疾病的预防、诊断、治疗和动物绝育手术等经营性活动，包括动物的健康检查、采样、剖检、配药、给药、针灸、手术、填写诊断书和出具动物诊疗有关证明文件等。

68. 关于动物诊疗活动机构的说法，错误的是(　　)

A. 动物诊疗场所需要设有独立的出入口，出入口不得设在居民住宅楼内或者院内，不得与同一建筑物的其他用户共用通道

B. 动物诊所需要具有一名以上执业兽医师

C. 动物医院需要具有两名以上执业兽医师

D. 动物诊疗机构应当具有与动物诊疗活动相适应的执业兽医

[答案] C

[解析] 动物医院需要具有三名以上执业兽医师。

69. 关于动物诊疗活动机构的说法，错误的是(　　)

　　A. 动物诊疗机构设立分支机构的，应当另行办理动物诊疗许可证

　　B. 专门从事水生动物疫病诊疗的，发证机关在核发动物诊疗许可证时，应当征求同级渔业主管部门的意见

　　C. 动物诊所可以从事动物颅腔、胸腔和腹腔手术

　　D. 动物诊疗机构使用规范的名称。未取得相应许可的，不得使用"动物诊所"或者"动物医院"的名称

[答案] C

[解析] 除符合规定的动物医院外，其他动物诊疗机构不得从事动物颅腔、胸腔和腹腔手术。

70. 按照重大动物疫情的发生、发展规律和特点，分析其危害程度、可能的发展趋势，将作出相应级别的预警。其中，黄色表示哪一预警级别(　　)

　　A. 特别严重　　　　　　　　　　B. 严重

　　C. 较重　　　　　　　　　　　　D. 一般

[答案] C

[解析] 依次用红色、橙色、黄色、蓝色表示特别严重、严重、较重、一般四个预警级别。

71. 根据《病死畜禽和病害畜禽产品无害化处理管理办法》(2022 年 7 月 1 日起执行)，在江河、湖泊、水库等水域发现的死亡畜禽，依法由所在地(　　)组织收集、处理并溯源。

　　A. 县级农业农村主管部门　　　　B. 县级动物卫生监督机构

　　C. 县级人民政府　　　　　　　　D. 市级人民政府

[答案] C

[解析] 根据《病死畜禽和病害畜禽产品无害化处理管理办法》(2022 年 7 月 1 日执行)第六条，在江河、湖泊、水库等水域发现的死亡畜禽，依法由所在地县级人民政府组织收集、处理并溯源。

72. 农业农村部第 573 号公告，发布了最新的《一、二、三类动物疫病病种名录》。根据该名录，下列不属于二类水生动物疫病的是(　　)

　　A. 白斑综合征　　　　　　　　　B. 虾肝肠胞虫病

　　C. 鲫造血器官坏死病　　　　　　D. 小瓜虫病

[答案] D

[解析] 小瓜虫病属于三类动物疫病。

73. 农业农村部第 573 号公告，发布了最新的《一、二、三类动物疫病病种名录》。根据该名录，下列不属于三类水生动物疫病的是（ ）

A. 刺激隐核虫病 B. 桃拉综合征
C. 河蟹螺原体病 D. 黏孢子虫病

［答案］A
［解析］刺激隐核虫病属于二类动物疫病。

74. 农业部 2017 年 7 月 3 日发布了《病死及病害动物无害化处理技术规范》。如需要处理患有炭疽等芽孢杆菌类疫病的病死动物，需要采用（ ）

A. 焚烧法 B. 化制法
C. 深埋法 D. 硫酸分解法

［答案］A
［解析］化制法、高温法、深埋法、硫酸分解法都不得用于患有炭疽等芽孢杆菌类疫病，以及牛海绵状脑病、痒病的染疫动物及其产品、组织的处理。

75. 发生自然灾害等突发事件时，病死及病害动物的应急处理一般采用（ ）

A. 焚烧法 B. 化制法
C. 深埋法 D. 硫酸分解法

［答案］C

76. 下列情形中，属于假兽药的是（ ）
A. 兽药所含成分的种类、名称与兽药国家标准不符合的
B. 成分含量不符合国家标准或者不标明有效成分的
C. 不标明或者更改产品批号的
D. 不标明或者更改有效期或者超过有效期的

［答案］A
［解析］成分含量不符合国家标准或者不标明有效成分的，不标明或者更改产品批号的，不标明或者更改有效期或者超过有效期的，都属于劣兽药的情形。

77. 下列情形中，属于劣兽药的是（ ）
A. 兽药所含成分的种类、名称与兽药国家标准不符合的
B. 以非兽药冒充兽药或者以其他兽药冒充此种兽药的
C. 被污染的兽药
D. 成分含量不符合国家标准或者不标明有效成分的

［答案］D
［解析］兽药所含成分的种类、名称与兽药国家标准不符合的，以非兽药冒充兽药或者以其他兽药冒充此种兽药的，被污染的兽药，以上情形都属于假兽药。

78. 某渔药经营店，销售未经执业兽医开具处方的处方药，按照《兽药管理条例》，将责令其限期改正，没收违法所得，并处(　　)以下的罚款。

A. 1 万元
B. 3 万元
C. 5 万元
D. 10 万元

[答案] C

79. 某水产养殖投入品经营店，在未取得兽药经营许可证的情况下，销售水产用 10% 氟苯尼考粉，按照《兽药管理条例》，将责令其停止经营，没收经营的所有兽药，并处货值 2 倍以上 5 倍以下罚款，货值金额无法查证核实的，处(　　)的罚款。

A. 2 万元以上 5 万元以下
B. 5 万元以上 10 万元以下
C. 10 万元以上 20 万元以下
D. 20 万元以上 30 万元以下

[答案] C

80. 某渔药经营店销售原料药给某大型养殖场，按照《兽药管理条例规定》，将责令其立即改正，给予警告，没收违法所得，并处(　　)的罚款；情节严重的，吊销兽药经营许可证；给他人造成损失的，依法承担赔偿责任。

A. 2 万元以上 5 万元以下
B. 5 万元以上 10 万元以下
C. 10 万元以上 20 万元以下
D. 20 万元以上 30 万元以下

[答案] A

81. 兽药经营企业必须建立《兽药质量管理档案》。质量管理档案不得涂改，保存期限不得少于(　　)。

A. 1 年
B. 2 年
C. 3 年
D. 5 年

[答案] B

82. 关于兽药陈列和储存的说法错误的是(　　)

A. 兽药需要按照兽药外包装图示标志的要求搬运和存放
B. 兽药与仓库地面、墙、顶等之间保持一定间距
C. 易串味兽药、危险药品等特殊兽药与其他兽药分开存放
D. 待验兽药、合格兽药、不合格兽药、退货兽药分区存放

[答案] C
[解析] 内用兽药和外用兽药分开存放；兽用处方药和非处方药分开存放；易串味兽药、危险药品等特殊兽药与其他兽药分库存放。

83. 关于兽药销售与运输的说法错误的是(　　)

A. 标识模糊不清或者脱落的，只要在保质期内，可以出库销售

B. 外包装出现破损、封口不牢、封条严重损坏的，不得出库销售

C. 超出有效期限的，不得出库销售

D. 兽药拆零销售时，不得拆开最小销售单元

[答案] A

[解析] 标识模糊不清或者脱落的，不得出库销售。

84. 关于兽用处方药和非处方药标识制度的说法错误的是（　　）

　　A. 兽用处方药的标签和说明书应当标注"兽用处方药"字样，不再标注"兽用"

　　B. 属于兽用处方药外用药的，还应当按照规定标注"外用药"

　　C. 兽用非处方药的标签和说明书应当标注"兽用非处方药"字样

　　D. 兽用原料药属于兽用处方药原料的，也应当标注"兽用处方药"

[答案] D

[解析] 兽用原料药不属于制剂，标签只标注"兽用"标识。

85. 兽用处方药采用开架自选方式销售的，按照《兽用处方药和非处方药管理办法》，应当处以（　　）以下的罚款。

　　A. 1万元　　　　　　　　　　B. 3万元

　　C. 5万元　　　　　　　　　　D. 10万元

[答案] C

86. 下列兽药，不属于兽用处方药的是（　　）

　　A. 辛硫磷溶液（水产用）　　　B. 溴氰菊酯溶液（水产用）

　　C. 精制敌百虫粉（水产用）　　D. 阿苯达唑粉

[答案] D

87. 根据农业部第2292号公告，下列哪一药物不得用于食品动物（　　）

　　A. 恩诺沙星　　　　　　　　　B. 盐酸恩诺沙星

　　C. 诺氟沙星　　　　　　　　　D. 复方磺胺嘧啶粉（水产用）

[答案] C

[解析] 2015年9月1日农业部第2292号公告，根据《兽药管理条例》第六十九条规定，决定在食品动物中停止使用洛美沙星、培氟沙星、氧氟沙星、诺氟沙星4种兽药，撤销相关兽药产品批准文号。

88. 实验室从事高致病性动物病原微生物相关实验活动的实验档案保存期，不得少于（　　）

　　A. 3年　　　　　　　　　　　B. 5年

　　C. 10年　　　　　　　　　　D. 20年

[答案] D

89. 执业兽医从事动物诊疗活动，是一种民事法律关系，执业兽医在执业活动中因过错给他人造成损失的，其赔偿主体是(　　)

    A. 相关保险公司　　　　　　　　B. 执业兽医本人

    C. 动物诊疗结构　　　　　　　　D. 兽医主管部门

[答案] C

90. 关于不按规定在标签和说明书标注"兽用处方药"和"兽用非处方药"字样的处罚，说法错误的是(　　)

    A. 责令其限期改正，逾期不改正的，按照生产、经营假兽药处罚

    B. 有兽药批准文号的，撤销兽药产品批准文号

    C. 给他人造成损失的，依法承担赔偿责任

    D. 处以 5 万元以下罚款

[答案] D

[解析] 不按规定在标签和说明书标注"兽用处方药"和"兽用非处方药"字样，或标注字样不符合规定的，责令其限期改正；逾期不改正的，按照生产、经营假兽药处罚（货值 2 倍以上 5 倍以下罚款，货值金额无法查证核实的，处 10 万元以上 20 万元以下罚款）；有兽药批准文号的，撤销兽药产品批准文号；给他人造成损失的，依法承担赔偿责任。

91. 下列可以在水产动物中使用的药品是(　　)

    A. 恩诺沙星　　　　　　　　　　B. 呋喃丹

    C. 硝基酚钠　　　　　　　　　　D. 氯霉素

[答案] A

[解析] 恩诺沙星为国标渔药，只要按照相应休药期执行，可以在水产动物中使用。

92. 根据《动物病原微生物分类名录》，下列说法错误的是(　　)

    A. 国家根据病原微生物的传染性、感染后对个体或者群体的危害程度，将病原微生物分为四类，其中第三、四类病原微生物统称为高致病性病原微生物

    B. 流行性造血器官坏死病病毒、传染性造血器官坏死病病毒为第三类病原微生物

    C. 高致病性禽流感病毒属于第一类病原微生物

    D. 猪瘟病毒属于第二类病原微生物

[答案] A

[解析] 国家根据病原微生物的传染性、感染后对个体或者群体的危害程度，将病原微生物分为四类，其中第一、二类病原微生物统称为高致病性病原微生物。

93. 国家根据实验室对病原微生物的生物安全防护水平，并依照实验室生物安全国家标准的规定，将实验室进行分级，其中级别最高的是(　　)实验室。

    A. 一级   B. 二级

    C. 三级   D. 四级

[答案] D

94. 关于动物病原微生物实验活动管理的说法错误的是(　　)

    A. 一、二级实验室可以从事非洲猪瘟相关的实验活动

    B. 三、四级实验室从事高致病性动物微生物实验活动，需要通过实验室国家认可

    C. 对我国尚未发现或者已经宣布消灭的动物病原微生物，任何单位和个人未经批准不得从事相关实验活动

    D. 从事高致病性动物病原微生物相关实验活动应当由 2 名以上的工作人员共同进行

[答案] A

[解析] 非洲猪瘟为高致病性微生物，三、四级实验室才有资格进行相关实验活动。

95. 下列不属于世界动物卫生组织（WOAH）法定报告疫病名录的是(　　)

    A. 草鱼呼肠孤病毒感染   B. 流行性造血器官坏死病毒感染

    C. 丝囊霉感染   D. 白斑综合征病毒感染

[答案] A

96. 根据我国《刑法》和《动物防疫法》的有关规定，执业兽医在执业活动中，违反有关动物防疫的国家规定，引起重大动物疫情，或者有引起重大动物疫情危险，情节严重的，处(　　)有期徒刑或者拘役，并处或者单处罚金。

    A. 一年以下   B. 三年以下

    C. 五年以下   D. 八年以下

[答案] B

97. 处理患有炭疽、牛海绵状脑病、痒病的染疫动物及其产品，应当采用(　　)

    A. 焚烧法   B. 化制法

    C. 深埋法   D. 硫酸分解法

[答案] A

98. 边远和交通不便地区零星病死畜禽的处理，一般采用(　　)

    A. 焚烧法   B. 化制法

    C. 深埋法   D. 硫酸分解法

[答案] C

99. 根据《病死及病害动物无害化处理技术规范》，关于深埋法的技术工艺说法错误的是( )

    A. 坑底洒一层厚度为 2～5cm 的生石灰或漂白粉等消毒药

    B. 将动物尸体及相关动物产品投入坑内，最上层距离地表 1.5m 以上

    C. 坑的深度越深越好

    D. 覆盖距地表 20～30cm，厚度不少于 1～1.2m 的覆土

[答案] C
[解析] 深埋坑底应高出地下水位 1.5m 以上，要防渗、防漏。

100. 中华人民共和国农业农村部公告第 573 号对《一、二、三类动物疫病病种名录》进行了修订。其中，白斑综合征属于( )

    A. 一类动物疫病   B. 二类动物疫病

    C. 三类动物疫病   D. 四类动物疫病

[答案] B
[解析] 第 573 号公告中对《一、二、三类动物疫病病种名录》进行了修订，之前白斑综合征、鲤春病毒血症属于一类疫病，修订后属于二类疫病。

101. 中华人民共和国农业农村部公告第 573 号对《一、二、三类动物疫病病种名录》进行了修订。其中，鲤春病毒血症属于( )

    A. 一类动物疫病   B. 二类动物疫病

    C. 三类动物疫病   D. 四类动物疫病

[答案] B
[解析] 第 573 号公告中对《一、二、三类动物疫病病种名录》进行了修订，之前白斑综合征、鲤春病毒血症属于一类疫病，修订后属于二类疫病。

102. 根据中华人民共和国农业农村部公告第 573 号《一、二、三类动物疫病病种名录》，下列属于二类疫病的是( )

    A. 鱼爱德华氏菌病   B. 两栖类蛙虹彩病毒病

    C. 蛙脑膜炎败血症   D. 淡水鱼细菌性败血症

[答案] D
[解析] 其他三项都属于三类疫病。

103. 根据中华人民共和国农业农村部公告第 573 号《一、二、三类动物疫病病种名录》，下列不属于二类疫病的是( )

    A. 鲫造血器官坏死病   B. 虾肝肠胞虫病

    C. 河蟹螺原体病   D. 淡水鱼细菌性败血症

[答案] C
[解析] 河蟹螺原体病属于三类疫病。

104. 中华人民共和国农业农村部公告第 573 号《一、二、三类动物疫病病种名录》自
( )开始施行。

    A. 2022 年 1 月 1 日　　　　　　　　B. 2022 年 6 月 23 日
    C. 2022 年 10 月 1 日　　　　　　　　D. 2023 年 1 月 1 日

[答案] B
[解析] 中华人民共和国农业农村部公告第 573 号于 2022 年 6 月 23 日发布，该公告自发
    布日开始施行。

105. 下列不属于水产养殖用兽药的是( )

    A. 阿莫西林　　　　　　　　　　　B. 维生素 C 钠粉
    C. 过碳酸钠　　　　　　　　　　　D. 硫代硫酸钠粉

[答案] A
[解析] 根据《水产养殖明白用药纸 2020 年 2 号》，维生素 C 钠粉、过碳酸钠、硫代硫酸
    钠粉都属于水产养殖用兽药。阿莫西林在水产养殖上没有相应的批准文号，不属
    于水产养殖用兽药。

106. 下列不属于水产养殖用兽药的是( )

    A. 硫酸铝钾粉　　　　　　　　　　B. 含氯石灰
    C. 过氧化钙粉　　　　　　　　　　D. 99％恩诺沙星原粉

[答案] A
[解析] 根据《水产养殖明白用药纸 2020 年 2 号》，硫酸铝钾粉、含氯石灰、过氧化钙粉
    都属于水产养殖用兽药。99％恩诺沙星原粉禁止直接用于水产养殖。

107. 下列不属于水产养殖用兽用处方药的是( )

    A. 阿苯达唑粉（水产用）　　　　　B. 甲苯咪唑溶液（水产用）
    C. 辛硫磷溶液（水产用）　　　　　D. 注射用促黄体素释放激素 A2

[答案] A

108. 下列属于水产养殖用兽用处方药的是( )

    A. 阿苯达唑粉（水产用）　　　　　B. 敌百虫溶液（水产用）
    C. 吡喹酮预混剂（水产用）　　　　D. 盐酸氯苯胍粉（水产用）

[答案] B
[解析] 敌百虫溶液（水产用）属于《兽用处方药品种目录（第二批）》。

109. 下列条件中，不可以报名参加全国执业兽医资格考试的是(　　)

　　A. 具有大学专科以上学历的人员或全日制高校在校生，专业符合全国执业兽医资格考试委员会公布的报考专业目录

　　B. 2009 年 1 月 1 日前已取得兽医师以上专业技术职称

　　C. 从事一线动物疾病诊断十年以上

　　D. 依法备案或登记，且从事动物诊疗活动十年以上的乡村兽医

[答案] C

[解析] 依法备案或登记，且从事动物诊疗活动十年以上的乡村兽医方可报名参加全国执业兽医资格考试。

110. 下列条件中，不可以备案为乡村兽医的是(　　)

　　A. 取得中等以上兽医、畜牧（畜牧兽医）、中兽医（民族兽医）、水产养殖等相关专业学历

　　B. 经营兽药店满十年

　　C. 取得中级以上动物疫病防治员、水生物病害防治员职业技能鉴定证书或职业技能等级证书

　　D. 从事村级动物防疫员工作满五年

[答案] B

111. 根据《动物防疫法》规定，执业助理兽医师直接开展手术，或者开具处方的，将由县级以上地方人民政府农业农村主管部门责令停止动物诊疗活动，没收违法所得，并对执业助理兽医师处(　　)罚款。

　　A. 一千元以上三千元以下　　　　B. 三千元以上三万元以下

　　C. 五千元以上三万元以下　　　　D. 一万元以上五万元以下

[答案] B

[解析] 依据《执业兽医和乡村兽医管理办法》规定，执业兽医有下列行为之一的，依照《动物防疫法》第一百零六条第一款的规定予以处罚：①在责令暂停动物诊疗活动期间从事动物诊疗活动的；②超出备案所在县域或者执业范围从事动物诊疗活动的；③执业助理兽医师直接开展手术，或者开具处方、填写诊断书、出具动物诊疗有关证明文件的。

112. 根据《动物防疫法》规定，执业助理兽医师直接开展手术，或者开具处方的，将由县级以上地方人民政府农业农村主管部门责令停止动物诊疗活动，没收违法所得，并对执业助理兽医师所在的动物诊疗机构处(　　)罚款。

　　A. 一千元以上三千元以下　　　　B. 三千元以上三万元以下

　　C. 五千元以上三万元以下　　　　D. 一万元以上五万元以下

[答案] D

113. 动物诊疗场所选址距离动物饲养场、动物屠宰加工场所、经营动物的集贸市场不少于（　　）

    A. 200m

    B. 500m

    C. 800m

    D. 1 000m

[答案] A

114. 动物诊疗机构发现动物染疫或者疑似染疫的，应当按照国家规定立即向（　　）报告，并迅速采取隔离、消毒等控制措施，防止动物疫情扩散。

    A. 所在地农业农村主管部门或者动物疫病预防控制机构

    B. 动物卫生监督机构

    C. 卫生主管部门

    D. 县级人民政府

[答案] A

115. 水产养殖用兽药氟苯尼考粉的休药期为（　　）

    A. 175℃·d

    B. 375℃·d

    C. 500℃·d

    D. 750℃·d

[答案] B

116. 下列水产养殖用兽药的休药期不是 **500℃·d** 的是（　　）

    A. 甲砜霉素粉

    B. 恩诺沙星粉（水产用）

    C. 盐酸多西环素粉（水产用）

    D. 硫酸新霉素粉（水产用）

[答案] C

[解析] 盐酸多西环素粉（水产用）的休药期是 750℃·d。

117. 某渔药店经营人用药品阿莫西林。按照兽药管理条例，没收经营的阿莫西林，将处以（　　）

    A. 经营阿莫西林（已出售的和未出售的）货值金额 2 倍以上 5 倍以下罚款，货值金额无法查证核实的，处 10 万元以上 20 万元以下罚款

    B. 经营阿莫西林（已出售的和未出售的）货值金额 2 倍以上 5 倍以下罚款，货值金额无法查证核实的，处 5 万元以上 10 万元以下罚款

    C. 经营阿莫西林（已出售的和未出售的）货值金额 2 倍以上 10 倍以下罚款，货值金额无法查证核实的，处 10 万元以上 20 万元以下罚款

    D. 经营阿莫西林（已出售的和未出售的）货值金额 2 倍以上 10 倍以下罚款，货值金额无法查证核实的，处 5 万元以上 10 万元以下罚款

[答案] A

118. 某养殖从业者王某，在甲鱼养殖过程中使用了黄粉（呋喃唑酮）。按照《兽药管理条例》规定，责令其改正，并对饲喂了"黄粉"的甲鱼进行无害化处理；同时，应对其处（　　）

    A. 0.5 万元以上 1 万元以下罚款，给他人造成损失的，依法承担赔偿责任

    B. 1 万元以上 5 万元以下罚款，给他人造成损失的，依法承担赔偿责任

    C. 3 万元以上 10 万元以下罚款，给他人造成损失的，依法承担赔偿责任

    D. 10 万元以上 20 万元以下罚款，给他人造成损失的，依法承担赔偿责任

[答案] B

119. 某牛蛙养殖场使用恩诺沙星后，未执行相应的休药期，导致销售的牛蛙蛙肉中恩诺沙星检测含量超标。根据《兽药管理条例》，将责令其对含量超标的牛蛙及蛙肉进行无害化处理，没收违法所得，并处（　　）

    A. 0.5 万元以上 1 万元以下罚款，构成犯罪的，依法追究刑事责任；给他人造成损失的，依法承担赔偿责任

    B. 1 万元以上 5 万元以下罚款，构成犯罪的，依法追究刑事责任；给他人造成损失的，依法承担赔偿责任

    C. 3 万元以上 10 万元以下罚款，构成犯罪的，依法追究刑事责任；给他人造成损失的，依法承担赔偿责任

    D. 10 万元以上 20 万元以下罚款，构成犯罪的，依法追究刑事责任；给他人造成损失的，依法承担赔偿责任

[答案] C

120. 某渔药店发现其经销的氰戊菊酯溶液按照正常剂量使用后，对草鱼产生严重的不良反应（游边、浮头等），该渔药店并未向所在地人民政府兽药行政管理部门报告。根据《兽药管理条例》，给予警告，并处（　　）

    A. 0.5 万元以上 1 万元以下罚款　　B. 1 万元以上 5 万元以下罚款

    C. 3 万元以上 10 万元以下罚款　　D. 10 万元以上 20 万元以下罚款

[答案] A

121. 某渔药店将恩诺沙星原料药销售给某鲫养殖户。根据《兽药管理条例》，责令该渔药店立即改正，给予警告，没收违法所得，并处（　　）；情节严重的，吊销兽药经营许可证，给他人造成损失的，依法承担赔偿责任。

    A. 0.5 万元以上 1 万元以下罚款　　B. 2 万元以上 5 万元以下罚款

    C. 3 万元以上 10 万元以下罚款　　D. 10 万元以上 20 万元以下罚款

[答案] B

122. 关于兽药经营企业的营业场所及仓库的要求，说法错误的是（　　）

    A. 经营场所与仓库应布局合理，经营场所面积较大的，同时可以作为仓库

B. 兽药经营区域与生活区域、动物诊疗区域应当分别独立设置，避免交叉感染

C. 兽药经营企业应当具有与经营的兽药品种、经营规模适应并能够保证兽药质量的常温库、阴凉库（柜）、冷库（柜）等仓库和相关设施、设备

D. 仓库面积和相关设施、设备应当满足合格兽药区、不合格兽药区、待验兽药区、退货兽药区等不同区域划分和不同兽药品种分区、分类保管、储存的要求

[答案] A

[解析] 经营场所与仓库应布局合理，相对独立。

123. 下列属于四环素类抗生素的是(   )

A. 阿莫西林可溶性粉　　　　　　B. 氟苯尼考粉

C. 盐酸多西环素粉　　　　　　　D. 硫酸新霉素粉

[答案] C

124. 下列属于氨基糖苷类抗生素的是(   )

A. 阿莫西林可溶性粉　　　　　　B. 氟苯尼考粉

C. 盐酸多西环素粉　　　　　　　D. 硫酸新霉素粉

[答案] D

125. 下列属于酰胺醇类抗生素的是(   )

A. 阿莫西林可溶性粉　　　　　　B. 氟苯尼考粉

C. 盐酸多西环素粉　　　　　　　D. 硫酸新霉素粉

[答案] B

126. 下列属于大环内酯类抗生素的是(   )

A. 阿莫西林可溶性粉　　　　　　B. 氟苯尼考粉

C. 盐酸多西环素粉　　　　　　　D. 替米考星可溶性粉

[答案] D

127. 下列属于喹诺酮类合成抗菌药的是(   )

A. 盐酸恩诺沙星可溶性粉　　　　B. 复方磺胺嘧啶粉

C. 盐酸多西环素粉　　　　　　　D. 硫酸新霉素粉

[答案] A

128. 下列抗寄生虫药中，不属于处方药的是(   )

A. 辛硫磷溶液　　　　　　　　　B. 敌百虫溶液

C. 高效氯氰菊酯溶液　　　　　　D. 地克珠利预混剂

[答案] D

129. 下列不属于食品动物中禁止使用的药品的是(　　)

A. 酒石酸锑钾　　　　　　　　B. 卡巴氧

C. 呋喃丹　　　　　　　　　　D. 氯硝柳胺粉

[答案] D

[解析] 氯硝柳胺粉是兽用处方药，休药期为 500℃·d。

130. 根据中华人民共和国农业农村部公告第 573 号《一、二、三类动物疫病病种名录》，下列属于甲壳类三类疫病的是(　　)

A. 白斑综合征　　　　　　　　B. 十足目虹彩病毒病

C. 虾肝肠胞虫病　　　　　　　D. 桃拉综合征

[答案] D

[解析] 其他三项都属于二类疫病。

131. 根据中华人民共和国农业农村部公告第 573 号《一、二、三类动物疫病病种名录》，下列属于鱼类三类疫病的是(　　)

A. 传染性脾肾坏死病　　　　　B. 传染性胰脏坏死病

C. 鲫造血器官坏死病　　　　　D. 传染性造血器官坏死病

[答案] B

[解析] 其他三项都属于二类疫病。

132. 根据中华人民共和国农业农村部公告第 573 号《一、二、三类动物疫病病种名录》，下列寄生虫病中，属于二类疫病的是(　　)

A. 小瓜虫病　　　　　　　　　B. 三代虫病

C. 刺激隐核虫病　　　　　　　D. 黏孢子虫病

[答案] C

[解析] 其他三项都属于三类疫病。鱼类寄生虫病中，只有刺激隐核虫病属于二类疫病。

133. 无害化处理的适用范围不包括(　　)

A. 国家规定的染疫动物及其产品

B. 病死或者死因不明的动物尸体

C. 屠宰前确认的病害动物

D. 屠宰过程中经检疫或肉品品质检验确认为不可食用的动物产品

E. 餐饮企业产生的厨余垃圾

[答案] E

134. 无害化处理的直接焚烧法，要求燃烧室的温度应（　　）

    A. ≥500℃　　　　　　　　　　B. ≥600℃

    C. ≥850℃　　　　　　　　　　D. ≥1000℃

[答案] C

135. 无害化处理的化制法中的干化法要求处理中心的温度≥140℃，压力≥0.5MPa（绝对压力），时间（　　）

    A. ≥1h　　　　　　　　　　B. ≥2.5h

    C. ≥4h　　　　　　　　　　D. ≥8h

[答案] C

136. 无害化处理的高温法要求在常压状态下，维持容器内部温度≥180℃，持续时间（　　）

    A. ≥1h　　　　　　　　　　B. ≥2.5h

    C. ≥4h　　　　　　　　　　D. ≥8h

[答案] B

137. 无害化处理的硫酸分解法中，按每吨处理物加入水 150～300kg，后加入 98% 的浓硫酸（　　）

    A. 150～300kg　　　　　　　　B. 300～400kg

    C. 400～600kg　　　　　　　　D. 600～1000kg

[答案] B

138. 最新的《动物防疫法》于（　　）修订。

    A. 2013 年　　　　　　　　　　B. 2015 年

    C. 2021 年　　　　　　　　　　D. 2022 年

[答案] C

139. 关于《动物防疫法》的概述，说法错误的是（　　）

    A.《动物防疫法》是调整动物防疫活动的管理以及预防、控制、净化、消灭动物疫病过程中形成的各种社会关系的法律规范的总称

    B.《动物防疫法》的立法目的是加强对动物防疫活动的管理，预防、控制、净化、消灭动物疫病，促进养殖业发展，防控人畜共患病，保障公共卫生安全和人体健康

    C. 我国对动物防疫实行预防为主，预防与控制、净化、消灭相结合的方针

    D. 在中华人民共和国领域内的动物防疫及其监督管理活动适用《动物防疫法》，包括进出境动物、动物产品的检疫

[答案] D

[解析] 在中华人民共和国领域内的动物防疫及其监督管理活动适用《动物防疫法》，但进出境动物、动物产品的检疫，适用《进出境动植物检疫法》。

140. 下列不属于食品动物中禁止使用的药品的是(　　)

  A. 氯霉素   B. 林丹

  C. 呋喃丹   D. 复方甲霜灵粉

[答案] D

[解析] 复方甲霜灵粉是兽用处方药，休药期为240℃·d。

141. (　　)主管全国的动物防疫工作。

  A. 国务院农业农村主管部门   B. 动物卫生监督机构

  C. 动物疫病预防控制机构   D. 海关总署

[答案] A

142. 下列不属于《动物防疫法》所指的病死动物的是(　　)

  A. 染疫死亡的动物

  B. 因病死亡的动物

  C. 经检验检疫可能危害人体或者动物健康的死亡动物

  D. 病害动物的产品

[答案] D

[解析] 根据《动物防疫法》第一百一十条，病死动物，是指染疫死亡、因病死亡、死因不明或者经检验检疫可能危害人体或者动物健康的死亡动物。

143. 动物疫情预防控制机构在动物疫病净化、消灭中的职责不包括(　　)

  A. 制定并组织实施动物疫病净化、消灭规划

  B. 按照动物疫病净化、消灭规划，开展动物疫病净化技术指导、培训

  C. 按照动物疫病净化、消灭计划，开展动物疫病净化技术指导、培训

  D. 对动物疫病净化效果进行监测、评估

[答案] A

[解析] 国务院农业农村主管部门制定并组织实施动物疫病净化、消灭规划。

144. 关于乡村兽医的说法正确的是(　　)

  A. 乡村兽医不得参加执业兽医考试

  B. 乡村兽医可以在规定乡村从事动物诊疗活动

  C. 乡村兽医不能参加当地动物疫病预防、控制和动物疫情扑灭活动

  D. 乡村兽医不需要备案和登记

[答案] B

[解析] 依法备案或登记，且从事动物诊疗活动十年以上的乡村兽医，有资格报名参加执业兽医考试；乡村兽医可按照备案规定区域从事动物诊疗活动；执业兽医、乡村兽医有义务参加当地动物疫病预防、控制和动物疫情扑灭活动。

145. 违反《动物防疫法》规定，动物、动物产品的运载工具在装载前和卸载后未按照规定及时清洗、消毒的，县级以上地方人民政府农业农村部门责令限期改正，可以处（　　）

    A. 一千元以下罚款，逾期不改正的，处一千元以上五千元以下罚款

    B. 三千元以下罚款，逾期不改正的，处三千元以上五千元以下罚款

    C. 五千元以下罚款，逾期不改正的，处五千元以上一万元以下罚款

    D. 一万元以下罚款，逾期不改正的，处一万元以上三万元以下罚款

[答案] A

146. 未按照《动物防疫法》规定，处置染疫动物、染疫动物产品及被污染的有关物品的，由县级以上地方人民政府农业农村主管部门责令限期改正，逾期不处理的，由县级以上地方人民政府农业农村主管部门委托有关单位代为处理，所需费用由违法行为人承担，处（　　）

    A. 一千元以上五千元以下罚款　　　　B. 五千元以上一万元以下罚款

    C. 五千元以上三万元以下罚款　　　　D. 五千元以上五万元以下罚款

[答案] D

147. 开办动物屠宰场，未取得动物防疫条件合格证的，由县级以上地方人民政府农业农村部门责令改正，处（　　），情节严重的，并处三万元以上十万元以下罚款。

    A. 一千元以上五千元以下罚款　　　　B. 三千元以上一万元以下罚款

    C. 三千元以上三万元以下罚款　　　　D. 五千元以上三万元以下罚款

[答案] C

148. 违反《动物防疫法》规定，未经执业兽医备案从事经营性动物诊疗活动的，由县级以上地方人民政府农业农村部门责令停止动物诊疗活动，没收违法所得，并处（　　）；对其所在的动物诊疗机构处一万元以上五万元以下的罚款。

    A. 一千元以上五千元以下罚款　　　　B. 三千元以上一万元以下罚款

    C. 三千元以上三万元以下罚款　　　　D. 五千元以上三万元以下罚款

[答案] C

149. 执业兽医使用不符合规定的兽药和兽医器械的，由县级以上地方人民政府农业农村部门给予警告，责令暂停（　　）动物诊疗活动。

    A. 一个月以上三个月以下　　　　B. 三个月以上六个月以下

C. 六个月以上一年以下　　　　D. 六个月以上两年以下

[答案] C

150. 下列不属于食品动物中禁止使用的药品的是(　　)

A. 五氯酚钠　　　　　　　　B. 硝基酚钠

C. 安眠酮　　　　　　　　　D. 氯硝柳胺粉

[答案] D

[解析] 氯硝柳胺粉是兽用处方药,休药期为 500℃·d。

第二篇

水生动物解剖学、组织学及胚胎学

第一单元　四大基本组织

1. 构成细胞的基本物质称为(　　)

    A. 细胞质

    B. 原生质

    C. 基质

    D. 细胞器

[答案] B

2. 以下关于细胞的说法，正确是(　　)

    A. 动物细胞均包括细胞膜、细胞质和细胞核

    B. 细胞膜主要是由蛋白质和糖类物质构成

    C. 不同的细胞具有不同的遗传信息

    D. 细胞核主要包括核膜、核质、核仁三部分

[答案] A

[解析] 动物细胞基本结构相同，包括细胞膜、细胞质和细胞核；细胞膜主要由蛋白质和脂类组成；每个细胞均具有全套的遗传信息；细胞核包括核膜、核质、核仁和染色质。

3. 关于细胞膜的功能，以下说法错误的是(　　)

    A. 保持细胞形态结构的完整

    B. 控制细胞遗传与代谢活动

    C. 维护细胞内环境的相对稳定

    D. 参与细胞识别，与外界进行物质交换

[答案] B

[解析] 细胞膜不具有控制细胞遗传和代谢活动的功能。

4. 关于细胞器，以下说法错误的是(　　)

    A. 线粒体为细胞生命活动提供能量

    B. 内质网是蛋白质合成的主要场所

    C. 溶酶体可进行细胞内消化

    D. 高尔基体主要进行蛋白质加工、分选和运输

[答案] B

[解析] 核糖体是蛋白质合成的主要场所，内质网可进行蛋白质加工和输送。

5. 以下关于细胞的生命活动，说法错误的是(　　　)

　　A. 分裂的细胞总是处于分裂间期和分裂期的循环中

　　B. 一般分化程度越低的细胞，分裂增殖能力越差

　　C. 神经细胞衰老速度比表皮细胞慢

　　D. 细胞凋亡是主动的死亡过程

[答案] B

[解析] 一般分化程度越低的细胞，分裂增殖能力越强。

6. 细胞中能单独进行脂类合成的细胞器为(　　　)

　　A. 中心体　　　　　　　　　　　　B. 高尔基体

　　C. 内质网　　　　　　　　　　　　D. 核糖体

[答案] C

[解析] 内质网可进行蛋白质加工和输送，也可以单独进行脂类合成。

7. 分布于呼吸道内腔面的上皮细胞为(　　　)

　　A. 单层扁平上皮　　　　　　　　　B. 单层柱状上皮

　　C. 单层立方上皮　　　　　　　　　D. 假复层纤毛柱状上皮

[答案] D

[解析] 假复层纤毛柱状上皮主要分布在呼吸道内腔面，具有保护和分泌功能。

8. 一般分布在胃肠道内表面的上皮细胞为(　　　)

　　A. 单层立方上皮　　　　　　　　　B. 单层柱状上皮

　　C. 假复层纤毛柱状上皮　　　　　　D. 变移上皮

[答案] B

[解析] 单层柱状上皮细胞一般分布在胃肠道内表面，具有分泌和吸收等功能。

9. 真骨鱼类皮肤表面上皮细胞主要为(　　　)

　　A. 单层扁平上皮　　　　　　　　　B. 单层柱状上皮

　　C. 复层扁平上皮　　　　　　　　　D. 假复层纤毛柱状上皮

[答案] C

[解析] 复层扁平上皮一般位于体表，也裱衬在哺乳动物口腔、食管及阴道内腔面，主要起保护作用。真骨鱼类皮肤表皮由复层扁平上皮构成。

10. 以下不属于疏松结缔组织细胞种类的是(　　　)

A. 成纤维细胞   B. 巨噬细胞

C. 肥大细胞   D. 单核细胞

[答案] D

[解析] 疏松结缔组织细胞包括成纤维细胞、巨噬细胞、肥大细胞、浆细胞、脂肪细胞、未分化的间充质细胞以及色素细胞等。

11. 疏松结缔组织细胞主要种类是（ ）

  A. 脂肪细胞   B. 成纤维细胞

  C. 网状细胞   D. 淋巴细胞

[答案] B

[解析] 疏松结缔组织细胞包括成纤维细胞、巨噬细胞、肥大细胞、浆细胞、脂肪细胞、未分化的间充质细胞以及色素细胞等，其中成纤维细胞数目最多、分布最广。

12. 以下属于心肌纤维特有的结构为（ ）

  A. 闰盘   B. 肌节

  C. 肌浆   D. 腱鞘

[答案] A

[解析] 闰盘为心肌纤维特有的结构；肌节在骨骼肌、心肌等横纹肌中均存在；肌浆是所有肌肉纤维都具有的；腱鞘不属于肌肉纤维的结构。

13. 关于骨组织说法错误的是（ ）

  A. 骨组织的骨板一般呈同心圆排列结构

  B. 哈佛系统也称为骨单位

  C. 骨板由内、外环骨板和哈佛骨板构成

  D. 骨基质是坚硬的固体，由无机物和有机物组成

[答案] A

[解析] 骨组织中骨板由内、外环骨板和哈佛骨板构成；哈佛骨板呈同心圆排列，内、外环骨板不呈同心圆排列。

14. 下列关于支持组织叙述错误的是（ ）

  A. 支持组织包括骨组织和软骨组织 B. 纤维软骨的纤维以弹性纤维为主

  C. 软骨组织没有血管或神经分布 D. 骨组织是动物身体内最坚硬的组织

[答案] B

[解析] 弹性软骨的纤维主要以弹性纤维为主，纤维软骨的纤维为胶原纤维。

15. 下列关于血液的叙述，错误的是（ ）

  A. 贝类的血细胞均为无色，含有血蓝蛋白

B. 血蓝蛋白是一种含铜离子的呼吸色素

C. 虾蟹的血细胞分为大颗粒细胞、小颗粒细胞和透明细胞

D. 鱼类的血细胞包含红细胞、白细胞和血栓细胞

[答案] A

[解析] 大多数贝类的血细胞是无色的，但是魁蚶、泥蚶等少数血液中发现有红细胞存在。

16. 下列关于基本组织叙述，错误的是（　　）

A. 血液是液态的结缔组织

B. 上皮组织可以分为腺上皮、感觉上皮和被覆上皮

C. 软骨组织和骨组织均具支持作用

D. 骨骼肌和平滑肌均具横纹

[答案] D

[解析] 骨骼肌具有横纹，平滑肌无横纹。

17. 关于固有结缔组织的说法正确的是（　　）

A. 致密结缔组织由排列紧密的细胞组成，纤维较少

B. 结缔组织由水、纤维和细胞组成

C. 疏松结缔组织比较柔软，弹性及韧性较低

D. 脂肪细胞一般不能分裂

[答案] D

[解析] 致密结缔组织是一种密集的以纤维为主要成分的固有结缔组织，纤维含量较多；结缔组织由细胞和细胞间质构成，细胞间质包括基质与纤维；疏松结缔组织较为柔软，具有弹性和韧性。

18. 骨骼肌上有一条较暗的线称为 Z 线，两条 Z 线之间的区段叫做一个肌节，包括（　　）

A. 1/2A 带＋I 带＋1/2A 带 　　　　B. 1/2I 带＋A 带＋1/2I 带

C. 1/2M 带＋A 带＋1/2M 带 　　　　D. 1/2A 带＋H 带＋1/2A 带

[答案] B

[解析] 一个肌节包括 1/2I 带＋A 带＋1/2I 带，是骨骼肌收缩的基本单位。

19. 下列属于中枢神经系统的是（　　）

A. 脑神经 　　　　　　　　　　B. 脊髓

C. 脊神经 　　　　　　　　　　D. 交感神经

[答案] B

[解析] 中枢神经系统包括脑和脊髓，周围神经系统是指由中枢发出，且受中枢神经支配的神经，包括脑神经、脊神经。

20. 关于神经的说法，下列描述错误的是(　　)

A. 神经纤维可分为有髓神经纤维和无髓神经纤维

B. 神经胶质细胞含有髓鞘和神经膜

C. 神经纤维越粗，结间段越短

D. 感觉神经末梢按结构可分为游离感觉神经末梢和被囊感觉神经末梢

［答案］C

［解析］有髓神经纤维每隔一定的距离，髓鞘便有间断，此处变窄，称神经纤维节或郎飞结。两个郎飞结之间的一段，称结间段。神经纤维愈粗，结间段愈长，神经冲动在节间呈跳跃式传导。

21. 关于突触的结构说法错误的是(　　)

A. 突触可分为化学性突触与电突触两种

B. 电突触主要是电信号传递冲动

C. 神经递质主要集中在突触间隙

D. 神经冲动不能从突触后膜向突触前膜传递

［答案］C

［解析］神经递质主要集中在突触前膜。

22. 以下不属于中枢神经系统胶质细胞的是(　　)

A. 星形胶质细胞　　　　　　　　B. 室管膜细胞

C. 神经膜细胞　　　　　　　　　D. 小胶质细胞

［答案］C

［解析］中枢神经系统胶质细胞包括星形胶质细胞、室管膜细胞、小胶质细胞等，周围神经系统神经胶质细胞分为神经膜细胞和卫星细胞。

23. 下列关于神经组织叙述不正确的是(　　)

A. 神经纤维由神经元的轴突和树突构成

B. 神经胶质细胞不具有传导能力

C. 神经组织主要由神经元和神经胶质细胞组成

D. 神经元的细胞体一般位于脑、脊髓和神经节中

［答案］A

［解析］神经纤维由神经元的轴突和树突及外包结构构成。

24. 神经元的尼氏体主要由哪种细胞器组成(　　)

A. 线粒体和高尔基体　　　　　　B. 内质网与高尔基体

C. 内质网与核糖体　　　　　　　D. 线粒体与核糖体

[答案] C

[解析] 尼氏体是神经元胞质内一种嗜碱性物质，多呈斑块状或颗粒状，主要由粗面内质网和游离核糖体组成。

25. 鱼类白细胞中，唯一一种具抗寄生虫能力的细胞是（　　）
  A. 中性粒细胞
  B. 嗜酸性粒细胞
  C. 嗜碱性粒细胞
  D. 淋巴细胞

[答案] B

[解析] 嗜酸性粒细胞是唯一一种具有抗寄生虫能力的白细胞。

26. 鱼类能同时协助身体平衡和控制运动方向的鳍是（　　）
  A. 背鳍
  B. 胸鳍
  C. 腹鳍
  D. 尾鳍

[答案] B

[解析] 背鳍保持鱼体在水中的平衡；胸鳍协助平衡鱼体和运动的方向；尾鳍起着控制方向和推进作用；腹鳍负责维持身体和辅助升降。

27. 关于虾的结构，错误的是（　　）
  A. 头胸部共 14 节，头部 6 节，胸部 8 节
  B. 腹部腹肢 6 对，前 4 对为游泳足
  C. 胸肢前 3 对为颚足，后 5 对步足
  D. 腹部最后一节尾节无任何附肢

[答案] B

[解析] 虾腹部腹肢共 6 对，前 5 对为游泳足，扁平、呈片状，原肢 2 节，最后一对称尾肢，原肢只 1 节。

28. 以下关于贝类形态结构，错误的是（　　）
  A. 贝类的足主要为扁平状
  B. 外套膜具有形成贝壳的作用
  C. 外套腔存在于外套膜和内脏团之间
  D. 部分贝类头部不发达

[答案] A

[解析] 不同种类的贝类生物足的结构不同，瓣鳃类的足呈斧状；头足类的足分化为腕和漏斗两部分；腹足类的足，为了适应爬行和运动，面变得特别宽广；某些营固着生活的种类在成体时足退化（如牡蛎、扇贝等）。

29. 以下关于贝类结构，说法错误的是（　　）
  A. 胃中有胃盾以保护胃
  B. 排泄系统包括肾脏和围心腔腺
  C. 围心腔有一心室一心房
  D. 大多数贝类生殖系统仅一对生殖腺

[答案] C

[解析] 贝类围心腔中有一个心室、两个心耳（心房）。

30. 虾的纳精囊位于(　　)
    A. 第三对步足底节　　　　　　B. 第三、四对步足之间
    C. 第四、五对步足之间　　　　D. 第五对步足内侧

[答案] C

[解析] 雌虾在第四、五步足基部之间的骨片上有 1 圆盘状的纳精囊。

31. 关于虾的结构，下面说法错误的是(　　)
    A. 虾的循环系统为开管式　　　B. 排泄器官为触角腺
    C. 雌性生殖孔位于第三对步足　D. 输精管开口于第四对步足基部

[答案] D

[解析] 虾的输精管开口于第五对步足基部。

32. 关于鱼类形态结构，说法错误的是(　　)
    A. 鱼类的循环为单循环　　　　B. 大部分代谢废物从肛门排出
    C. 鳃节肌与取食和呼吸作用有关　D. 身体分为头、躯干和尾三部分

[答案] B

[解析] 大部分代谢废物是以尿的形式由肾滤出，并通过输尿管排出体外。

33. 关于蛙的结构，说法错误的是(　　)
    A. 蛙的骨骼出现颈椎和荐椎　　B. 蛙的皮肤具有呼吸作用
    C. 蛙的循环为完全双循环　　　D. 蛙幼体用鳃呼吸，成体用肺呼吸

[答案] C

[解析] 蛙的成体 2 心房 1 心室，由于心室没有分隔，心室里主要是混合血，因此蛙的循环为不完全的双循环。

34. 关于鳖的结构，以下说法错误的是(　　)
    A. 鳖的皮肤富含腺体　　　　　B. 鳖无牙齿结构
    C. 鳖的受精为体内受精　　　　D. 鳖的循环为不完全的双循环

[答案] A

[解析] 鳖的皮肤干燥缺乏腺体，角质增厚，和皮下真皮骨板相结合，形成大型的甲板。

35. 关于鱼、虾、贝的结构描述，正确的是(　　)
    A. 三者均用鳃进行呼吸　　　　B. 三者循环均为开放式循环
    C. 三者受精方式均为体外受精　D. 三者排泄系统均具肾脏和输尿管结构

[答案] A

[解析] 虾类、贝类循环为开放式循环，鱼为闭管式单循环；贝类和鱼类受精方式有体外受精和体内受精两种；贝类排泄系统为肾脏和围心腔腺。

第二单元　被　　皮

1. 以下关于鱼类皮肤的说法，正确的是(　　)

    A. 皮肤由表皮和真皮构成   B. 鱼类真皮存在多种腺细胞

    C. 真皮由纤维、基质和细胞组成   D. 色素细胞仅存在于表皮

[答案] C

[解析] 鱼类皮肤由表皮和真皮及衍生物构成；鱼类表皮存在多种腺细胞；色素细胞存在于表皮与真皮。

2. 下列关于不同动物表皮形成细胞，错误的是(　　)

    A. 真骨鱼类表皮为复层扁平上皮   B. 软骨鱼类表皮为单层扁平上皮

    C. 虾类表皮为单层柱状上皮   D. 贝类表皮大多为单层纤毛柱状上皮

[答案] B

[解析] 软骨鱼类表皮为复层扁平上皮。

3. 软骨鱼类特有的鳞片为(　　)

    A. 盾鳞   B. 硬鳞

    C. 栉鳞   D. 圆鳞

[答案] A

[解析] 盾鳞是软骨鱼类特有的鳞片，由菱形的基板和上面的棘突组成。

4. 鲤科鱼类鳞片一般为(　　)

    A. 盾鳞   B. 硬鳞

    C. 栉鳞   D. 圆鳞

[答案] D

5. 下列鱼类具有硬鳞的是(　　)

    A. 鲨   B. 鲈

    C. 鲟   D. 鲤

[答案] C

[解析] 鲨鳞片为盾鳞，鲈为栉鳞，鲤为圆鳞，鲟具有部分硬鳞。

6. 以下不属于鱼类皮肤黏液腺功能的是(　　)

    A. 使体表光滑
        B. 保护皮肤免受细菌侵袭

    C. 维持体内渗透压的稳定
        D. 为皮肤提供营养

[答案] D

[解析] 鱼类皮肤黏液腺的功能是使体表光滑、减少运动时与水的摩擦力；能使皮肤不透水，维持体内渗透压的稳定；还能保护皮肤免受细菌等外来物的侵袭。

7. 虾的外骨骼主要成分不包含以下哪种(　　)

    A. 几丁质
        B. 壳基质

    C. 蛋白复合物
        D. 钙盐

[答案] B

[解析] 虾的外骨骼主要成分含几丁质、蛋白复合物、钙盐。

8. 以下不属于皮肤衍生物的是(　　)

    A. 鱼的鳍棘
        B. 蛙的黏液腺

    C. 鳖的甲
        D. 虾蟹的甲壳

[答案] A

[解析] 鱼的鳍棘是骨骼结构，不属于皮肤衍生物。

9. 下面关于贝壳说法正确的是(　　)

    A. 贝壳的主要成分为壳基质
        B. 软体动物的贝壳位于动物体外

    C. 贝壳的结构可以判断贝类年龄
        D. 贝壳最内层为棱柱层，具一定光泽

[答案] C

[解析] 贝壳的主要成分为碳酸钙；头足类的贝壳，少数在体外，多数已被包裹在体内；贝壳最内层为珍珠层。

10. 以下描述错误的是(　　)

    A. 鳖甲分为背甲和腹甲
        B. 虾的外骨骼含丰富黏液腺

    C. 真皮鳞是鱼类特有的衍生物
        D. 蛙的体色可以发生变化

[答案] B

[解析] 虾的外骨骼主要成分含几丁质、蛋白复合物、钙盐，为坚硬的外壳，不具丰富黏液腺。

第三单元　骨骼系统

1. 关于骨的说法错误的是(　　)

　　A. 骨质是构成骨的主要成分，由骨组织构成

　　B. 骨髓分为红骨髓和黄骨髓，红骨髓具有造血功能

　　C. 骨膜主要分布在骨的外表面

　　D. 骨骼里面有血管和神经分布

[答案] C
[解析] 除了关节面外，骨的内、外表面均覆盖一层骨膜。

2. 以下不是构成骨骼的结构为(　　)
　　A. 骨膜　　　　　　　　　　　　B. 骨腔
　　C. 骨髓　　　　　　　　　　　　D. 骨质

[答案] B
[解析] 骨由骨膜、骨质和骨髓构成，并含有丰富的血管和神经。

3. 以下不属于鱼类头骨结构的是(　　)
　　A. 筛骨、蝶骨　　　　　　　　　B. 跗骨、腕骨
　　C. 耳骨、枕骨　　　　　　　　　D. 舌骨、颌骨

[答案] B
[解析] 鱼类头骨可分为脑颅和咽颅两部分。脑颅中有筛骨、蝶骨、耳骨、枕骨，咽颅有颌骨、舌骨等骨骼。跗骨、腕骨为蛙、鳖具有的骨骼。

4. 下列对鳖类头骨的论述正确的是(　　)
　　A. 头骨顶部为低颅型，枕骨较为发达，向后突出
　　B. 头骨顶部为低颅型，枕骨较为发达，向前突出
　　C. 头骨顶部为高颅型，枕骨较为发达，向后突出
　　D. 头骨顶部为高颅型，枕骨较为发达，向前突出

[答案] C
[解析] 鳖类的头骨顶部隆起为高颅型，枕骨较发达，向后突出，颅腔增大。

5. 关于鱼、蛙、鳖类头骨的说法不正确的是(　　)
　　A. 蛙类头骨总的特点是窄而扁，脑腔较大
　　B. 鱼类头骨可分为脑颅和咽颅两部分
　　C. 鳖类头骨构成颅骨的软骨化骨和膜骨数目，在脊椎动物中是最多的
　　D. 鱼类具有完整的脑颅，包藏脑及视、听、嗅觉等感官器官

[答案] A
[解析] 蛙类头骨总的特点是宽而扁，脑腔狭小，无眶间隔，属于平底型。

6. 以下不属于鱼类咽颅的结构是(　　)

A. 颌弓   B. 咽弓

C. 鳃弓   D. 舌弓

[答案] B

[解析] 鱼类咽颅的结构位于脑颅下方，由左右对称并分节的骨片组成，包括颌弓、舌弓、鳃弓以及鳃盖骨系。

7. 硬骨鱼类咽齿一般在第几对鳃弓着生（   ）

     A. 第一对   B. 第三对

     C. 第四对   D. 第五对

[答案] D

[解析] 硬骨鱼类的第五对鳃弓特化成一对下咽骨，其上无鳃，其内侧着生数目、形状、排列方式各异的咽齿。

8. 以下不属于鱼类附肢骨骼的是（   ）

     A. 支鳍骨   B. 带骨

     C. 髂骨   D. 尾杆骨

[答案] C

[解析] 髂骨为蛙腰带骨骼组成部分。

9. 韦伯氏器中与内耳淋巴腔相连的骨骼是（   ）

     A. 三角骨   B. 间插骨

     C. 舟骨   D. 闩骨

[答案] D

[解析] 闩骨由第一椎体髓棘演变而成，位于舟骨前方，前端与内耳淋巴腔相连。

10. 关于鳖的骨骼，以下描述正确的是（   ）

     A. 鳖的颈椎 1 枚，称为寰椎

     B. 鳖的躯干椎 7 枚，无肋骨

     C. 鳖的尾椎 10 枚以下，越向尾端，椎骨越长

     D. 鳖的胸骨参与骨质板的形成，胸廓一般不能活动

[答案] D

[解析] 鳖的颈椎数目多，分化为寰椎、枢椎各 1 枚和普通颈椎 6 枚。躯干椎 10 枚，鳖的肋包括肋骨和肋软骨，尾椎 10～20 枚不等。鳖的胸骨参与骨质板的形成，胸骨大部分与背甲的骨质板愈合在一起，胸廓一般不能活动。

11. 以下不属于蛙、鳖前肢骨的构造是（   ）

     A. 跗骨   B. 掌骨

C. 指骨　　　　　　　　　　　　D. 腕骨

[答案] A

[解析] 前肢骨包括肱骨、前臂骨、腕骨、掌骨和指骨。

12. 关于蛙的骨骼，以下描述不正确的是(　　　)

A. 蛙的椎骨分为颈椎、躯干椎、荐椎和尾椎

B. 蛙的颈椎分为寰椎和枢椎各 1 枚

C. 蛙的胸骨发达，没有肋骨

D. 蛙的尾椎愈合成棒状尾杆骨

[答案] B

[解析] 蛙具 1 枚颈椎，因形状似环又称为寰椎。

13. 蛙类肩带由哪些骨骼组成(　　　)

A. 肩胛骨、乌喙骨、上乌喙骨和锁骨　B. 肩胛骨、乌喙骨、上乌喙骨和耻骨

C. 肩胛骨、乌喙骨、锁骨和髂骨　　　D. 肩胛骨、乌喙骨、锁骨和耻骨

[答案] A

[解析] 蛙的肩带由肩胛骨、乌喙骨、上乌喙骨和锁骨等组成。

第四单元　肌肉系统

1. 关于肌肉的概述不正确的是(　　　)

A. 鱼类运动系统的肌肉由骨骼肌构成

B. 肌腹是肌器官主要部分，由骨骼肌纤维组成

C. 肌纤维集合成肌束，肌束再结合成肌肉

D. 肌腱由致密结缔组织构成，具较强韧性和收缩能力

[答案] D

[解析] 肌腱由规则的致密结缔组织构成，有很强的韧性和抗张力，但不能收缩。

2. 以下不属于肌肉辅助结构的是(　　　)

A. 筋膜　　　　　　　　　　　　B. 黏液囊

C. 腱膜　　　　　　　　　　　　D. 腱鞘

[答案] C

[解析] 肌肉的辅助结构包括筋膜、黏液囊、腱鞘。

3. 下列关于肌肉辅助结构功能的说法错误的是(　　　)

A. 筋膜主要起保护、固定肌肉的作用

　　B. 黏液囊可以减少摩擦

　　C. 腱鞘包裹黏液囊，可以减少腱活动的摩擦

　　D. 深筋膜位于皮下，由疏松结缔组织构成

[答案] D

[解析] 深筋膜由致密结缔组织构成，位于浅筋膜下。

4. 关于头部肌肉，以下描述错误的是(　　　)

　　A. 鳃节肌为鱼类特有，蛙和鳖不具有

　　B. 蛙的下颌肌包括颌下肌和舌下肌

　　C. 鱼类鳃节肌着生在颌弓、舌弓和鳃弓上

　　D. 鳖的咬肌始于颞部及上颌后部，止于下颌

[答案] B

[解析] 蛙类的下颌肌包括颌下肌、颏下肌。

5. 关于贝类肌肉结构，以下说法正确的是(　　　)

　　A. 贝类动物均具有闭壳肌和斧足肌

　　B. 闭壳肌仅由横纹肌构成，控制贝壳关闭

　　C. 斧足肌内消化器官、肝胰腺和生殖腺伸入

　　D. 斧足肌一般只有一对，与足的伸缩和运动有关

[答案] C

[解析] 贝类中只有瓣鳃类具有斧足肌；每个闭壳肌通常由横纹肌和平滑肌两种结构不同的肌肉构成；斧足肌通常有四对，前缩足肌、前伸足肌、后缩足肌和中举足肌。

6. 鱼消化管道的肌肉属(　　　)

　　A. 平滑肌　　　　　　　　　　　　B. 骨骼肌

　　C. 心肌　　　　　　　　　　　　　D. 括约肌

[答案] A

[解析] 鱼类平滑肌主要分布在内脏器官，如消化管道、血管、生殖器官的壁等处。

7. 以下关于蛙肌肉的作用说法错误的是(　　　)

　　A. 背最长肌作用是使脊椎弯曲

　　B. 腹壁肌肉可支持和扩展腹腔

　　C. 腹直肌可支持腹部内脏，固定胸骨位置

　　D. 腹横肌作用是支持压缩腹部，辅助呼吸作用

[答案] D

[解析] 腹横肌位于腹壁的最内层，肌纤维呈背腹走向，由耻骨伸往胸骨，功能为保护腹壁和向前牵拉腰带。

第五单元 消化系统

1. 在消化管的四层结构中，以下说法错误的是(　　)

    A. 黏膜是消化管的内层，一般由上皮组织构成

    B. 黏膜下层由致密结缔组织构成，含血管、神经

    C. 肌层由肌肉组织构成，有横纹肌和平滑肌

    D. 外膜是消化道最外侧，由疏松结缔组织构成

[答案] B

[解析] 黏膜下层是由疏松结缔组织构成的，含有较大的血管、神经丛以及淋巴组织。

2. 一般用于从岩石上舔刮藻类为食的鱼类牙齿形状为(　　)

    A. 臼齿状齿　　　　　　　　　　B. 犬状齿

    C. 绒毛状齿　　　　　　　　　　D. 门齿状齿

[答案] C

[解析] 臼齿状齿用于磨碎贝类和甲壳类的硬壳等硬物；犬状齿利于捕捉猎物；绒毛状齿用于从岩石上舔刮藻类；门齿状齿利于从岩石上取食。

3. 关于水生动物口咽腔结构，以下说法正确的是(　　)

    A. 鱼类口腔和咽界限不明显　　　B. 蛙与鳖均有牙齿辅助切割食物

    C. 鳖发挥消化作用需要依赖口腔腺　　D. 蛙的口咽腔仅为消化系统的通道

[答案] A

[解析] 鳖无牙齿，代之以角质鞘；鳖的口腔腺分泌物能湿润食物，无消化作用；蛙的口咽腔的构造复杂，为消化和呼吸系统的共同通道。

4. 以下有关鱼类胃肠的表述中错误的是(　　)

    A. 鱼类胃腺缺乏壁细胞

    B. 真骨鱼类肠道一般分为前肠、中肠和后肠

    C. 绝大部分鱼类肠道具有肠腺

    D. 草食性鱼类的肠比较长，肉食性鱼类肠比较短

[答案] C

[解析] 绝大多数鱼类没有肠腺，仅少数如鳕科鱼类具有肠腺。

5. 一般真骨鱼类肠道结构不存在以下哪层结构(　　)

    A. 黏膜　　　　　　　　　　　　B. 黏膜下层

    C. 肌层　　　　　　　　　　　　D. 浆膜

[答案] B

[解析] 真骨鱼类肠道各段结构相似，一般分为黏膜、肌层和浆膜三层。

6. 以下哪些鱼类没有胃(　　)

    A. 鲤、隆头鱼、海鲫   B. 鳜、鲇、鳗鲡

    C. 大口黑鲈、罗非鱼、石斑鱼   D. 黑鲷、黄鱼、海鲈

[答案] A

[解析] 银鲛、鳗鲇、海鲫、翻车鱼、鲤科、海龙科、飞鱼科和隆头科等鱼类没有胃。

7. 某些腹足类胃肠具有的特殊结构是(　　)

    A. 胃磨、盲囊   B. 胃楯、晶杆

    C. 幽门盲囊、几丁质   D. 中肠前盲囊、中肠后盲囊

[答案] B

[解析] 胃磨是虾蟹类胃肠具有的特殊结构；幽门盲囊是部分鱼类具有的特殊结构。中肠前盲囊、中肠后盲囊是虾类中肠前、后端背面各具有的突出盲囊。

8. 关于虾的胃肠结构，以下描述错误的是(　　)

    A. 虾的中肠是消化、吸收、贮藏养料的场所

    B. 虾整个肠道内壁具几丁质覆盖

    C. 胃壁中存在刚毛，可以过滤食物

    D. 虾的中肠如果较长，后肠会比较短

[答案] B

[解析] 虾的前肠、后肠的肠壁内壁面均有几丁质覆盖，但中肠内壁无几丁质覆盖。

9. 以下胃存在有刚毛过滤食物的动物是(　　)

    A. 鳖   B. 蛙

    C. 虾蟹类   D. 鱼类

[答案] C

[解析] 虾蟹类胃壁中的刚毛用以过滤食物，使较小的颗粒进入幽门胃。

10. 关于软体动物胃肠结构，以下说法错误的是(　　)

    A. 胃楯是某些软体动物的特殊结构，有助于食物的研磨

    B. 肠道分为下行肠和上行肠两部分

    C. 上行肠肠腔有 3 个大的嵴和沟

    D. 晶杆在食物分解和吸收中起重要作用

[答案] D
[解析] 软体动物晶杆在食物外消化和食物分拣过程中具有重要作用，无吸收功能。

11. 虾蟹类胃肠结构中不存在几丁质的部位是( )
　　A. 胃　　　　　　　　　　　　　B. 前肠
　　C. 中肠　　　　　　　　　　　　D. 后肠

[答案] C
[解析] 虾蟹类中肠内壁无几丁质覆盖。

12. 下列对鱼类肝脏结构说法错误的是( )
　　A. 肝小叶是肝脏结构和功能基本单位
　　B. 肝细胞放射状排列形成肝细胞板
　　C. 肝血窦腔内有枯否细胞，具有吞噬功能
　　D. 肝索由多层细胞构成

[答案] D
[解析] 鱼类的肝索由单层细胞构成。

13. 一般哪种食性的鱼类鳃耙特别发达( )
　　A. 草食性　　　　　　　　　　　B. 滤食性
　　C. 肉食性　　　　　　　　　　　D. 杂食性

[答案] B
[解析] 滤食性鱼类鳃耙最为发达。

14. 鱼类有 4 种胰岛细胞，以下对它们的描述中正确的是( )
　　A. D 细胞数量较少，能分泌胰高血糖素
　　B. B 细胞主要是分泌胰岛素
　　C. 能分泌胰多肽的细胞为 A 细胞
　　D. 细胞数量从多到少依次是 B 细胞、A 细胞、PP 细胞、D 细胞

[答案] B
[解析] D 细胞数量较少，能分泌生长抑素；PP 细胞分泌胰多肽，A 细胞主要分泌胰高血糖素；细胞数量从多到少依次是 B 细胞、A 细胞、D 细胞、PP 细胞。

15. 虾的肝胰腺细胞有 4 种，其中哪两种细胞有两个核仁( )
　　A. 纤维细胞、吸收细胞　　　　　B. 分泌细胞、纤维细胞
　　C. 吸收细胞、胚细胞　　　　　　D. 胚细胞、分泌细胞

[答案] C

[解析] 虾的吸收细胞和胚细胞核内有 1～2 个核仁。

16. 肝脏是体积最大的消化腺，下列说法错误的是（　　）

　　A. 胆汁由肝细胞分泌，有促进脂肪分解的作用

　　B. 肝脏能将糖合成糖原，调节血糖平衡

　　C. 鱼类肝脏大多数分成 2 叶

　　D. 胆汁中存在脂肪酶，促进脂肪消化分解

[答案] D

[解析] 胆汁本身不含消化酶，它的主要功能是使脂肪乳化以利于脂肪酶对其分解。

17. 胰岛中分泌胰高血糖素的是（　　）

　　A. B 细胞　　　　　　　　　　　B. A 细胞

　　C. D 细胞　　　　　　　　　　　D. PP 细胞

[答案] B

[解析] B 细胞主要分泌胰岛素；A 细胞主要分泌胰高血糖素；D 细胞主要分泌生长抑素；PP 细胞主要分泌胰多肽。

18. 以下不属于真骨鱼类的消化管结构的是（　　）

　　A. 胃　　　　　　　　　　　　　B. 幽门盲囊

　　C. 小肠　　　　　　　　　　　　D. 大肠

[答案] D

[解析] 鱼类的消化管结构有口咽腔、食管、胃、肠和肛门。鱼类肠的分化大多数不明显，软骨鱼类可明显辨出小肠和大肠两部分，真骨鱼类肠道分为前肠、中肠和后肠三段。

19. 哪些鱼类有致密的胰腺（　　）

　　A. 海龙　　　　　　　　　　　　B. 鲤

　　C. 鳗鲡　　　　　　　　　　　　D. 泥鳅

[答案] C

[解析] 鱼类的胰腺有散在型和致密型。鳗鲡和鲇等少数鱼类有致密型胰腺，鲤科鱼类、海龙、海鲫、鲆鲽类胰腺分散在肝脏形成肝胰腺。

20. 以下不属于虾蟹肝胰腺细胞类型的是（　　）

　　A. 吸收细胞　　　　　　　　　　B. 分泌细胞

　　C. 黏膜细胞　　　　　　　　　　D. 胚细胞

[答案] C

[解析] 虾蟹肝胰腺细胞类型包括吸收细胞、分泌细胞、纤维细胞和胚细胞。

第六单元　呼吸系统

1. 鱼类腹主动脉在鳃区分支形成多少对入鳃动脉进入鳃弓(　　)

    A. 1 对   B. 2 对

    C. 3 对   D. 4 对

[答案] D

[解析] 腹主动脉在鳃区分支形成 4 对入鳃动脉进入鳃弓,并分成小支,沿着鳃丝内缘进入鳃丝形成入鳃动脉。

2. 关于鳃小片结构,下面说法错误的是(　　)

    A. 柱细胞主要起营养呼吸上皮的作用

    B. 鳃小片窦性隙主要为毛细血管

    C. 泌氯细胞可以分泌氯化物排入水中

    D. 鳃小片基部为复层上皮,分布有黏液细胞、蛋白腺细胞和泌氯细胞

[答案] A

[解析] 在光学显微镜下,鳃小片由上下两层单层呼吸上皮及中间的支撑细胞——柱细胞构成,柱细胞主要起支撑作用。

3. 鱼类的鳃小片外层为(　　)

    A. 单层扁平上皮   B. 单层柱状上皮

    C. 单层立方上皮   D. 复层扁平上皮

[答案] A

[解析] 鱼类鳃小片外层结构为单层扁平上皮。

4. 下列关于鳃的一般构造,正确的是(　　)

    A. 鳃片由无数平行鳃丝构成,鳃丝两端固在鳃弓上

    B. 真骨鱼类鳃间隔比较发达

    C. 入鳃动脉与出鳃动脉位于鳃弓

    D. 鳃片是鳃的主要组成部分,一个鳃片构成一个全鳃

[答案] C

[解析] 鳃片由无数呈平行排列的鳃丝构成,鳃丝一端固着在鳃弓上,另一端游离;真骨鱼类鳃间隔退化,软骨鱼类鳃间隔比较发达;鱼类两个鳃片构成一个全鳃。

5. 关于鱼类鳃小片，描述错误的是（　　）
   A. 鳃小片含有泌氯细胞，主要跟调节渗透压有关
   B. 鳃小片是鱼类与外界进行气体交换的场所
   C. 鳃小片由上下两层单层呼吸上皮与柱细胞构成
   D. 真骨鱼类鳃小片呼吸上皮为单层立方上皮细胞

[答案] D
[解析] 真骨鱼类鳃小片呼吸上皮为单层扁平上皮细胞。

6. 关于鱼鳃血液循环，错误的是（　　）
   A. 出鳃动脉血液最后汇入背主动脉
   B. 腹主动脉血为含氧少、含二氧化碳多的静脉血
   C. 鳃小片毛细血管位于入鳃丝动脉与出鳃丝动脉之间
   D. 入鳃动脉与出鳃动脉的血液为含氧丰富的动脉血

[答案] D
[解析] 血液从身体各组织经静脉回收到心脏，通过心房、心室流入腹主动脉，未经过气体交换，因此为含氧少、含二氧化碳多的静脉血。入鳃动脉为含氧少、含代谢废物多的静脉血；出鳃动脉经过鳃小片气体交换，为含氧丰富的动脉血。

7. 关于虾类的鳃以下说法错误的是（　　）
   A. 虾的鳃分为两类，枝状鳃和肢鳃
   B. 肢鳃是主要的呼吸器官
   C. 枝状鳃可以在不同部位着生
   D. 枝状鳃中央为纵行的鳃轴，两侧有多对分支

[答案] B
[解析] 虾鳃分两类：一类是枝状鳃，共19对，是主要的呼吸器官；另一类是肢鳃，为附肢的上肢，共6对，结构简单，被认为有辅助呼吸的作用。

8. 以下贝类鳃的类型属于真瓣鳃型的是（　　）
   A. 贻贝　　　　　　　　　　　B. 海锦蛤
   C. 河蚌　　　　　　　　　　　D. 珍珠贝

[答案] C
[解析] 瓣鳃类鳃可分为原始型、丝鳃型、真瓣鳃型、隔鳃型，其中河蚌、文蛤等动物属于真瓣鳃型。

9. 扇贝鳃的类型为（　　）
   A. 真瓣鳃型　　　　　　　　　B. 丝鳃型
   C. 原始型　　　　　　　　　　D. 隔鳃型

[答案] B

[解析] 瓣鳃类鳃可分为原始型、丝鳃型、真瓣鳃型、隔鳃型，其中扇贝鳃属于丝鳃型。

10. 蛙成体呼吸的主要方式是(　　)

  A. 鳃呼吸   B. 皮肤呼吸

  C. 肺呼吸   D. 鼻呼吸

[答案] C

[解析] 蛙类蝌蚪阶段用鳃呼吸，成体主要用肺呼吸，皮肤只是起到辅助呼吸的作用。

11. 以下哪种水生动物具有喉气管室(　　)

  A. 鱼类   B. 虾蟹

  C. 蛙   D. 鳖

[答案] C

[解析] 蛙的呼吸器官有鼻腔、口腔、喉气管室和肺。

12. 以下水生动物具有口咽式呼吸的是(　　)

  A. 鱼类   B. 虾蟹类

  C. 蛙   D. 鳖

[答案] C

[解析] 两栖类动物具有口咽式呼吸。

13. 以下鱼类具有鳃上器官进行辅助呼吸的是(　　)

  A. 泥鳅   B. 鲇

  C. 乌鳢   D. 鲤

[答案] C

[解析] 鳃上器官指生长在鳃弓上方的辅助呼吸器官，由鳃弓的一部分特化而成。乌鳢鳃腔前背方有由第一鳃弓的上鳃骨和舌颌骨内面的骨质突构成的两个耳状和三角形突起，外覆黏膜，为鳃上器官。

14. 以下不属于辅助呼吸器官的是(　　)

  A. 皮肤   B. 肠管

  C. 口咽腔黏膜   D. 胃壁

[答案] D

[解析] 辅助呼吸器官有皮肤、咽、肠的黏膜、假鳃与鳃上器官等。

第七单元　泌尿系统

1. 下列关于肾脏描述正确的是(　　)

 A. 鱼类的中肾小管按体节排列   B. 蛙的肾脏结构属于后肾

 C. 雄蛙肾脏前部具有生殖功能   D. 鳖的肾脏肾单位少，泌尿能力较弱

[答案] C

[解析] 鱼类中肾小管不断以分支方式增加数量，而不按体节排列；蛙的肾脏结构属于中肾；蛙雄体肾脏的前部缩小并失去泌尿功能，由一些肾小管与精巢伸出的精细管相连通，并借道输尿管运送精子；鳖的肾脏肾单位多，泌尿能力强。

2. 下列关于各类水生动物肾脏说法不正确的是(　　)

 A. 蛙肾侧发现有与斯坦尼斯小体相似的结构

 B. 鱼类头肾具有免疫功能

 C. 鳖中肾管失去导尿功能，形成输精管或输卵管

 D. 蛙雄体肾脏前部失去泌尿功能，具有输送精子的作用

[答案] C

[解析] 鳖中肾管失去导尿功能，在雄性完全形成输精管，在雌性则退化，并未形成输卵管。

3. 关于鱼类肾脏，以下描述错误的是(　　)

 A. 鱼类大部分代谢废物通过肾脏排出 B. 鱼类成体的泌尿器官为中肾

 C. 肾小球与肾小球囊合在一起为肾单位 D. 硬骨鱼类头肾不具有泌尿功能

[答案] C

[解析] 肾小球与肾小球囊合在一起为肾小体。

4. 以下不属于输尿管管壁组成结构的是(　　)

 A. 黏膜   B. 黏膜下层

 C. 肌层   D. 外膜

[答案] B

[解析] 输尿管管壁由黏膜、肌层和外膜组成。

5. 下列关于膀胱说法不正确的是(　　)

 A. 蛙的膀胱具有重吸收水分的作用

 B. 膀胱壁由黏膜、肌层和外膜三层结构组成

 C. 膀胱分为膀胱顶、膀胱体和膀胱颈

 D. 膀胱是储存尿液的器官

[答案] B

[解析] 膀胱壁由黏膜、黏膜下层、肌层和外膜四层结构组成。

6. 以下水生动物具有副膀胱的是(　　)

　　A. 鱼类　　　　　　　　　　B. 虾蟹类

　　C. 蛙　　　　　　　　　　　D. 鳖

[答案] D

[解析] 鳖有一对副膀胱，在泄殖腔的开口与膀胱相对。

第八单元　生殖系统

1. 在卵细胞发育过程中，出现"极化"现象的是第几时相(　　)

　　A. 第二时相　　　　　　　　B. 第三时相

　　C. 第四时相　　　　　　　　D. 第五时相

[答案] C

[解析] 第四时相为发育晚期的初级卵母细胞阶段。此时期细胞核开始由中央向动物极移动，此现象称为"极化"。

2. 鱼类卵巢卵子可以排出体外的时期为(　　)

　　A. Ⅱ期卵巢　　　　　　　　B. Ⅲ期卵巢

　　C. Ⅳ期卵巢　　　　　　　　D. Ⅴ期卵巢

[答案] D

[解析] 第五时相由初级卵母细胞过渡到次级卵母细胞的阶段，最后卵子的核相处于第二次成熟分裂中期。卵母细胞生长到最大体积，胞质内充满粗大的卵黄颗粒，此时细胞已成熟，可进行排卵和产卵。

3. 下列属于分批产卵特点的是(　　)

　　A. 第Ⅳ期卵巢产卵后体积大大缩小　　B. 同步发育、同时成熟

　　C. 产卵后卵巢存在不同时相的卵母细胞D. 有许多排空的滤泡膜

[答案] C

[解析] 分批产卵的特点是卵母细胞分批发育、分批成熟，成熟一批、排出一批；产卵后卵巢内还有各种不同时期的卵母细胞，当年还可再次产卵。

4. 卵巢发育过程中存在枯竭期的是(　　)

　　A. 对虾　　　　　　　　　　B. 鲍鱼

　　C. 贻贝　　　　　　　　　　D. 海参

[答案] A
[解析] 对虾发育可分为发育前期、发育早期、发育期、将成熟期、成熟期、枯竭期。

5. 鱼类卵细胞发育成熟到可进行产卵时细胞处于(　　)
　　A. 第二次成熟分裂中期　　　　B. 第一次成熟分裂后期
　　C. 完成了两次成熟分裂　　　　D. 第二次成熟分裂前期

[答案] A
[解析] 鱼类卵细胞发育成熟时，细胞处于第二次成熟分裂中期。

6. 下列鱼类只有一个卵巢的是(　　)
　　A. 鲤　　　　　　　　　　　　B. 鲇
　　C. 黄鳝　　　　　　　　　　　D. 泥鳅

[答案] C
[解析] 鱼类的卵巢一般是一对，位于鳔的两侧，而黄鳝只有一个卵巢。

7. 下列关于各类水生动物卵巢发育时期错误的是(　　)
　　A. 草鱼卵巢发育可分为六个时期　　B. 刺参卵巢发育可分为四个时期
　　C. 对虾卵巢发育可分为五个时期　　D. 贻贝卵巢的发育可分四个时期

[答案] C
[解析] 对虾发育可分为发育前期、发育早期、发育期、将成熟期、成熟期、枯竭期六个时期。

8. 以下关于卵细胞发育，错误的是(　　)
　　A. 第一时相为卵原细胞阶段
　　B. 第二时相为初级卵母细胞阶段
　　C. 卵黄颗粒积累出现在第三时相
　　D. 第四时相初级卵母细胞过渡到次级卵母细胞

[答案] D
[解析] 第五时相由初级卵母细胞过渡到次级卵母细胞的阶段，最后卵子的核相处于第二次成熟分裂中期。

9. 下列哪种鱼的精巢为辐射性精巢(　　)
　　A. 鲢　　　　　　　　　　　　B. 鲤
　　C. 鲈　　　　　　　　　　　　D. 草鱼

[答案] C
[解析] 鲢、鲤、草鱼的精巢均为壶腹型精巢，鲈为辐射型精巢。

10. 下列关于鱼类生殖系统叙述错误的是(　　)
　　A. 生殖系统由生殖腺和输出管组成　　B. 黄颡鱼精巢为许多圆形叶片状
　　C. 大部分硬骨鱼类卵巢属于封闭卵巢　　D. 卵巢表面被膜外层为腹膜

[答案] B
[解析] 黄颡鱼的精巢形状不规则，有分支；鳗鲡的精巢为许多圆形叶片状。

11. 以下关于鱼类精巢，说法错误的是(　　)
　　A. 精巢壁由两层被膜构成　　B. 白膜向精巢伸入分成许多精小叶
　　C. 精小叶之间的组织叫间介组织　　D. 同一精巢内精小叶大小相同

[答案] D
[解析] 同一个精巢内精小叶大小不同，横切时断面呈圆形，又称精细管。

12. 下列水生动物存在假胎生的是(　　)
　　A. 硬骨鱼类　　B. 软骨鱼类
　　C. 贝类　　D. 蛙类

[答案] B
[解析] 软骨鱼类可具有卵生、卵胎生和假胎生三种方式，硬骨鱼类、蛙类和贝类不具假胎生生殖方式。

13. 鱼类第Ⅲ期精巢主要以哪种生殖细胞居多(　　)
　　A. 精原细胞　　B. 初级精母细胞
　　C. 次级精母细胞　　D. 精子细胞

[答案] B
[解析] 鱼类第Ⅲ期精巢性腺呈圆柱状，精巢内精小叶出现空隙，初级精母细胞单层或多层排列。

14. 鱼类精巢中最小的细胞是(　　)
　　A. 精原细胞　　B. 精母细胞
　　C. 精子细胞　　D. 精子

[答案] D
[解析] 精子是精巢中最小的一种细胞，多数鱼类精子由头、颈、尾三部分组成，头部直径一般为 $1\sim2.5\ \mu m$。

15. 下列水生动物精子发育存在休止期的是(　　)
　　A. 对虾　　B. 中华绒螯蟹
　　C. 刺参　　D. 贻贝

[答案] B

[解析] 中华绒螯蟹精子的发育可分为五个时期：精原细胞期、精母细胞期、精细胞期、精子期和休止期。

16. 关于刺参生殖系统的描述错误的是（　　）
    A. 雌雄异体，外形较难区分　　　　B. 刺参生殖腺有一对
    C. 性腺发育到第Ⅱ期，可以辨别雌雄　D. 生殖腺发育分为四期

[答案] B

[解析] 刺参为雌雄异体，外形较难区分，生殖腺只有一个。

17. 以下关于对虾生殖腺说法错误的是（　　）
    A. 对虾纳精囊位于第四、五步足之间
    B. 对虾输精管在第五步足基部膨大成精荚囊
    C. 对虾雌性生殖腺包括卵巢和输卵管
    D. 对虾卵细胞第五时相为完全成熟的卵子

[答案] C

[解析] 对虾的雌性生殖腺包括卵巢、输卵管和一个在体外的纳精囊。

18. 下列关于贝类的说法错误的是（　　）
    A. 贝类存在雌雄同体和性逆转
    B. 贝类生殖腺的发育经过六个时期
    C. 生殖腺包括生殖管、生殖输送管和滤泡
    D. 原始生殖细胞在滤泡壁发育

[答案] B

[解析] 以贻贝为例，性腺发育经过四个时期：性腺形成期、性分化期、产卵期、耗尽期。

19. 关于中华绒螯蟹的说法错误的是（　　）
    A. 中华绒螯蟹为雌雄异体　　　　B. 生殖腺位于头胸部背甲下
    C. 卵细胞发育分为五个时期　　　D. 精子发育期分为四个时期

[答案] D

[解析] 中华绒螯蟹的精子发育可分为五个时期：精原细胞期、精母细胞期、精细胞期、精子期和休止期。

20. 关于蛙、鳖生殖腺，以下说法错误的是（　　）
    A. 蛙输卵管末端膨大成子宫　　　B. 雌雄蛙生殖腺前方，有黄色指状脂肪体
    C. 雄蛙贮精囊由输精小管膨大形成　D. 雄蛙输尿管兼具输精子的作用

[答案] C

[解析] 雄蛙的输尿管在进入泄殖腔之前膨大成贮精囊，用以贮存精子。

第九单元　循环系统

1. 下列有关于心血管系说法错误的是（　　）

A. 心血管系由心、动脉和静脉构成

B. 循环系分为心血管系和淋巴系

C. 毛细血管是血液与组织液进行物质交换的场所

D. 动脉是将血液由心脏运输到全身各部的血管

[答案] A

[解析] 心血管系由心、动脉、静脉和毛细血管构成。

2. 下列有关鱼类心脏说法错误的是（　　）

A. 心脏位于围心腔内　　　　　B. 硬骨鱼类心室前方具动脉圆锥

C. 心房有瓣膜防止血液倒流　　D. 由静脉窦、心房和心室组成

[答案] B

[解析] 软骨鱼类心室前方有动脉圆锥，硬骨鱼类为动脉球。

3. 关于蛙心脏结构说法正确的是（　　）

A. 蛙幼体与成体心脏结构为两心房一心室

B. 从两栖类开始循环系统为严格双循环

C. 蛙心脏静脉窦和动脉圆锥消失

D. 心室同时含有多氧血和少氧血

[答案] D

[解析] 蛙幼体心脏结构为一心房一心室，成体为两心房一心室；蛙类为不完全双循环；蛙类心脏具静脉窦和动脉圆锥。

4. 下列有关鳖类心脏说法错误的是（　　）

A. 左右体动脉弓开口在动脉腔

B. 心室分为肺腔、动脉腔和静脉腔

C. 静脉腔接受右心房血液，动脉腔接受左心房血液

D. 心脏无动脉圆锥

[答案] A

[解析] 鳖类左右体动脉弓开口在静脉腔。

5. 下列说法正确的是(   )

A. 动脉分为内膜、中膜和外膜三层结构，静脉只有两层

B. 动脉球具较强搏动能力

C. 毛细血管结构最简单，仅一层内皮细胞构成

D. 动脉管壁存在瓣膜，防止血液倒流

[答案] C

[解析] 静脉分为内膜、外膜和中膜三层；动脉球不具有搏动能力；动脉管壁无瓣膜，中静脉和大静脉的内膜向管腔突出形成半月形瓣膜，防止血液倒流。

6. 鱼类的循环方式为(   )

A. 单循环

B. 不完全单循环

C. 双循环

D. 不完全双循环

[答案] A

[解析] 鱼类血液循环为单循环（即鳃循环）。

7. 以下不属于蛙主动脉分支的是(   )

A. 头动脉

B. 颈动脉

C. 体动脉

D. 肺皮动脉

[答案] A

[解析] 蛙的主动脉向心脏前方分成 2 支，左右对称，每支各分支成 3 条动脉，前面一条为颈动脉，中间为体动脉，最后面是肺皮动脉。

8. 以下不属于蛙前大静脉的是(   )

A. 外颈静脉

B. 无名静脉

C. 生殖静脉

D. 锁骨下静脉

[答案] C

[解析] 蛙的前大静脉包括外颈静脉、无名静脉和锁骨下静脉。

9. 有关后大静脉说法错误的是(   )

A. 由后向前顺序接受肝静脉、肾静脉和股静脉等的血液

B. 肾门静脉是两端都连接毛细血管网的静脉

C. 股静脉送回后肢静脉血，向前分成骨盆静脉和髂静脉

D. 两条骨盆静脉在腹部中央会合成腹大静脉

[答案] A

[解析] 由后向前顺序接受生殖静脉、肾静脉和肝静脉等的血液。

第十单元　神经系统

1. 关于神经系统下列说法正确的是(　　)

　　A. 神经系统由脑、脊髓和分布于全身的神经组成

　　B. 多数神经含有髓和无髓两种神经纤维

　　C. 植物性神经主要控制心肌、骨骼肌和腺体活动

　　D. 周围神经系统由脑神经、脊神经构成

[答案] B

[解析] 神经系统由脑、脊髓、神经节和分布于全身的神经组成；植物性神经主要控制心肌、平滑肌和腺体活动；周围神经系统由脑神经、脊神经和自主神经构成。

2. 下列说法正确的是(　　)

　　A. 神经元胞体及树突集聚的地方为白质，呈白色

　　B. 神经纤维由神经元的细胞体组成

　　C. 功能相似的灰质团块称为神经核

　　D. 神经节可分为感觉神经节和运动神经节

[答案] C

[解析] 神经元胞体及树突集聚的地方为灰质，神经纤维聚集的地方为白质（呈白色）；神经纤维由神经元的突起构成；神经节可分为感觉神经节和自主神经节。

3. 以下不属于感觉神经末梢是(　　)

　　A. 肌梭　　　　　　　　　　　　B. 触觉小体

　　C. 环层小体　　　　　　　　　　D. 运动终板

[答案] D

[解析] 感觉神经末梢主要有游离神经末梢、触觉小体、环层小体和肌梭，运动终板为运动神经末梢。

4. 鱼、蛙、鳖神经系统的高级神经中枢是(　　)

　　A. 小脑　　　　　　　　　　　　B. 大脑

　　C. 中脑　　　　　　　　　　　　D. 延脑

[答案] C

[解析] 鱼、蛙、鳖神经系统的最高中枢都为中脑。

5. 下列说法错误的是(　　)

　　A. 蛙脑延脑为活命中枢　　　　　B. 鱼类小脑为协调身体活动的中枢

　　C. 鱼脑间脑分为上丘脑、下丘脑两部分D. 鳖的大脑出现新脑皮

[答案] C

[解析] 鱼脑间脑分为上丘脑、丘脑、下丘脑三部分。

6. 以下关于鱼脑结构错误的是(　　)

　　A. 鱼类的端脑是主要的嗅觉中枢　　　B. 间脑中有垂体结构，具内分泌功能

　　C. 第三脑室位于小脑　　　　　　　　D. 延脑与脊髓相连，两者无明显界限

[答案] C

[解析] 第三脑室位于间脑。

7. 有关脊髓相关说法正确的是(　　)

　　A. 灰质断面上可分为一对背侧角和一对腹侧角

　　B. 脊髓中部为白质，周围为灰质

　　C. 灰质背侧角含有各种运动神经元的胞体

　　D. 白质被灰质柱分为左右对称的一对索

[答案] A

[解析] 脊髓中部为灰质，周围为白质；灰质腹侧角内有运动神经元的胞体；白质被灰质柱分为左右对称的三对索：背侧索、腹侧索和外侧索。

8. 以下跟眼球运动无关的神经是(　　)

　　A. 动眼神经　　　　　　　　　　　　B. 迷走神经

　　C. 外展神经　　　　　　　　　　　　D. 滑车神经

[答案] B

[解析] 控制眼球运动的神经为动眼神经、外展神经和滑车神经。

9. 以下神经不是从延脑发出的是(　　)

　　A. 三叉神经　　　　　　　　　　　　B. 听神经

　　C. 滑车神经　　　　　　　　　　　　D. 迷走神经

[答案] C

[解析] 滑车神经从中脑侧、背面发出。

10. 下列说法正确的是(　　)

　　A. 背根与腹根合并成脊神经，出椎孔后形成背支、腹支与内脏支三支

　　B. 背根连在脊髓背面，内含运动神经纤维

　　C. 腹根的神经纤维主要跟内脏活动有关

　　D. 脊神经在肌节上不重叠，一个肌节受一个腹根支配

[答案] A

[解析] 背根内含感觉神经纤维，腹根内含运动神经纤维；腹根含有的神经纤维主要与运动有关；脊神经在肌节上分布有重叠现象，每肌节可受几个腹根支配。

11. 以下不属于植物性神经系统特点的是( )

    A. 一般为粗的有髓纤维，通常以神经干形式分布

    B. 支配平滑肌、心肌和腺体

    C. 一定程度上不受意识直接控制，具相对自主性

    D. 分交感神经和副交感神经两部分

[答案] A

[解析] 躯体运动神经纤维一般为粗的有髓纤维，通常以神经干形式分布；植物性神经的节前纤维为细的有髓纤维，节后纤维为细的无髓纤维，常形成神经丛。

第十一单元　内分泌系统

1. 以下哪些内分泌腺是鱼类不具有的( )

    A. 甲状旁腺   B. 胸腺

    C. 肾上腺   D. 尾垂体

[答案] A

[解析] 鱼类的内分泌腺不包含甲状旁腺。

2. 以下哪个说法是错误的( )

    A. 鱼类的腺垂体可分泌生长激素、加压素和催产素

    B. 胸腺是胚胎发生最早的淋巴组织

    C. 肾上腺素和去甲肾上腺素可影响黑色素的集中

    D. 斯坦尼斯小体的分泌物能影响鱼类性腺发育

[答案] A

[解析] 鱼类的腺垂体分为前腺垂体（分泌催乳激素、促肾上腺皮质激素、促甲状腺激素）、中腺垂体（分泌促甲状腺激素、生长激素、促性腺激素）、后腺垂体（分泌可作用于皮肤黑色素的激素）。

3. 以下腺垂体的描述，错误的是( )

    A. 前腺垂体含有催乳激素分泌细胞

    B. 中腺垂体含促肾上腺皮质激素分泌细胞

    C. 后腺垂体产生激素可影响黑色素细胞

    D. 腺垂体分为前、中、后三部分

[答案] B

[解析] 中腺垂体含有促甲状腺激素分泌细胞、生长激素分泌细胞、促性腺激素分泌细胞，前腺垂体含有促肾上腺皮质激素分泌细胞。

4. 鱼中腺垂体不包括哪些细胞(　　)

A. 促甲状腺激素分泌细胞
B. 促性腺激素分泌细胞
C. 生长激素分泌细胞
D. 促肾上腺皮质激素分泌细胞

[答案] D

[解析] 中腺垂体含有促甲状腺激素分泌细胞、生长激素分泌细胞、促性腺激素分泌细胞，不包含促肾上腺皮质激素分泌细胞。

5. 以下关于神经垂体说法错误的是(　　)

A. 结构上鱼类腺垂体和神经垂体混合在一起
B. 神经垂体主要成分是垂体细胞
C. 神经垂体含有加压素和催产素
D. 下丘脑通过神经纤维与神经垂体相联系

[答案] B

[解析] 神经垂体的主要成分是神经纤维，另外包含神经胶质细胞、垂体细胞。

6. 鳙和鲈的脑垂体类型分别是(　　)

A. 背腹型、前后型
B. 前后型、背腹型
C. 均为前后型
D. 均为背腹型

[答案] A

[解析] 通常把鱼类脑垂体的形态结构归纳为两大类型：前后型（如鳗鲡、鲈、角鲨等）、背腹型（鲢、鳙、草鱼、鲤、鲫等）。

7. 关于鱼甲状腺的叙述错误的是(　　)

A. 主要由甲状腺泡组成
B. 真骨鱼类甲状腺分布在静脉窦附近
C. 甲状腺泡由单层上皮包围而成
D. 甲状腺能促进鱼的变态、生殖发育

[答案] B

[解析] 真骨鱼的甲状腺普遍分布在腹主动脉的第Ⅰ至第Ⅲ鳃动脉的鳃区间隙组织中。

8. 关于鱼类肾上腺说法错误的是(　　)

A. 嗜铬组织分泌肾上腺素和去甲肾上腺素
B. 斯坦尼斯小体即真骨鱼的后肾组织
C. 前肾组织皮质部细胞分泌加压素
D. 真骨鱼类肾间组织分为前肾组织和后肾组织

［答案］C

［解析］前肾间组织皮质部细胞分泌类固醇皮质激素。

9. 下列说法正确的是(　　　)

    A. 鱼类肾上腺由皮质和髓质两部分构成

    B. 斯坦尼斯小体通常位于肾脏后部中线背侧

    C. 鱼类甲状腺由甲状腺泡与腺泡旁细胞构成

    D. 鱼类胸腺一般位于胸鳍肌肉附近

［答案］B

［解析］鱼类肾上腺包括肾间组织、肾上组织；鱼类甲状腺主要由甲状腺泡组成；鱼类胸腺一般位于鳃盖与咽腔交界处的背上角。

10. 下列关于尾垂体的叙述不正确的是(　　　)

    A. 主要由 2 种神经分泌细胞组成   B. 主要分布在尾鳍鳍条组织

    C. 是鱼类特有的内分泌腺   D. 与脑垂体的构造有相似之处

［答案］B

［解析］尾垂体是在尾下骨开始处或最后一尾椎处的脊髓腹面的增厚和膨大部分。

11. 淋巴细胞成熟部位是(　　　)

    A. 垂体   B. 甲状腺

    C. 胸腺   D. 肾上腺

［答案］C

［解析］胸腺是机体重要的淋巴器官，是 T 细胞分化、发育、成熟的场所。

12. 关于胸腺结构以下说法正确的是(　　　)

    A. 胸腺的功能主要是分泌胸腺激素

    B. 两栖类的胸腺位于鼓膜上后方

    C. 胸腺内形成的淋巴细胞为 B 淋巴细胞

    D. 爬行类胸腺只有 1 对

［答案］B

［解析］A、C 项胸腺是机体重要的淋巴器官，功能与免疫密切相关，是 T 细胞分化、发育、成熟的场所，同时具有内分泌机能。D 项爬行类的胸腺有 1 对或多对。

13. 下列说法不正确的是(　　　)

    A. 胸腺小叶结构周边为髓质，深部为皮质

    B. 脑垂体分泌的激素需要下丘脑的调控

    C. 斯坦尼斯小体囊泡可区分为生长、分泌和萎缩三个时相

D. 胸腺是周围淋巴器官正常发育所必需的器官

[答案] A

[解析] 胸腺小叶结构周边为皮质，深部为髓质。

14. 以下内分泌腺不参与鱼类性腺发育的是(　　)

    A. 肾上腺　　　　　　　　　　　B. 甲状腺

    C. 腺垂体　　　　　　　　　　　D. 胸腺

[答案] D

[解析] 胸腺是机体重要的淋巴器官，是 T 细胞分化、发育、成熟的场所，与性腺发育无关。

第十二单元　感觉器官

1. 以下说法正确的是(　　)

    A. 侧线结构为鱼类所特有　　　　B. 鱼类体侧侧线受迷走神经支配

    C. 鱼类侧线每侧仅有 1 条　　　　D. 低等硬骨鱼类侧线又称为罗伦氏壶腹

[答案] B

[解析] A 项侧线是鱼类以及水生两栖类特有；C 项大多数鱼类每侧一条侧线，少数为 3 条；D 项罗伦氏壶腹是软骨鱼类所特有，个别硬骨鱼具有。

2. 以下真骨鱼类眼球不具有的结构是(　　)

    A. 角膜　　　　　　　　　　　　B. 血管膜

    C. 脉络膜　　　　　　　　　　　D. 瞬膜

[答案] D

[解析] 鱼类眼球由外层（巩膜、角膜）、中层〔脉络膜（包括银膜、血管膜、色素膜）和虹膜〕、内层（视网膜）组成。

3. 以下说法正确的是(　　)

    A. 鱼眼球壁由两层膜组成　　　　B. 多数鱼类具活动眼睑

    C. 鱼类晶状体大而圆，适于近视　D. 鱼眼视觉范围分为双眼视区和单眼视区

[答案] C

[解析] A 项鱼类眼球壁有三层膜；B 项仅有少数鱼类有眼睑；D 项鱼类视觉范围包括双眼视区、单眼视区、无视区。

4. 以下关于蛙眼说法正确的是(　　)

    A. 蛙眼球视网膜比鱼类突出　　　B. 蛙比鱼类能看到更远的物体

C. 蛙眼球无泪腺附属结构　　　　　D. 蛙的色觉较为发达

[答案] B

[解析] 蛙的视觉器官与鱼类相似，但眼球的角膜较为突出，晶状体近似于圆球形而稍扁平，晶状体与角膜之间距离比鱼类眼稍远，因此能比鱼类看到的物体远；蛙眼的附属结构包括眼睑、瞬膜、泪腺、鼻泪管等；蛙只有少许色觉。

5. 硬骨鱼的耳石不包括(　　　)
- A. 矢耳石
- B. 星耳石
- C. 大耳石
- D. 小耳石

[答案] C

[解析] 硬骨鱼的耳石包括星耳石、矢耳石、小耳石。

6. 鱼、蛙、鳖耳均具有的结构为(　　　)
- A. 外耳
- B. 中耳
- C. 内耳
- D. 耳柱骨

[答案] C

[解析] 鱼、蛙、鳖耳均具有内耳结构。

第十三单元　胚 胎 学

1. 关于精子结构，以下说法正确的是(　　　)
- A. 所有鱼类精子为鞭毛型精子
- B. 鱼类的精子没有顶体
- C. 线粒体主要位于精子颈部
- D. 精子运动器官主要在尾部中段

[答案] A

[解析] 鱼类精子为鞭毛型精子；营体外受精的鱼类精子无顶体，体内受精鱼类具顶体结构；线粒体主要位于精子尾部中段；精子运动器官主要在尾部主段。

2. 硬骨鱼精子颈部有哪种结构(　　　)
- A. 线粒体
- B. 中心粒
- C. 溶酶体
- D. 微管

[答案] B

[解析] 硬骨鱼精子由头、颈、尾三部分组成，头部由细胞核组成，软骨鱼由顶体和细胞核组成；颈部有中心粒结构；尾部有大量线粒体及微管等结构。

3. 以下水生动物精子头部呈螺旋状的是(　　　)
- A. 鲨
- B. 草鱼

C. 青虾   D. 刺参

[答案] A

[解析] 大多数硬骨鱼的精子头部呈圆球形，软骨鱼类则呈螺旋形；青虾为非鞭毛型精子，呈图钉形；刺参精子头部为圆球形。

4. 精子发生特有的时期为（   ）
A. 增殖期   B. 生长期
C. 成熟期   D. 变态期

[答案] D

[解析] 精子发生有四个时期：增殖期、生长期、成熟期及变态期，卵细胞则没有变态期。

5. 以下动物的精子属于非鞭毛型精子的是（   ）
A. 草鱼   B. 对虾
C. 贻贝   D. 海参

[答案] B

[解析] 动物精子有鞭毛型和非鞭毛型两种，非鞭毛型精子主要存在于甲壳纲和线虫纲。

6. 下列雄性生殖细胞中直径最小的是（   ）
A. 精原细胞   B. 精子
C. 次级精母细胞   D. 精子细胞

[答案] B

[解析] 精子发生越往后分裂形成的细胞越小，一般精原细胞最大，成熟的精子最小。

7. 硬骨鱼类的卵属于（   ）
A. 均黄卵   B. 端黄卵
C. 间黄卵   D. 中黄卵

[答案] B

[解析] 软体动物头足类、软骨鱼类、硬骨鱼类、爬行类、鸟类的卵都为端黄卵。

8. 棘皮动物的卵子属于（   ）
A. 均黄卵   B. 间黄卵
C. 端黄卵   D. 中黄卵

[答案] A

[解析] 软体动物双壳类、棘皮动物、头索动物、哺乳动物的卵都为均黄卵。

9. 虾蟹类的卵子属于（   ）
A. 均黄卵   B. 端黄卵

        C. 中黄卵   D. 间黄卵

[答案] C
[解析] 昆虫以及甲壳类动物的卵为中黄卵。

10. 关于受精作用，下列描述正确的是(   )
        A. 大多数鱼类受精的方式为体内受精
        B. 精子入卵前，两者的接触过程称为受精
        C. 硬骨鱼类精子入卵时间在第二次减数分裂中期
        D. 精子完成两次减数分裂后即获得受精能力

[答案] C
[解析] 大多数鱼类受精采用体外受精的方式；精子入卵前的接触过程称为授精，授精早于受精；精子只有在完成减数分裂以及变态成为精子之后才获得受精的能力。

11. 虾、蟹的卵裂方式为(   )
        A. 盘状卵裂   B. 表面卵裂
        C. 完全卵裂   D. 中心卵裂

[答案] B
[解析] 卵裂类型包括两种：完全卵裂和不完全卵裂，不完全卵裂又分为盘状卵裂和表面卵裂。哺乳动物属完全卵裂；鱼类、头足类、爬行类和鸟类多属于盘状卵裂，昆虫、虾、蟹属表面卵裂。

12. 软骨鱼和真骨鱼类在第三次卵裂时形成(   )
        A. 2 个卵裂球   B. 4 个卵裂球
        C. 8 个卵裂球   D. 16 个卵裂球

[答案] C
[解析] 卵裂时，卵子一分为二，第一次卵裂形成 2 个卵裂球，第二次卵裂形成 2×2＝4 个卵裂球，第三次卵裂形成 4×2＝8 个卵裂球。

13. 大多数真骨鱼类的囊胚属于(   )
        A. 偏极囊胚   B. 实心囊胚
        C. 盘状囊胚   D. 泡状囊胚

[答案] C
[解析] 动物囊胚分为有腔囊胚、实心囊胚、边围囊胚、盘状囊胚、泡状囊胚。有腔囊胚又分为单层囊胚和偏极囊胚。海胆和文昌鱼等属单层囊胚，蛙类属偏极囊胚，水螅、沙蚕等属实心囊胚，节肢动物如昆虫、虾蟹属边围囊胚，硬骨鱼、爬行类、鸟类属盘状囊胚，哺乳动物属泡状囊胚。

14. 以下属于边围囊胚的是(　　)

  A. 对虾   B. 草鱼

  C. 蛙   D. 鳖

[答案] A

[解析] 节肢动物如昆虫、虾蟹属边围囊胚。

15. 以下属于二胚层动物的是(　　)

  A. 贻贝   B. 鲤

  C. 水螅   D. 海参

[答案] C

[解析] 多细胞动物胚胎发育中，囊胚经原肠作用形成一个双胚层胚体（内胚层、外胚层），称为原肠胚。除海绵和腔肠动物外，其他多细胞动物的原肠作用还包括中胚层的分化。

16. 多数脊椎动物的原始生殖细胞起源于(　　)

  A. 外胚层   B. 内胚层

  C. 中胚层   D. 外、中、内胚层

[答案] B

[解析] 原始生殖细胞从特定的胚层演化而来，大多数无脊椎动物来自中胚层，而多数脊椎动物则来自内胚层。

17. 以下不属于中胚层形成方式的是(　　)

  A. 内褶法   B. 内移法

  C. 内陷法   D. 端细胞法

[答案] C

[解析] 中胚层形成方式有内褶法、内移法、端细胞法；内外胚层形成方式有移入法、分层法、内陷法、外包法、内卷法。

18. 鱼类中胚层形成方式为(　　)

  A. 内褶法   B. 内移法

  C. 内陷法   D. 端细胞法

[答案] A

[解析] 内褶法存在于棘皮动物和脊索动物的胚胎发育过程中，内移法存在于海星、海胆等动物，端细胞法存在于扁形动物、纽形动物、软体动物（头足类）和环节动物。

19. 大多数硬骨鱼类的原肠作用可同时进行以下方式(　　)

A. 外包、内卷、伸展　　　　　B. 外包、内移、伸展

C. 分层、内卷、伸展　　　　　D. 分层、内陷、伸展

［答案］A

［解析］原肠胚是由囊胚细胞迁移、转变形成的，可形成内、外胚层。内、外胚层形成有5种方式（移入、分层、内陷、外包、内卷法），在不同动物的原肠作用中，上述方法很少单独进行，一般都是数种方法同时进行，如真骨鱼类，有外包、内卷、伸展等方式同时进行。

20. 下列说法正确的是(　　　)

A. 原肠胚由外胚层和内胚层构成　　B. 不同动物原肠作用一般只用一种方法

C. 虾和蟹的囊胚是边围囊胚　　　　D. 完全卵裂可以分为盘状卵裂和表面卵裂

［答案］C

［解析］大部分生物原肠胚由外胚层、中胚层和内胚层三个胚层构成；不同的动物原肠作用可多种方法同时进行；不完全卵裂分为盘状卵裂和表面卵裂。

21. 以下胚后发育属于非幼虫发生类型的是(　　　)

A. 牡蛎　　　　　　　　　　　B. 刺参

C. 泥鳅　　　　　　　　　　　D. 对虾

［答案］C

［解析］鱼类的胚后发育属于非幼虫发生类型，软体动物、棘皮动物、虾蟹类胚后发育都经过幼虫阶段，需要经过变态才能变为成体。

22. 鱼类精子水中活动的大部分能量消耗在(　　　)

A. 调节渗透压　　　　　　　　B. 运动

C. 分泌酶类　　　　　　　　　D. 提供营养

［答案］A

［解析］鱼类精子排入水中，少部分能量消耗在运动方面，大部分能量用于渗透压的调节上。

23. 鱼类卵质的主要成分是(　　　)

A. 卵黄　　　　　　　　　　　B. 胚泡

C. 内质网　　　　　　　　　　D. 核糖体

［答案］A

［解析］卵质，除含有与体细胞相同的细胞器外，还含有皮层颗粒、卵黄、油球、胚胎形成物质、酶和激素。其中含量最多是卵黄，是卵质的主要成分、胚胎发育的能源。

24. 四大家鱼的精子入水后限( )之内受精。

A. 1～10s

B. 30～45s

C. 60～100s

D. 120～150s

[答案] B

[解析] 淡水鱼类的精子和卵子入水后的受精时限比较短，如四大家鱼的精子入水后限30～45s。

25. 关于鱼类早期胚胎发育，以下说法错误的是( )

A. 硬骨鱼类卵裂有完全卵裂和不完全卵裂两种

B. 鱼类的囊胚类型有偏极囊胚和盘状囊胚

C. 原肠作用的结果形成外、中、内三个胚层

D. 胚盾的出现标志胚胎两侧对称已显示

[答案] D

[解析] 背唇的出现标志胚胎的两侧对称已显示出来。

26. 关于鱼类卵裂，以下说法正确的是( )

A. 第一次卵裂为经裂，第二次为纬裂 B. 软骨鱼类卵裂属于完全卵裂

C. 间黄卵的鱼类卵裂类型为完全卵裂 D. 硬骨鱼类每次卵裂均同步进行

[答案] C

[解析] 第一、二次卵裂均为经裂；间黄卵鱼类卵裂为完全卵裂，端黄卵鱼类卵裂为不完全卵裂；软骨鱼类和真骨鱼类卵裂为不完全卵裂；一般从32或64个卵裂球期以后，卵裂就不完全同步。

27. 鲤科鱼类受精卵分裂，标志着原肠作用开始的是( )

A. 囊胚层细胞下包至植物极1/2

B. 囊胚层细胞下包至植物极1/3

C. 囊胚层细胞下包至植物极1/4

D. 囊胚层细胞下包至植物极2/3

[答案] A

[解析] 鲤科鱼类的原肠作用是囊胚层细胞经过运动、迁移和重新排列建立3个胚层的过程。在低囊胚之后，囊胚层细胞继续下包（同时内卷）至植物极1/2时，标志着原肠作用的开始。

28. 关于鱼类生殖细胞与受精，下列说法正确的是( )

A. 鱼类精子为鞭毛型精子，头部椭圆形

B. 卵生鱼类卵子比较大，卵胎生比较小

C. 体内受精的鱼类为单精受精

D. 鱼类卵膜有初级卵膜、次级卵膜和三级卵膜三种

[答案] D

[解析] 硬骨鱼类精子头部一般圆球形，而软骨鱼类精子头部为螺旋状。卵生鱼类的卵较小，胎生和卵胎生鱼类的卵子较大。体外受精鱼类的卵子具有受精孔，精子穿过卵子动物极的受精孔入卵；而体内受精鱼类的卵子无受精孔，精子在卵子动物极范围内入卵受精——前者为单精受精，后者则为多精入卵。

29. 鱼类侧线、鳞片和鳍条形成的发育时期是（　　）

  A. 仔鱼期   B. 幼鱼期

  C. 成鱼期   D. 性未成熟期

[答案] B

[解析] 鱼类个体发育史可分为胚胎期、仔鱼期、幼鱼期、性未成熟期、成鱼期和衰老期。其中从奇鳍褶退化消失开始，直到鳍条、鳞片和侧线都已形成的时期为幼鱼期。

30. 关于软体动物的发育描述正确的是（　　）

  A. 精子大多数为鞭毛型   B. 卵子大多数为间黄卵

  C. 受精方式为体内受精   D. 卵裂方式为盘状卵裂

[答案] A

[解析] 软体动物卵子大多数为均黄卵；多数的软体动物受精方式为体外受精；卵裂的方式为螺旋卵裂。

31. 以下不属于软体动物产卵与发育的方式是（　　）

  A. 卵囊或卵块内发育   B. 斧足内发育

  C. 水中发育   D. 外套膜中发育

[答案] B

[解析] 软体动物的产卵和发育分为三大方式：卵囊或卵块内发育、水中发育、外套膜中发育。

32. 以下不属于鲍发育过程中的幼虫阶段是（　　）

  A. 担轮幼虫   B. 面盘幼虫

  C. 桶形幼虫   D. 围口壳幼虫

[答案] C

[解析] 鲍的发育过程经过担轮幼虫、面盘幼虫、围口壳幼虫、上足分化幼虫和幼鲍阶段。桶形幼虫为刺参发育阶段的幼虫类型。

33. 下列关于贻贝发育的说法错误的是（　　）

  A. 贻贝具有性反转现象   B. 排出的卵子处于第二次成熟分裂中期

  C. 受精卵为不均等的螺旋卵裂   D. 幼虫时期分为 5 个时期

[答案] B

[解析] 贻贝卵子刚排出的时候处于第一次成熟分裂中期。

34. 对虾的卵为(　　)

    A. 沉性卵　　　　　　　　　　B. 浮性卵

    C. 漂浮性卵　　　　　　　　　D. 黏性卵

[答案] A

35. 以下关于对虾的发育，正确的是(　　)

    A. 雄虾第三对游泳足内肢变为交接器

    B. 对虾卵为间黄卵，精子为鞭毛型

    C. 受精卵卵裂为完全均等卵裂

    D. 胚后发育经历无节幼虫、担轮幼虫和糠虾幼虫

[答案] C

[解析] 雄性第一对游泳足内肢特化为雄性交接器；虾的精子为非鞭毛型，具一个单一棘突；对虾胚后发育经过无节幼虫、溞状幼虫和糠虾幼虫，不经过担轮幼虫阶段。

36. 下列不属于对虾胚后发育经历的幼虫阶段是(　　)

    A. 糠虾幼虫　　　　　　　　　B. 溞状幼虫

    C. 无节幼虫　　　　　　　　　D. 大眼幼虫

[答案] D

[解析] 对虾胚后发育要经历无节幼虫、溞状幼虫、糠虾幼虫等不同阶段。中华绒螯蟹幼虫孵化后经过溞状幼虫和大眼幼虫两个阶段。

37. 以下关于刺参发育描述错误的是(　　)

    A. 刺参精子为鞭毛型，头部圆球形　　B. 刺参卵子为中黄卵

    C. 原肠后期出现体腔囊　　　　　　　D. 体腔发生为肠体腔法

[答案] B

[解析] 刺参的卵子为均黄卵。

38. 下列不属于刺参幼虫发育所经历的阶段的是(　　)

    A. 五触手幼虫　　　　　　　　B. 耳状幼虫

    C. 桶形幼虫　　　　　　　　　D. 面盘幼虫

[答案] D

[解析] 刺参的幼虫要经过耳状幼虫、桶状幼虫和五触手幼虫，然后变态为稚参。

39. 以下关于蛙发育的说法错误的是(　　)

A. 蛙进行体内受精，受精时有"抱对"现象

B. 蛙的卵裂为不等的全分裂

C. 蝌蚪用鳃呼吸，心脏一心房一心室

D. 蝌蚪的外形和内部结构跟鱼相似

[答案] A

[解析] 蛙类实行的是体外受精。

40. 下列关于成蛙与蝌蚪的说法，错误的是(　　　)

A. 蝌蚪用鳃呼吸，成蛙用肺呼吸

B. 蝌蚪为单循环，成蛙为不完全双循环

C. 蝌蚪由中肾执行泌尿功能，蛙由前肾执行泌尿功能

D. 蝌蚪的肠管螺旋状盘曲，成蛙为粗短的肠管

[答案] C

[解析] 蝌蚪由前肾执行泌尿功能，成蛙排泄系统出现了中肾，代替前肾执行泌尿功能。

第三篇

水生动物生理学

1. 肠上皮细胞吸收葡萄糖，是属于(　　)

    A. 单纯扩散　　　　　　　　　　B. 易化扩散

    C. 主动运输　　　　　　　　　　D. 入胞作用

［答案］C

［解析］一般葡萄糖在小肠上皮细胞中主要是靠主动运输的方式进入小肠上皮细胞。通过跟钠离子结合，出现协同运输的结构，由钠离子将葡萄糖分子主动运送到上皮细胞内。

2. 正常情况下胃黏膜不会被胃液所消化，是由于(　　)

    A. 胃液中不含有可消化胃黏膜的酶

    B. 黏液-碳酸氢盐屏障的作用

    C. 胃液中的内因子对胃黏膜具有保护作用

    D. 胃液中的糖蛋白可中和胃酸

［答案］B

［解析］水生动物胃腺分泌黏液，其作用是有效防止胃酸及蛋白酶对胃的侵蚀。

3. 鱼类血液的 pH 一般稳定在(　　)

    A. $6.55\sim7.00$　　　　　　　　　B. $6.90\sim7.80$

    C. $7.00\sim7.45$　　　　　　　　　D. $7.52\sim7.71$

［答案］D

［解析］鱼类血液的酸碱度通常为 $7.52\sim7.71$。

4. 红细胞生成的主要原料是(　　)

    A. 蛋白质和铁　　　　　　　　　B. 叶酸

    C. 维生素 B_{12}　　　　　　　　　D. Cu^{2+}

［答案］A

5. 下列被称为软骨鱼类辅助性心脏的结构是(   )

    A. 心耳   B. 心室
    C. 动脉圆锥   D. 动脉球

[答案] C

[解析] 动脉圆锥是心脏的一部分，具有肌性壁，有收缩性，是心脏活动的辅助器官。

6. 当低温、缺氧或代谢障碍等因素影响细胞膜上的 $Na^+ - K^+$ 泵活动时，可使细胞的(   )

    A. 静息电位增大，动作电位幅度减小   B. 静息电位减小，动作电位幅度增大
    C. 静息电位增大，动作电位幅度增大   D. 静息电位减小，动作电位幅度减小

[答案] D

[解析] 一般来说静息电位的大小主要与 K^+ 的平衡电位有关，动作电位的大小则与 Na^+ 的平衡电位有关。$Na^+ - K^+$ 泵活动维持了正常细胞膜两侧 K^+ 和 Na^+ 的浓度差，使静息电位大小和动作电位幅度保持在正常水平。当 $Na^+ - K^+$ 泵受到低温、缺氧或代谢抑制剂影响而活动减弱时，膜两侧 K^+ 浓度差逐渐减小，K^+ 平衡电位随之下降；膜两侧 Na^+ 浓度差逐渐减小，Na^+ 平衡电位减小，从而使动作电位幅度减小。同时，$Na^+ - K^+$ 泵活动受到抑制，其生电作用也立即消失，可直接使静息电位水平下降。

7. 交感缩血管纤维释放的递质是(   )

    A. 肾上腺素   B. 去甲肾上腺素
    C. 乙酰胆碱   D. 组胺

[答案] B

[解析] 缩血管神经纤维属于交感神经纤维，其节后神经末梢释放的递质为去甲肾上腺素，主要起到血管收缩的作用，促进肌肉、血管的收缩，使之处于兴奋的状态，会造成心脏的收缩能力增强，心跳加快。

8. 决定心室肌细胞膜与 Na^+ 通道能否复活到备用状态的关键是(   )

    A. 时间足够长（>100ms）   B. 正常浓度的 ATP
    C. 阈电位水平   D. 正常静息电位水平

[答案] D

[解析] 膜电位直接控制钠离子通道的活性，静息电位下钠离子通道是备用状态。

9. 神经细胞在接受一次有效刺激而兴奋后，下列哪一个时期兴奋性为零(   )

    A. 超常期   B. 低常期
    C. 相对不应期   D. 绝对不应期

[答案] D

[解析] 细胞发生兴奋时，其兴奋性的变化经历 4 个时期：①绝对不应期，在细胞接受刺激产生兴奋的一个短暂时期内对任何新的刺激都不发生反应，兴奋性下降至零。②相对不应期，在绝对不应期之后，神经的兴奋性有所恢复，但低于正常水平，要引起组织的再次兴奋，必须使用阈上刺激。③超常期，相对不应期之后，神经的兴奋性继续上升并超过正常水平，阈下刺激即可引起细胞的兴奋。④低常期，继超常期之后，神经的兴奋性又下降到低于正常水平的时期。

10. 血压氧饱和度是指（　　）

    A. 血红蛋白能结合氧的最大量　　　　B. 血红蛋白实际结合的氧量

    C. 血液氧含量占氧容量的百分比　　　D. 血浆中溶解的氧量

[答案] C

[解析] 血氧饱和度一般是指动脉血氧饱和度。动脉血氧饱和度是指动脉血中氧与血红蛋白的结合程度，是单位血红蛋白含氧百分数。

11. 大部分硬骨鱼类具有下面哪种类型的心脏（　　）

    A. A 型心脏　　　　　　　　　　　　B. B 型心脏

    C. C 型心脏　　　　　　　　　　　　D. 不一定

[答案] C

[解析] 体形细长的鱼类如鳗鲡、康吉鳗属于 A 型心脏；B 型心脏如鳐类、鲨类等软骨鱼类；C 型心脏为大部分硬骨鱼类。

12. 脂肪分解产物的吸收途径（　　）

    A. 通过毛细血管吸收　　　　　　　　B. 通过毛细淋巴管吸收

    C. 两者均有　　　　　　　　　　　　D. 两者均无

[答案] C

[解析] 三酰甘油在肠道内分解为甘油、脂肪酸、甘油一酯，其吸收主要在小肠和幽门垂完成。甘油可以溶于水，同单糖一起被吸收。脂肪酸和甘油一酯先与胆盐结合形成水溶性的复合物，进入上皮细胞，胆盐则留在肠腔被重新利用，或转运回肝脏。进入上皮细胞的长链脂肪酸与甘油一酯重新合成三酰甘油，并与细胞内的载脂蛋白组成乳糜微粒，然后进入淋巴。短链脂肪酸、部分中链脂肪酸及其组成的甘油一酯可直接由毛细血管入门静脉。

13. 板鳃鱼类特有的辅助性调肾器官是（　　）

    A. 鳃　　　　　　　　　　　　　　　B. 直肠腺

    C. 肾脏　　　　　　　　　　　　　　D. 肠道

［答案］B

14. 下述哪种物质属于第二信使(　　)
　　A. ATP
　　B. ADP
　　C. AMP
　　D. cAMP

［答案］D

15. 临床上常用的强心剂是(　　)
　　A. 肾上腺素
　　B. 去甲肾上腺素
　　C. 阿托品
　　D. 血管升压素

［答案］A
［解析］肾上腺素能够增加心肌收缩力和提高心脏活动能力,这样既可以增加心率,也可以增加心脏泵血功能,对于心脏满足全身的血液供应起到很大作用。同时,肾上腺素也可以促使皮肤黏膜的血管收缩,能够使大量的血液回流心脏,这对于维持血压有着重要作用。另外,肾上腺素还可以扩张心肌血管和骨骼肌血管,这对增加心脏功能起到重要作用。

16. 下列关于胰岛素的描述,错误的是(　　)
　　A. 促进葡萄糖转变为脂肪酸
　　B. 血糖浓度升高时,胰岛素分泌减少
　　C. 促进糖原的合成
　　D. 胰岛素缺乏时,血糖升高

［答案］B
［解析］胰岛素能增强全身组织,特别是骨骼肌和脂肪组织对葡萄糖的摄取和利用,加速肝糖原和肌糖原的合成与贮存,抑制肝内糖原的异生,使血糖降低。当胰岛素缺乏时,血糖升高。

17. 心室肌细胞相对不应期的产生是由于(　　)
　　A. 膜电位与阈电位水平的差距较小
　　B. Na^+通道逐渐复活,但开放能力尚未恢复正常
　　C. Na^+通道尚处于失活状态
　　D. Ca^{2+}通道逐渐复活,但开放能力尚未恢复正常

［答案］B

18. 能强烈促进机体产热的激素是(　　)
　　A. 肾上腺素
　　B. 肾上腺皮质激素
　　C. 甲状腺激素
　　D. 生长素

[答案] C

[解析] 甲状腺激素能使绝大多数组织，特别是心、肝、肾、骨骼和肌肉等组织的耗氧量和产热量增大，细胞内氧化速率加快，基础代谢率提高。对变温水生动物，甲状腺激素在调节代谢活动中亦起重要作用，主要在调节渗透压方面。

19. 与卵泡细胞发育密切相关的激素是（　　）

    A. 促卵泡素　　　　　　　　　　B. 催乳素

    C. 孕激素　　　　　　　　　　　D. 雌激素

[答案] A

[解析] 促卵泡激素能够促进卵泡发育、成熟。

20. 决定气体交换方向的主要因素是（　　）

    A. 气体溶解度　　　　　　　　　B. 气体分压差

    C. 呼吸膜通透性　　　　　　　　D. 气体相对分子质量大小

[答案] B

[解析] 决定气体交换方向的主要因素是气体分压差。一种气体总是从浓度高的地方向浓度低的地方扩散，直到平衡为止，这就是气体扩散原理。以扩散的方式进行的气体交换中，各种气体的扩散方向主要取决于气体分压差，气体分压差是气体交换的动力。

21. 神经-肌肉接头后膜上水解神经递质的酶是（　　）

    A. 胆碱酯酶　　　　　　　　　　B. 磷酸酯酶

    C. 羧肽酶　　　　　　　　　　　D. 脱氨基酶

[答案] A

[解析] 神经-肌肉接头的神经递质是乙酰胆碱，故水解酶为胆碱酯酶。

22. 血清与血浆的主要区别是（　　）

    A. 血清中含有纤维蛋白，而血浆中无　　B. 血浆中含有纤维蛋白，而血清中无

    C. 血清中白蛋白的含量比血浆更多　　　D. 血浆中含有纤维蛋白原，而血清中无

[答案] D

[解析] 离体的血液不加抗凝剂自然凝固，分离出来淡黄色的透明液体称为血清。血清与血浆最主要的差别是血清中没有纤维蛋白原。

23. 下列有关动作电位特征的叙述，不正确的是（　　）

    A. 具有全或无现象

    B. 可沿着细胞膜传播

    C. 具有总和现象

    D. 动作电位的产生取决于去极化能否达到阈电位水平

[答案] C

[解析] 当细胞受一次短促的阈刺激或阈上刺激时，细胞膜原有的极化状态迅速消失，并继而发生倒转和复原等一系列电位变化，称为动作电位。膜内电位在短暂时间内由原来的负电位变为$+20\sim+40mV$的水平，即由原来的内负外正状态变为内正外负状态，膜内外电位变化幅度为$90\sim130mV$，构成了动作电位的上升支。但膜内外电位倒转很短暂，很快出现复极化，构成了动作电位的下降支。动作电位中，快速去极化和复极化的部分变化幅度很大，称为峰电位，是动作电位的主体，代表组织的兴奋过程；峰电位之后还会出现一个缓慢的波动，称为后电位，代表组织兴奋性的恢复过程。动作电位的产生有赖于Na^+通道的大量开放，而Na^+通道大量开放的前提是静息电位必须减小到某一临界数值，此临界点的跨膜电位的数值，就是阈电位，它是可兴奋细胞的一个重要参数，比静息电位的绝对值少$10\sim20mV$。动作电位具有"全或无"现象，即阈刺激或阈上刺激引起的动作电位的波形和幅度一致，而阈下刺激不产生动作电位。动作电位的产生取决于去极化能否达到阈电位水平，而与原刺激强度无关。

24. 血液凝固的根本原因是（　　）

A. 纤维蛋白的形成　　　　　　B. 凝血酶的形成

C. Ca^{2+}的量　　　　　　　　D. 凝血酶原激活物的形成

[答案] A

[解析] 血液凝固是指血液从液体状态变为固体状态的过程，血液凝固是通过一系列的凝血因子的放大反应，纤维蛋白原激活成纤维蛋白，形成纤维蛋白血凝块，达到止血的目的。

25. 血液中决定 pH 相对稳定的关键物质是（　　）

A. $KHCO_3$　　　　　　　　　B. $NaHCO_3$

C. Na_2HPO_4　　　　　　　　D. KH_2PO_4

[答案] B

[解析] $NaHCO_3/H_2CO_3$ 是血浆中最重要的缓冲对。

26. 离子利用 ATP 逆浓度梯度过膜转运的方式是（　　）

A. 被动转运　　　　　　　　　B. 促进扩散

C. 内吞作用　　　　　　　　　D. 主动转运

[答案] D

[解析] 逆浓度梯度方向的耗能跨膜转运过程称为主动转运。

27. 鱼类依靠下列哪部分结构完成血液与外界之间的气体交换（　　）

A. 入鳃丝动脉　　　　　　　　B. 入鳃瓣小动脉

C. 次级鳃瓣   D. 入鳃弓动脉

[答案] C

28. 下列哪项为不含有消化酶的消化液（   ）

    A. 胃液   B. 胆汁

    C. 胰液   D. 小肠液

[答案] B

[解析] 胆汁是由肝脏分泌的，其中不含消化酶，但能对脂肪起乳化作用，将较大的脂肪颗粒乳化成较小的脂肪微粒，利于脂肪的物理性消化。B 正确，其他均含有消化酶。

29. 刺激小肠黏膜释放促胰液素的作用最强的物质是（   ）

    A. 盐酸   B. 蛋白质

    C. 糖类   D. 脂肪

[答案] A

[解析] 盐酸的主要生理作用是：①激活胃蛋白酶原，使之变成具有生物活性的胃蛋白酶，并且为胃蛋白酶提供适宜的酸性条件；②使蛋白质变性易于消化分解；③具有一定的抑菌和杀菌作用，可以杀灭随食物进入胃的微生物；④盐酸随食糜进入小肠，能够促进胰液、胆汁、小肠液的分泌和促胰液素的释放；⑤在小肠，盐酸提供的酸性环境有利于小肠对铁、钙的吸收。盐酸的分泌是逆浓度差的主动转运过程。

30. 下列关于雄激素的叙述，错误的是（   ）

    A. 刺激精子的生成   B. 抑制体内蛋白质的合成

    C. 促进副性器官生长发育   D. 刺激雄性动物副性征的出现

[答案] B

[解析] 雄激素的生理作用主要包括以下几个方面：①在精子发生中的直接作用；②促进排精；③刺激和维持雄性第二性征发育；④睾酮抑制或刺激 GtH 的分泌。

31. 下列叙述中，不属于神经调节特点的是（   ）

    A. 反应速度快   B. 作用范围局限

    C. 反应准确   D. 作用范围广而且作用时间持久

[答案] D

[解析] 体液调节作用范围广而且作用时间持久。

32. 血液凝固过程中，参与多步反应的无机离子是（   ）

    A. Ca^{2+} B. Mg^{2+}

    C. Cu^{2+} D. K^+

[答案] A

[解析] 凝血过程的 3 个阶段均需钙离子（Ca^{2+}）参与，因此，去除血浆中的 Ca^{2+} 可达到抗凝目的。草酸盐、柠檬酸盐以及乙二胺四乙酸（EDTA）等化学物质可以与血浆中的 Ca^{2+} 形成不易解离的草酸钙或络合物等而常被用来抗凝。维生素 K 参与凝血因子的合成，可促进凝血和止血过程。

33. 心肌细胞之间的闰盘是一种（ ）

A. 化学性突触　　　　　　　　B. 低电阻通道

C. 紧密连接　　　　　　　　　D. 致密斑

[答案] B

[解析] 闰盘是心肌纤维连接处特有的结构，在 HE 染色标本中呈着色较深的横形或阶梯形粗线。电镜下，闰盘位于 Z 线水平，是相邻心肌的连接面，在横位部分有中间连接和桥粒，纵位部分有缝隙连接，有利于心肌纤维间交换化学信息和传递电冲动，保证心肌纤维同步收缩。

34. 下述形成心室肌细胞动作电位的离子基础，哪一项是错误的（ ）

A. 0 期主要是 Na^+ 内流　　　　　B. 1 期主要是 Cl^- 外流

C. 2 期主要是 Ca^{2+} 内流和 K^+ 外流　　D. 3 期主要是 K^+ 外流

[答案] B

[解析] 0 期为去极化过程，主要由 Na^+ 内流引起；1 期为快速复极初期，由 Cl^- 的短暂内流和 K^+ 的快速外流所引起。

35. 动脉血压的高低主要决定于（ ）

A. 心缩力的大小　　　　　　　B. 血流阻力的大小

C. 血管弹性的大小　　　　　　D. 血量的多少

[答案] A

[解析] 影响动脉血压的因素有心率、心肌收缩力、血容量和外周血管阻力等。动脉血压的高低主要决定于心缩力的大小。

36. 下列有关植物性神经调节内脏活动特点的叙述，错误的是（ ）

A. 双重支配　　　　　　　　　B. 有紧张性作用

C. 与所支配的效应器功能状态有关　　D. 安静时，交感神经的作用较强

[答案] D

[解析] 安静时副交感神经是兴奋的，而交感神经受到抑制。

37. 脂肪进入小肠不会引起（ ）

A. 肠胃反射导致胃排空减慢　　　B. 胰液分泌增加

C. 胆汁分泌增加   D. 胃液分泌增加

[答案] D

[解析] 在消化期内，抑制胃液分泌的主要因素有：

(1) 盐酸　胃是消化道内唯一能分泌酸的器官，当胃内盐酸达到一定浓度时，就反过来抑制胃腺的分泌，维持胃酸的适度水平。盐酸这种负反馈性自动调节作用，对消化道的生理活动具有重要意义。

(2) 脂肪　研究发现，脂肪及其消化产物进入十二指肠，能显著地抑制胃液分泌。脂肪抑制胃液分泌的机理为：脂肪能刺激小肠产生抑胃肽、促胰液素，而这些物质能抑制胃液分泌。

(3) 高渗溶液　如高浓度的盐水等，进入小肠后能反射性地抑制胃液分泌。

38. 在静息时，细胞膜外正内负的状态称为( )

     A. 复极化   B. 超极化

     C. 反极化   D. 极化

[答案] D

[解析] 静息状态下膜电位外正内负的状态称为极化；静息电位（负值）增大的过程或状态称为超极化；膜内外的极性倒转，变为外负内正的状态称为反极化；细胞膜去极化后向静息电位方向恢复的过程称为复极化。

39. 可兴奋细胞包括( )

     A. 神经细胞、肌细胞   B. 神经细胞、肌细胞、腺细胞

     C. 神经细胞、腺细胞   D. 神经细胞、肌细胞、骨细胞

[答案] B

[解析] 细胞受到刺激能产生动作电位的能力称为兴奋性，能够产生动作电位的细胞称为可兴奋细胞。在生理学中，神经细胞、肌肉细胞和腺体细胞具有较高的兴奋性，习惯上称这些细胞为可兴奋细胞。

40. 鱼类心脏的起搏点是( )

     A. 心耳   B. 静脉窦

     C. 心室   D. 动脉圆锥

[答案] B

[解析] 静脉窦是鱼类和两栖类心脏的起搏点，其作用是收集和贮存所有回流入心脏的静脉血。心耳容纳血液的能力很强；心室是循环原动力所在部位；动脉圆锥又称辅助性心脏，为软骨鱼类所特有。

41. 关于骨骼肌收缩机制的描述中，下列哪项是错误的( )

     A. Ca^{2+} 与横桥结合   B. 细肌丝向粗肌丝滑动

C. 引起兴奋-收缩偶联的是 Ca^{2+}　　　　D. 横桥与肌纤蛋白结合

[答案] A

[解析] 在肌肉收缩过程中，当动作电位传至终末池后，会使钙离子大量释放进入肌浆并与肌钙蛋白结合，触发肌丝的相对滑行，引起肌肉收缩。

42. 肠的运动形式不包括(　　)

    A. 紧张性收缩　　　　　　　　　B. 分节运动

    C. 容受性舒张　　　　　　　　　D. 蠕动

[答案] C

[解析] 肠的运动形式包括紧张性收缩、分节运动、蠕动及摆动。容受性舒张属于胃的机械性消化方式。

43. 虾蟹的呼吸色素为血蓝蛋白，血蓝蛋白金属部分为铜，其功能不正确的是(　　)

    A. 具有输氧功能　　　　　　　　B. 蜕皮调节

    C. 抗凝血作用　　　　　　　　　D. 具有免疫、能量贮存作用

[答案] C

[解析] 虾蟹类的呼吸色素为血蓝蛋白，其金属部分为铜，在与氧结合时为蓝色，除去氧后则为无色。血蓝蛋白不仅具有输氧功能，而且还与免疫、能量贮存、渗透压维持及蜕皮过程的调节有关。

44. 虾蟹类的细胞大小的顺序是(　　)

    A. 小颗粒细胞＜无颗粒细胞＜大颗粒细胞

    B. 无颗粒细胞＜大颗粒细胞＜小颗粒细胞

    C. 无颗粒细胞＜小颗粒细胞＜大颗粒细胞

    D. 大颗粒细胞＜无颗粒细胞＜小颗粒细胞

[答案] C

[解析] 甲壳动物的血细胞尚无统一的分类标准，根据细胞质中是否含有颗粒或根据颗粒的大小分类，主要分为无颗粒细胞、小颗粒细胞和大颗粒细胞三类。一般三类细胞的大小顺序为：无颗粒细胞＜小颗粒细胞＜大颗粒细胞。在总血中三类细胞中所占比例的大小顺序为：无颗粒细胞＜大颗粒细胞＜小颗粒细胞。

45. 虾蟹类心脏结实致密，扁囊状，主要是由(　　)构成。

    A. 直肌　　　　　　　　　　　　B. 环肌

    C. 斜肌　　　　　　　　　　　　D. 横肌

[答案] B

[解析] 虾蟹类心脏结实致密，呈扁囊状，主要由环肌构成，以心孔与围心窦相通。心孔内具有瓣膜，可防止血液倒流。血液从心脏流经动脉及其分支后，进入身体各部分组织间的血腔以及血窦内进行物质交换。

46. 心肌不会出现强直收缩，其原因是（   ）

    A. 心肌是功能上的合胞体   B. 心肌肌浆网不发达，Ca^{2+}贮存少

    C. 心肌有自动节律性   D. 心肌的有效不应期特别长

[答案] D

[解析] 心肌细胞的有效不应期特别长，几乎延续到心肌细胞整个收缩期和舒张早期，导致此期间内任何刺激都不能使心肌发生第二次兴奋。这个特点使心肌不会产生强直收缩，而始终保持收缩和舒张交替的规律性活动，保证了心脏泵血功能的实现。

47. 分泌的激素中有含碘的酪氨酸的是（   ）

    A. 下丘脑   B. 甲状腺

    C. 腺垂体   D. 胰岛

[答案] B

[解析] 甲状腺分泌的激素为含碘的酪氨酸，主要有甲状腺素即四碘甲腺原氨酸（T4）和三碘甲腺原氨酸（T3）两种。

48. 以下说法正确的是（   ）

    A. 细胞外液包括血浆、组织液、淋巴液和脑脊液等

    B. 细胞内液占总体液的1/3，是细胞内各种生化反应进行的场所

    C. 体液以细胞壁为界分为细胞内液和细胞外液

    D. 生理学将细胞内液构成的细胞赖以生存的液体环境称为机体内环境

[答案] A

[解析] 体液以细胞膜为界分为细胞内液和细胞外液；细胞内液占总体液量的2/3；构成机体内环境的是细胞外液。

49. 心室肌的有效不应期较长，一直持续到（   ）

    A. 收缩期开始   B. 收缩期中间

    C. 舒张中后期   D. 舒张期开始

[答案] D

[解析] 有效不应期是绝对不应期和局部反应期的总和（从0期开始到膜内电位复极化达到－60mV这一段时期）。心肌细胞的有效不应期特别长，几乎延续到心肌细胞整个收缩期和舒张早期。

50. 细胞膜电位变为外负内正的状态称为(　　)

　　A. 反极化　　　　　　　　　　　B. 极化

　　C. 复极化　　　　　　　　　　　D. 超极化

[答案] A

51. 关于神经纤维静息电位的形成机制的描述中，下列哪项是正确的(　　)

　　A. 细胞外的 K^+ 浓度大于细胞内浓度

　　B. 细胞膜主要对 K^+ 有通透性

　　C. 细胞膜对 Na^+ 有通透性

　　D. 加大细胞外 K^+ 浓度，会使静息电位值加大

[答案] B

[解析] 神经纤维静息电位的形成机制为：静息状态下，细胞内的 K^+ 浓度远高于膜外，且此时膜对 K^+ 的通透性高，导致 K^+ 以易化扩散的方式外流；但带负电的大分子蛋白质不能通过膜而聚集在膜内侧，故随着 K^+ 的外流，膜内电位变负，而膜外变正，膜内外形成一定的电位差可以阻止 K^+ 外流；随着 K^+ 的向外扩散，这种电位差与浓度梯度促使 K^+ 外流的力量达到平衡时，K^+ 的净流量为零，此时膜内外的电位差即为静息电位。如果加大细胞外液的 K^+ 浓度，会导致 K^+ 外流减少，膜内的 K^+ 浓度上升，膜内的负电位降低，静息电位减小。

52. 下列物质中哪一种是形成血浆胶体渗透压的主要成分(　　)

　　A. NaCl　　　　　　　　　　　　B. KCl

　　C. 球蛋白　　　　　　　　　　　D. 白蛋白

[答案] D

[解析] 晶体物质（葡萄糖、尿素、无机盐等）形成的渗透压称为晶体渗透压；胶体渗透压是指由血浆中大分子物质（主要是白蛋白）形成的渗透压；球蛋白主要参与防御、免疫以及运输功能，不参与胶体渗透压的形成。

53. 水生动物的血浆中水的比例一般情况下是(　　)

　　A. 5%以下　　　　　　　　　　　B. 80%～90%

　　C. 50%左右　　　　　　　　　　 D. 10%左右

[答案] B

[解析] 水生动物血浆的主要成分是水，因鱼的种类和运动量不同，血浆中水所占的比例也有所不同，一般介于 80%～90%。

54. 血液的功能不包括(　　)

　　A. 运载功能　　　　　　　　　　B. 产生凝血因子

　　C. 起防御和保护作用　　　　　　D. 维持内环境的稳定

[答案] B

[解析] 血液具有以下 4 个方面的功能：①运输功能；②维持内环境的稳定；③营养功能；④防御和保护功能。

55. 以下选项中关于生理学的说法错误的是(　　)

A. 生理学是研究正常生物机体生命活动及其规律的一门学科

B. 经典生理学研究方法分为慢性实验和急性实验

C. 呼吸、消化、血液、循环、排泄等器官系统的生理活动参与了内环境稳态的维持

D. 外环境各种理化因素的相对稳定性是维持细胞正常生理功能和维持动物生命存在的必要条件

[答案] D

[解析] 细胞正常生理功能和动物生命存在的必要条件主要是内环境各种理化因素的相对稳定。

56. 细胞膜内外正常 Na^+ 和 K^+ 浓度差的形成和维持是由于(　　)

A. 膜安静时 K^+ 通透性大　　　　B. 膜兴奋时对 Na^+ 通透性增加

C. 膜上 Na^+-K^+ 泵的作用　　　　D. Na^+ 易化扩散的结果

[答案] C

[解析] K^+ 向膜外流动，产生静息电位；Na^+ 向内流动，产生动作电位。K^+ 的外流和 Na^+ 的内流构成 Na^+-K^+ 泵，来维持其浓度差和电位差。

57. 鱼类心脏活动的神经调节不包括(　　)

A. 肾上腺髓质激素　　　　B. 心迷走神经

C. 心交感神经　　　　　　D. 反射性调节

[答案] A

[解析] 鱼类心脏活动的神经调节主要包括以下 3 方面：①心脏的神经支配（包括心交感神经和心迷走神经）；②心血管中枢；③反射性调节。

58. 下列哪种情况不能延缓和防止凝血(　　)

A. 血液中加入维生素 K　　　　B. 血液与光滑表面接触

C. 血液中加入肝素　　　　　　D. 血液中加入柠檬酸

[答案] A

[解析] 肝素是高效抗凝剂，而且能够促进纤维蛋白溶解。血液与粗糙面接触会导致凝血因子相继活化，从而触发凝血的一系列连锁反应；相反，血液与光滑表面接触可延缓血液凝固。维生素 K 参与凝血因子的合成，可促进凝血和止血过程。柠檬酸盐等化学物质可以与血浆中的 Ca^{2+} 形成不易电离的络合物等而具有抗凝作用。

59. 心室的收缩压主要反映(　　)

  A. 心率快慢   B. 外周阻力大小

  C. 大动脉弹性   D. 每搏输出量大小

[答案] D

[解析] 心排血量是影响血压的关键因素，心排血量升高，则收缩压升高。心排血量一般指每分输出量，与机体的代谢水平相适应，大小为心率和每搏输出量的乘积。在鱼类中，影响其心排血量的主要因素是每搏输出量，而心率变化的影响较小。

60. 心肌的基本生理特性不包括(　　)

  A. 传导性   B. 舒张性

  C. 兴奋性   D. 自动节律性

[答案] B

[解析] 心肌具有以下生理特性：①兴奋性；②传导性；③自动节律性；④收缩性。

61. 水生动物开管式血液循环的基本形式为(　　)

  A. 心脏-静脉-血窦-动脉-心脏   B. 心脏-血窦-静脉-动脉-心脏

  C. 心脏-血窦-动脉-静脉-心脏   D. 心脏-动脉-血窦-静脉-心脏

[答案] D

[解析] 开管式循环系统由心脏、血管和血窦 3 部分组成，基本形式为心脏-动脉-血窦-静脉-心脏。

62. 鱼类进行气体交换的场所是(　　)

  A. 鳃小片   B. 鳃

  C. 皮肤   D. 咽腔黏膜

[答案] A

[解析] 鳃是鱼类及大多数水生动物的主要呼吸器官，鳃小片是鱼类血液与水环境进行气体交换的场所。

63. 血液中各物质密度大小顺序正确的是(　　)

  A. 血清＞血细胞＞全血＞血浆   B. 血细胞＞全血＞血清＞血浆

  C. 血细胞＞全血＞血浆＞血清   D. 血清＞全血＞血浆＞血细胞

[答案] C

[解析] 血细胞主要包括红细胞、白细胞、凝血因子，密度最大，黏稠；全血包括血细胞和血浆，由于血浆中水的存在，密度次于血细胞；血浆主要由水、蛋白质和各种电解质构成，包括血清和纤维蛋白原，由于血浆蛋白存在，密度较大；血清是血液凝固后析出的淡黄色液体，密度最低。

64. 心迷走神经纤维释放的乙酰胆碱与心肌细胞膜的(　　)结合。

A. M受体　　　　　　　　　　　B. β受体

C. γ受体　　　　　　　　　　　D. α受体

[答案] A

[解析] 能够与乙酰胆碱结合的受体称为胆碱能受体，分为M型受体和N型受体。心迷走神经纤维释放的乙酰胆碱能够与心肌细胞膜的M型受体结合，进而产生兴奋性突触后电位。

65. 水生动物血液循环系统不包括(　　)

A. 心脏　　　　　　　　　　　B. 肺

C. 血管　　　　　　　　　　　D. 神经、内分泌和旁分泌等控制系统

[答案] B

[解析] 水生动物的循环系统主要包括以下4个部分：动力泵，心脏；容量器，血管；传送体，血液；调控系统，神经、内分泌和旁分泌等控制系统。

66. 以下说法错误的是(　　)

A. 血蓝蛋白运氧能力强，正常情况下的血蓝蛋白含氧量能达到饱和

B. 虾蟹类的呼吸色素为血蓝蛋白，与氧结合时是蓝色，除去氧后为无色

C. 贝类的血液一般为无色，内含变形的血细胞

D. 龟鳖类的红细胞椭圆形，且有核。

[答案] A

[解析] 血蓝蛋白运氧能力较低，故正常生理条件下，血蓝蛋白的含氧量通常不能达到饱和。

67. 胰液是由胰腺的腺细胞及小导管细胞分泌的，其成分不包括(　　)

A. 脂肪酸　　　　　　　　　　B. HCO_3^-

C. 蛋白水解酶　　　　　　　　D. 脂类水解酶

[答案] A

[解析] 胰液为无色透明液体，渗透压约与血浆相等，内含水分、无机物和有机物。其中无机物有胰腺内小导管的管壁细胞分泌的碳酸氢盐；有机物有胰腺的腺细胞分泌的消化酶，主要有蛋白水解酶（胰蛋白酶、糜蛋白酶、胰弹性蛋白酶、羧肽酶A和羧肽酶B）、脂类水解酶、碳水化合物水解酶等。

68. 通过下列哪项可完成肾脏的泌尿功能(　　)

A. 肾单位、集合管和输尿管的活动　　B. 肾小体和肾小管的活动

C. 肾小球和肾小囊的活动　　　　　　D. 肾小体、肾小管和集合管的活动

[答案] D

[解析] 肾脏的泌尿功能是通过肾小体的过滤作用和肾小管与集合管的重吸收作用来实现的。

69. 胃液内最重要的消化酶是(　　　)

  A. 糖蛋白   B. 淀粉酶

  C. 糖原酶   D. 胃蛋白酶

[答案] D

[解析] 胃蛋白酶是胃液中最重要的消化酶，是一种肽链内切酶，能够水解蛋白质，并具有凝乳作用。

70. 下面关于水生动物渗透压的描述中哪项是错误的(　　　)

  A. 淡水无脊椎动物的渗透压比水环境要低

  B. 大多数咸水无脊椎动物体液的渗透压与周围海水的渗透压相等

  C. 海洋板鳃类血液中无机离子的浓度比海水低，但由于血中有尿素和氧化三甲胺使其渗透压高于海水

  D. 海洋硬骨鱼类体液的渗透压低于海水

[答案] A

[解析] 由于淡水中生活的无脊椎动物体液渗透压都比水环境高，造成水不断渗入而盐分丧失，因此必须排出水或从外环境中吸收盐离子以保持渗透压稳定。淡水无脊椎动物都是渗透调节动物，能够通过排出大量低渗尿及通过鳃从外环境吸收离子等方式来维持体液渗透压的稳定。

71. 下列哪一项不是突触传递的特征(　　　)

  A. 单向传递   B. 有时间延搁

  C. 兴奋总和   D. 对内环境变化不敏感

[答案] D

[解析] 突触传递的特点包括单向传递、中枢延搁、兴奋总和、兴奋节律调节、后发放、局限化和扩散。D项，突触传递对内环境的变化具有敏感性。

72. 关于神经纤维的静息电位，下述哪项是错误的(　　　)

  A. 它是膜外为正，膜内为负的电位   B. 其大小接近钠离子平衡电位

  C. 在不同的细胞，其大小可以不同   D. 它是个稳定的电位

[答案] B

[解析] 静息电位主要是 K^+ 外流所致，又称为 K^+ 平衡电位。

73. 突触前抑制的发生是由于(　　　)

A. 突触前膜释放抑制性递质   B. 突触前膜兴奋性递质释放量减少

C. 突触后膜超极化   D. 中间抑制性神经元兴奋

[答案] B

[解析] 突触前抑制是指兴奋性突触前神经元的轴突末梢受到另一抑制性神经元的轴突末梢的作用，使得兴奋性递质的释放减少，从而使兴奋性突触后电位减小不能引起突触后神经元兴奋，进而呈现抑制效果。

74. 交感神经节前纤维释放的递质是(　　)

A. 去甲肾上腺素   B. 肾上腺素

C. 乙酰胆碱   D. 5-羟色胺

[答案] C

[解析] 乙酰胆碱是传递神经脉冲的神经递质，在胆碱乙酰化酶的作用下由胆碱合成，存在于交感神经节前纤维胆碱能神经末梢部位。

75. 下列激素中，不是由下丘脑分泌的激素是(　　)

A. 神经降压素 Q   B. 促性腺激素释放激素

C. 催乳素释放因子   D. 卵泡刺激素

[答案] D

[解析] 促卵泡激素（FSH，又称卵泡刺激素）是一种由脑垂体合成并分泌的激素，属于糖基化蛋白质激素。

76. 以下关于生物电现象产生的机制说法错误的是(　　)

A. 两种电位形成过程中，K^+、Na^+ 两种离子都流向膜内

B. 静息电位即 K^+ 平衡电位

C. 动作电位即 Na^+ 平衡电位

D. 静息电位和动作电位开始形成时，离子都以易化扩散的方式流动

[答案] A

[解析] K^+ 在静息电位形成过程中移向膜外，Na^+ 在动作电位形成过程中移向膜内。

77. 关于甲状腺激素对代谢的影响，哪一项是错误的(　　)

A. 使 $Na^+ - K^+ - ATP$ 酶活性升高，增加产热

B. 加速胆固醇的分解

C. 促进蛋白质的合成

D. 促进肝糖原的合成

[答案] D

[解析] 甲状腺激素具有促进肝糖原分解代谢的作用。

78. 下列激素中与血糖调节无直接关系的是( )

A. 糖皮质激素　　　　　　　B. 胰高血糖素

C. 肾上腺髓质激素　　　　　D. 盐皮质激素

[答案] D

[解析] 糖皮质激素、胰高血糖素和肾上腺素都具有促进血糖升高的作用。盐皮质激素的主要生理功能是保钠排钾、保水,与血糖调节没有直接关系。

79. 下列白细胞具备的生理特性不包括( )

A. 膜通透性　　　　　　　　B. 吞噬性

C. 趋化性　　　　　　　　　D. 变形性

[答案] A

[解析] B、C两项,白细胞具有渗出、趋化性和吞噬作用等特性,并以此实现对机体的保护功能。D项,除淋巴细胞外,其他白细胞能伸出伪足做变形运动,并借助变形运动穿过血管壁到达组织。

80. 下列结构中能分泌雌激素的是( )

A. 肾上腺皮质　　　　　　　B. 下丘脑

C. 肾上腺髓质　　　　　　　D. 肝脏

[答案] A

[解析] 肾上腺皮质分泌的肾上腺皮质激素分为3类:糖皮质激素、盐皮质激素和性激素,其中性激素主要指雄激素和雌激素。

81. 关于生理学的研究方法叙述正确的是( )

A. 经典生理学研究方法分为体内实验和体外实验

B. 急性实验中暴露出需要研究的器官、组织或细胞的前提条件是在非麻醉状态下

C. 慢性实验以健康完整的有机体为观察对象,在尽可能与外界隔绝的状态下进行实验

D. 慢性实验的特点是实验持续时间长,且整体条件复杂不易分析

[答案] D

[解析] A项,经典生理学实验方法分为慢性实验和急性实验;B项,急性试验中暴露研究对象的前提条件是在麻醉状态下进行短时间观察;C项,慢性实验进行的条件要求尽可能在与外界环境保持自然关系的情况下进行实验。

82. 关于糖皮质激素对代谢的影响,不正确的是( )

A. 加强葡萄糖的分解,使血糖升高　　B. 促进蛋白分解,抑制其合成

C. 促进面部、肩背和腹部脂肪的合成　D. 加强四肢脂肪的分解

[答案] A

[解析] A项，糖皮质激素在调节物质代谢上的作用是促进糖原异生，使血糖升高。B项，糖皮质激素对蛋白质代谢的主要影响是促进肌肉的外周组织、肌肉的蛋白质分解和促进肝脏蛋白质合成。C、D两项，糖皮质激素对脂肪代谢的主要作用是促进四肢部位脂肪的分解，对于躯干中线的部位则是促进脂肪合成，引起脂肪向心性分布。

83. 关于细胞的兴奋性以下说法错误的是(　　)
- A. 兴奋可以在细胞表面传导，但不能在细胞间传递
- B. 兴奋性是细胞因刺激而产生动作电位的能力
- C. 兴奋的表现形式是生物电变化
- D. 生物电分为动作电位和静息电位

[答案] A

[解析] 兴奋既可以在细胞表面传导，也可在细胞间进行传递。

84. 胰岛素的生理作用哪一项不对(　　)
- A. 抑制糖原合成
- B. 加速脂肪的合成和贮存
- C. 促进蛋白质合成
- D. 促进组织细胞对氨基酸的摄取

[答案] A

[解析] 胰岛素可以促进肝糖原的合成，加速机体细胞和组织对葡萄糖的摄取和利用，使得血糖降低，并具有促进脂肪和蛋白质合成的作用。

85. 下列说法错误的是(　　)
- A. 鱼类的光感受细胞包括视杆细胞、视锥细胞和双锥细胞
- B. 多数板鳃类只具有视杆细胞
- C. 视锥细胞对光的敏感性较强，感受暗光
- D. 喜欢深水及夜间活动的鱼类，视杆细胞多于视锥细胞

[答案] C

[解析] 视锥细胞对光的敏感度低，可感受强光和不同波长的色光；视杆细胞对光的敏感性较强，感受暗光；视杆细胞是黄昏视觉；视锥细胞和双锥细胞是亮光和颜色视觉。

86. 鱼类缺乏(　　)会影响它在弱光下的视觉。
- A. 维生素 B_1
- B. 维生素 B_6
- C. 维生素 A
- D. 维生素 C

[答案] C

[解析] 视杆细胞中的感光色素——视紫红质由视蛋白和视黄醛（生色基团）组成，在光化学反应过程中部分视黄醛被消耗，必须从血液中得到维生素 A 来维持足够量的视紫红质再生。若鱼类缺乏维生素 A 将会影响视紫红质再生，从而影响其在弱光下的视觉。

87. 海水鱼对( )敏感。

 A. Na^+ B. K^+

 C. Mg^{2+} D. Na^+ 和 K^+

[答案] B

[解析] 鱼体表面对来自一价阳离子（Na^+、K^+、NH_4^+、Li^+）的刺激最为敏感，淡水鱼对 Na^+、K^+ 很敏感，海水鱼对 Na^+ 不敏感而对 K^+ 很敏感。

88. 关于鱼类的听觉，说法不正确的是( )

 A. 鱼类听觉能力的差异，是因为不同鱼类对声音感受的机制不同

 B. 鱼类的听觉很差，但骨鳔鱼类听觉灵敏

 C. 只有内耳行使听觉功能

 D. 鱼类没有特化的耳蜗

[答案] C

[解析] 鱼的听觉器官是内耳，但侧线器官和鳔也参与或辅助内耳的听觉功能。

89. 水母、甲壳动物、软体动物具有的检测体位变化和加速度变化的位觉器官是( )

 A. 椭圆囊   B. 内耳

 C. 侧线器官   D. 平衡囊

[答案] D

[解析] 在许多无脊椎动物中，如水母、甲壳动物、软体动物等都具有检测体位变化和加速度变化的位觉器官，称为平衡囊。

90. 关于侧线器官的说法错误的是( )

 A. 鱼类和两栖类特有的感觉器官   B. 对水流刺激很敏感

 C. 对表面波的刺激不敏感   D. 可协助视觉测定远处物体的方位

[答案] C

[解析] 侧线器官具有听觉机能，同时还能感受水流和表面波的刺激，因此，侧线器官能协助视觉测定远处物体的方位，有利于凶猛鱼类确定猎物的位置，也利于温和鱼类逃避敌害。

91. 参与骨骼肌兴奋收缩偶联的离子是( )

 A. Ca^{2+} B. Na^+

 C. K^+ D. Cl^-

[答案] A

[解析] 骨骼肌兴奋-收缩偶联包括三个主要过程：①电兴奋通过横管系统传向肌细胞的深处；②三联管结构处信息的传递；③肌浆网（即纵管系统）对 Ca^{2+} 的释放与再聚积。

92. 收集和贮存所有回流心脏静脉的静脉血的是（ ）

    A. 动脉圆锥   B. 心耳

    C. 心室   D. 静脉窦

[答案] D

[解析] A项，动脉圆锥又称辅助性心脏，为软骨鱼类所特有。B项，心耳容纳血液的能力很强。C项，心室是循环原动力的所在部位。D项，静脉窦是鱼类和两栖类心脏的起搏点，作用是收集和贮存所有回流心脏静脉的静脉血。

93. 促进红细胞发育和成熟的主要物质是（ ）

    A. 维生素 B_6 和叶酸   B. 维生素 B_1 和叶酸

    C. 维生素 B_2 和叶酸   D. 维生素 B_{12} 和叶酸

[答案] D

[解析] D项，促进红细胞发育和成熟的物质，主要是维生素 B_{12}、叶酸和铜离子。其中前两者在核酸（尤其是 DNA）合成中起辅酶作用，可促进骨髓原红细胞分裂增殖；而铜离子是合成血红蛋白的激动剂。

94. 淡水硬骨鱼和海水硬骨鱼排出的尿液相比（ ）

    A. 尿量少且尿液稀薄   B. 尿量少且尿液较浓

    C. 尿量多且尿液稀薄   D. 尿量多且尿液较浓

[答案] C

[解析] 淡水硬骨鱼类的血液渗透压比淡水高，因此，淡水硬骨鱼类的肾特别发达，肾小体数目多，肾小管对各种离子，特别是对 Na^+ 和 Cl^- 能完全吸收。海水硬骨鱼类体液的渗透浓度低于海水，为了补充水分，海水硬骨鱼类需不断吞饮海水，其肾小球少而小，肾小管短，有较强的重吸收水的能力。因此，淡水硬骨鱼类的肾排出的尿量比海水硬骨鱼类多，尿液稀薄。

95. 将神经调节和体液调节相比较，下述哪项是错误的（ ）

    A. 神经调节发生快   B. 神经调节作用时间短

    C. 神经调节是通过反射实现的   D. 神经调节的范围比较广

[答案] D

[解析] 神经调节的作用范围较体液调节窄，且作用时间较短暂。

96. 执行细胞免疫功能的白细胞是（ ）

    A. 巨噬细胞   B. T 淋巴细胞

    C. 单核细胞   D. B 淋巴细胞

[答案] B

[解析] 白细胞可分为单核细胞、淋巴细胞、嗜酸性粒细胞、嗜碱性粒细胞、中性粒细胞。其中淋巴细胞对生物性致病因素及其毒性具有防御、杀灭和消除能力，分为 T 淋巴细胞和 B 淋巴细胞。B 项，T 淋巴细胞主要执行细胞免疫功能。D 项，B 淋巴细胞主要执行体液免疫功能。

97. 维持内环境稳态的调节方式是（　　）

    A. 多种调节机制

    B. 体液调节

    C. 神经调节

    D. 负反馈调节

[答案] A

[解析] 在新陈代谢过程中，机体通过多种调节机制将内环境的成分和理化特性控制在一个相当小的变动范围内，这种在一定生理范围内变动的相对恒定的状态称为内环境稳态。

98. 下列关于胃酸生理作用的叙述，错误的是（　　）

    A. 可促进维生素 B_{12} 的吸收

    B. 具有杀菌作用

    C. 使食物中的蛋白质变性而易于分解

    D. 能激活胃蛋白酶原

[答案] A

99. 支配消化道的交感神经末梢释放的神经递质是（　　）

    A. 乙酰胆碱

    B. 多巴胺

    C. 肾上腺素

    D. 去甲肾上腺素

[答案] D

[解析] 消化道的功能一般受交感和副交感神经的双重支配，交感神经的节后纤维属于肾上腺素能纤维，分泌去甲肾上腺素。

100. 抑制胃液分泌的因素为（　　）

    A. 盐酸

    B. 蛋白质分解产物

    C. 两者均有

    D. 两者均无

[答案] A

[解析] 盐酸具有负反馈调节的作用，当胃里的盐酸达到一定浓度时，盐酸会起到抑制胃液分泌的作用，从而使体内的胃酸维持在适度的水平。

101. 引起促胰液素释放的因素由强到弱的排列顺序为（　　）

    A. 蛋白质分解产物、脂肪酸钠、盐酸

    B. 脂肪酸钠、蛋白质分解产物、盐酸

    C. 盐酸、脂肪酸钠、蛋白质分解产物

D. 盐酸、蛋白质分解产物、脂肪酸钠

[答案] D

[解析] 引起促胰液素分泌的主要因素是盐酸，其次为蛋白质分解产物和脂肪。

102. 关于胃泌素对胃作用的叙述，下列哪项是错误的（   ）

    A. 促进胃腺黏液细胞分泌大量黏液   B. 刺激壁细胞分泌大量盐酸

    C. 促进胃的运动   D. 促进胃黏膜生长

[答案] A

[解析] 胃泌素属于胃肠激素，胃肠激素的生理作用包括：①调节消化腺的分泌和消化道的运动；②调节其他激素释放及刺激消化道组织的代谢和生长，也称为营养作用。

103. 下述关于胃肠激素的描述，哪一项是错误的（   ）

    A. 由存在于黏膜层的内分泌细胞分泌   B. 有些胃肠激素具有营养功能

    C. 仅存在于胃肠道   D. 可调节消化道的运动和消化腺的分泌

[答案] C

[解析] 胃肠激素包括胃泌素、促胰液素、胆囊收缩素、P物质等，其中P物质可存在于脑内。

104. 引起抗利尿激素分泌最敏感的因素是（   ）

    A. 循环血量减少   B. 血浆胶体渗透压增高

    C. 血浆晶体渗透压增高   D. 动脉血压降低

[答案] C

[解析] 抗利尿激素的分泌主要受到血浆晶体渗透压的负反馈调节，当体内缺水时，血浆晶体渗透压就会升高，作用于下丘脑，进一步指挥腺垂体增加抗利尿激素的分泌。

105. 下列关于运动终板的说法错误的是（   ）

    A. 运动神经纤维末梢和肌细胞相接触的部位称为运动终板

    B. 轴突末梢中的囊泡含有的乙酰胆碱可与运动终板膜上相应受体发生特异性结合

    C. 终板电位是一种局部电位，不具有"全和无"的特征

    D. 终板电位不能产生"总和"效果

[答案] D

[解析] 终板电位的大小可随乙酰胆碱释放量的增多而增加，因而可以产生"总和"效果。

106. 神经肌肉接头中，清除乙酰胆碱的酶是（   ）

    A. 磷酸二酯酶   B. ATP酶

  C. 腺苷酸环化酶   D. 胆碱酯酶

[答案] D

[解析] 胆碱酯酶在神经传导中具有催化乙酰胆碱水解为胆碱和乙酸的作用。

107. 洄游性鱼类由海水进入淡水，肾单位开放数量增加( )
  A. 肾小球滤过率升高   B. 肾小囊内压升高
  C. 肾小球滤过面积增大   D. 肾毛细血管血压降低

[答案] A

[解析] 当洄游性鱼类由海水进入淡水后，停止吞饮水，钙、镁等离子的吸收与排出都迅速减少，由于内分泌的调节作用，肾小球的滤过率增大，肾小管对水的渗透性降低。

108. 鱼类的尿液是透明无色或黄色的液体，肉食性鱼类的尿多呈( )
  A. 碱性   B. 中性
  C. 酸性   D. 不一定

[答案] C

[解析] 肉食性鱼类食用的肉类中含有大量的蛋白质和无机盐，经消化后会导致尿液呈酸性。

109. 兴奋性突触后电位的产生是由于突触后膜提高了对( )
  A. Cl^- 的通透性   B. K^+ 的通透性
  C. Mg^{2+} 的通透性   D. Na^+ 的通透性

[答案] D

[解析] 在兴奋递质的作用下，突触后膜上的钠离子或钙离子通道开放，钠离子或钙离子内向流动，使突触后神经元去极化，形成电位变化。

110. 抑制性突触后电位的产生是由于突触后膜提高了对( )
  A. K^+ 的通透性   B. Na^+ 的通透性
  C. Cl^- 的通透性   D. Mg^{2+} 的通透性

[答案] C

[解析] 神经元兴奋时，轴突末梢释放抑制性递质，使突触后膜上的氯离子通道开放，后膜产生超极化，该突触后神经元对其他刺激的兴奋性降低，活动受到抑制，使突触后膜上的电位变化。

111. 副交感神经系统不具有下述哪一特点( )
  A. 刺激节前纤维时，效应器潜伏期长
  B. 紧张性活动

C. 不支配某些脏器

D. 节前纤维长、节后纤维短

[答案] A

[解析] 副交感神经的特点有双重支配（除少数器官外），节前纤维长、节后纤维短，紧张性支配，与效应器本身的功能状态有关，对整体生理功能调节有意义。

112. 下列激素中，属于下丘脑调节肽的是（   ）

A. 促甲状腺素

B. 生长抑素

C. 促性腺激素

D. 促黑素

[答案] B

[解析] 下丘脑调节肽有 9 种，分别是促甲状腺激素释放激素、促性腺激素释放激素、生长素释放激素、促肾上腺皮质激素释放激素、促黑素细胞激素释放抑制因子、催乳素释放因子、生长抑制素、催乳素释放抑制激素、促黑素细胞激素释放因子。

113. 下丘脑与腺垂体之间主要通过下列途径联系（   ）

A. 脑脊液

B. 垂体门脉系统

C. 门静脉系统

D. 神经纤维

[答案] B

114. 动物先天发育不全可能是由于（   ）

A. 生长素不足

B. 生长介素不足

C. 维生素 D_3 不足

D. 甲状腺激素不足

[答案] D

[解析] 甲状腺激素是促进组织分化、生长、发育、成熟的重要因素。

115. 对神经系统发育有重要调节作用的激素是（   ）

A. 糖皮质激素

B. 肾上腺素

C. 甲状腺素

D. 胰岛素

[答案] C

[解析] 甲状腺激素调节生长发育的作用主要表现为促进生长作用、促变态反应、对神经系统发育的影响。

116. 下列关于雌激素生理作用的叙述，错误的是（   ）

A. 促进卵泡的发育

B. 抑制蛋白质的合成

C. 促进雌性生殖器官的发育

D. 可正反馈促进垂体 GtH 的分泌

[答案] B

[解析] 雌激素的生理作用有：①促使雌性生殖器官以及生殖活动有关器官的发育；②促进和维持雌性副性征的发育和维持性行为；③促进物质代谢；④正反馈促进垂体GtH 的分泌。

117. 远曲小管和集合器对水的重吸收受下列哪种激素的调节(　　)

    A. 抗利尿激素　　　　　　　　　B. 血管紧张素

    C. 肾上腺素　　　　　　　　　　D. 醛固酮

[答案] A

[解析] 远曲小管和集合器对水的通透性很小，但可在垂体分泌的抗利尿激素的调控下提高对水的通透性，参与机体水平衡的调节。

118. 肾脏产生的 NH_3 主要来源于(　　)

    A. 亮氨酸　　　　　　　　　　　B. 甘氨酸

    C. 丙氨酸　　　　　　　　　　　D. 谷氨酸

[答案] D

119. 关于肾小管 HCO_3^- 重吸收的叙述，错误的是(　　)

    A. Cl^- 的重吸收优先于 HCO_3^- 的重吸收

    B. 与 H^+ 的分泌有关

    C. HCO_3^- 是以 CO_2 扩散的形式重吸收

    D. HCO_3^- 重吸收需碳酸酐酶的帮助

[答案] A

[解析] HCO_3^- 的重吸收优先于 Cl^-。HCO_3^- 的重吸收与 H^+ 的分泌同时进行，Na^+ 与 H^+ 逆向转运，实现 Na^+ 的重吸收，而 Na^+ 与 Cl^- 的吸收往往同时进行。

120. 下列情况能导致原尿生成减少的是(　　)

    A. 血浆胶体渗透压下降　　　　　B. 血浆晶体渗透压下降

    C. 血浆胶体渗透压升高　　　　　D. 血浆晶体渗透压升高

[答案] C

[解析] 血浆胶体渗透压升高，肾小管对水的重吸收增加，导致原尿生成减少。

121. 血浆晶体渗透压升高，引起 ADH 分泌增加的感受器是(　　)

    A. 入球小动脉的牵张感受器　　　B. 下丘脑渗透压感受器

    C. 颈动脉窦压力感受器　　　　　D. 左心房和腔静脉处容量感受器

[答案] B

[解析] 下丘脑渗透压感受器调节抗利尿激素的分泌。

122. 分泌肾素的部位是(　　)

    A. 球旁细胞   B. 球旁器

    C. 球外系膜细胞   D. 致密斑

[答案] A

123. 海洋硬骨鱼类补充体内水分的主要方式是(　　)

    A. 皮肤吸水   B. 鳃上皮吸水

    C. 吞饮海水   D. 肠道吸水

[答案] C

[解析] 海洋硬骨鱼类的体液渗透浓度低于海水，体液中的水分通过鳃上皮和体表流失，为了补充水分，海洋硬骨鱼类需不断吞饮海水。

124. 淡水硬骨鱼类能直接从水中吸收盐的细胞是(　　)

    A. 肾小囊上皮细胞   B. 鳃小瓣上的呼吸上皮细胞

    C. 肠道上皮细胞   D. 鳃小瓣上的氯细胞

[答案] D

[解析] 淡水硬骨鱼类通过鳃小瓣上的氯细胞直接从水中吸收盐。

125. 血液中激素浓度极低，但生理作用却非常强大，这是因为(　　)

    A. 激素的特异性   B. 激素在体内随血液分布到全身

    C. 激素分泌的持续时间非常长 D. 激素存在高效能的生物放大效应

[答案] D

[解析] 激素是内分泌系统产生的高效能的生物活性物质。

126. 神经细胞动作电位的下降支主要是(　　)外流的结果。

    A. Na^+ B. Cl^-

    C. Ca^{2+} D. K^+

[答案] D

[解析] 神经细胞动作电位形成的机制为：①当细胞受到刺激时，细胞膜上少量 Na^+ 通道被激活而开放，Na^+ 顺浓度差少量内流，导致膜内外电位差下降，产生局部电位。②当膜内电位变化到阈电位时，Na^+ 通道大量开放。③Na^+ 顺电化学差和膜内负电位的吸引，引发再生式内流。④膜内负电位减小到零并变为正电位，形成动作电位上升支。⑤Na^+ 通道关闭，Na^+ 内流停止的同时 K^+ 通道被激活而开放。⑥由于顺浓度差和膜内正电位的排斥，K^+ 迅速外流。⑦膜内电位迅速下降，恢复到静息电位水平，即动作电位下降支。

127. 血液中与体液免疫功能密切相关的细胞是(　　)

A. 红细胞　　　　　　　　　　　B. 血小板

C. 中性粒细胞　　　　　　　　　D. B 细胞

[答案] D

[解析] 血液中的 B 细胞参与体液免疫。

128. 引起胃液分泌的食物是(　　)

A. 高脂肪　　　　　　　　　　　B. 高蛋白质

C. 两者均无　　　　　　　　　　D. 两者均有

[答案] B

[解析] 脂肪的消化吸收主要在小肠；胃内的盐酸可以消化蛋白质，因此食用蛋白质越多，胃液分泌越多。

129. 下列哪项与 Na^+ 的重吸收无关(　　)

A. 醛固酮分泌增加　　　　　　　B. 肾小管 H^+ 分泌增加

C. 肾小管 K^+ 分泌增加　　　　　D. 血浆 K^+ 浓度增高

[答案] B

[解析] H^+ 的分泌主要与 HCO_3^- 的重吸收以及酸碱平衡的调节有关。

130. 肾小管分泌 H^+ 活动对机体 pH 的影响是(　　)

A. 排酸排碱　　　　　　　　　　B. 排酸保碱

C. 排碱保酸　　　　　　　　　　D. 保酸保碱

[答案] B

[解析] 细胞内的 CO_2 和 H_2O 在碳酸酐酶催化下生成 H_2CO_3，进而离解为 H^+ 和 HCO_3^-，H^+ 由管腔膜上的 H^+ 泵转运至小管液，HCO_3^- 则通过基侧膜回到血液中，因而 H^+ 分泌与 HCO_3^- 重吸收与酸碱平衡的调节有关。闰细胞分泌的 H^+ 可与上皮细胞分泌的 NH_3 结合，形成 NH_4^+，和小管液中的 HPO_4^{2-} 结合形成 $H_2PO_4^-$。$H_2PO_4^-$ 和 NH_4^+ 都不易透过管腔膜而留在小管液中，是决定尿液酸碱度的主要因素。

131. 血量增加时，分泌减少的是(　　)

A. 醛固酮　　　　　　　　　　　B. 抗利尿激素

C. 两者都是　　　　　　　　　　D. 两者都不是

[答案] B

[解析] 血量过多时，左心房被扩张，刺激了容量感受器，传入冲动经迷走神经传入中枢，抑制了下丘脑-垂体后叶系统释放抗利尿激素，从而引起利尿，由于排出了过剩的水分，正常血量因而得到恢复。

132. 神经纤维传导兴奋的特征，不包括( )
  A. 绝缘性传导　　　　　　　B. 不衰减性传导
  C. 相对不疲劳性传导　　　　D. 单向传导

[答案] D
[解析] 神经纤维传导兴奋的特征有结构和功能的完整性、绝缘性、双向传导、相对不疲劳性和不衰减性。

133. 关于化学性突触传递特点的叙述，以下哪项是错误的( )
  A. 通过化学递质实现传递　　B. 单向传递
  C. 不需 Ca^{2+} 参加　　　　　D. 有时间延搁现象

[答案] C
[解析] 化学性突触传递的过程中，兴奋性突触后电位需要 Ca^{2+} 参加。

134. 形成条件反射的关键是( )
  A. 非条件刺激出现在无关刺激之前
  B. 条件刺激强度比非条件刺激强度大
  C. 要有适当的无关刺激
  D. 无关刺激与非条件刺激在时间上的多次结合

[答案] D
[解析] 无关刺激与非条件刺激在时间上的多次结合是形成条件反射的关键。

135. 饲料中长期缺碘可引起( )
  A. 甲状腺功能亢进　　　　　B. 单纯性甲状腺肿
  C. 甲状腺组织萎缩　　　　　D. 腺垂体功能减退

[答案] B
[解析] 由于甲状腺的自身调节功能，其自身有适应血碘水平的变化而调节碘的摄取与合成甲状腺激素的能力，因此不会引起甲状腺的组织与功能发生变化。

136. M 受体的阻断剂是( )
  A. β 受体　　　　　　　　　B. M 受体
  C. 阿托品　　　　　　　　　D. N 受体

[答案] C
[解析] M 受体的阻断剂包括阿托品、山莨菪碱等。

137. 骨骼肌细胞膜上的胆碱能受体是( )
  A. 阿托品　　　　　　　　　B. N 受体
  C. β 受体　　　　　　　　　D. M 受体

[答案] B

138. 心肌细胞膜上的肾上腺素能受体是(　　)

    A. 阿托品　　　　　　　　　B. M 受体

    C. β 受体　　　　　　　　　D. N 受体

[答案] C

139. 内脏器官细胞膜上的胆碱能受体是(　　)

    A. 阿托品　　　　　　　　　B. β 受体

    C. N 受体　　　　　　　　　D. M 受体

[答案] D

140. 下列哪种情况使血液氧离曲线右移(　　)

    A. CO_2 分压降低　　　　　B. pH 升高

    C. CO_2 分压升高　　　　　D. 温度降低

[答案] C

[解析] 同一氧分压下，随 p（CO_2）升高或 pH 降低，血红蛋白与氧的亲和力降低，氧离曲线下半部右移，此现象称为玻尔效应。

141. 胰液的成分不包括(　　)

    A. 胰淀粉酶　　　　　　　　B. 胰脂肪酶

    C. 肠激酶　　　　　　　　　D. 糜蛋白酶

[答案] C

[解析] 胰液成分包括水、无机物和多种分解三大营养物质的消化酶。蛋白水解酶主要有胰蛋白酶、糜蛋白酶、弹性蛋白酶和羧基肽酶；胰脂肪酶主要是胰脂酶、辅脂酶和胆固醇酯水解酶等；还有胰淀粉酶。

142. 代谢性酸中毒的根本原因是(　　)

    A. 碳酸氢盐过剩　　　　　　B. 二氧化碳不足

    C. 二氧化碳过剩　　　　　　D. 碳酸氢盐不足

[答案] D

[解析] 代谢性酸中毒是指细胞外液 H^+ 增加和（或）HCO_3^- 丢失而引起的以血浆 HCO_3^- 减少为特征的酸碱平衡紊乱。代谢性酸中毒是临床上酸碱平衡失调中最常见的一种类型，由体内 $NaHCO_3$ 减少所引起，病理基础是血浆 HCO_3^- 原发性减少。

143. 某慢性低氧血症动物出现代谢性酸中毒和高钾血症，但血压正常。分析该动物血钾增高的原因是由于(　　)

A. 肾小管 Na^+ 重吸收减少   B. 肾小管 K^+-H^+ 交换增加

C. 肾小管 K^+-Na^+ 交换减弱   D. 肾小球滤过率降低

[答案] C

[解析] 代谢性酸中毒使血液中 H^+ 浓度增加，肾小管 H^+-Na^+ 交换增加，由于 H^+-Na^+ 交换与 K^+-Na^+ 交换有竞争关系，故 H^+-Na^+ 交换增加，K^+-Na^+ 交换减少，从而使 K^+ 在血液中蓄积，造成高钾血症。

144. 调控血糖使其降低的激素是(   )

     A. 胰高血糖素   B. 胰岛素

     C. 肾上腺素   D. 皮质醇

[答案] B

[解析] 胰岛素是机体内唯一降低血糖的激素。

145. 下列有关内环境稳态叙述错误的是(   )

     A. 是细胞维持正常功能的必要条件

     B. 内环境的物质组成相对稳定

     C. 内环境的理化性质相对稳定

     D. 各种生命活动均处于固定不变的静止状态

[答案] D

[解析] 在新陈代谢过程中，机体依赖多种调节机制，将内环境的成分和理化特性控制在一个相当小的变动范围内，这种在一定生理范围内变动的相对恒定状态称为内环境稳态。

146. 血液中葡萄糖浓度增加后，尿液增多的原因是(   )

     A. 血浆晶体渗透压降低   B. 水的重吸收减少

     C. 血浆胶体渗透压降低   D. 肾小球滤过作用增强

[答案] B

[解析] 肾小管外渗透压梯度是水重吸收的动力，小管液溶质浓度升高可减少肾小管对水的重吸收，导致尿量增多。

147. 胃蛋白酶原转变为胃蛋白酶，激活物是(   )

     A. HCl   B. Cl^-

     C. K^+ D. Na^+

[答案] A

[解析] 胃蛋白酶原转化为胃蛋白的激活物是胃酸（HCl）。

148. 基本呼吸节律的形成产生于(　　)
    A. 延髓　　　　　　　　　　B. 中桥
    C. 脑桥　　　　　　　　　　D. 脊髓

[答案] A
[解析] 基本呼吸节律产生于延髓。延髓的主要机能是调节内脏活动，许多维持生命所必要的基本中枢（如呼吸、循环、消化等）都集中在延髓，这些部位一旦受到损伤，常引起迅速死亡，所以延髓有"生命中枢"之称。

149. 神经细胞动作电位的上升支主要是(　　)内流的结果。
    A. Ca^{2+}　　　　　　　　　B. Na^+
    C. Cl^-　　　　　　　　　　D. K^+

[答案] B
[解析] 神经细胞动作电位上升支形成是由于 Na^+ 内流。动作电位上升支是由于 Na^+ 内流所致，动作电位的幅度决定于细胞内外的 Na^+ 浓度差，细胞外液 Na^+ 浓度降低，动作电位幅度也相应降低，而阻断 Na^+ 通道则能阻碍动作电位的产生。

150. 下列与免疫功能密切相关的蛋白质是(　　)
    A. α-球蛋白　　　　　　　　B. γ-球蛋白
    C. 白蛋白　　　　　　　　　D. β-球蛋白

[答案] B
[解析] γ-球蛋白即丙种球蛋白，它属于一种免疫球蛋白。γ-球蛋白可以增强机体的免疫力，提高机体对细菌、病毒的抵抗力。

151. 完成生理止血的主要血细胞是(　　)
    A. 单核细胞　　　　　　　　B. 红细胞
    C. 中性粒细胞　　　　　　　D. 血小板

[答案] D
[解析] 生理性止血首先表现为受损血管局部及附近的小血管收缩，使局部血流减少。血小板主要发挥生理止血作用，它的止血作用取决于血小板的生理特征，包括：①黏附，②释放，③聚集，④收缩，⑤吸附。

152. 血红蛋白结合氧的量和饱和度主要取决于(　　)
    A. 氧分压
    B. 血液的 pH
    C. 红细胞中 2,3-二磷酸甘油酸的浓度
    D. 二氧化碳分压

［答案］A

［解析］红细胞运输气体的功能主要由血红蛋白完成。血红蛋白是脊椎动物中分布最广的一种呼吸色素，其金属部分为铁。血红蛋白与氧发生氧合作用。在高氧分压时与氧结合，在低氧分压时与氧解离。因此，血红蛋白结合氧的量和饱和度主要取决于氧分压。

153. 体内 CO_2 分压最高的部位是(　　)

    A. 动脉血液　　　　　　　　　B. 静脉血液

    C. 毛细血管血液　　　　　　　D. 组织液

［答案］D

［解析］气体总是从分压高的地方向分压低的地方扩散：①体内 CO_2 是由细胞通过代谢活动产生的。CO_2 和 O_2 一样是脂溶性的，通过简单扩散方式穿过细胞膜进入组织液中，再由组织液进入血液循环。②气体的分压差是气体扩散的动力。分压是指在混合气体中每种气体分子运动所产生的压力。气体在两个区域之间的分压差越大，驱动气体扩散的力越强，扩散速率越高；反之，分压差小则扩散速率小。当因气体扩散而使两个区域分压相等而达到动态平衡时，气体的净移动为零。

154. 下列关于胆汁的描述，正确的是(　　)

    A. 胆汁中与消化有关的成分是胆盐　　B. 非消化期无胆汁分泌

    C. 消化期只有胆囊胆汁排入小肠　　　D. 胆汁中含有脂肪消化酶

［答案］A

［解析］胆汁成分复杂，主要有胆盐、胆固醇、胆色素、无机盐等，但无消化酶。弱碱性的胆汁能中和部分进入十二指肠内的胃酸；胆盐在脂肪的消化和吸收中起重要作用：乳化脂肪，增加脂肪与脂肪酶作用的面积，加速脂肪分解；胆盐形成的混合微胶粒，使不溶于水的脂肪分解产物脂肪酸、甘油一酯和脂溶性维生素等处于溶解状态，有利于肠黏膜的吸收；胆盐通过肠肝循环刺激胆汁分泌，发挥利胆作用。

155. 心迷走神经兴奋时，下列叙述正确的是(　　)

    A. 心率加快　　　　　　　　　B. 心肌收缩力增强

    C. 心排血量增加　　　　　　　D. 心率减慢

［答案］D

［解析］心迷走神经兴奋时，节后纤维释放递质乙酰胆碱（ACh），与心肌细胞上的 M 受体结合，导致心肌兴奋性降低，心率减慢，心肌传导速度减慢，心肌收缩力减弱。

156. 兴奋通过神经-骨骼肌接头时，参与的神经递质是(　　)

    A. 去甲肾上腺素　　　　　　　B. 乙酰胆碱

    C. 内啡肽　　　　　　　　　　D. 谷氨酸

[答案] B

[解析] 神经-骨骼肌接头也叫运动终板，由运动神经纤维末梢和与它相接触的骨骼肌细胞膜形成。神经末梢在接近肌细胞处失去髓鞘，裸露的轴突末梢沿肌膜表面深入向内凹陷的突触沟槽，称为接头前膜，与其相对的肌膜称终板模或接头后膜，两者之间为接头间隙。神经-骨骼肌接头处的轴突末梢中含有许多囊泡状的突触小泡，内含乙酰胆碱，兴奋通过神经-骨骼肌接头时，参与传递。

157. 迷走神经兴奋增强时，会引起(   )

    A. 胃平滑肌收缩减弱   B. 胰液分泌增加

    C. 肠道平滑肌收缩减弱   D. 胃液分泌增加

[答案] D

[解析] 支配消化道的副交感神经主要是迷走神经和盆神经。副交感神经兴奋时，节后纤维末梢释放乙酰胆碱，促使胃肠道运动和腺体分泌增强，而胃肠括约肌舒张。

158. 在体外实验观察到，当血压在一定范围内变动时，器官、组织的血流量仍能维持相对恒定。这种调节方式称为(   )

    A. 神经调节   B. 神经-体液调节

    C. 自身调节   D. 体液调节

[答案] C

[解析] 自身调节指某些细胞、组织和器官不依赖于神经调节或体液调节，依靠自身对内、外环境变化所产生的适应性反应，如动脉血压在一定范围内变动时，血管平滑肌可通过舒缩保持脑血流量的相对稳定。自身调节较为简单、调节幅度较小，但对稳态的维持仍然十分重要。

159. CO_2 在血液中的运输形式，不包括(   )

    A. HbNHCOOH   B. $NaHCO_3$

    C. $Ca(HCO_3)_2$ D. $KHCO_3$

[答案] C

[解析] CO_2 在血液中运输的形式：

(1) 物理溶解　二氧化碳在血浆中的溶解度比氧大，占二氧化碳运输量的 6%。

(2) 化学结合　是二氧化碳在血液中运输的主要形式，约占二氧化碳运输量的 94%。其结合方式有两种：一种是形成碳酸氢盐比如碳酸氢钠或碳酸氢钾等，约占二氧化碳运输量的 87%；另一种是形成氨基甲酸血红蛋白，约占 7%。所以，CO_2 在血液中运输的主要形式是形成碳酸氢盐。

综上，CO_2 的主要运输方式是化学结合方式生成碳酸氢根类的盐进行运输。

160. 影响水生动物气体交换的主要因素不包括(   )

A. 气体的相对分子质量   B. 水中盐浓度

C. 气体的溶解度   D. 呼吸膜的面积

[答案] B

[解析] 影响水生动物气体交换的主要因素有：气体的分压差、溶解度和相对分子质量，呼吸膜的面积。

161. 水母在渗透压调节中只调节哪一种离子（ ）

A. Na^+ B. Cu^{2+}

C. K^+ D. SO_4^{2-}

[答案] D

[解析] 大多数海产无脊椎动物体液的渗透浓度与周围海水的渗透浓度相等，属于渗透压随变动物，不存在渗透性运动。D项，水母对渗透压的调节只涉及硫酸根，使其浓度比海水的低，是因为这种动物硫酸盐的浓度与其漂浮生活有关，排出较重的硫酸根离子可以降低水母的密度而不致下沉。

162. 水产动物体内不能分泌消化液的部位是（ ）

A. 胰腺   B. 肠

C. 肾脏   D. 肝脏

[答案] C

[解析] 水生动物体内能够分泌消化液的部位有胃、肠、胰腺和肝脏，其中胰腺和肝脏分泌的消化液经导管汇集于消化管腔中。

163. 下面关于水生动物的呼吸过程，哪项是错误的（ ）

A. 鱼类口腔、鳃盖的关闭以及水从口内进入和从鳃孔流出是间断的

B. 流经鳃瓣的水流是连续的

C. 鳃瓣内单向水流有利于降低呼吸阻力

D. 口关闭和鳃盖骨内陷占整个呼吸周期的 $85\%\sim90\%$

[答案] D

[解析] 鱼类的呼吸运动可分为以下4个过程：①当鳃盖膜封住鳃腔时，口张开，口腔底向下扩大，口腔内的压力低于外界水压，水流入口腔；②口关闭，口腔瓣膜阻止水倒流，鳃盖向外扩张，使鳃腔内的压力低于口腔，水从口腔流入鳃腔；③口腔的肌肉收缩，口腔底部上抬，口腔内的压力仍高于鳃腔内的压力，水继续流向鳃腔；④鳃盖骨内陷，鳃腔的压力上升，水从鳃裂流出。其中，①和③过程占整个过程的 $85\%\sim90\%$。

164. 在哪种条件下鱼类的呼吸频率不会增加（ ）

A. 低温   B. 高温

C. 二氧化碳含量升高   D. 溶解氧不足

[答案] A

[解析] 外界环境因子的变化是影响鱼类呼吸频率的重要因素。水温升高、水中氧含量不足、二氧化碳含量升高或恐惧、过度活动等都会使鱼类的呼吸频率大大增加。

165. 血液的基本组成是(　　　)

    A. 血清＋血浆　　　　　　　　　　B. 血浆＋红细胞

    C. 血清＋红细胞　　　　　　　　　　D. 血浆＋血细胞

[答案] D

[解析] 血液可分为血浆和血细胞两部分，其中血浆约占血液体积的 55%，血细胞约占血液体积的 45%。

166. 胰岛中分泌胰岛素的细胞是(　　　)

    A. A 细胞　　　　　　　　　　　　B. B 细胞

    C. D 细胞　　　　　　　　　　　　D. PP 细胞

[答案] B

[解析] 胰腺的内分泌部分为胰岛。胰岛细胞依其形态、染色特点和不同功能，可分为 A、B、D、PP 等细胞类型，其中 A 细胞（25%）分泌胰高血糖素；B 细胞（60%～70%）分泌胰岛素；D 细胞（约 10%）分泌生长抑素（SS）；PP 细胞分泌胰多肽。

167. 自动脉球向前发出的一条粗大血管，位于左右鳃腹面中央的是(　　　)

    A. 入鳃动脉　　　　　　　　　　　B. 出鳃动脉

    C. 腹大动脉　　　　　　　　　　　D. 背大动脉

[答案] C

[解析] 鱼类只有一套循环系统，由心脏泵出的血液在鳃部进行气体交换后，直接流经躯体各动脉经静脉回心，血液在整个鱼体内循环一周只经过一次心脏（单循环），且心脏只有一心耳、一心室。C 项，腹大动脉是自动脉球向前发出的一条粗大血管，位于左右鳃腹面中央。

168. 血液黏滞性的高低主要取决于(　　　)

    A. 含盐量　　　　　　　　　　　　B. 悬浮的血细胞和血浆中的蛋白质

    C. 血液中水的含量　　　　　　　　D. 红细胞大小

[答案] B

[解析] 黏滞性是指液体流动时表现出的流动缓慢、黏着的特性，主要取决于悬浮细胞和血浆中的蛋白质，通常以液体流出细管的速度来衡量。

169. 肾小球有效滤过压等于(　　　)

    A. 肾小球毛细血管血压－血浆胶体渗透压－囊内压

B. 肾小球毛细血管血压－血浆胶体渗透压＋囊内压

C. 肾小球毛细血管血压＋血浆晶体渗透压－囊内压

D. 肾小球毛细血管血压－血浆晶体渗透压＋囊内压

[答案] A

[解析] 有效滤过压是肾小球滤过作用的动力，由肾小球毛细血管压、肾小囊内压和血浆胶体渗透压共同决定，即有效滤过压＝肾小球毛细血管血压－（血浆胶体渗透压＋囊内压）。

170. 小肠吸收的物质中，主要以被动形式吸收的是（　　）

　　A. 水和钾　　　　　　　　　　B. 钙和钠

　　C. 糖类　　　　　　　　　　　D. 蛋白质

[答案] A

[解析] A项，水和钾离子在小肠主要是通过顺浓度梯度的简单扩散进行吸收。B项，钙和钠的吸收均是主动运输。C、D两项，营养物质中，糖类、蛋白质和脂肪等物质的吸收主要依靠主动运输以及胞吞作用。

171. 细胞的兴奋性变化经历的时期不包括（　　）

　　A. 相对不应期　　　　　　　　B. 静息期

　　C. 绝对不应期　　　　　　　　D. 超长期

[答案] B

[解析] 静息期是指细胞在安静状态下的膜内外电位差处于静息电位水平的状态，不在动作电位的变化时期内。

172. 以下关于血液组成的说法正确的是（　　）

　　A. 所有脊椎动物的血液都为红色

　　B. 红细胞在血浆中的容积百分比叫红细胞比容

　　C. 血清和血浆成分的区别主要是血清中没有纤维蛋白原

　　D. 种类、性别、生理和病理因子等均可影响比容值，同一尾鱼患病期间，红细胞比容增高

[答案] C

[解析] A项，高等脊椎动物的血液多为红色，低等脊椎动物因血细胞中呼吸色素的不同而具有多种颜色；B项，红细胞比容是指红细胞在全血中的容积百分比；D项，在鱼患病期间，红细胞比容会降低。

173. 关于消化器官的神经支配的叙述，正确的是（　　）

　　A. 去除外来神经后，仍能完成局部反射

　　B. 所有副交感神经节后纤维均以乙酰胆碱为递质

　　C. 交感神经节后纤维释放乙酰胆碱

D. 外来神经对内在神经无调制作用

[答案] A

[解析] B项，副交感神经多数是胆碱能神经，其末梢释放乙酰胆碱。C项，交感神经的节后神经纤维属于肾上腺素能神经，不会释放乙酰胆碱。D项，外来神经对内在神经有调制作用。

174. 消化道平滑肌细胞的动作电位产生的离子基础是(　　)

A. Ca^{2+}内流
B. K^+内流
C. Na^+内流
D. Ca^{2+}与K^+内流

[答案] A

[解析] 消化道平滑肌的动作电位是在慢波基础上去极化达到阈电位水平时，即在其波幅上产生一至数个动作电位，并随之出现肌肉收缩。动作电位的去极化相主要是由一种慢通道介导的离子内流引起（主要是Ca^{2+}与少量Na^+内流）。其复极化相主要是K^+通道开放，K^+外流而产生的。

175. 鱼类的鳃小片是血液和水环境进行气体交换的场所，鱼类可摄取水中(　　)的溶解氧。

A. 48%～80%
B. 24%～48%
C. 48%～60%
D. 30%～50%

[答案] A

[解析] 鳃是鱼类及大多数水生动物的主要呼吸器官，鳃小片是血液和水环境进行气体交换的场所，其具有惊人的摄氧能力，摄取水中溶解氧的48%～80%。

176. 影响水生动物呼吸的理化因子不包括(　　)

A. 二氧化碳浓度
B. 水温
C. 水体的pH
D. 呼吸膜的面积

[答案] D

[解析] 影响水生动物呼吸的理化因子包括二氧化碳浓度、水体的溶氧量、水体的pH、水温。D项，呼吸膜的面积属于影响水生动物呼吸的生物因素。

177. 氧离曲线是(　　)

A. $p(O_2)$与血氧饱和度间关系的曲线
B. $p(O_2)$与血氧容量间关系的曲线
C. $p(O_2)$与血氧含量间关系的曲线
D. $p(O_2)$与血液pH间关系的曲线

[答案] A

[解析] 氧离曲线是表示血红蛋白饱和度与氧分压关系的曲线。

178. 细胞膜静息电位的形成是( )的结果。

    A. Na^+ 内流   B. K^+ 外流

    C. Na^+ 外流   D. K^+ 内流

[答案] B

[解析] 静息电位主要是 K^+ 外流所致，又称为 K^+ 平衡电位。

179. 虾蟹类的血液由血细胞和血浆组成，血细胞体积占总血量的( )以下。

    A. 2%   B. 3%

    C. 1%   D. 4%

[答案] C

[解析] 虾蟹类的血液由血细胞和血浆组成，其中血细胞体积占总血量的1%以下。

180. 下述哪一项不是水生动物的一般排泄器官( )

    A. 原生动物和海绵动物的伸缩泡   B. 甲壳类的触角腺

    C. 鱼类的鳃   D. 软体动物的肾管

[答案] C

[解析] 水生动物的排泄器官根据形态结构的不同可分为一般排泄器官和特殊排泄器官两大类；一般排泄器官包括原生动物和海绵动物的伸缩泡、甲壳动物的触角腺、软体动物的肾管、脊椎动物的肾脏；特殊排泄器官有鱼类和甲壳类的鳃、板鳃鱼类的直肠腺、鱼类的肝脏等。

181. 下列哪一因素不影响氧合血红蛋白的解离( )

    A. 血型   B. 血中 p（CO_2）

    C. 血液 H^+ 浓度   D. 血液温度

[答案] A

[解析] 影响氧离曲线的因素包括二氧化碳和氧气的分压差、pH、温度和有机磷酸盐。

182. 下述哪一项与肾脏的排泄功能无关( )

    A. 维持机体酸碱平衡   B. 维持机体水和渗透压平衡

    C. 维持机体电解质平衡   D. 分泌促红细胞生成素

[答案] D

[解析] 肾脏可以产生促红细胞生成素来促进红细胞的成熟，增加红细胞数量，因此与排泄功能无关。

183. 胆盐在回肠的吸收机制为( )

    A. 渗透和滤过   B. 入胞作用

    C. 主动转运   D. 单纯扩散

[答案] C
[解析] 胆汁中的胆盐或胆汁酸排至小肠后，绝大部分仍可由回肠末端吸收入血，其以主动转运的方式进行。

184. 下列叙述错误的是(　　)
　　A. Hb 和 O_2 的结合与 Hb 的变构效应有关
　　B. O_2 与 Hb 的结合是一种氧合作用
　　C. 1 分子 Hb 可结合 2 分子 O_2
　　D. Hb 既可与 O_2 结合，也可与 CO_2 结合

[答案] C
[解析] Hb 各亚基以血红蛋白中 Fe 与 O_2 结合，1 分子 Hb 最大可结合 4 分子 O_2。结合存在协同效应，α 亚基与 O_2 结合后该亚基构象改变，并触发整个分子构象改变，如盐键断裂、亚基松散，带 O_2 的 α 亚基促进其他亚基结合 O_2，使其他亚基与 O_2 的亲和力逐渐加大。

185. 当血液中 $p(CO_2)$ 升高到一定程度时，闭鳔鱼类出现鲁特效应。其主要原因是不仅使 Hb 对 O_2 的亲和力下降，同时导致下列哪项指标也下降(　　)
　　A. 氧分压　　　　　　　　　B. 二氧化碳分压
　　C. 氧容量　　　　　　　　　D. 氧含量

[答案] C
[解析] 在许多硬骨鱼类，血液中 $p(CO_2)$ 增加会导致血红蛋白的氧容量下降，氧离曲线的上半部下移，这种现象称为鲁特效应。已知鲁特效应在闭鳔鱼类向鳔腔分泌氧气的过程中起重要作用。鲁特效应为鱼类所特有，尤以闭鳔鱼类更加明显。但板鳃鱼类和气呼吸的鱼类没有鲁特效应，波尔效应也很小或完全没有。

186. 血红蛋白的氧容量主要取决于(　　)
　　A. Hb 浓度　　　　　　　　B. 2,3-DPG 浓度
　　C. $p(O_2)$　　　　　　　　　D. $p(CO_2)$

[答案] A
[解析] 血红蛋白的氧合作用血液中，以物理溶解状态存在的氧气量仅占血液总氧气含量的 2%，而以氧合血红蛋白（HbO_2）形式存在的比例约为 98%。血红蛋白是脊椎动物运氧的呼吸色素，由 1 个球蛋白和 4 个亚铁血红蛋白组成，1 分子血红蛋白最大可结合 4 分子氧。血红蛋白与氧的结合和解离迅速、可逆且不需酶的催化，主要取决于 $p(O_2)$ 的大小。Fe^{2+} 与氧结合后化合价不变，仍保持 Fe^{2+} 形式。但个别鱼类（如南极白血鱼科）的血液中缺乏血红蛋白，因此完全依靠其血浆中的溶解氧满足其代谢需求。

187. 胃的容受性舒张是通过下列哪一途径实现的(   )
　　A. 迷走神经　　　　　　　　B. 交感神经
　　C. 壁内神经丛　　　　　　　D. 促胰液素

[答案] A

[解析] 胃的容受性舒张是通过迷走神经的传入和传出通路反射地实现的，切断动物的双侧迷走神经，容受性舒张即不再出现。在这个反射中，迷走神经的传出通路是抑制性纤维，其末梢释放的递质既非乙酰胆碱，也非去甲肾上腺素，而可能是某种肽类物质。

188. 机体内环境是指(   )
　　A. 组织液　　　　　　　　　B. 血液
　　C. 细胞内液　　　　　　　　D. 细胞外液

[答案] D

[解析] 细胞外液被称为机体的内环境。体液是机体内液体的总称；存在于组织细胞内的液体称细胞内液；血液中除血细胞外的液体部分称血浆，也属细胞外液；组织液是细胞外液的一部分。

189. 虾蟹类的呼吸色素为(   )
　　A. 肌红蛋白　　　　　　　　B. 血红蛋白
　　C. 血清蛋白　　　　　　　　D. 血蓝蛋白

[答案] D

[解析] 动物血液中有四种呼吸色素，分别为血红蛋白、血绿蛋白、血蓝蛋白和蚯蚓血红蛋白，虾蟹类的呼吸色素为血蓝蛋白。

190. 下述关于胃肠激素的描述，哪一项是错误的(   )
　　A. 有些胃肠激素具有营养功能　　B. 由存在于黏膜层的内分泌细胞分泌
　　C. 可调节消化道的运动和消化腺的分泌　　D. 仅存在于胃肠道

[答案] D

[解析] 胃肠激素包括胃泌素、促胰液素、胆囊收缩素、P物质等，其中P物质可存在于脑内。

191. 下列哪一种激素不属于胃肠激素(   )
　　A. 肾上腺素　　　　　　　　B. 胆囊收缩素
　　C. 胃泌素　　　　　　　　　D. 促胰液素

[答案] A

[解析] 胃肠激素包括胃泌素、促胰液素、胆囊收缩素、P物质等。A项，肾上腺素是肾上腺髓质产生的激素，不属于胃肠激素。

192. 不参与鱼类水盐代谢调节的激素是(　　)

    A. 催乳素　　　　　　　　　　B. 肾上腺素

    C. 醛固酮　　　　　　　　　　D. 皮质醇

[答案] B

[解析] 在鱼类，催乳素主要维持渗透压和水盐平衡。盐皮质激素由球状带分泌，主要是醛固酮，盐皮质激素的主要生理功能是保钠排钾、保水；若醛固酮分泌过多，则使钠和水潴留，会引起血钠升高，而血钾降低。皮质醇对鱼类的水盐调节起重要作用。

193. 下列对消化和吸收概念的叙述，哪一项是错误的(　　)

    A. 消化是食物在消化道内被分解为小分子的过程

    B. 消化分为机械性消化和化学性消化两种

    C. 小分子物质透过消化道黏膜进入血液和淋巴循环的过程称为吸收

    D. 消化主要在胃中完成，吸收主要在小肠完成

[答案] D

[解析] 胃具有暂时贮存食物和消化食物两种功能，食物从胃进入肠开始了肠内消化，这是整个消化过程的最重要阶段，因此此题目讲到消化主要在胃中完成是片面的。

194. 关于脂肪的吸收，下列哪项叙述是错误的(　　)

    A. 需水解为脂肪酸、甘油一酯和甘油后才能吸收

    B. 吸收过程需胆盐的协助

    C. 进入肠上皮细胞的脂肪水解产物绝大部分在细胞内又合成为甘油三酯

    D. 长链脂肪酸可直接扩散入血液

[答案] D

[解析] 三酰甘油在肠道内分解为甘油、脂肪酸、甘油一酯，其吸收主要在小肠和幽门垂完成。脂肪酸和甘油一酯先与胆盐结合形成水溶性的复合物，进入上皮细胞，胆盐则留在肠腔被重新利用，或转运回肝脏。进入上皮细胞的长链脂肪酸与甘油一酯重新合成三酰甘油，并与细胞内的载脂蛋白组成乳糜微粒，然后进入淋巴。短链脂肪酸、部分中链脂肪酸及其组成的甘油一酯可直接由毛细血管入门静脉。因此，长链脂肪酸不可以直接扩散入血液。

195. 下列哪种激素不是由腺垂体合成、分泌的(　　)

    A. 促甲状腺激素　　　　　　　B. 促肾上腺皮质激素

    C. 生长素　　　　　　　　　　D. 催产素

[答案] D

[解析] 腺垂体含有多种内分泌细胞，至少可分泌6种多肽激素：促肾上腺皮质激素、促甲状腺素、促性腺素、生长素、催乳素、促黑素。

196. 下列哪项不属于胃液的作用(　　)

    A. 杀菌   B. 激活胃蛋白酶原

    C. 使蛋白质变性   D. 提供弱碱性环境

[答案] D

[解析] 胃液是胃腺内多种细胞分泌的混合物，其 pH 为 0.9～1.5（哺乳动物），因此提供的是酸性环境。

197. 下列哪种调节肽不是由下丘脑促垂体区的神经细胞合成的(　　)

    A. 促肾上腺皮质激素   B. 生长素释放激素

    C. 催乳素释放因子   D. 促性腺激素释放激素

[答案] A

[解析] 下丘脑调节肽已知的有 9 种，分为释放激素和抑制激素两类：促甲状腺激素释放激素、促性腺激素释放激素、生长素释放激素、促肾上腺皮质激素释放激素、促黑激素释放抑制因子、催乳素释放因子、生长素释放抑制激素、催乳素释放抑制激素、促黑激素释放抑制因子。

198. 在肾小管处与 Na^+ 重吸收相关的物质没有(　　)

    A. 葡萄糖   B. 氨基酸

    C. Cl^- D. Ca^{2+}

[答案] D

[解析] 原尿中的 Na^+ 有 96%～99%都被重吸收，其中近球小管对 Na^+ 的重吸收率最大，占滤过量的 65%～70%，在近球小管前半段，Na^+ 为主动重吸收：①大部分 Na^+ 与葡萄糖、氨基酸同向转运（与肠黏膜上皮对葡萄糖和氨基酸的吸收相同）；②另一部分 Na^+ 与 H^+ 逆向转运（$Na^+ - H^+$ 交换），使小管液中的 Na^+ 进入细胞，而细胞中的 H^+ 则被分泌到小管液中。在近球小管后半段，Na^+ 与 Cl^- 为被动重吸收，主要通过细胞旁路进行。

199. 鱼类卵巢能合成的主要雌激素是(　　)

    A. 雌酮   B. 孕酮

    C. 睾酮   D. 雌二醇

[答案] D

[解析] 鱼类卵巢能合成的主要雌激素是雌二醇，雌酮次之。孕酮属于孕激素，睾酮属于雄激素。

200. 睾丸间质细胞主要产生(　　)

    A. 睾酮   B. 雄性激素结合蛋白

    C. 睾酮和雄性激素结合蛋白   D. 人绒毛膜促性腺激素

［答案］A
［解析］间质细胞分泌雄激素：睾酮、雄烯二酮、11-氧睾酮。

第四篇

动物生物化学

1. 在生理 pH 条件下，下列哪种氨基酸带正电荷(　　)

    A. 丙氨酸　　　　　　　　　B. 酪氨酸　　　　　　　　　C. 赖氨酸

    D. 蛋氨酸　　　　　　　　　E. 异亮氨酸

[答案] C

[解析] 5 种氨基酸中只有赖氨酸为碱性氨基酸，其等电点为 9.74，大于生理 pH，所以带正电荷。

2. 下列氨基酸中哪一种是鱼类非必需氨基酸(　　)

    A. 亮氨酸　　　　　　　　　B. 酪氨酸　　　　　　　　　C. 赖氨酸

    D. 蛋氨酸　　　　　　　　　E. 苏氨酸

[答案] B

[解析] 鱼、虾类的必需氨基酸包括赖氨酸、色氨酸、甲硫氨酸、苯丙氨酸、缬氨酸、亮氨酸、异亮氨酸、苏氨酸、精氨酸和组氨酸共计 10 种，酪氨酸不是必需氨基酸。

3. 蛋白质的组成成分中，在 280nm 处有最大吸收值的最主要成分是(　　)

    A. 酪氨酸的酚环　　　　　B. 半胱氨酸的硫原子　　　C. 肽键

    D. 苯丙氨酸

[答案] A

4. 下列 4 种氨基酸中哪个有碱性侧链(　　)

    A. 脯氨酸　　　　　　　　　B. 苯丙氨酸　　　　　　　　C. 异亮氨酸

    D. 赖氨酸

[答案] D

[解析] 在此 4 种氨基酸中，作为碱性氨基酸，只有赖氨酸的 R 基团可接受氢质子，而其他 3 种氨基酸均无可解离的 R 侧链。

5. 下列哪种氨基酸属于亚氨基酸(　　)

    A. 丝氨酸　　　　　　　　　B. 脯氨酸　　　　　　　　　C. 亮氨酸

D. 组氨酸

[答案] B

[解析] 脯氨酸的 α-碳上连接的是亚氨基而不是氨基，所以实际上属于一种亚氨基酸，而其他氨基酸的 α-碳上都连接有氨基，是氨基酸。

6. 下列哪一项不是蛋白质 α 螺旋结构的特点（　　）

　　A. 天然蛋白质多为右手螺旋　　　　　B. 肽链平面充分伸展

　　C. 每隔 3.6 个氨基酸螺旋上升一圈　　D. 每个氨基酸残基上升高度为 0.15nm

[答案] B

[解析] 天然蛋白质的 α 螺旋结构的特点是：肽链围绕中心轴旋转形成螺旋结构，而不是充分伸展的结构。另外在每个螺旋中含有 3.6 个氨基酸残基，螺距为 0.54nm，每个氨基酸残基上升高度为 0.15nm，所以 B 不是 α 螺旋结构的特点。

7. 下列哪一项不是蛋白质的性质之一（　　）

　　A. 处于等电状态时溶解度最小　　　　B. 加入少量中性盐溶解度增加

　　C. 变性蛋白质的溶解度增加　　　　　D. 有紫外吸收特性

[答案] C

[解析] 蛋白质处于等电点时，净电荷为零，失去蛋白质分子表面的同性电荷互相排斥的稳定因素，此时溶解度最小；加入少量中性盐可增加蛋白质的溶解度，即盐溶现象；因为蛋白质中含有酪氨酸、苯丙氨酸和色氨酸，所以具有紫外吸收特性；变性蛋白质的溶解度减小而不是增加，因为蛋白质变性后，近似于球状的空间构象被破坏，变成松散的结构，原来处于分子内部的疏水性氨基酸侧链暴露于分子表面，减小了与水分子的作用，从而使蛋白质溶解度减小并沉淀。

8. 下列氨基酸中哪一种不具有旋光性（　　）

　　A. Leu　　　　　　　　　B. Ala　　　　　　　　　C. Gly

　　D. Ser　　　　　　　　　E. Val

[答案] C

[解析] 甘氨酸的 α-碳原子连接的 4 个原子和基团中有 2 个是氢原子，所以不是不对称碳原子，没有立体异构体，所以不具有旋光性。

9. 在下列检测蛋白质的方法中，哪一种取决于完整的肽链（　　）

　　A. 凯氏定氮法　　　　　　B. 双缩脲反应　　　　　　C. 紫外吸收法

　　D. 茚三酮法

[答案] B

[解析] 双缩脲反应是指含有两个或两个以上肽键的化合物（肽及蛋白质）与稀硫酸铜的

碱性溶液反应生成紫色（或青紫色）化合物的反应，产生颜色的深浅与蛋白质的含量成正比，所以可用于蛋白质的定量测定。茚三酮反应是氨基酸的游离的 α-NH_2 与茚三酮之间的反应；凯氏定氮法是测定蛋白质消化后产生的氨；紫外吸收法是通过测定蛋白质的紫外消光值定量测定蛋白质的方法，因为大多数蛋白质都含有酪氨酸，有些还含有色氨酸或苯丙氨酸，这三种氨基酸具有紫外吸收特性，所以紫外吸收值与蛋白质含量成正比。

10. 下列哪种酶作用于由碱性氨基酸的羧基形成的肽键(   )

    A. 糜蛋白酶   B. 羧肽酶   C. 氨肽酶

    D. 胰蛋白酶

[答案] D

[解析] 糜蛋白酶即胰凝乳蛋白酶作用于酪氨酸、色氨酸和苯丙氨酸的羧基参与形成的肽键；羧肽酶是从肽链的羧基端开始水解肽键的外肽酶；氨肽酶是从肽链的氨基端开始水解肽键的外肽酶；胰蛋白酶可以专一地水解碱性氨基酸的羧基参与形成的肽键。

11. 下列有关蛋白质的叙述哪项是正确的(   )

    A. 蛋白质分子的净电荷为零时的 pH 是它的等电点

    B. 大多数蛋白质在含有中性盐的溶液中会沉淀析出

    C. 由于蛋白质在等电点时溶解度最大，所以沉淀蛋白质时应远离等电点

    D. 以上各项均不正确

[答案] A

[解析] 蛋白质的等电点是指蛋白质分子内的正电荷总数与负电荷总数相等时的 pH。蛋白质盐析的条件是加入足量的中性盐，如果加入少量中性盐不但不会使蛋白质沉淀析出反而会增加其溶解度，即盐溶。在等电点时，蛋白质的净电荷为零，分子间的净电斥力最小，溶解度最小，在溶液中易于沉淀，所以通常沉淀蛋白质应调 pH 至等电点。

12. 下列关于蛋白质结构的叙述，哪一项是错误的(   )

    A. 氨基酸的疏水侧链很少埋在分子的中心部位

    B. 带电荷的氨基酸侧链常在分子的外侧，面向水相

    C. 蛋白质的一级结构在决定高级结构方面是重要因素之一

    D. 蛋白质的空间结构主要靠次级键维持

[答案] A

[解析] 在蛋白质的空间结构中，通常是疏水性氨基酸的侧链存在于分子的内部，因为疏水性基团避开水相而聚集在一起，而亲水侧链分布在分子的表面以充分地与水作用；蛋白质的一级结构是多肽链中氨基酸的排列顺序，此顺序即决定了肽链形成二级结构的类型以及更高层次的结构；维持蛋白质空间结构的作用力主要是次级键。

13. 下列哪些因素妨碍蛋白质形成 α-螺旋结构(　　)

A. 脯氨酸的存在　　　　　　　B. 氨基酸残基的大的支链

C. 碱性氨基酸的相邻存在　　　D. 酸性氨基酸的相邻存在

E. 以上各项都是

[答案] E

[解析] 脯氨酸是亚氨基酸，参与形成肽键后不能再与 C＝O 氧形成氢键，因此不能形成 α-螺旋结构；氨基酸残基的支链大时，空间位阻大，妨碍螺旋结构的形成；连续出现多个酸性氨基酸或碱性氨基酸时，同性电荷会互相排斥，所以不能形成稳定的螺旋结构。

14. 关于 β-折叠的叙述，下列哪项是错误的(　　)

A. β-折叠的肽链处于曲折的伸展状态

B. β-折叠的结构是借助于链内氢键而稳定的

C. 所有的 β-折叠结构都是通过几段肽链平行排列而形成的

D. 氨基酸之间的轴距为 0.35nm

[答案] C

[解析] β-折叠结构是一种常见的蛋白质二级结构的类型，分为平行和反平行两种排列方式，所以题中 C 项的说法是错误的。在 β-折叠结构中肽链处于曲折的伸展状态，氨基酸残基之间的轴心距离为 0.35nm，相邻肽链（或同一肽链中的几个肽段）之间形成氢键而使结构稳定。

15. 维持蛋白质二级结构稳定的主要作用力是(　　)

A. 盐键　　　　　　　B. 疏水键　　　　　　　C. 氢键

D. 二硫键

[答案] C

[解析] 蛋白质二级结构的两种主要类型是 α-螺旋结构和 β-折叠结构。在 α-螺旋结构中，肽链上的所有氨基酸残基均参与氢键的形成以维持螺旋结构的稳定；在 β-折叠结构中，相邻肽链或肽段之间形成氢键以维持结构的稳定，所以氢键是维持蛋白质二级结构稳定的主要作用力。离子键、疏水键和范德华力在维持蛋白质的三级结构和四级结构中起重要作用，而二硫键在稳定蛋白质的三级结构中起一定作用。

16. 维持蛋白质三级结构稳定的因素是(　　)

A. 肽键　　　　　　　B. 二硫键　　　　　　　C. 离子键

D. 氢键　　　　　　　E. 次级键

[答案] E

[解析] 肽键是连接氨基酸的共价键，它是维持蛋白质一级结构的作用力；二硫键是2分子半胱氨酸的巯基脱氢氧化形成的共价键，它可以存在于2条肽链之间，也可以由存在于同一条肽链的2个不相邻的半胱氨酸之间，它在维持蛋白质三级结构中起一定作用，但不是最主要的。离子键和氢键都是维持蛋白质三级结构稳定的因素之一，但此项选择不全面，也不确切。次级键包括氢键、离子键、疏水键和范德华力，所以此项选择最全面、确切。

17. 凝胶过滤法分离蛋白质时，从层析柱上先被洗脱下来的是(　　)
A. 相对分子质量大的　　　B. 相对分子质量小的　　　C. 带电荷多的
D. 带电荷少的

[答案] A
[解析] 凝胶过滤柱层析分离蛋白质是根据蛋白质分子大小不同进行分离的方法，与蛋白质分子的带电状况无关。在进行凝胶过滤柱层析过程中，比凝胶网眼大的分子不能进入网眼内，被排阻在凝胶颗粒之外。比凝胶网眼小的颗粒可以进入网眼内，分子越小进入网眼的机会越多，因此不同大小的分子通过凝胶层析柱时所经的路程距离不同，大分子物质经过的距离短而先被洗出，小分子物质经过的距离长，后被洗脱，从而使蛋白质得到分离。

18. 下列哪项与蛋白质的变性无关(　　)
A. 肽键断裂　　　　　B. 氢键被破坏　　　　　C. 离子键被破坏
D. 疏水键被破坏

[答案] A
[解析] 蛋白质的变性是其空间结构被破坏，从而引起理化性质的改变以及生物活性的丧失，但其一级结构不发生改变，所以肽键没有断裂。蛋白质变性的机理是维持其空间结构稳定的作用力被破坏，氢键、离子键和疏水键都是维持蛋白质空间结构的作用力，当这些作用力被破坏时，空间结构就被破坏并引起变性，所以与变性有关。

19. 蛋白质空间构象的特征主要取决于下列哪一项(　　)
A. 多肽链中氨基酸的排列顺序　　　B. 次级键
C. 链内及链间的二硫键　　　　　　D. 温度及pH

[答案] A
[解析] 蛋白质的一级结构即蛋白质多肽链中氨基酸的排列顺序决定蛋白质的空间构象，因为一级结构中包含着形成空间结构所需要的所有信息，氨基酸残基的结构和化学性质决定了所组成的蛋白质的二级结构的类型以及三级、四级结构的构象；二硫键和次级键都是维持蛋白质空间构象稳定的作用力，但不决定蛋白质的构象；温度及pH影响蛋白质的溶解度、解离状态、生物活性等性质，但不决定蛋白质的构象。

20. 下列哪个性质是氨基酸和蛋白质所共有的(　　)

　　A. 胶体性质　　　　　　　B. 两性性质　　　　　　C. 沉淀反应

　　D. 变性性质　　　　　　　E. 双缩脲反应

[答案] B

[解析] 氨基酸即有羧基又有氨基，可以提供氢质子也可以接受氢质子，所以既是酸又是碱，是两性电解质。由氨基酸组成的蛋白质分子上也有可解离基团，如谷氨酸和天冬氨酸侧链基团的羧基以及赖氨酸的侧链氨基，所以也是两性电解质，这是氨基酸和蛋白质所共有的性质；胶体性质是蛋白质所具有的性质，沉淀反应是蛋白质的胶体性质被破坏产生的现象；变性是蛋白质的空间结构被破坏后，性质发生改变并丧失生物活性的现象，这三种现象均与氨基酸无关。

21. 氨基酸在等电点时具有的特点是(　　)

　　A. 不带正电荷　　　　　　B. 不带负电荷　　　　　　C. A 和 B

　　D. 溶解度最大　　　　　　E. 在电场中不泳动

[答案] E

[解析] 氨基酸分子上的正电荷数和负电荷数相等时的 pH 是其等电点，即净电荷为零，此时在电场中不泳动。由于净电荷为零，分子间的净电斥力最小，所以溶解度最小。

22. 蛋白质的一级结构是指(　　)

　　A. 蛋白质氨基酸的种类和数目　　　　B. 蛋白质中氨基酸的排列顺序

　　C. 蛋白质分子中多肽链的折叠和盘绕　D. 包括 A、B 和 C

[答案] B

[解析] 蛋白质的一级结构是指蛋白质多肽链中氨基酸的排列顺序，蛋白质中所含氨基酸的种类和数目相同但排列顺序不同时，其一级结构以及在此基础上形成的空间结构均有很大不同。蛋白质分子中多肽链的折叠和盘绕是蛋白质二级结构的内容，所以 B 项是正确的。

23. ATP 分子中各组分的连接方式是(　　)

　　A. R－A－P－P－P　　　　B. A－R－P－P－P　　　　C. P－A－R－P－P

　　D. P－R－A－P－P

[答案] B

[解析] ATP 分子中各组分的连接方式为：腺嘌呤-核糖-三磷酸，即 A－R－P－P－P。

24. 决定 tRNA 携带氨基酸特异性的关键部位是(　　)

　　A. XCCA3′末端　　　　　　B. TΨC 环　　　　　　C. DHU 环

　　D. 额外环　　　　　　　　E. 反密码子环

[答案] E

[解析] tRNA 的功能是以它的反密码子区与 mRNA 的密码子碱基互补配对，来决定携带氨基酸的特异性。

25. 根据 Watson-Crick 模型，求得每 1μmDNA 双螺旋含核苷酸对的平均数为（　　）

    A. 25 400　　　　　　　　B. 2 540　　　　　　　　C. 29 411

    D. 2 941　　　　　　　　E. 3 505

[答案] D

[解析] 根据 Watson-Crick 模型，每对碱基间的距离为 0.34nm，那么 1μmDNA 双螺旋平均含有 1000nm/0.34nm 个核苷酸对，即 2 941 对。

26. 构成多核苷酸链骨架的关键是（　　）

    A. $2'3'$-磷酸二酯键　　　　B. $2'4'$-磷酸二酯键　　　　C. $2'5'$-磷酸二酯键

    D. $3'4'$-磷酸二酯键　　　　E. $3'5'$-磷酸二酯键

[答案] E

[解析] 核苷酸是通过 $3'5'$-磷酸二酯键连接成多核苷酸链的。

27. 与片段 TAGAp 互补的片段为（　　）

    A. AGATp　　　　　　　　B. ATCTp　　　　　　　　C. TCTAp

    D. UAUAp

[答案] C

[解析] 核酸是具有极性的分子，习惯上以 $5'→3'$ 的方向表示核酸片段，TAGAp 互补的片段也要按 $5'→3'$ 的方向书写，即 TCTAp。

28. 含有稀有碱基比例较多的核酸是（　　）

    A. 胞核 DNA　　　　　　　B. 线粒体 DNA　　　　　　C. tRNA

    D. mRNA

[答案] C

29. 真核细胞 mRNA 帽子结构最多见的是（　　）

    A. m7APPPNmPNmP　　　　B. m7GPPPNmPNmP　　　　C. m7UPPPNmPNmP

    D. m7CPPPNmPNmP　　　　E. m7TPPPNmPNmP

[答案] B

[解析] 真核细胞 mRNA 帽子结构最多见的是通过 $5',5'$-磷酸二酯键连接的甲基鸟嘌呤核苷酸，即 m7GPPPNmPNmP。

30. DNA 变性后理化性质有下述改变( )

A. 对 260nm 紫外吸收减少   B. 溶液黏度下降   C. 磷酸二酯键断裂

D. 核苷酸断裂

[答案] B

[解析] 核酸的变性指核酸双螺旋区的氢键断裂，变成单链的无规则的线团，并不涉及共价键的断裂。一系列物化性质也随之发生改变：黏度降低、密度升高等，同时改变二级结构，有时可以失去部分或全部生物活性。DNA 变性后，由于双螺旋解体，碱基堆积已不存在，藏于螺旋内部的碱基暴露出来，这样就使得变性后的 DNA 对 260nm 紫外光的吸光率比变性前明显升高（增加），这种现象称为增色效应。因此判断只有 B 对。

31. 双链 DNA 的 Tm 较高是由于下列哪组核苷酸含量较高所致( )

A. A+G   B. C+T   C. A+T

D. G+C   E. A+C

[答案] D

[解析] 因为 G≡C 对比 A=T 对更为稳定，故 G≡C 含量越高的 DNA 变性时 Tm 值越高，它们成正相关关系。

32. 真核生物 mRNA 的帽子结构中，m7G 与多核苷酸链通过三个磷酸基连接，连接方式是( )

A. $2'-5'$ B. $3'-5'$ C. $3'-3'$

D. $5'-5'$ E. $3'-3'$

[答案] D

33. 在 pH3.5 的缓冲液中带正电荷最多的是( )

A. AMP   B. GMP   C. CMP

D. UMP

[答案] C

[解析] 在 pH3.5 的缓冲液中，C 是四种碱基中获得正电荷最多的碱基。

34. 下列对于环核苷酸的叙述，哪一项是错误的( )

A. cAMP 与 cGMP 的生物学作用相反

B. 重要的环核苷酸有 cAMP 与 cGMP

C. cAMP 是一种第二信使

D. cAMP 分子内有环化的磷酸二酯键

[答案] A

[解析] 在生物细胞中存在的环化核苷酸，研究得最多的是 $3'$，$5'$-环腺苷酸（cAMP）和 $3'$，$5'$-环鸟苷酸（cGMP）。它们是由其分子内的磷酸与核糖的 $3'$，$5'$碳原子形成双酯环化而成的。都是具有代谢调节作用的环化核苷酸，常被称为生物调节的第二信使。

35. 真核生物 DNA 缠绕在组蛋白上构成核小体，核小体含有的蛋白质是(   )

A. H1、H2、H3、H4 各两分子

B. H1A、H1B、H2B、H2A 各两分子

C. H2A、H2B、H3A、H3B 各两分子

D. H2A、H2B、H3、H4 各两分子

E. H2A、H2B、H4A、H4B 各两分子

[答案] D

[解析] 真核染色质主要的组蛋白有五种——H1、H2A、H2B、H3、H4。DNA 和组蛋白形成的复合物就叫核小体，核小体是染色质的最基本结构单位，呈球体状，每个核小体含有 8 个组蛋白，各含两个 H2A、H2B、H3、H4 分子，球状体之间有一定间隔，被 DNA 链连成串珠状。

36. 酶的活性中心是指(   )

A. 酶分子上含有必需基团的肽段

B. 酶分子与底物结合的部位

C. 酶分子与辅酶结合的部位

D. 酶分子发挥催化作用的关键性结构区

E. 酶分子有丝氨酸残基、二硫键存在的区域

[答案] D

[解析] 酶活性中心有一个结合部位和一个催化部位，分别决定专一性和催化效率，是酶分子发挥作用的一个关键性小区域。

37. 酶催化作用对能量的影响在于(   )

A. 增加产物能量水平 　　B. 降低活化能 　　C. 降低反应物能量水平

D. 降低反应的自由能 　　E. 增加活化能

[答案] B

[解析] 酶是生物催化剂，在反应前后没有发生变化，酶之所以能使反应快速进行，就是它降低了反应的活化能。

38. 竞争性抑制剂作用特点是(   )

A. 与酶的底物竞争激活剂 　　B. 与酶的底物竞争酶的活性中心

C. 与酶的底物竞争酶的辅基 　　D. 与酶的底物竞争酶的必需基团

E. 与酶的底物竞争酶的变构剂

[答案] B
[解析] 酶的竞争性抑制剂与酶作用的底物的结构基本相似，所以它与底物竞争酶的活性中心，从而抑制酶的活性，阻止酶与底物反应。

39. 竞争性可逆抑制剂抑制程度与下列哪种因素无关（　　）
  A. 作用时间   B. 抑制剂浓度
  C. 底物浓度   D. 酶与抑制剂的亲和力的大小
  E. 酶与底物的亲和力的大小

[答案] A
[解析] 竞争性可逆抑制剂抑制程度与底物浓度、抑制剂浓度、酶与抑制剂的亲和力、酶与底物的亲和力有关，与作用时间无关。

40. 哪一种情况可用增加底物浓度的方法减轻抑制程度（　　）
  A. 不可逆抑制作用   B. 竞争性可逆抑制作用
  C. 非竞争性可逆抑制作用   D. 反竞争性可逆抑制作用
  E. 无法确定

[答案] B
[解析] 竞争性可逆抑制作用可用增加底物浓度的方法减轻抑制程度。

41. 酶的竞争性可逆抑制剂可以使（　　）
  A. V_{max}减小，K_m减小 B. V_{max}增加，K_m增加 C. V_{max}不变，K_m增加
  D. V_{max}不变，K_m减小 E. V_{max}减小，K_m增加

[答案] C
[解析] 酶的竞争性可逆抑制剂可以使V_{max}不变，K_m增加。

42. 下列常见抑制剂中，除哪个外都是不可逆抑制剂（　　）
  A. 有机磷化合物   B. 有机汞化合物   C. 有机砷化合物
  D. 氰化物   E. 磺胺类药物

[答案] E
[解析] 磺胺类药物是竞争性可逆抑制剂。

43. 酶的活化和去活化循环中，酶的磷酸化和去磷酸化位点通常在哪一种氨基酸残基上（　　）
  A. 天冬氨酸   B. 脯氨酸   C. 赖氨酸
  D. 丝氨酸   E. 甘氨酸

[答案] D

[解析] 蛋白激酶可以使 ATP 分子上的 γ-磷酸转移到一种蛋白质的丝氨酸残基的羟基上，在磷酸基的转移过程中，常伴有酶蛋白活性的变化，例如肝糖原合成酶的磷酸化与脱磷酸化两种形式对糖原合成的调控是必需的。

44. 在生理条件下，下列哪种基团既可以作为 H^+ 的受体，也可以作为 H^+ 的供体（　　）

    A. His 的咪唑基　　　　B. Lys 的 ε 氨基　　　　C. Arg 的胍基

    D. Cys 的巯基　　　　　E. Trp 的吲哚基

[答案] A

[解析] His 咪唑基的 pK 值在 6.0～7.0，在生理条件下一半解离，一半未解离，解离的部分可以作为 H^+ 的受体，未解离部分可以作为 H^+ 的供体。

45. 对于下列哪种抑制作用，抑制程度为 50% 时，[I]＝K_i（　　）

    A. 不可逆抑制作用　　　　　　B. 竞争性可逆抑制作用

    C. 非竞争性可逆抑制作用　　　D. 反竞争性可逆抑制作用

    E. 无法确定

[答案] C

[解析] 对于非竞争性可逆抑制作用，抑制程度为 50% 时，[I]＝K_i。

46. 下列辅酶中的哪个不是来自维生素（　　）

    A. CoA　　　　　　B. CoQ　　　　　　C. PLP

    D. FH_2　　　　　　E. FMN

[答案] B

[解析] CoQ 不属于维生素，CoA 是维生素 B_3 的衍生物，PLP 是维生素 B_6 的衍生物，FH_2 是维生素 B_{11} 的衍生物，FMN 是维生素 B_2 的衍生物。

47. 下列叙述中哪一种是正确的（　　）

    A. 所有的辅酶都包含维生素组分

    B. 所有的维生素都可以作为辅酶或辅酶的组分

    C. 所有的 B 族维生素都可以作为辅酶或辅酶的组分

    D. 只有 B 族维生素可以作为辅酶或辅酶的组分

[答案] C

[解析] 很多辅酶不包含维生素组分，如 CoQ 等；有些维生素不可以作为辅酶或辅酶的组分，如维生素 E 等；所有的 B 族维生素都可以作为辅酶或辅酶的组分，但并不是只有 B 族维生素可以作为辅酶或辅酶的组分，如维生素 K 也可以作为 γ-羧化酶的辅酶。

48. 多食糖类需补充(　　)

    A. 维生素 B_1　　　　　　　B. 维生素 B_2　　　　　　　C. 维生素 B_5

    D. 维生素 B_6　　　　　　　E. 维生素 B_7

[答案] A

[解析] 维生素 B_1 以辅酶 TPP 的形式参与代谢，TPP 是丙酮酸脱氢酶系、α-酮戊二酸脱氢酶系、转酮醇酶等的辅酶，因此与糖代谢关系密切。多食糖类食物消耗的维生素 B_1 增加，需要补充。

49. 多食肉类，需补充(　　)

    A. 维生素 B_1　　　　　　　B. 维生素 B_2　　　　　　　C. 维生素 B_5

    D. 维生素 B_6　　　　　　　E. 维生素 B_7

[答案] D

[解析] 维生素 B_6 以辅酶 PLP、PMP 的形式参与氨基酸代谢，是氨基酸转氨酶、脱羧酶和消旋酶的辅酶，因此多食用蛋白质类食物消耗的维生素 B_6 增加，需要补充。

50. 以玉米为主食，容易导致下列哪种维生素的缺乏(　　)

    A. 维生素 B_1　　　　　　　B. 维生素 B_2　　　　　　　C. 维生素 B_5

    D. 维生素 B_6　　　　　　　E. 维生素 B_7

[答案] C

[解析] 玉米中缺少合成维生素 B_5 的前体——色氨酸，因此以玉米为主食，容易导致维生素 B_5 的缺乏。

51. 下列化合物中除哪个外，常作为能量合剂使用(　　)

    A. CoA　　　　　　　　　　B. ATP　　　　　　　　　　C. 胰岛素

    D. 生物素

[答案] D

[解析] CoA、ATP 和胰岛素常作为能量合剂使用。

52. 下列化合物中哪个不含环状结构(　　)

    A. 叶酸　　　　　　　　　　B. 泛酸　　　　　　　　　　C. 烟酸

    D. 生物素　　　　　　　　　E. 核黄素

[答案] B

[解析] 泛酸是 B 族维生素中唯一不含环状结构的化合物。

53. 下列化合物中哪个不含腺苷酸组分(　　)

    A. CoA　　　　　　　　　　B. FMN　　　　　　　　　　C. FAD

    D. NAD^+　　　　　　　　　E. $NADP^+$

[答案] B

[解析] FMN 是黄素单核苷酸，不含腺苷酸组分。

54. 需要维生素 B_6 作为辅酶的氨基酸反应有(　　)

    A. 成盐、成酯和转氨　　　　B. 成酰氯反应　　　　　　C. 烷基化反应

    D. 成酯、转氨和脱羧　　　　E. 转氨、脱羧和消旋

[答案] E

[解析] 维生素 B_6 以辅酶 PLP、PMP 的形式参与氨基酸代谢，是氨基酸转氨酶、脱羧酶和消旋酶的辅酶。

55. 如果质子不经过 F1/F0 - ATP 合成酶回到线粒体基质，则会发生(　　)

    A. 氧化　　　　　　　　　　B. 还原　　　　　　　　　C. 解偶联

    D. 紧密偶联

[答案] C

[解析] 当质子不通过 F0 进入线粒体基质的时候，ATP 就不能被合成，但电子照样进行传递，这就意味着发生了解偶联作用。

56. 离体的完整线粒体中，在有可氧化的底物存在下，加入哪一种物质可提高电子传递和氧气摄入量(　　)

    A. 更多的 TCA 循环的酶　　B. ADP　　　　　　　　　C. $FADH_2$

    D. NADH

[答案] B

[解析] ADP 作为氧化磷酸化的底物，能够刺激氧化磷酸化的速率；由于细胞内氧化磷酸化与电子传递之间紧密的偶联关系，所以 ADP 也能刺激电子的传递和氧气的消耗。

57. 下列氧化还原系统中标准氧化还原电位最高的是(　　)

    A. 延胡索酸琥珀酸　　　　　　　　B. $CoQ/CoQH_2$

    C. 细胞色素 a（Fe^{2+}/Fe^{3+}）　　　D. $NAD^+/NADH$

[答案] C

[解析] 电子传递的方向是从标准氧化还原电位低的成分到标准氧化还原电位高的成分，细胞色素 a（Fe^{2+}/Fe^{3+}）最接近呼吸链的末端，因此它的标准氧化还原电位最高。

58. 下列化合物中，除了哪一种以外都含有高能磷酸键(　　)

    A. NAD^+　　　　　　　　　B. ADP　　　　　　　　　C. NADPH

    D. FMN

[答案] D

[解析] NAD^+ 和 NADPH 的内部都含有 ADP 基团，因此与 ADP 一样都含有高能磷酸键，磷酸烯醇式丙酮酸也含有高能磷酸键，只有 FMN 没有高能磷酸键。

59. 下列反应中哪一步伴随着底物水平的磷酸化反应（　　）

　　A. 苹果酸→草酰乙酸　　　　　　B. 甘油酸-1，3-二磷酸→甘油酸-3-磷酸

　　C. 柠檬酸→α-酮戊二酸　　　　　D. 琥珀酸→延胡索酸

[答案] B

[解析] 甘油酸-1，3-二磷酸→甘油酸-3-磷酸是糖酵解中的一步反应，此反应中有 ATP 的合成。

60. 乙酰 CoA 彻底氧化过程中的 P/O 值是（　　）

　　A. 2.0　　　　　　　　B. 2.5　　　　　　　　C. 3.0

　　D. 3.5

[答案] C

[解析] 乙酰 CoA 彻底氧化需要消耗两分子氧气，即 4 个氧原子，可产生 12 分子的 ATP，因此 P/O 值是 12/4＝3。

61. 肌肉组织中肌肉收缩所需要的大部分能量以哪种形式贮存（　　）

　　A. ADP　　　　　　　B. 磷酸烯醇式丙酮酸　　　C. ATP

　　D. 磷酸肌酸

[答案] D

[解析] 当 ATP 的浓度较高时，ATP 的高能磷酸键被转移到肌酸分子之中形成磷酸肌酸。

62. 呼吸链中的电子传递体中，不是蛋白质而是脂质的组分为（　　）

　　A. NAD^+　　　　　　　B. FMN　　　　　　　C. CoQ

　　D. Fe·S

[答案] C

[解析] CoQ 含有一条由 n 个异戊二烯聚合而成的长链，具脂溶性，广泛存在于生物系统，又称泛醌。

63. 下述哪种物质专一性地抑制 F0 因子（　　）

　　A. 鱼藤酮　　　　　　　B. 抗霉素 A　　　　　　C. 寡霉素

　　D. 缬氨霉素

[答案] C

[解析] 寡霉素是氧化磷酸化抑制剂，它能与 F0 的一个亚基专一结合而抑制 F1，从而抑制了 ATP 的合成。

64. 下列不是催化底物水平磷酸化反应的酶是（　　）
　　A. 磷酸甘油酸激酶　　　　B. 磷酸果糖激酶　　　　C. 丙酮酸激酶
　　D. 琥珀酸硫激酶

[答案] B
[解析] 磷酸甘油酸激酶、丙酮酸激酶与琥珀酸硫激酶分别是糖酵解及三羧酸循环中的催化底物水平磷酸化的转移酶，只有磷酸果糖激酶不是催化底物水平磷酸化反应的酶。

65. 在生物化学反应中，总能量变化符合（　　）
　　A. 受反应的能障影响　　　　B. 随辅因子而变
　　C. 与反应物的浓度成正比　　　　D. 与反应途径无关

[答案] D
[解析] 热力学中自由能是状态函数，生物化学反应中总能量的变化不取决于反应途径。当反应体系处于平衡系统时，实际上没有可利用的自由能。只有利用来自外部的自由能，才能打破平衡系统。

66. 下列呼吸链的组成复合物中没有质子泵功能的是（　　）
　　A. 复合物Ⅰ　　　　B. 复合物Ⅲ　　　　C. 复合物Ⅳ
　　D. 复合物Ⅱ

[答案] D
[解析] 在呼吸链中，复合物Ⅰ、复合物Ⅲ和复合物Ⅳ都具有质子泵的功能，而复合物Ⅱ没有质子泵的功能。

67. 二硝基苯酚能抑制下列细胞功能的是（　　）
　　A. 糖酵解　　　　B. 肝糖异生　　　　C. 氧化磷酸化
　　D. 柠檬酸循环

[答案] C
[解析] 二硝基苯酚抑制线粒体内的氧化磷酸化作用，使呼吸链传递电子释放出的能量不能用于 ADP 磷酸化生成 ATP，所以二硝基苯酚是一种氧化磷酸化的解偶联剂。

68. 活细胞不能利用下列哪种能源来维持它们的代谢（　　）
　　A. ATP　　　　B. 糖　　　　C. 脂肪
　　D. 周围的热能

[答案] D
[解析] 脂肪、糖和 ATP 都是活细胞化学能的直接来源。阳光是最根本的能源，光子所释放的能量被绿色植物的叶绿素通过光合作用所利用。热能不能作为活细胞的可利用能源，但对细胞周围的温度有影响。

69. 下列关于化学渗透学说的叙述哪一条是错误的(   )

    A. 呼吸链各组分按特定的位置排列在线粒体内膜上

    B. 各递氢体和递电子体都有质子泵的作用

    C. H^+ 返回膜内时可以推动 ATP 酶合成 ATP

    D. 线粒体内膜外侧 H^+ 不能自由返回膜内

[答案] B

[解析] 化学渗透学说指出在呼吸链中递氢体与递电子体是交替排列的，递氢体有氢质子泵的作用，而递电子体却没有氢质子泵的作用。

70. 关于有氧条件下，**NADH** 从胞液进入线粒体氧化的机制，下列描述中正确的是(   )

    A. NADH 直接穿过线粒体膜而进入

    B. 磷酸二羟丙酮被 NADH 还原成 3-磷酸甘油进入线粒体，在内膜上又被氧化成磷酸二羟丙酮同时生成 NADH

    C. 草酰乙酸被还原成苹果酸，进入线粒体再被氧化成草酰乙酸，停留于线粒体内

    D. 草酰乙酸被还原成苹果酸进入线粒体，然后再被氧化成草酰乙酸，再通过转氨基作用生成天冬氨酸，最后转移到线粒体外

[答案] D

[解析] 线粒体内膜不允许 NADH 自由通过，胞液中 NADH 所携带的氢通过两种穿梭机制被其他物质带入线粒体内。糖酵解中生成的磷酸二羟丙酮可被 NADH 还原成 3-磷酸甘油，然后通过线粒体内膜进入线粒体内，此时在以 FAD 为辅酶的脱氢酶的催化下氧化，重新生成磷酸二羟丙酮穿过线粒体内膜回到胞液中。这样胞液中的 NADH 变成了线粒体内的 $FADH_2$。这种 α-磷酸甘油穿梭机制主要存在于肌肉、神经组织。另一种穿梭机制是草酰乙酸-苹果酸穿梭。这种机制在胞液及线粒体内的脱氢酶辅酶都是 NAD^+，所以胞液中的 NADH 到达线粒体内又生成 NADH。就能量产生来看，草酰乙酸-苹果酸穿梭优于 α-磷酸甘油穿梭机制；但 α-磷酸甘油穿梭机制比草酰乙酸-苹果酸穿梭速度要快很多。草酰乙酸-苹果酸穿梭主要存在于动物的肝、肾及心脏的线粒体中。

71. 细胞质中形成 **NADH＋H$^+$** 经草酰乙酸-苹果酸穿梭后，每摩尔产生 **ATP** 的摩尔数是(   )

    A. 1   B. 2   C. 3

    D. 4

[答案] C

[解析] 胞液中的 NADH 经草酰乙酸-苹果酸穿梭到达线粒体内又生成 NADH，1 分子 NADH 经电子传递与氧化磷酸化生成 3 分子 ATP。

72. 呼吸链的各细胞色素在电子传递中的排列顺序是(   )

A. c1→b→c→aa3→O₂ 　　B. c→c1→b→aa3→O₂ 　　C. c1→c→b→aa3→O₂

D. b→c1→c→aa3→O₂

[答案] D

[解析] 呼吸链中各细胞色素在电子传递中的排列顺序是根据氧化还原电位从低到高排列的。

73. 丙酮酸羧化酶是哪一个途径的关键酶( )

A. 糖异生 　　B. 磷酸戊糖途径 　　C. 胆固醇合成

D. 血红蛋白合成 　　E. 脂肪酸合成

[答案] A

[解析] 丙酮酸羧化酶是糖异生途径的关键酶，催化丙酮酸生成草酰乙酸的反应。

74. 动物饥饿后摄食，其肝细胞主要糖代谢途径( )

A. 糖异生 　　B. 糖有氧氧化 　　C. 糖酵解

D. 糖原分解 　　E. 磷酸戊糖途径

[答案] B

[解析] 饥饿后摄食，肝细胞的主要糖代谢是糖的有氧氧化以产生大量的能量。

75. 下列各中间产物中，哪一个是磷酸戊糖途径所特有的( )

A. 丙酮酸 　　B. 3-磷酸甘油醛 　　C. 6-磷酸果糖

D. 1，3-二磷酸甘油酸 　　E. 6-磷酸葡萄糖酸

[答案] E

[解析] 6-磷酸葡萄糖酸是磷酸戊糖途径所特有的，其他都是糖酵解的中间产物。

76. 糖蛋白中蛋白质与糖分子结合的键称( )

A. 二硫键 　　B. 肽键 　　C. 酯键

D. 糖肽键 　　E. 糖苷键

[答案] D

77. 三碳糖、六碳糖与七碳糖之间相互转变的糖代谢途径是( )

A. 糖异生 　　B. 糖酵解 　　C. 三羧酸循环

D. 磷酸戊糖途径 　　E. 糖的有氧氧化

[答案] D

[解析] 在磷酸戊糖途径的非氧化阶段发生三碳糖、六碳糖和七碳糖的相互转换。

78. 关于三羧酸循环哪个是错误的( )

A. 是糖、脂肪及蛋白质分解的最终途径

B. 受 ATP/ADP 比值的调节

C. NADH 可抑制柠檬酸合酶

D. NADH 氧化需要线粒体穿梭系统

[答案] D

79. 醛缩酶的产物是(　　)

A. G-6-P　　　　　　　　B. F-6-P　　　　　　　　C. F-D-P

D. 1,3-二磷酸甘油酸

[答案] C

[解析] 醛缩酶催化的是可逆反应,可催化磷酸二羟丙酮和 3-磷酸甘油醛生成果糖 1,6-二磷酸。

80. TCA 循环中发生底物水平磷酸化的化合物是(　　)

A. α-酮戊二酸　　　　　　B. 琥珀酰 CoA　　　　　　C. 琥珀酸

D. 苹果酸

[答案] B

[解析] 三羧酸循环中只有一步底物水平磷酸化,就是琥珀酰 CoA 生成琥珀酸的反应。

81. 丙酮酸脱氢酶系催化的反应不涉及下述哪种物质(　　)

A. 乙酰 CoA　　　　　　　B. 硫辛酸　　　　　　　　C. TPP

D. 生物素　　　　　　　　E. NAD$^+$

[答案] D

[解析] 丙酮酸脱氢酶催化丙酮酸生成乙酰 CoA,需要的辅酶是 NAD$^+$、CoA、TPP、FAD、硫辛酸。

82. 三羧酸循环的限速酶是(　　)

A. 丙酮酸脱氢酶　　　　　B. 顺乌头酸酶　　　　　　C. 琥珀酸脱氢酶

D. 延胡索酸酶　　　　　　E. 异柠檬酸脱氢酶

[答案] E

[解析] 异柠檬酸脱氢酶催化的反应是三羧酸循环过程的三个调控部位之一。

83. 生物素是哪个酶的辅酶(　　)

A. 丙酮酸脱氢酶　　　　　B. 丙酮酸羧化酶　　　　　C. 烯醇化酶

D. 醛缩酶　　　　　　　　E. 磷酸烯醇式丙酮酸羧激酶

[答案] B

[解析] 生物素是羧化酶的辅酶,这里只有丙酮酸羧化酶需要生物素作为辅酶。

84. 三羧酸循环中催化琥珀酸形成延胡索酸的酶是琥珀酸脱氢酶，此酶的辅因子是( )

    A. NAD^+ B. CoASH   C. FAD

    D. TPP   E. $NADP^+$

[答案] C

[解析] 在三羧酸循环发生氧化还原反应的酶中，只有琥珀酸脱氢酶的辅因子是FAD。

85. 下面哪种酶在糖酵解和糖异生中都起作用( )

    A. 丙酮酸激酶   B. 丙酮酸羧化酶   C. 3-磷酸甘油醛脱氢酶

    D. 己糖激酶   E. 果糖1，6-二磷酸酯酶

[答案] C

[解析] 在糖酵解和糖异生过程都发生反应的酶是在糖酵解中催化可逆反应步骤的酶，这里只有3-磷酸甘油醛脱氢酶。

86. 原核生物中，有氧条件下利用1摩尔葡萄糖生成的净ATP摩尔数与在无氧条件下利用1摩尔生成的净ATP摩尔数的比值是( )

    A. 2∶1   B. 9∶1   C. 18∶1

    D. 19∶1   E. 25∶1

[答案] D

[解析] 在有氧的情况下1摩尔葡萄糖氧化生成38个ATP，在无氧条件下生成2个ATP，二者比值是19∶1。

87. 催化直链淀粉转化为支链淀粉的酶是( )

    A. R酶   B. D酶   C. Q酶

    D. α-1，6-糖苷酶   E. 淀粉磷酸化酶

[答案] C

[解析] 催化直链淀粉转化为支链淀粉的酶是Q酶，而催化支链淀粉脱支的酶是R酶。

88. 糖酵解时哪一对代谢物提供P使ADP生成ATP ( )

    A. 3-磷酸甘油醛及磷酸烯醇式丙酮酸

    B. 1，3-二磷酸甘油酸及磷酸烯醇式丙酮酸

    C. 1-磷酸葡萄糖及1，6-二磷酸果糖

    D. 6-磷酸葡萄糖及2-磷酸甘油酸

[答案] B

[解析] 在糖酵解过程发生了两次底物水平磷酸化反应，一次是1，3-二磷酸甘油酸生成3-磷酸甘油酸的反应，另外是磷酸烯醇式丙酮酸生成丙酮酸的反应。

89. 在有氧条件下，线粒体内下述反应中能产生 FADH₂ 步骤是(　　)
    A. 琥珀酸→延胡索酸　　　　　　　B. 异柠檬酸→α-酮戊二酸
    C. α-酮戊二酸→琥珀酰 CoA　　　　D. 苹果酸→草酰乙酸

[答案] A
[解析] 由 α-酮戊二酸生成琥珀酰 CoA 产生一个 NADH，由琥珀酰 CoA 生成琥珀酸的反应产生一个 GTP，由琥珀酸脱氢酶催化琥珀酸生成延胡索酸产生一个 FADH₂。

90. 丙二酸能阻断糖的有氧氧化，因为它(　　)
    A. 抑制柠檬酸合成酶　　　B. 抑制琥珀酸脱氢酶　　　C. 阻断电子传递
    D. 抑制丙酮酸脱氢酶

[答案] B
[解析] 丙二酸是琥珀酸的竞争性抑制剂，竞争与琥珀酸脱氢酶结合。

91. 由葡萄糖合成糖原时，每增加一个葡萄糖单位消耗高能磷酸键数为(　　)
    A. 1　　　　　　　　　　B. 2　　　　　　　　　　C. 3
    D. 4　　　　　　　　　　E. 5

[答案] B
[解析] 由葡萄糖生成 6-磷酸葡萄糖消耗一个高能磷酸键。1-磷酸葡萄糖转变成 UDPG，然后 UDP 脱落，相当于 1 分子 UTP 转化为 UDP，消耗一个高能磷酸键。

92. 下列哪项叙述符合脂肪酸的 β 氧化(　　)
    A. 仅在线粒体中进行　　　　　　　B. 产生的 NADPH 用于合成脂肪酸
    C. 被细胞质酶催化　　　　　　　　D. 产生的 NADPH 用于葡萄糖转变成丙酮酸
    E. 需要酰基载体蛋白参与

[答案] A
[解析] 脂肪酸 β 氧化酶系分布于线粒体基质内。酰基载体蛋白是脂肪酸合成酶系的蛋白辅酶。脂肪酸 β 氧化生成 NADH，而葡萄糖转变成丙酮酸需要 NAD⁺。

93. 脂肪酸在细胞中氧化降解(　　)
    A. 从酰基 CoA 开始　　　　　　　　B. 产生的能量不能为细胞所利用
    C. 被肉毒碱抑制　　　　　　　　　　D. 主要在细胞核中进行
    E. 在降解过程中反复脱下三碳单位使脂肪酸链变短

[答案] A
[解析] 脂肪酸氧化在线粒体进行，连续脱下二碳单位使烃链变短。产生的 ATP 供细胞利用。肉毒碱能促进而不是抑制脂肪酸氧化降解。脂肪酸形成酰基 CoA 后才能氧化降解。

94. 下列哪些辅因子参与脂肪酸的 β 氧化( )

    A. ACP   B. FMN   C. 生物素

    D. NAD^+

[答案] D

[解析] 参与脂肪酸 β 氧化的辅因子有 CoASH、FAD、NAD^+、FAD。

95. 脂肪酸从头合成的酰基载体是( )

    A. ACP   B. CoA   C. 生物素

    D. TPP

[答案] A

[解析] 脂肪酸从头合成的整个反应过程需要一种脂酰基载体蛋白即 ACP 的参与。

96. 下列哪些是淡水鱼类的必需脂肪酸( )

    A. 软脂酸   B. 油酸   C. 棕榈酸

    D. 亚麻酸

[答案] D

[解析] 淡水鱼的必需脂肪酸一般都是不饱和脂肪酸，包括亚油酸、亚麻酸、二十碳五烯酸和二十二碳六烯酸。

97. 下述关于从乙酰 CoA 合成软脂酸的说法，哪些是正确的( )

    A. 所有的氧化还原反应都不以 NADPH 做辅助因子

    B. 在合成途径中涉及许多物质，其中辅酶 A 是唯一含有泛酰巯基乙胺的物质

    C. 丙二酸单酰 CoA 是一种"被活化的"中间物

    D. 反应在线粒体内进行

[答案] C

[解析] 在脂肪酸合成中以 NADPH 为供氢体，在脂肪酸氧化时以 FAD 和 NAD^+ 两者做辅助因子。在脂肪酸合成中，酰基载体蛋白和辅酶 A 都含有泛酰巯基乙胺，乙酰 CoA 羧化成丙二酸单酰 CoA，从而活化了其中乙酰基部分，以便加在延长中的脂肪酸碳键上。脂肪酸合成是在线粒体外，而氧化分解则在线粒体内进行。

98. 下列哪项是关于脂类的不正确叙述( )

    A. 它们是细胞内能源物质   B. 它们很难溶于水   C. 是细胞膜的结构成分

    D. 它们仅由碳、氢、氧三种元素组成

[答案] D

[解析] 脂类是难溶于水、易溶于有机溶剂的一类物质。脂类除含有碳、氢、氧外还含有氮及磷。脂类的主要储存形式是甘油三酯，后者完全不能在水中溶解。脂类主要的结构形式是磷脂，磷脂能部分溶解于水。

99. 脂肪酸从头合成的限速酶是( )

    A. 乙酰 CoA 羧化酶   B. 缩合酶

    C. β-酮脂酰- ACP 还原酶   D. α，β-烯脂酰- ACP 还原酶

[答案] A

[解析] 乙酰 CoA 羧化酶催化的反应为不可逆反应。

100. 以干重计量，脂肪比糖完全氧化产生更多的能量。下面哪种比例最接近糖对脂肪的产能比例( )

    A. 1：2   B. 1：3   C. 1：4

    D. 2：3   E. 3：4

[答案] A

[解析] 甘油三酯完全氧化，每克产能为 38.9kJ；糖或蛋白质为 17.2kJ/g；而脂类产能约为糖或蛋白质的二倍。

101. 软脂酰 CoA 在 β 氧化第一次循环中以及生成的二碳代谢物彻底氧化时，ATP 的总量是( )

    A. 3ATP   B. 13ATP   C. 14ATP

    D. 17ATP   E. 18ATP

[答案] D

[解析] 软脂酰 CoA 在 β 氧化第一次循环中产生乙酰 CoA、$FADH_2$、$NADH + H^+$ 以及 1 分子十四碳的活化脂肪酸。十四碳脂肪酸不能直接进入柠檬酸循环彻底氧化。$FADH_2$ 和 $NADH + H^+$ 进入呼吸链分别生成 2ATP 和 3ATP。乙酰 CoA 进入柠檬酸循环彻底氧化生成 12ATP。所以，共生成 17ATP。

102. 下述酶中哪个是多酶复合体( )

    A. ACP -转酰基酶   B. 丙二酰单酰 CoA - ACP -转酰基酶

    C. β-酮脂酰- ACP 还原酶   D. β-羟脂酰- ACP 脱水酶

    E. 脂肪酸合酶

[答案] E

[解析] 选项中只有脂肪酸合酶是多酶复合体。

103. 由 3 -磷酸甘油和酰基 CoA 合成甘油三酯过程中，生成的第一个中间产物是下列哪种( )

    A. 2-甘油单酯   B. 1，2-甘油二酯   C. 溶血磷脂酸

    D. 磷脂酸   E. 酰基肉毒碱

〔答案〕D

〔解析〕3-磷酸甘油和两分子酰基辅酶 A 反应生成磷脂酸。磷脂酸在磷脂酸磷酸酶的催化下水解生成磷酸和甘油二酯，后者与另一分子酰基辅酶 A 反应生成甘油三酯。

104. 下述哪种说法最准确地描述了肉毒碱的功能（　　）

  A. 转运中链脂肪酸进入肠上皮细胞

  B. 转运中链脂肪酸越过线粒体内膜

  C. 参与转移酶催化的酰基反应

  D. 是脂肪酸合成代谢中需要的一种辅酶

〔答案〕C

〔解析〕肉毒碱转运细胞质中活化的长链脂肪酸越过线粒体内膜。位于线粒体内膜外侧的肉毒碱脂酰转移酶Ⅰ催化脂酰基由辅酶 A 转给肉毒碱，位于线粒体内膜内侧的肉毒碱脂酰转移酶Ⅱ催化脂酰基还给辅酶 A。中链脂肪酸不需借助肉毒碱就能通过线粒体内膜或细胞质膜。

105. 转氨酶的辅酶是（　　）

  A. NAD^+ B. $NADP^+$ C. FAD

  D. 磷酸吡哆醛

〔答案〕D

〔解析〕A、B 和 C 项通常作为脱氢酶的辅酶，磷酸吡哆醛可作为转氨酶、脱羧酶和消旋酶的辅酶。

106. 下列哪种酶对有多肽链中赖氨酸和精氨酸的羧基参与形成的肽键有专一性（　　）

  A. 羧肽酶   B. 胰蛋白酶   C. 胃蛋白酶

  D. 胰凝乳蛋白酶

〔答案〕B

〔解析〕胰蛋白酶属于肽链内切酶，专一水解带正电荷的碱性氨基酸羧基参与形成的肽键；羧肽酶是外肽酶，在蛋白质的羧基端逐个水解氨基酸；胰凝乳蛋白酶能专一水解芳香族氨基酸羧基参与形成的肽键；胃蛋白质酶水解专一性不强。

107. 参与尿素循环的氨基酸是（　　）

  A. 组氨酸   B. 鸟氨酸   C. 蛋氨酸

  D. 赖氨酸

〔答案〕B

〔解析〕氨基酸降解后产生的氨累积过多会产生毒性。游离的氨先经同化作用生成氨甲酰磷酸，再与鸟氨酸反应进入尿素循环（也称鸟氨酸循环），产生尿素排出体外。

108. L-谷氨酸脱氢酶的辅酶含有哪种维生素( )

    A. 维生素 B_1 B. 维生素 B_2 C. 维生素 B_3

    D. 维生素 B_5

[答案] D

[解析] 谷氨酸脱氢酶催化的反应要求 NAD^+ 和 $NADP^+$，NAD^+ 和 $NADP^+$ 是含有维生素 B_5（烟酰胺）的辅酶。焦磷酸硫胺素是维生素 B_1 的衍生物，常作为 α-酮酸脱羧酶和转酮酶的辅酶。FMN 和 FAD 是维生素 B_2 的衍生物，是多种氧化还原酶的辅酶。辅酶 A 是含有维生素 B_3 的辅酶，是许多酰基转移酶的辅酶。

109. 磷脂合成中甲基的直接供体是( )

    A. 半胱氨酸   B. S-腺苷蛋氨酸   C. 蛋氨酸

    D. 胆碱

[答案] B

[解析] S-腺苷蛋氨酸是生物体内甲基的直接供体。

110. 在尿素循环中，尿素由下列哪种物质产生( )

    A. 鸟氨酸   B. 精氨酸   C. 瓜氨酸

    D. 半胱氨酸

[答案] B

[解析] 尿素循环中产生的精氨酸在精氨酸酶的作用下水解生成尿素和鸟氨酸。

111. 需要硫酸还原作用合成的氨基酸是( )

    A. Cys   B. Leu   C. Pro

    D. Val

[答案] A

[解析] 半胱氨酸的合成需要硫酸还原作用提供硫原子。半胱氨酸降解也是生物体内生成硫酸根的主要来源。

112. 下列哪种氨基酸是其前体掺入多肽后生成的( )

    A. 脯氨酸   B. 羟脯氨酸   C. 天冬氨酸

    D. 异亮氨酸

[答案] B

[解析] 羟脯氨酸不直接参与多肽合成，而是多肽形成后在脯氨酸上经脯氨酸羟化酶催化形成的，是胶原蛋白中存在的一种稀有氨基酸。

113. 组氨酸经过下列哪种作用生成组胺( )

    A. 还原作用   B. 羟化作用   C. 转氨基作用

D. 脱羧基作用

[答案] D

[解析] 组氨是组氨酸经脱羧基作用生成的。催化此反应的酶是组氨酸脱羧酶，此酶与其他氨基酸脱羧酶不同，它的辅酶不是磷酸吡哆醛。

114. 氨基酸脱下的氨基通常以哪种化合物的形式暂存和运输（　　）

    A. 尿素   B. 氨甲酰磷酸   C. 谷氨酰胺

    D. 天冬酰胺

[答案] C

[解析] 谷氨酰胺可以利用谷氨酸和游离氨为原料，经谷氨酰胺合酶催化生成，反应消耗一分子 ATP。

115. 合成嘌呤和嘧啶都需要的一种氨基酸是（　　）

    A. Asp   B. Gln   C. Gly

    D. Asn

[答案] A

116. 生物体嘌呤核苷酸合成途径中首先合成的核苷酸是（　　）

    A. AMP   B. GMP   C. IMP

    D. XMP

[答案] C

[解析] 在嘌呤核苷酸生物合成中首先合成次黄嘌呤核苷酸（IMP），次黄嘌呤核苷酸氨基化生成嘌呤核苷酸；次黄嘌呤核苷酸先氧化成黄嘌呤核苷酸（XMP），再氨基化生成鸟嘌呤核苷酸。

117. 下列哪种物质是鱼类嘌呤代谢的终产物（　　）

    A. 尿酸   B. 尿囊素   C. 尿黑酸

    D. 尿素

[答案] D

[解析] 人类、灵长类、鸟类及大多数昆虫嘌呤代谢的最终产物是尿酸，其他哺乳动物是尿囊素，某些硬骨鱼可将尿囊素继续分解为尿囊酸，大多数鱼类生成尿素。

118. 从核糖核苷酸生成脱氧核糖核苷酸的反应发生在（　　）

    A. 一磷酸水平   B. 二磷酸水平   C. 三磷酸水平

    D. 以上都不是

[答案] B

[解析] 脱氧核糖核苷酸的合成，是以核糖核苷二磷酸为底物，在核糖核苷二磷酸还原酶催化下生成的。

119. 在嘧啶核苷酸的生物合成中不需要下列哪种物质( )
　　A. 氨甲酰磷酸　　　　　　B. 天冬氨酸　　　　　　C. 谷氨酰胺
　　D. 核糖焦磷酸

[答案] C

120. 用胰核糖核酸酶降解 RNA，可产生下列哪种物质( )
　　A. $3'$-嘧啶核苷酸　　　　　B. $5'$-嘧啶核苷酸　　　　　C. $3'$-嘌呤核苷酸
　　D. $5'$-嘌呤核苷酸

[答案] A

[解析] 胰核糖核酸酶是具有高度专一性的核酸内切酶，作用位点为嘧啶核苷-$3'$磷酸基与下一个核苷酸的-$5'$羟基形成的酯键。因此，产物是 $3'$嘧啶核苷酸或以 $3'$嘧啶核苷酸结尾的寡核苷酸。

121. DNA 按半保留方式复制。如果一个完全放射标记的双链 DNA 分子，放在不含有放射标记物的溶液中，进行两轮复制，所产生的四个 DNA 分子的放射活性将会( )
　　A. 半数分子没有放射性　　　　　B. 所有分子均有放射性
　　C. 半数分子的两条链均有放射性　　D. 一个分子的两条链均有放射性
　　E. 四个分子均无放射性

[答案] A

[解析] DNA 半保留复制需要来自亲代的每一条标记链作模板合成互补链，以保持与亲代相同的完整结构。因此，在无放射标记物的溶液中进行第一轮复制将产生两个半标记分子。第二轮复制将产生两个半标记分子和两个不带标记的双链 DNA 分子。

122. 参加 DNA 复制的酶类包括：①DNA 聚合酶Ⅲ；②解链酶；③DNA 聚合酶Ⅰ；④RNA 聚合酶（引物酶）；⑤DNA 连接酶。其作用顺序是( )
　　A. ④③①②⑤　　　　　　B. ②③④①⑤　　　　　　C. ④②①⑤③
　　D. ④②①③⑤　　　　　　E. ②④①③⑤

[答案] E

[解析] 在 DNA 真正能够开始复制之前，必须由解链酶使 DNA 双链结构局部解链。在每股单链 DNA 模板上，由 RNA 聚合酶（引物酶）催化合成一小段（10～50 个核苷酸）互补 RNA 引物。然后由 DNA 聚合酶Ⅲ向引物 $3'$端加入脱氧核苷-$5'$-三磷酸，从 $5'\rightarrow3'$方向合成 DNA 片段（冈崎片段），直至另一 RNA 引物的 $5'$末端。接着在 DNA 聚合酶Ⅰ的作用下将 RNA 引物从 $5'$端逐步降解除去，与之相邻的 DNA

片段由 3′端延长，以填补 RNA 除去后留下的空隙。最后由 DNA 连接酶将 DNA 片段连接成完整连续的 DNA 链。

123. 下列关于 DNA 复制特点的叙述哪一项错误（　　）

    A. RNA 与 DNA 链共价相连　　　　　　B. 新生 DNA 链沿 $5'→3'$ 方向合成

    C. DNA 链的合成是不连续的　　　　　　D. 复制总是定点双向进行的

    E. DNA 在一条母链上沿 $5'→3'$ 方向合成，而在另一条母链上则沿 $3'→5'$ 方向合成

[答案] E

[解析] DNA 是由 DNA 聚合酶Ⅲ复合体复制的。该酶催化脱氧三磷酸核苷以核苷酸的形式加到 RNA 引物链上，选择只能与亲链 DNA 碱基互补配对的核苷酸掺入。掺入的第一个脱氧核苷酸以共价的磷酸二酯键与引物核苷酸相连。链的生长总是从 $5'$ 向 $3'$ 延伸的。DNA 复制开始于特异起始点，定点双向进行。

124. DNA 复制时，$5'-$ TpApGpAp $-3'$ 序列产生的互补结构是下列哪一种（　　）

    A. $5'-$ TpCpTpAp $-3'$　　　　B. $5'-$ ApTpCpTp $-3'$　　　　C. $5'-$ UpCpUpAp $-3'$

    D. $5'-$ GpCpGpAp $-3'$　　　　E. $3'-$ TpCpTpAp $-5'$

[答案] A

[解析] DNA 复制必须胸腺嘧啶（T）与腺嘌呤（A）配对，鸟嘌呤（G）与胞嘧啶（C）配对，从而使双螺旋两链之间部分地靠氨基与酮基间形成的氢键维系起来。链本身是反向平行方向合成的，即题中所述之磷酸二酯键的 $5'→3'$ 顺序决定其沿 $3'→5'$ 方向互补。

125. 下列关于 DNA 聚合酶Ⅰ的叙述哪一项是正确的（　　）

    A. 它起 DNA 修复酶的作用但不参加 DNA 复制过程

    B. 它催化 dNTP 聚合时需要模板和引物

    C. 在 DNA 复制时把冈崎片段连接成完整的随从链

    D. 它催化产生的冈崎片段与 RNA 引物链相连

    E. 有些细菌突变体正常生长不需要它

[答案] B

126. 下列关于真核细胞 DNA 聚合酶活性的叙述哪一项是正确的（　　）

    A. 它仅有一种　　　　　　　　　　B. 它不具有核酸酶活性

    C. 它的底物是二磷酸脱氧核苷　　　　D. 它不需要引物

    E. 它按 $3'→5'$ 方向合成新生链

[答案] B

[解析] 真核生物中有三种 DNA 聚合酶：α、β 及 γ。DNApolα 在细胞核 DNA 复制中起

作用，DNApolβ 在细胞核 DNA 修复中起作用，而 DNApolγ 则在线粒体 DNA 复制中起作用。它们都需要引物，都用脱氧三磷酸核苷作底物，都按 $5'→3'$ 方向合成新生 DNA 链。真核生物 DNA 聚合酶任何一种均不表现核酸酶活性。

127. 从正在进行 **DNA** 复制的细胞分离出的短链核酸——冈崎片段，具有下列哪项特性(　　)

    A. 它们是双链的   B. 它们是一组短的单链 DNA 片段

    C. 它们是 DNA‐RNA 杂化双链   D. 它们被核酸酶活性切除

    E. 它们产生于亲代 DNA 链的糖‐磷酸骨架的缺口处

[答案] B

[解析] DNA 复制时，如果两股链按 $5'→3'$ 方向先合成短的 DNA 片段，然后再连接成连续的链，这就能使 DNA 的两条反向互补链能够同时按 $5'→3'$ 方向的聚合机制进行复制。冈崎首先从大肠杆菌中分离出正在复制的新生 DNA，并发现这新生 DNA 是由一些不连续片段（冈崎片段）所组成。在大肠杆菌生长期间，将细胞短时间地暴露在氚标记的胸腺嘧啶中，在将细胞 DNA 变性处理（也就是解链）之后，冈崎分离得到了标记的 DNA 片段。它们是单链的，并且由于 DNA 聚合酶Ⅲ复合体用 RNA 作引物，因此新生冈崎片段以共价键连着小段 RNA 链，但它们既不是碱基互补的 RNA‐DNA 双链杂合体，也不是来自亲链的片段。新生冈崎片段决不会被核酸酶切除。

128. 切除修复可以纠正下列哪一项引起的 **DNA** 损伤(　　)

    A. 碱基缺失   B. 碱基插入   C. 碱基甲基化

    D. 胸腺嘧啶二聚体形成   E. 碱基烷基化

[答案] D

[解析] DNA 链内胸腺嘧啶二聚体可因紫外线（UV）照射而形成。专一的修复系统依赖 UV‐特异的内切核酸酶，它能识别胸腺嘧啶二聚体，并且通常在二聚体 $5'$ 侧切断磷酸二酯键从而在 DNA 链内造成一个缺口。损伤序列的切除以及用完整的互补链作为模板重新合成切去的片段都是由 DNA 聚合酶Ⅰ来完成的。主链与新合成片段之间的裂口则由 DNA 连接酶接合。碱基缺失、插入、甲基化，或烷基化均不能作为切除修复体系靶子而为 UV‐特异性内切核酸酶所识别。

129. 大肠杆菌 **DNA** 连接酶需要下列哪一种辅助因子(　　)

    A. FAD 作为电子受体   B. NADP$^+$ 作为磷酸供体

    C. NAD$^+$ 形成活性腺苷酰酶   D. NAD$^+$ 作为电子受体

    E. 以上都不是

[答案] C

[解析] DNA 连接酶能够连接留有缺口的 DNA 链或闭合单股 DNA 链以形成环状 DNA 分子。该酶需要一股链末端的游离 $3'-OH$ 和另一股链末端的 $5'-$磷酸，并且要求这两股链是双链 DNA 的一部分。反应是吸能的，因此需要能源。在大肠杆菌和其他细菌中，能源是 NAD^+ 分子中的焦磷酸键。NAD^+ 先与酶形成酶-AMP 复合物，同时释放出烟酰胺单核苷酸；酶-AMP 复合物上的 AMP 再转移到 DNA 链的 $5'-$磷酸基上，使其活化，然后形成磷酸二酯键并释放 AMP。

130. 下列关于 **RNA** 和 **DNA** 聚合酶的叙述哪一项是正确的(　　)

　　A. RNA 聚合酶用二磷酸核苷合成多核苷酸链

　　B. RNA 聚合酶需要引物，并在延长链的 $5'$端加接碱基

　　C. DNA 聚合酶可在链的两端加接核苷酸

　　D. DNA 聚合酶仅能以 RNA 为模板合成 DNA

　　E. 所有 RNA 聚合酶和 DNA 聚合酶只能在生长中的多核苷酸链的 $3'$端加接核苷酸

[答案] E

[解析] RNA 聚合酶和 DNA 聚合酶都是以三磷酸核苷（NTP 或 dNTP）为其底物，这两种聚合酶都是在生长中的多核苷酸链的 $3'$端加接核苷酸单位。DNA 聚合酶合成与 DNA 互补的 DNA，合成与 RNA 互补的 DNA 的酶称作逆转录酶。

131. 紫外线照射引起 **DNA** 最常见的损伤形式是生成胸腺嘧啶二聚体。在下列关于 **DNA** 分子结构这种变化的叙述中，哪一项是正确的(　　)

　　A. 不会终止 DNA 复制　　　　B. 可由包括连接酶在内的有关酶系统进行修复

　　C. 可看作是一种移码突变　　　D. 是由胸腺嘧啶二聚体酶催化生成的

　　E. 引起相对的核苷酸链上胸腺嘧啶间的共价联结

[答案] B

[解析] 紫外线（260nm）照射可引起 DNA 分子中同一条链相邻胸腺嘧啶之间形成二聚体，并从该点终止复制。该二聚体可由包括连接酶在内的酶系切除和修复，或在光复合过程中，用较长（330～450nm）或较短（230nm）波长的光照射将其分解。

132. 下列哪种突变最可能是致死的(　　)

　　A. 腺嘌呤取代胞嘧啶　　　　B. 胞嘧啶取代鸟嘌呤

　　C. 甲基胞嘧啶取代胞嘧啶　　D. 缺失三个核苷酸

　　E. 插入一个核苷酸

[答案] E

[解析] DNA 链中插入一个额外核苷酸会引起移码突变并使突变点以后转录的全部 mR-NA 发生翻译错误。题中列出的所有其他突变通常仅引起一个氨基酸的错误（如题中的 A 或 B），或从氨基酸序列中删除一个氨基酸（D），或在氨基酸顺序中完全没有错误。需要指出的是，如果 A 或 B 突变导致生成"无意义"或链终止密码子，则这种突变所造成的后果也会像移码突变那样是致死的。

133. 镰刀形红细胞贫血病是异常血红蛋白纯合子基因的临床表现。β 链变异是由下列哪种突变造成的（　　）

　　A. 交换　　　　　　　　B. 插入　　　　　　　　C. 缺失

　　D. 染色体不分离　　　　E. 点突变

[答案] E

[解析] 在 Hbs 中，β 链上一个缬氨酸残基替换了谷氨酸，这是由于一个核苷酸碱基的点突变所造成的后果，即位于三联体第二位的胸腺嘧啶转换为腺嘌呤。

134. 在培养大肠杆菌时，自发点突变的引起多半是由于（　　）

　　A. 氢原子的互变异构移位　　B. DNA 糖-磷酸骨架的断裂　　C. 插入一个碱基对

　　D. 链间交联　　　　　　　　E. 脱氧核糖的变旋

[答案] A

[解析] 自发点突变多半是由于嘌呤或嘧啶碱中氢原子的互变异构移位而引起的。在 DNA 复制中，这种移位会引起碱基配对的改变。某些诱变剂如 5-溴尿嘧啶和 2-腺嘌呤可促进 DNA 碱基的互变异构。

135. 插入或缺失碱基对会引起移码突变，下列哪种化合物最容易造成这种突变（　　）

　　A. 吖啶衍生物　　　　　B. 5-溴尿嘧啶　　　　　C. 氮杂丝氨酸

　　D. 乙基乙磺酸　　　　　E. 咪唑硫嘌呤

[答案] A

[解析] 吖啶衍生物可导致一个碱基对的插入或缺失，从而引起移码突变。5-溴尿嘧啶可引起转换突变，因为溴取代了胸腺嘧啶的甲基，这样则增加了烯醇式互变异构物与鸟嘌呤而不是腺嘌呤进行碱基配对的可能性。咪唑硫嘌呤可转变为 6-巯基嘌呤，后者是嘌呤的类似物。乙基乙磺酸可通过使鸟嘌呤烷基化引起转换突变。

136. 在对细菌 DNA 复制机制的研究中，常常用到胸腺嘧啶的类似物 5-溴尿嘧啶，其目的在于（　　）

　　A. 引起特异性移码突变以作为顺序研究用

　　B. 在胸腺嘧啶掺入部位中止 DNA 合成

　　C. 在 DNA 亲和载体中提供一个反应基

　　D. 合成一种密度较高的 DNA 以便用离心分离法予以鉴别

E. 在 DNA 中造成一个能被温和化学方法裂解的特异部位

[答案] D

[解析] 5-溴尿嘧啶可代替胸腺嘧啶掺入 DNA 中，从而产生密度较高的 DNA，然后可在氯化铯密度梯度中用离心法对新合成的 DNA 进行定量分析。DNA 中的 5-溴尿嘧啶较正常胸嘧啶既不更活泼又不更易被断裂，也不能像吖啶染料那样引起移码突变。

137. 关于 DNA 指导的 RNA 合成，下列叙述哪一项是错误的（　　）

　　A. 只有在 DNA 存在时，RNA 聚合酶才能催化磷酸二酯键的生成

　　B. 转录过程中，RNA 聚合酶需要引物

　　C. RNA 链的合成是从 $5' \rightarrow 3'$ 端

　　D. 大多数情况下只有一股 DNA 链作为模板

　　E. 合成的 RNA 链从来没有环状的

[答案] B

[解析] RNA 聚合酶必须以 DNA 为模板催化合成 RNA，通常只转录双螺旋 DNA 其中的一条链。RNA 链的合成方向是从 $5'$ 到 $3'$ 端，产物从来没有环状分子。与 DNA 聚合酶不同，RNA 聚合酶不需要引物。

138. 下列关于 σ 因子的叙述哪一项是正确的（　　）

　　A. 是 RNA 聚合酶的亚基，起辨认转录起始点的作用

　　B. 是 DNA 聚合酶的亚基，容许按 $5' \rightarrow 3'$ 和 $3' \rightarrow 5'$ 双向合成

　　C. 是 50S 核蛋白体亚基，催化肽链生成

　　D. 是 30S 核蛋白体亚基，促进 mRNA 与之结合

　　E. 在 30S 亚基和 50S 亚基之间起搭桥作用，构成 70S 核蛋白体

[答案] A

[解析] σ 因子是 RNA 聚合酶的一个亚基，σ 因子本身没有催化功能，它的作用是与核心酶结合，对转录的起始特异性起决定性的作用。在有 σ 因子的情况下，RNA 聚合酶将选择 DNA 准备转录的那条链，并在适当的启动基因部位开始转录。

139. 真核生物 RNA 聚合酶 I 催化转录的产物是（　　）

　　A. mRNA　　　　　　　　B. 45S - rRNA　　　　　　　C. 5S - rRNA

　　D. tRNA　　　　　　　　E. SnRNA

[答案] B

[解析] 真核生物有三种 RNA 聚合酶，它们分别催化 45S - rRNA（RAN 聚合酶 I）、mRNA 和 snRNA（RNA 聚合酶 II），以及 tRNA 和 5S - rRNA（RNA 聚合酶 III）的合成。这三种酶可以根据它们对抗生素 α-鹅膏蕈碱的敏感度不同加以区别：RNA 聚合酶 I 耐受，RNA 聚合酶 II 极敏感，RNA 聚合酶 III 中等敏感。RNA 聚合酶 I 催化合成的 45S 原始转录本，经转录后加工而成为成熟的 18S - rRNA、

5.8S-rRNA 和 28S-rRNA。

140. 下列关于真核细胞 DNA 复制的叙述哪一项是错误的(　　)
　　A. 是半保留式复制　　　　　　B. 有多个复制叉
　　C. 有几种不同的 DNA 聚合酶　　D. 复制前组蛋白从双链 DNA 脱出
　　E. 真核 DNA 聚合酶不表现核酸酶活性

[答案] D
[解析] 真核生物 DNA 在多个复制叉上按半保留方式复制。真核生物有三种 DNA 聚合酶：α、β 及 γ，分别参加细胞核 DNA 复制、细胞核 DNA 修复，以及线粒体 DNA 复制。真核生物 DNA 聚合酶一般都不具有核酸酶活性。真核 DNA 复制时，组蛋白不从 DNA 解离下来，而是留在含有领头子链的双链 DNA 上；新合成的组蛋白则与随从子链结合。

141. 下列关于原核细胞转录终止的叙述哪一项是正确的(　　)
　　A. 是随机进行的
　　B. 需要全酶的 ρ 亚基参加
　　C. 如果基因的末端含 G-C 丰富的回文结构则不需要 ρ 亚基参加
　　D. 如果基因的末端含 A-T 丰富的片段则对转录终止最为有效
　　E. 需要 ρ 因子以外的 ATP 酶

[答案] C
[解析] 原核细胞转录终止不是随机进行的，据目前所知有两种转录终止方式即依赖 Rho (ρ) 因子与不依赖 Rho 因子的方式。不依赖 Rho 因子的转录终止与转录产物形成二级结构有关，即在基因的末端含 G-C 丰富的回文结构，当 RNA 转录延长至该部位时，按模板转录出的 RNA 碱基序列会立即形成发夹形的二级结构，这种二级结构是阻止转录继续向下游推进的关键。Rho 因子是 RNA 聚合酶之外的一种蛋白质，有控制转录终止的作用。Rho 因子本身似乎就具有 ATP 酶的活性。

142. 下列关于大肠杆菌 DNA 连接酶的叙述哪些是正确的(　　)
　　A. 催化 DNA 双螺旋结构在断开的 DNA 链间形成磷酸二酯键
　　B. 催化两条游离的单链 DNA 分子间形成磷酸二酯键
　　C. 产物中不含 AMP
　　D. 需要 ATP 作能源

[答案] B
[解析] DNA 连接酶催化 DNA 链两段之间形成磷酸二酯键，但这两段必须是在 DNA 双螺旋结构之中，它不能将两条游离的单链 DNA 分子连接起来。在大肠杆菌中，成键所需能量来自 NAD^+，产物是 AMP 和烟酰胺单核苷酸；而在某些动物细胞以及噬菌体中，则以 ATP 作为能源。DNA 连接酶在 DNA 合成、修复以及重组中都是十分重要的。

143. 下列关于真核细胞 mRNA 的叙述不正确的是（　　）

    A. 它是从细胞核的 RNA 前体——核不均 RNA 生成的

    B. 在其链的 3′端有 7-甲基鸟苷，在其 5′端连有多聚腺苷酸的 PolyA 尾巴

    C. 它是从前 RNA 通过剪接酶切除内含子连接外显子而形成的

    D. 是单顺反子的

[答案] B

[解析] 真核 mRNA 是从 2～20kbp 长的细胞核 RNA 前体——核不均一 RNA（hnRNA）形成的。所有真核 mRNA 5′端均具有 5′-5′焦磷酸连接的 7-甲基鸟苷（帽结构）。大多数真核 mRNA 的 3′端连有 150～200nt 长度的聚腺苷酸尾链。从 mRNA 前体切除内含子是由具有高度专一性的酶催化完成的。内含子是不被翻译的。真核生物 mRNA 是单顺反子的。

144. 预测哪一种氨酰-tRNA 合成酶不需要有校对的功能（　　）

    A. 甘氨酰-tRNA 合成酶　　B. 丙氨酰-tRNA 合成酶　　C. 精氨酰-tRNA 合成酶

    D. 谷氨酰-tRNA 合成酶

[答案] A

[解析] 甘氨酸是 20 种基本氨基酸中唯一不具旋光性的氨基酸，甘氨酰-tRNA 合成酶很容易将它与其他的氨基酸分开，不会出现误载的情况。

145. 某一种 tRNA 的反密码子是 5′UGA3′，它识别的密码子序列是（　　）

    A. UCA　　　　　　B. ACU　　　　　　C. UCG

    D. GCU

[答案] A

[解析] 读码顺序均为 5′→3′。

146. 为蛋白质生物合成中肽链延伸提供能量的是（　　）

    A. ATP　　　　　　B. CTP　　　　　　C. GTP

    D. UTP

[答案] C

[解析] 肽链延伸包括进位、成肽、移位三个步骤，进位、移位分别消耗一分子 GTP。

147. 在蛋白质生物合成中 tRNA 的作用是（　　）

    A. 将一个氨基酸连接到另一个氨基酸上

    B. 把氨基酸带到 mRNA 指定的位置上

    C. 增加氨基酸的有效浓度

    D. 将 mRNA 连接到核糖体上

[答案] B

[解析] tRNA 分子的 3′端的碱基顺序是—CCA，"活化"的氨基酸的羧基连接到 3′末端腺苷的核糖 3′- OH 上，形成氨酰 tRNA。

148. 下列对原核细胞 **mRNA** 的论述哪个是正确的(　　)

    A. 原核细胞的 mRNA 多数是单顺反子的产物

    B. 多顺反子 mRNA 在转录后加工中切割成单顺反子 mRNA

    C. 多顺反子 mRNA 翻译成一个大的蛋白质前体，在翻译后加工中裂解成若干成熟的蛋白质

    D. 多顺反子 mRNA 上每个顺反子都有自己的起始和终止密码子，分别翻译成各自的产物

[答案] D

149. 在蛋白质分子中下面所列举的氨基酸哪一种最不容易突变(　　)

    A. Arg   B. Glu   C. Val

    D. Asp

[答案] A

[解析] 4 种氨基酸中 Arg 的同义密码子最多为 6 个，因此碱基突变对它的影响最小。

150. 根据摆动学说，当一个 **tRNA** 分子上的反密码子的第一个碱基为次黄嘌呤时，它可以和 **mRNA** 密码子的第三位的几种碱基配对(　　)

    A. 1   B. 2   C. 3

    D. 4

[答案] C

[解析] 根据摆动学说，如果反密码子的第一个碱基为次黄嘌呤时，它可以与 U、C 或 A 配对。

151. 以下有关核糖体的论述哪项是不正确的(　　)

    A. 核糖体是蛋白质合成的场所

    B. 核糖体小亚基参与翻译起始复合物的形成，确定 mRNA 的解读框架

    C. 核糖体大亚基含有肽基转移酶活性

    D. 核糖体是储藏核糖核酸的细胞器

[答案] D

152. 关于密码子的下列描述，其中错误的是(　　)

    A. 每个密码子由三个碱基组成

    B. 每一密码子代表一种氨基酸

C. 每种氨基酸只有一个密码子

D. 有些密码子不代表任何氨基酸

[答案] C

153. 如果遗传密码是四联体密码而不是三联体，而且 tRNA 反密码子前两个核苷酸处于摆动的位置，那么蛋白质正常合成大概需要多少种 tRNA（   ）

    A. 约 256 种不同的 tRNA   B. 150～250 种不同的 tRNA

    C. 与三联体密码差不多的数目   D. 取决于氨酰 tRNA 合成酶的种类

[答案] C

[解析] 如果遗传密码是四联体密码，而且 tRNA 反密码子前两个核苷酸处于摆动的位置，则决定氨基酸种类的核苷酸就为剩余两个核苷酸。此类情况跟三联体密码中，tRNA 反密码子前一个核苷酸处于摆动的位置的情况一致，因此蛋白质正常合成需要的 tRNA 数量应该与三联体密码差不多。

154. 摆动配对是指下列哪个碱基之间配对不严格（   ）

    A. 反密码子第一个碱基与密码子第三个碱基

    B. 反密码子第三个碱基与密码子第一个碱基

    C. 反密码子和密码子第一个碱基

    D. 反密码子和密码子第三个碱基

[答案] A

155. 在蛋白质合成中，把一个游离氨基酸掺入到多肽链共需要消耗多少高能磷酸键（   ）

    A. 1   B. 2   C. 3

    D. 4

[答案] D

[解析] 活化时消耗一分子 ATP 中两个高能磷酸键，延伸时消耗两分子 GTP。

156. 蛋白质的生物合成中肽链延伸的方向是（   ）

    A. 从 C 端到 N 端   B. 从 N 端到 C 端   C. 定点双向进行

    D. C 端和 N 端同时进行

[答案] B

[解析] 第一个氨基酸的氨基和第二个氨基酸的羧基形成肽键，所以蛋白质合成方向是 N→C。

157. 核糖体上 A 位点的作用是（   ）

    A. 接受新的氨基酰- tRNA 到位

B. 含有肽基转移酶活性，催化肽键的形成

C. 可水解肽酰 tRNA、释放多肽链

D. 是合成多肽链的起始点

[答案] A

158. 蛋白质的终止信号是由( )

  A. tRNA 识别   B. 转肽酶识别   C. 延长因子识别

  D. 以上都不能识别

[答案] D

[解析] 蛋白质终止过程是终止因子 RF1 和 RF2 识别 mRNA 上的终止密码子。

159. 下列属于顺式作用元件的是( )

  A. 启动子   B. 结构基因   C.RNA 聚合酶

  D. 转录因子 I

[答案] A

[解析] 真核生物 DNA 的转录启动子和增强子等序列，合称顺式作用元件。

160. 下列属于反式作用因子的是( )

  A. 启动子   B. 增强子   C. 终止子

  D. 转录因子

[答案] D

[解析] 调控转录的各种蛋白质因子总称反式作用因子。

161. 下列有关癌基因的论述，哪一项是正确的( )

  A. 癌基因只存在病毒中   B. 细胞癌基因来源于病毒基因

  C. 癌基因是根据其功能命名的   D. 细胞癌基因是正常基因的一部分

[答案] D

162. 下列何者是抑癌基因( )

  A. ras 基因   B. sis 基因   C. P53 基因

  D. src 基因

[答案] C

163. 利用操纵子控制酶的合成属于哪一种水平的调节( )

  A. 翻译后加工   B. 翻译水平   C. 转录后加工

  D. 转录水平

[答案] D

[解析] 操纵子在酶合成的调节中是通过操纵基因的开闭来控制结构基因表达的，所以是转录水平的调节。细胞中酶的数量也可以通过其他三种途径进行调节。

164. 色氨酸操纵子调节基因产物是（　　　）

    A. 活性阻遏蛋白   B. 失活阻遏蛋白   C. cAMP 受体蛋白

    D. 无基因产物

[答案] B

[解析] 色氨酸操纵子控制合成色氨酸五种酶的转录，色氨酸是蛋白质氨基酸，正常情况下调节基因产生的是无活性阻遏蛋白，转录正常进行。但当细胞中色氨酸的含量超过蛋白质合成的需求时，色氨酸变成辅阻遏物来激活阻遏蛋白，使转录过程终止；诱导酶的操纵子调节基因产生的是活性阻遏物；组成酶的操纵子调节基因不产生阻遏蛋白；有分解代谢阻遏作用的操纵子调节基因产物是 cAMP 受体蛋白（降解物基因活化蛋白）。

165. 下述关于启动子的论述错误的是（　　　）

    A. 能专一地与阻遏蛋白结合   B. 是 RNA 聚合酶识别部位

    C. 没有基因产物   D. 是 RNA 聚合酶结合部位

[答案] A

[解析] 操纵基因是阻遏蛋白的结合部位。

166. 在酶合成调节中阻遏蛋白作用于（　　　）

    A. 结构基因   B. 调节基因   C. 操纵基因

    D. RNA 聚合酶

[答案] C

[解析] 活性阻遏蛋白与操纵基因结合使转录终止。

167. 酶合成的调节不包括下面哪一项（　　　）

    A. 转录过程   B. RNA 加工过程   C. mRNA 翻译过程

    D. 酶的激活作用

[答案] D

[解析] 酶的激活作用是对酶活性的调节，与酶合成的调节无关。

168. 关于共价调节酶下面哪个说法是错误的（　　　）

    A. 都以活性和无活性两种形式存在   B. 常受到激素调节

    C. 能进行可逆的共价修饰   D. 是高等生物特有的调节方式

[答案] D

[解析] 共价调节酶是高等生物和低等生物都具有的一种酶活性调节方式。

169. 被称作第二信使的分子是( )

    A. cDNA   B. ACP   C. cAMP

    D. AMP

[答案] C

[解析] cDNA 为互补 DNA，ACP 为酰基载体蛋白，AMP 为腺苷酸。cAMP 由腺苷酸环化酶催化 ATP 焦磷酸裂解环化生成，腺苷酸环化酶可感受激素信号而被激活，所以，把 cAMP 称为"第二信使"。

170. 反馈调节作用中下列哪一个说法是错误的( )

    A. 有反馈调节的酶都是变构酶   B. 酶与效应物的结合是可逆的

    C. 反馈作用都是使反应速度变慢   D. 酶分子的构象与效应物浓度有关

[答案] C

[解析] 反馈作用包括正反馈（反馈激活）和负反馈（反馈抑制），正反馈对酶起激活作用，负反馈对酶起抑制作用。

171. 鱼体内的水含量约占总体重的( )

    A. 55%～65%   B. 70%～80%

    C. 90%以上   D. 以上都不对

[答案] B

[解析] 水占生物体体重的大部分，植物体平均含水量为 70%，鱼体内水分含量为 70%～80%，水母身体中水分达到体重的 95%，人体中水的含量约为体重的 2/3。

172. 体液分为细胞外液和细胞内液，下列不属于细胞外液的是( )

    A. 血浆   B. 细胞质

    C. 消化道液   D. 组织间液

[答案] B

173. 细胞内外液中离子的分布是不均匀的，细胞外液以( )和( )最多，细胞内液以( )最多。

    A. Na^+、K^+、Cl^- B. Na^+、Mg^{2+}、Cl^-

    C. Na^+、Cl^-、K^+ D. Na^+、K^+、K^+

[答案] C

[解析] 在细胞外液中含量最多的阳离子是 Na^+，阴离子以 Cl^- 和 HCO_3^- 为主要成分，且阳离子和阴离子总量相等，为电中性。细胞内液的主要阳离子是 K^+，其次是 Mg^{2+}，而 Na^+ 则很少。

174. 体液渗透压由体液中哪个条件决定(　　)

    A. 溶质粒子大小　　　　B. 溶质有效粒子数目　　　　C. 溶质粒子价数

    D. 以上都是

[答案] B

[解析] 体液渗透压的大小是由体液内所含溶质有效粒子数目的多少决定的，而与溶质粒子的大小和价数等性质无关。

175. 机体内的水都有哪些生理作用(　　)

    A. 参与代谢反应　　　　B. 运输营养及代谢物质　　　　C. 调节体温

    D. 润滑作用　　　　E. 以上都是

[答案] E

[解析] 水是机体代谢反应的介质，机体要求水的含量适当，才能促进和加速化学反应的进行。水本身也参与许多代谢反应，如水解和加水（水合）等反应过程。营养物质进入细胞以及细胞代谢产物运至其他组织或排出体外，都需要有足够的水才能进行。水的比热容值大，流动性也大，因此，水能起到调节体温的作用。此外，水还具有润滑作用。

176. 动物体内水的来源主要有哪些(　　)

    A. 饮水　　　　B. 饲料中的水　　　　C. 代谢水

    D. 以上都是

[答案] D

[解析] 动物体内水的来源有三条途径：饮水、饲料中的水和代谢水。饮水和饲料中的水是体内水的主要来源，其次是营养物质在体内氧化所产生的水（即代谢水）。在一般情况下，动物从饲料摄入的水和代谢产生的水可不受体内水含量多少的影响。但是饮水的摄入量则与前两种水不同，一方面饮水量比其他水的来源大，更重要的是饮水量受丘脑下部渴觉中枢的调节。因此，饮水在动物体内水的来源中占有极重要的地位。

177. 关于机体内钾的说法正确的是(　　)

    A. K^+ 的浓度对维持细胞内液的渗透压及细胞容积十分重要

    B. 血浆 K^+ 浓度高到一定程度时，可使心脏停搏在收缩期

    C. 血浆 K^+ 浓度过低时，可使心脏停搏在舒张期

D. 以上都不对

[答案] A

[解析] K^+ 是细胞内的主要阳离子，故 K^+ 的浓度对维持细胞内液的渗透压及细胞容积十分重要。血浆 K^+ 浓度与心肌的收缩运动也有密切的关系，血浆 K^+ 浓度高时对心肌收缩有抑制作用，当血浆 K^+ 浓度高到一定程度时，可使心脏停搏在舒张期。相反，当血浆 K^+ 浓度过低时，可使心脏停搏在收缩期。

178. 下列说法错误的是(   )

    A. 动物尿中钠的排泄与其摄入量大致相等

    B. 水和 Na^+、K^+ 动态平衡受中枢神经系统的调控

    C. 神经-体液系统对水和 Na^+、K^+ 的调节中，主要的调节因素有抗利尿激素、盐皮质激素、心钠素和其他多种利尿因子

    D. 体液调节水和 Na^+、K^+ 平衡的主要靶器官为膀胱

[答案] D

[解析] 在正常情况下，尿中钠的排泄与其摄入量大致相等。水和 Na^+、K^+ 动态平衡的调节是在中枢神经系统的控制下，通过神经-体液调节途径实现的。神经-体液系统对水和 Na^+、K^+ 的调节中，主要的调节因素有抗利尿激素、盐皮质激素、心钠素和其他多种利尿因子。各种体液调节因素作用的主要靶器官为肾。

179. 动物细胞外液的 pH 一般为(   )

    A. 6.8～7.2   B. 7.2～7.5   C. 7.5～7.8

    D. 7.8～8.0

[答案] B

[解析] 动物细胞外液（以血浆为代表）的 pH 一般为 7.24～7.54，如果高于 7.8 或低于 6.8，动物就会死亡。

180. 机体酸碱平衡的调节包括哪些条件(   )

    A. 体液缓冲体系   B. 肺呼出二氧化碳   C. 肾脏排出酸碱物质

    D. 以上都是

[答案] D

[解析] 机体是通过体液的缓冲体系、由肺呼出二氧化碳和由肾排出酸性或碱性物质来调节体液的酸碱平衡的。

181. 血液中的缓冲体系不包括哪种(   )

    A. 碳酸-碳酸氢盐   B. 磷酸盐   C. 硝酸盐

    D. 血浆蛋白及血红蛋白

［答案］C

［解析］血液中主要的缓冲体系有以下三种：碳酸-碳酸氢盐、磷酸盐、血浆蛋白及血红蛋白。

182. 血液中的缓冲体系中缓冲能力最强的是（　　）

    A. 碳酸-碳酸氢盐　　　　　　B. 磷酸盐　　　　　　C. 硝酸盐

    D. 血浆蛋白及血红蛋白

［答案］A

［解析］在血液中的各种缓冲体系中，以碳酸-碳酸氢盐缓冲体系的缓冲能力最大。而且，肺和肾调节酸碱平衡的作用，又主要是调节血浆中碳酸和碳酸氢盐的浓度。因此，在研究体液的酸碱平衡时，血浆中碳酸-碳酸氢盐缓冲体系是最重要的缓冲体系。

183. 下列关于机体中钙的生理作用不正确的是（　　）

    A. Ca^{2+} 影响毛细血管壁通透性

    B. Ca^{2+} 参与血液凝固过程

    C. Ca^{2+} 参与调节神经、肌肉的兴奋性

    D. Ca^{2+} 可作为细胞内的第二信使

    E. Ca^{2+} 是 DNA、RNA 等的重要组成成分

［答案］E

［解析］Ca^{2+} 参与调节神经、肌肉的兴奋性，并介导和调节肌肉以及细胞内微丝、微管等的收缩；Ca^{2+} 影响毛细血管壁通透性，并参与调节生物膜的完整性和细胞膜的通透性及其转运过程；Ca^{2+} 参与血液凝固过程和某些腺体的分泌；Ca^{2+} 还是许多酶的激活剂（如脂肪酶、ATP 酶等）；Ca^{2+} 更重要的作用是作为细胞内的第二信使，介导激素的调节作用。

184. 血液中的磷主要以哪种方式存在（　　）

    A. 无机磷酸盐　　　　　　B. 有机磷酸酯　　　　　　C. 磷脂

    D. 以上都是

［答案］D

［解析］血液中的磷主要以无机磷酸盐、有机磷酸酯和磷脂的形式存在。

185. 以下哪些可以参与调节骨钙和血钙的稳态平衡（　　）

    A. 甲状旁腺素　　　　　　B. 降钙素　　　　　　C. 1, 25 -二羟维生素 D

    D. 以上都是

［答案］D

［解析］甲状旁腺素、降钙素、1, 25 -二羟维生素 D 参与骨细胞的转化调节，影响骨钙和血钙的平衡。

186. 关于血红蛋白下列说法正确的是(　　)

A. 血红蛋白分子是由两个 α-亚基和两个 β-亚基构成

B. 每个亚基可以结合两个血红蛋白

C. 血红蛋白中央的 Fe^{3+} 是氧结合部位

D. 每个血红蛋白分子能与 4 个 O_2 进行可逆结合

[答案] A

[解析] 血红蛋白分子是由两个 α-亚基和两个 β-亚基构成的四聚体；每个亚基都包括一条肽链和一个血红蛋白；血红蛋白位于每个亚基的空穴中，血红蛋白中央的 Fe^{2+} 是氧结合部位，可以结合一个氧分子；每个血红蛋白分子能与 4 个 O_2 进行可逆结合。

187. 下列代谢通路不能发生在红细胞中的是(　　)

A. 葡萄糖酵解　　　　B. TCA 循环　　　　C. 磷酸戊糖途径

D. 糖醛酸循环　　　　E. 2,3-二磷酸甘油酸支路

[答案] B

[解析] 在红细胞中，葡萄糖的代谢绝大部分是通过酵解，此外还有小部分通过磷酸戊糖途径、2,3-二磷酸甘油酸支路及糖醛酸循环。

188. 关于肝脏的物质代谢作用正确的是(　　)

A. 肝脏在脂类代谢中起着非常重要的作用

B. 肝脏不仅可以合成自身蛋白质，还可以合成大量血浆蛋白质

C. 肝脏是多种维生素的储存场所

D. 以上都是

[答案] D

[解析] 肝脏在脂类代谢中起着非常重要的作用，并且是蛋白质代谢最活跃的器官之一，其蛋白质的更新速度也最快。它不但合成本身的蛋白质，还合成大量血浆蛋白质。血浆中的全部清蛋白、纤维蛋白原、部分的球蛋白、凝血酶原以及凝血因子也都在肝脏中合成。另外，肝脏是多种维生素（维生素 A、维生素 D、维生素 E、维生素 K、维生素 B_{12}）的储存场所。

189. 肝脏作为重要的解毒器官，可以把有毒物质通过结合、还原、氧化、水解等方式进行生物转化，其中最为重要的方式是(　　)

A. 氧化和水解　　　　B. 结合和水解　　　　C. 氧化和结合

D. 水解和还原

[答案] C

[解析] 肝脏是生物转化的主要场所，肝脏中的生物转化作用有结合、氧化、还原、水解等方式，其中以氧化及结合的方式最为重要。

190. 关于肌原纤维的组成成分说法错误的是（　　）

　　A. 肌原纤维由肌小节组成　　　　　B. 肌小节由粗丝和细丝组成

　　C. 粗丝的主要成分为肌球蛋白　　　D. 细丝的主要成分为肌球蛋白

[答案] D

[解析] 肌原纤维由许多称为肌小节的重复单元组成；肌小节由许多粗丝和细丝重叠排列组成；粗丝的主要成分为肌球蛋白；细丝的主要成分为肌动蛋白。

191. 肌肉中 ATP 的根本来源不包括以下哪个途径（　　）

　　A. 酵解作用　　　　　B. 戊糖磷酸途径　　　　　C. 三羧酸循环

　　D. 氧化磷酸化

[答案] B

[解析] 肌肉收缩时必须有 ATP 的充分供应。肌肉中 ATP 的根本来源是酵解作用、三羧酸循环和氧化磷酸化过程。

192. 鱼体横纹肌中红肌的特点有持久性长、收缩缓慢和（　　）

　　A. 不灵活　　　　　B. 较灵活　　　　　C. 耐疲劳

　　D. 易疲劳

[答案] C

[解析] 鱼的红肌和白肌是两种不同的肌肉类型，它们在鱼类的游泳中发挥着不同的作用：①红肌是一种耐力型肌肉，富含线粒体和肌红蛋白，呈红色或红棕色。这种肌肉主要负责长时间的游泳和保持鱼体的稳定性，比如在海流和水流中维持方向。红肌的收缩速度较慢，但是可以持续不断地收缩，同时还可以利用氧气来进行有氧代谢，从而提供持久的能量。②白肌是一种爆发型肌肉，不含肌红蛋白，呈白色或粉色。这种肌肉主要负责快速爆发式的游泳，比如逃离捕食者或追逐猎物。白肌的收缩速度非常快，但是不能持续很长时间，只能进行短暂的无氧代谢，产生大量乳酸来提供能量。

193. 正常成年动物的大脑主要利用血液提供的什么物质功能（　　）

　　A. 葡萄糖　　　　　B. 脂肪酸　　　　　C. 氨基酸

　　D. 以上都不是

[答案] A

[解析] 大脑中储存的葡萄糖和糖原，仅够其几分钟的正常活动，可见大脑主要是利用血液提供的葡萄糖供能，因此，大脑对血糖浓度的降低最敏感。

194. 关于 γ-氨基丁酸的说法错误的是（　　）

　　A. 在脑组织在含量最高　　　　　B. 在肌肉中含量最高

　　C. 是一种重要的中枢神经抑制性递质　　D. 合成和分解由 γ-氨基丁酸循环完成

[答案] B

[解析] γ-氨基丁酸在脑组织中含量最高，是一种重要的中枢神经抑制性递质。其生成和分解过程称为γ-氨基丁酸循环。

195. 鱼类在游动时需要肌细胞中肌球蛋白分子参与，肌球蛋白分子具有哪种酶活力(　　)

    A. ATP 酶　　　　　　　　B. 蛋白酶　　　　　　　　C. 蛋白激酶

    D. 蛋白水解酶

[答案] A

[解析] 肌球蛋白分子的 ATP 酶活性存在于 HMM 片段，具有结合 ATP 的位点，能催化 ATP 水解，并与肌动蛋白结合。

196. 胶原蛋白是水产动物中重要的功能性蛋白，为稳定原胶原三股螺旋结构，三联体的每第三个氨基酸的位置必须是(　　)

    A. 丙氨酸　　　　　　　　B. 甘氨酸　　　　　　　　C. 赖氨酸

    D. 脯氨酸

[答案] B

[解析] 甘氨酸是胶原蛋白氨基酸构成中相对分子质量最小的一个，是具备单独氢原子作为其侧链的氨基酸。因为甘氨酸的侧链非常小，它能够在胶原蛋白生成中占有其他氨基酸无法占有的空间，例如作为胶原螺旋内的氨基酸，一般在胶原蛋白 α-链中氨基酸序列的第三个部位存在。这一特点使甘氨酸成为胶原蛋白生成中最重要的氨基酸。

197. 血红蛋白作为大多数水产动物运输氧的关键分子，每分子血红蛋白可结合氧的分子数是(　　)

    A. 1　　　　　　　　　　B. 2　　　　　　　　　　C. 3

    D. 4

[答案] D

[解析] 因血红蛋白有四个亚基，每个亚基分子可结合 1 分子氧，因此每分子血红蛋白可结合 4 分子氧。

198. 关于胶原蛋白的说法错误的是(　　)

    A. 是结缔组织中主要的蛋白质　　　　B. 以胶原纤维的形式存在

    C. 通过共价交联成胶原微纤维　　　　D. 胶原蛋白中含硫氨基酸含量较高

[答案] D

[解析] 胶原蛋白是结缔组织中主要的蛋白质，约占体内总蛋白的1/3，体内的胶原蛋白都以胶原纤维的形式存在。胶原蛋白很有规律地聚合并共价交联成胶原微纤维，胶原微纤维再进一步共价交联成胶原纤维。胶原蛋白含有大量甘氨酸、脯氨酸、羟脯氨酸及少量羟赖氨酸。羟脯氨酸及羟赖氨酸为胶原蛋白所特有，体内其他蛋白质不含或含量甚微。胶原蛋白中含硫氨基酸及酪氨酸的含量甚少。

199. 关于基质以下说法正确的是（　　）

　　A. 是无定形的胶态物质

　　B. 在结缔组织的细胞和纤维之间大量分布

　　C. 主要成分有水、非胶原蛋白、无机盐等

　　D. 以上都是

[答案] D

[解析] 基质是无定形的胶态物质，充满在结缔组织的细胞和纤维之间，基质的化学成分有水、非胶原蛋白、糖胺聚糖和无机盐等。

200. 以下不是糖胺聚糖的物质是（　　）

　　A. 透明质酸　　　　　　　　B. 盐酸角质素　　　　　　　　C. 硫酸软骨素

　　D. 肝素

[答案] B

[解析] 常见的糖胺聚糖有透明质酸、硫酸软骨素、硫酸皮肤素、硫酸角质素、肝素等。

第五篇

鱼类药理学

1. 关于渔药说法错误的是(　　　)

    A. 应用于水生动物（包括部分水生植物）的药物称为渔药

    B. 鱼类药物主要包括化学药品、抗生素、驱杀虫剂、环境改良及消毒剂、疫苗及免疫激活剂、中药材与中成药等

    C. 鱼类药物不能包括促进水生动物生长、调节水生动物生理功能的物质

    D. 鱼类药物的使用对象为鱼、虾、蟹、贝、藻，以及水生的两栖、爬行类和一些观赏性的水产经济动、植物

［答案］C

2. 渔药对水生动物是(　　　)受药，这是与兽药和人药的一个重要区别。

    A. 针对性　　　　　　　　　　B. 群体

    C. 浸泡　　　　　　　　　　　D. 口服

［答案］B

3. 水温是影响渔药药效的一个重要因素，(　　　)的效果与水温成负相关关系。

    A. 溴氰菊酯　　　　　　　　　B. 新洁尔灭

    C. 硫酸铜　　　　　　　　　　D. 漂白粉

［答案］A

4. (　　　)属于体内用药方法。

    A. 注射法　　　　　　　　　　B. 浸浴法

    C. 涂抹法　　　　　　　　　　D. 遍洒法

［答案］A

5. 按照来源，渔药分类不包括(　　　)

    A. 天然渔药　　　　　　　　　B. 合成渔药

    C. 生物技术渔药　　　　　　　D. 生物工程渔药

［答案］D

6. 广义的生物制品还包括(   )
    A. 中草药
    B. 微生态制剂
    C. 生物工程渔药
    D. 生物技术渔药

［答案］B

7. 鱼类药理学研究的对象主要是(   )
    A. 药效和毒理
    B. 数据和组织
    C. 药物和机体
    D. 药物吸收和代谢

［答案］C

8. 药物在机体内的吸收、分布、代谢和排泄过程，简称(   )
    A. 药理作用
    B. 药效作用
    C. ASDE
    D. ADME

［答案］D

9. 现代技术的发展使我们可同时将(   )结合研究，动态分析浓度、效应和时间的关系。
    A. 药代动力学和毒性动力学
    B. 药代动力学和副作用动力学
    C. 药代动力学和不良反应动力学
    D. 药代动力学和效应动力学

［答案］D

10. 现代毒理学的基本研究方法不包括(   )
    A. 安全性实验
    B. 实验室方法
    C. 临床观察
    D. 现场调查、综合危险度评定

［答案］A

11. 鱼类药效学是研究药物对机体产生的生理生化效应和产生这些效应的作用机制以及(   )的关系的科学。
    A. 不良反应
    B. 副作用
    C. 毒理学
    D. 药物效应与药物剂量之间

［答案］D

12. 临床应视病情的轻重灵活运用药物，不可(   )
    A. 照本宣科
    B. 急则治其标
    C. 缓则治其本
    D. 标本兼顾

[答案] A

13. 小瓜虫和锚头鳋需要针对(　　)用药，否则无法有效地控制疾病。

A. 生态特性　　　　　　　　　　B. 生理学特征

C. 生活史　　　　　　　　　　　D. 敏感药物

[答案] C

14. 左旋咪唑有抗线虫活性，而右旋体则无此作用，这属于药物的(　　)

A. 量效关系　　　　　　　　　　B. 构效关系

C. 时效关系　　　　　　　　　　D. 工艺差异

[答案] B

15. 多数不良反应是渔药(　　)，在一般情况下是可以预知的，但不一定是可以避免的。

A. 使用方式不恰当　　　　　　　B. 使用剂量不科学

C. 本身固有效应的延伸　　　　　D. 受环境等因素的影响

[答案] C

16. 药物跨膜的主动转运方式为(　　)

A. 易化扩散转运　　　　　　　　B. 逆梯度转运

C. 水溶扩散转运　　　　　　　　D. 脂溶扩散转运

[答案] B

17. 有些药物在进入体循环之前，首先在(　　)被消耗一部分，导致其进入体循环的实际药量减少，这种现象叫作首过效应。

A. 肝脏、胃肠道、肠黏膜细胞　　B. 肝脏、脾脏、肾脏

C. 消化道、排泄器官　　　　　　D. 肝胰脏

[答案] A

18. 药物在血液和组织、器官之间转运时，会受到各种因素的干扰和阻碍，这种现象称为(　　)

A. 受过效应　　　　　　　　　　B. 药物转运

C. 屏障现象　　　　　　　　　　D. 药物干扰

[答案] C

19. 关于药物生物转化说法错误的是(　　)

A. 代谢是指药物在体内发生化学结构改变的过程，现在常称为生物转化

B. 肝脏是药物生物转化的主要器官

C. 生物转化的意义在于使渔药的药理活性改变

D. 药物丧失原有的药理作用，无活性药物经体内代谢后生成毒性的代谢物

[答案] D

20. 药物在水生动物体内转运及转化，导致它在不同器官、组织、体液间的浓度变化，这种变化是一个随时间变化而变化的动态过程，这个过程称为速率过程，亦称（   ）

　　A. 动力学过程　　　　　　　　B. 转化过程

　　C. 分布过程　　　　　　　　　D. 代谢过程

[答案] A

21. 关于药动学时量曲线参数说法正确的是（   ）

　　A. 药峰时间短，表明药物吸收慢，起效缓慢，但同时消除也慢

　　B. 血药浓度超过有效浓度（高于中毒浓度）的时间称为有效期

　　C. 从给药至峰值浓度的时间称为药峰时间

　　D. 血药浓度可客观地反映血液中的药物浓度

[答案] C

22. 评价药物的吸收程度主要指标是（   ）

　　A. 曲线下面积（AUC）和生物利用度（F）

　　B. 曲线下面积（AUC）和药峰浓度（C_{mx}）

　　C. 血药稳态浓度（C_{ss}）和生物利用度（F）

　　D. 血药稳态浓度（C_{ss}）和药峰浓度（C_{mx}）

[答案] A

23. 表观分布容积反映药物在体内分布的广泛程度，主要取决于（   ）

　　A. 给药方式　　　　　　　　　B. 药物与血浆的结合程度

　　C. 药物本身的理化性质　　　　D. 动物机体的健康状况

[答案] C

24. （   ）是预测体内药动学过程的一个重要数学模型，它从数学的角度，把机体概念化为一个系统，将分布特点相近的组织、器官归纳于一个或几个房室。

　　A. 药动学系统　　　　　　　　B. 房室模型

　　C. 药物心脏模型　　　　　　　D. 药时曲线房间模型

[答案] B

25. 毒理学是研究（   ）对生物体的损害作用以及两者之间相互作用的规律，并提出有

效防治措施的科学。

    A. 有害物质　　　　　　　　B. 不良反应

    C. 有毒物质　　　　　　　　D. 外源化学物质

[答案] D

26. 物毒理学是研究药物在一定条件下对生物体的毒性作用，对药物毒性作用进行（　　）评价，并对靶器官毒性作用机理进行研究的一门科学。

    A. 数学模型　　　　　　　　B. 定性、定量

    C. 综合　　　　　　　　　　D. 建模

[答案] B

27. 由于外源性化学物质与机体接触的途径和方式以及动物物种、品系都可影响外源性化学物质的 LLD_{50}，所以表示 LD_{50} 时，必须注明（　　）

    A. 试验动物的品系和接触途径　　B. 试验动物的品系和接触时间

    C. 试验动物的种类和接触途径　　D. 试验动物的种类和接触时间

[答案] C

28. 关于阈剂量说法错误的是（　　）

    A. 外源性化学物质按一定方式或途径与机体接触，能使机体开始出现某种最轻微的异常改变所需的最低剂量

    B. 在阈剂量以下的任何剂量都不能对机体造成损害作用，故又称之为最小有作用剂量

    C. 实际中观察化学物质对机体造成的损害作用，很大程度上受到检测技术灵敏性和精确性的限制，因此"阈剂量"实际为观察或检测到某种对健康不利的效应的最低剂量（或浓度）水平，也称为最低有害作用水平（LOAEL）

    D. 不会导致水生生物死亡的最高剂量，接触此剂量的个体可以出现严重的毒性作用，但不发生死亡

[答案] D

29.（　　）是指水生动物在较长的时间内（一般在相当于 1/10 左右的生命周期时间内），少量多次地反复接触受试渔药所引起的损害作用或产生的中毒反应。

    A. 亚慢性毒性试验　　　　　B. 亚急性毒性试验

    C. 慢性毒性试验　　　　　　D. 急性毒性试验

[答案] A

30. 由于肿瘤一般在水生动物中比较常见，这可能与水生生物 DNA 的修复能力效率较低有关，因此，一些特定的渔药必须进行（　　）

A. 致畸试验　　　　　　　　　　B. 微核试验

C. 致癌试验　　　　　　　　　　D. 致突变试验

[答案] C

31. 目前检测基因突变最常用的 Ames 试验，是利用(　　)的鼠伤寒沙门菌突变株为测试指示菌，观察其在受试药物作用下回复突变为野生型的一种测试方法。

A. 组氨酸缺陷型　　　　　　　　B. 纺锤体受损

C. 色氨酸缺陷型　　　　　　　　D. 无着丝点环

[答案] A

32. 渔药引起水生动物行为上的(　　)，是水生动物对外界环境刺激的一种保护性反应，通过嗅觉、视觉、侧线及其他感受器而实现。

A. 警觉反应　　　　　　　　　　B. 回避反应

C. 排斥反应　　　　　　　　　　D. 洄游反应

[答案] B

33. 夏季在养蟹池施用溴氯海因，因破坏了蟹池的环境，造成蟹大量死亡。这属于药物的(　　)

A. 毒性反应　　　　　　　　　　B. 变态反应

C. 特异质反应　　　　　　　　　D. 不良反应

[答案] D

34. 某些含有重金属元素的渔药（如硫酸铜）长期或高剂量使用后，造成鳃上皮和黏液细胞的贫血和营养失调。这属于药物的(　　)

A. 毒性反应　　　　　　　　　　B. 变态反应

C. 特异质反应　　　　　　　　　D. 回避反应

[答案] A

35. 变态反应是水生动物受药物刺激后所产生的一种异常的、引起病理性的不正常免疫反应，又称(　　)

A. 毒性反应　　　　　　　　　　B. 特异质反应

C. 超敏反应　　　　　　　　　　D. 回避反应

[答案] C

36. 磺胺类、碘等药物属于小分子的化学物质，具有半抗原性，能与高分子载体结合成完全抗原，而引起水生动物反应。这属于药物的(　　)

A. 毒性反应　　　　　　　　　　B. 变态反应

C. 特异质反应　　　　　　　　D. 回避反应

[答案] B

37. 当使用的剂量不足时，药物有可能不产生明显效应，不但达不到防病治病的目的，还会产生(　　)

A. 耐药性　　　　　　　　　　B. 毒性反应
C. 变态反应　　　　　　　　　D. 特异质反应

[答案] A

38. 对于剂量的确定，在口服给药时，常以(　　)计算给药剂量

A. 水体体积总量　　　　　　　B. 考虑水体中水生动物的拥挤程度
C. 主动摄食的水生动物的总体重量　D. 投喂饲料量

[答案] C

39. 对于剂型和制剂说法错误的是(　　)

A. 剂型和制剂可以影响药物在水生动物机体内的吸收速率，导致体内血药浓度和生物利用度的差异，从而影响疗效
B. 不同剂型和制剂的药物所含的药量相等，则药效强度基本保持相等
C. 由于水生动物的种类繁多，生态习性、生理特点、摄食方式各异，因此，选择正确的剂型和制剂对有效发挥渔药的疗效尤为重要
D. 目前，渔药常用的剂型有以溶液剂、乳油剂等为主的液体剂型和以粉剂、片剂为主的固体剂型

[答案] B

40. 水生动物的给药，除了人工催产和少数个体较大或较珍稀养殖对象在疾病防治时采取个体注射（或口灌）给药外，大多采取混饲口服和泼洒的(　　)给药方式。

A. 总体　　　　　　　　　　　B. 环境
C. 准确　　　　　　　　　　　D. 群体

[答案] D

41. 大潮期间或大换水后，大多甲壳类动物（虾、蟹）往往会因此诱发大批蜕壳，一般(　　)用药。

A. 不宜　　　　　　　　　　　B. 立即
C. 足量　　　　　　　　　　　D. 减量

[答案] A

42. 大多数泼洒的药物除某些有氧释放的渔药（如过氧化钙等）外，在使用过程中都要

消耗水体中的氧气，因而不宜在(　　)用药。

  A. 清晨或阴雨天　　　　　　　B. 中午光照较强时

  C. 傍晚或夜间　　　　　　　　D. 高温

[答案] C

43. 渔药中维生素主要作用是(　　)

  A. 改良养殖环境　　　　　　　B. 调节水产动物的生理机能

  C. 抑制和杀灭病原体　　　　　D. 调节水体微生物平衡

[答案] B

44. 渔药的毒性一般会随着温度的升高而(　　)

  A. 改变　　　　　　　　　　　B. 降低

  C. 减少　　　　　　　　　　　D. 增强

[答案] D

45. 为了维持药物的有效浓度以达到治疗目的，需要在一定的时间内重复给药，一般以天数来表示，称为(　　)

  A. 疗程　　　　　　　　　　　B. 蓄积

  C. 量反应　　　　　　　　　　D. 效价

[答案] A

46. 应根据水生动物的生理特性、摄食习惯、生态习性、给药途径及环境条件选择适宜的给药时间，有些昼伏夜出的水生动物，在(　　)给药可能会比白天给药效果更好。

  A. 傍晚　　　　　　　　　　　B. 早上

  C. 夜间　　　　　　　　　　　D. 白天

[答案] C

47. 药物效应与剂量在一定范围内成正比，随着血药浓度的增加，药效随之增强，这种剂量与效应的关系称(　　)

  A. 疗程　　　　　　　　　　　B. 量反应

  C. 时效关系　　　　　　　　　D. 量效关系

[答案] D

48. 新渔药的评价不必包括(　　)方面的内容。

  A. 药学评价　　　　　　　　　B. 临床前药理学评价

  C. 药物分类学评价　　　　　　D. 临床前毒理学评价

[答案] C

49. 副作用是渔药在常用剂量治疗时，伴随治疗作用出现的一些与治疗无关的不适反应，是一种(　　)的功能变化。

    A. 严重的、可逆性   B. 轻微的、可逆性

    C. 严重的、不可逆性   D. 轻微的、不可逆性

[答案] B

50. 用硫酸铜、硫酸亚铁粉等杀虫药进行遍洒防治鱼类寄生虫病时，虽然虫体被杀灭，但带来的(　　)是养殖鱼类产生厌食。

    A. 副作用   B. 变态反应

    C. 毒性反应   D. 继发性反应

[答案] A

51. 如果长期使用广谱抗生素，由于某些敏感细菌被抑制，而未被抑制的其他细菌则借机大量繁殖，使微生物互相制约的平衡状态被破坏而导致(　　)

    A. 副作用   B. 变态反应

    C. 耐药反应   D. 二重感染

[答案] D

52. 渔药的吸收、分布和排泄等体内过程，均需要通过体内的各种生物膜进行(　　)

    A. 跨膜转运   B. 受体结合

    C. 载体转运   D. 蛋白结合

[答案] A

53. 二重感染不是药物本身的效应，是在抗菌药物使用过程中出现的新感染，也称(　　)

    A. 后遗效应   B. 菌群交替症

    C. 耐药反应   D. 抗药反应

[答案] B

54. 药物转运方式中(　　)是不需要能量的载体扩散。

    A. 易化扩散转运   B. 逆梯度转运

    C. 水溶扩散转运   D. 脂溶扩散转运

[答案] A

55. 脂溶性药物通过与生物膜的脂质双分子层溶融而进行的跨膜转运，又称(　　)

A. 易化扩散   B. 逆梯度转运
C. 水溶扩散   D. 简单扩散

[答案] D

56. 药物的体内过程中，处置是指（   ）
A. 分布和消除   B. 代谢和排泄
C. 吸收、分布   D. 分布、代谢

[答案] A

57. 渔药在机体内空间位置上的迁移，称为（   ）
A. 吸收   B. 转运
C. 转化   D. 分布

[答案] B

58. 渔药在机体内化学结构和性质上的变化，称为（   ）
A. 吸收   B. 转运
C. 转化   D. 分布

[答案] C

59. 药物的分布，先向血流量相对较（   ）的组织分布，然后向血液量相对较（   ）的组织转移。
A. 少；小   B. 多；大
C. 少；多   D. 多；少

[答案] D

60. 药物与血浆蛋白的结合率影响着药物在体内的分布。蛋白结合率高，表明药物在体内消除较（   ），作用维持时间较（   ）
A. 慢；长   B. 快；短
C. 慢；短   D. 快；长

[答案] A

61. （   ）是药物生物转化的主要器官。
A. 肾脏   B. 脾脏
C. 肠道   D. 肝脏

[答案] D

62. 较低等的水生动物（如虾、蟹等甲壳类）还可以通过（   ）排泄体内渔药。

A. 肝胰腺、触角腺   B. 肾脏、触角腺

C. 肠道、肾脏   D. 鳃、肾脏

[答案] A

63. 血药浓度超过有效浓度（低于中毒浓度）的时间称为（   ）

     A. 时量曲线   B. 阈值

     C. 有效期   D. 药峰时间

[答案] C

64. 药物进入机体后，理论上应占有体积的容积量是指（   ）

     A. 实际分布容积   B. 体内客观分布量

     C. 表观分布容积   D. 规律分布

[答案] C

65. 根据药物的（   ），可将药物分成超短效（≤1h）、短效（1～4h）、中效（4～8h）、长效（8～24h），超长效（＞24h）等五类。

     A. 半衰期   B. 最小有效浓度

     C. 表观分布容积   D. 量效关系

[答案] A

66. 大多数药物通过肝代谢和肾排泄清除，消除率是（   ）

     A. 肝肾清除的总和   B. 肾排泄能力

     C. 肝代谢水平   D. 机体健康状况

[答案] A

67. （   ）是评价外源性化学物质急性毒性大小最重要的参数，也是对不同外源性化学物质进行急性毒性分级的基础标准。

     A. 半数致死量   B. 半衰期

     C. 最小有作用剂量   D. 最高无害作用水平

[答案] D

68. （   ）主要根据亚慢性毒性试验或慢性毒性试验的结果来确定，是评定外源性化学物质对机体造成损害作用的主要依据。

     A. 最小有作用剂量   B. 半数致死量

     C. 半衰期   D. 最高无害作用水平

[答案] D

69. 机体反复接触某些外源性化学物质后，体内检测不出该化学物质或其代谢产物的量在增加，却出现了慢性毒性作用，称为（　　）

    A. 副作用　　　　　　　　　　B. 变态反应

    C. 功能蓄积　　　　　　　　　D. 二重感染

［答案］C

70. （　　）是检验受试渔药对试验动物生殖机能以及胚胎的影响，并为致畸试验提供资料的一种试验方法。

    A. 副作用　　　　　　　　　　B. 变态反应

    C. 致突变试验　　　　　　　　D. 繁殖试验

［答案］D

71. 敌百虫等药物易于在母体的生殖腺内积累，经卵母细胞的二次成熟分裂，脱离滤泡排卵，产卵受精直至孵化，于卵黄囊吸收阶段方显示出较强的毒性，出现畸形胚胎，导致发育迟缓、功能不全以至死亡。这属于（　　）

    A. 二重感染　　　　　　　　　B. 变态反应

    C. 致突变试验　　　　　　　　D. 致畸试验

［答案］D

72. 渔药使用后，被水生植物等低级生物吸收，二级或三级的生物推动了（　　）转移，最后危及（　　）终端的人类。

    A. 药物代谢；金字塔　　　　　B. 药物代谢；食物链

    C. 药物残留；金字塔　　　　　D. 药物残留；食物链

［答案］D

73. 水体富营养化导致藻类过度地生长繁殖而引发（　　）

    A. 泛塘　　　　　　　　　　　B. 翻塘

    C. 水华　　　　　　　　　　　D. 赤潮

［答案］C

74. 渔用消毒剂、抗菌药物的使用，在抑制或杀灭病原微生物的同时，也会抑制有益菌，使水生动物（　　）被破坏。

    A. 正常水生态环境　　　　　　B. 体内微生物健康

    C. 体内外微生物生态平衡　　　D. 正常生命活动

［答案］C

75. 当药物超过一定的剂量范围时，就可能使其作用由量变引起质变，导致水生动

物(　　)

A. 中毒
B. 蓄积
C. 水华
D. 翻塘

[答案] A

76. 渔药常用的剂型有以(　　)等为主的液体剂型。

A. 粉剂、片剂
B. 溶液剂、乳油剂
C. 溶液剂、片剂
D. 粉剂、乳油剂

[答案] B

77. 口服给药一般在(　　)后再给药，以确保药饵大部分被水生动物摄食。

A. 营养强化
B. 停饲一段时间
C. 投喂维生素
D. 调节水质

[答案] B

78. (　　)作用是指两种（或两种以上）渔药合用时所需浓度较它们分别单独使用时低，渔药作用的效果仅等于各药之和。

A. 无关
B. 协同
C. 累加
D. 颉颃

[答案] C

79. 链霉素、庆大霉素或新霉素同时或先后使用均可致(　　)毒性反应增加。

A. 肝脏
B. 脾脏
C. 肠道
D. 肾脏

[答案] D

80. 通常渔药的用量是在水温(　　)左右时的基础用量，水温升高时应酌情减少用量。

A. 20℃
B. 25℃
C. 28℃
D. 30℃

[答案] A

81. 漂白粉在碱性环境中消毒作用(　　)

A. 减弱
B. 增强
C. 不可测
D. 不变

[答案] A

82. 敌百虫可转化为剧毒的敌敌畏，且转化速度随 pH 和水温的升高而(　　)

A. 加快
B. 变慢
C. 不变
D. 不影响

[答案] A

83. 影响渔药作用的生物因子不包括(　　)
A. 浮游生物
B. 微生物
C. 病原生物
D. 微生态制剂

[答案] D

84. 养殖水体是一个富含有机物的水体，由于有机物的存在，在一定程度上会(　　)外用渔药的效果。
A. 增强
B. 干扰
C. 不可测
D. 不影响

[答案] B

85. 有的药物，如(　　)受有机物的影响较小。
A. 季铵盐类（如新洁尔灭等）
B. 过氧化物类（过氧化氢等）
C. 碘和含碘消毒剂（碘伏）
D. 氯制剂（漂白粉）

[答案] C

86. 水生动物对渔药的敏感性有所不同，一般夜间比在白天反应(　　)
A. 强
B. 弱
C. 不可测
D. 不影响

[答案] B

87. 夏季水温较高，水生动物对渔药的敏感性也较冬季(　　)
A. 强
B. 弱
C. 不可测
D. 不影响

[答案] A

88. 有的渔药由于受温度的影响较大，温度高时其作用降低，如溴氰菊酯春季使用的杀虫效果要比夏季明显(　　)
A. 变化
B. 干扰
C. 降低
D. 增强

[答案] D

89. 很多病原微生物已由单药耐药发展为(　　)，导致用药量越来越大，药效却越来越差。

    A. 抗药　　　　　　　　　　　B. 复合耐药

    C. 颉颃　　　　　　　　　　　D. 多重耐药

[答案] D

90. 一般来说，海水养殖中药物使用剂量要比淡水养殖药物使用剂量（　　）

    A. 不可测　　　　　　　　　　B. 不变

    C. 高　　　　　　　　　　　　D. 低

[答案] C

91. 溶解氧较高时，水生动物对渔药的耐受性（　　）

    A. 增强　　　　　　　　　　　B. 减弱

    C. 不可测　　　　　　　　　　D. 不影响

[答案] A

92. 水生动物生存在比较拥挤的空间时，对渔药的敏感性（　　）

    A. 增强　　　　　　　　　　　B. 减弱

    C. 不可测　　　　　　　　　　D. 不影响

[答案] A

93. 生石灰对中华鳖的使用浓度比中华绒螯蟹的一般都（　　）

    A. 低　　　　　　　　　　　　B. 高

    C. 不可测　　　　　　　　　　D. 相等

[答案] B

94. 下面动物养殖过程可以使用敌百虫的是（　　）

    A. 鳜　　　　　　　　　　　　B. 淡水白鲳

    C. 乌鳢　　　　　　　　　　　D. 中华绒螯蟹

[答案] C

95. 下面动物养殖过程对硫酸铜的耐受性较强（　　）

    A. 草鱼　　　　　　　　　　　B. 淡水白鲳

    C. 青鱼　　　　　　　　　　　D. 武昌鱼

[答案] B

96. 老龄水生动物由于某些器官的功能退化，导致它们对渔药的敏感性较成鱼（　　）

    A. 增强　　　　　　　　　　　B. 减弱

C. 不可测   D. 不影响

[答案] A

97. 一般雌性的水生动物对渔药敏感性比雄性( )

A. 强   B. 弱

C. 不可测   D. 不影响

[答案] A

98. ( )负责在全世界应用食品安全标准。

A. 联合国粮食及农业组织（FAO）   B. 联合食品添加委员会（JECFA）

C. 食品兽药残留委员会（CCRVDF）   D. 世界食品法典委员会（CAC）

[答案] D

99. 2008 年 11 月 26 日以第 18 号部长令发布了( )，保护动物健康和公共卫生安全。

A.《中华人民共和国动物防疫法》   B.《执业兽医管理办法》

C.《兽药生产质量管理规范》   D.《兽药管理条例》

[答案] B

100. ( )中规定了实行处方药与非处方药管理制度。

A.《中华人民共和国动物防疫法》   B.《执业兽医管理办法》

C.《兽药生产质量管理规范》   D.《兽药管理条例》

[答案] D

第六篇

水生动物免疫学

1. 免疫的核心问题是(　　)

　　A. 识别"自身"与"非自身"　　　B. 对自身物质产生耐受

　　C. 抵御细菌、病毒感染　　　　　D. 抵抗肿瘤

[答案] A

2. 清除体内病毒感染细胞的功能是免疫系统的(　　)

　　A. 免疫防御　　　　　　　　　B. 自身稳定

　　C. 生理稳定　　　　　　　　　D. 免疫监督

[答案] D

3. 生物机体出现肿瘤是其免疫系统的(　　)功能变弱而发生的。

　　A. 免疫防御　　　　　　　　　B. 自身稳定

　　C. 生理稳定　　　　　　　　　D. 免疫监督

[答案] D

4. 免疫系统对自身物质发生(　　)

　　A. 自身免疫　　　　　　　　　B. 免疫缺陷

　　C. 免疫不应答　　　　　　　　D. 免疫耐受

[答案] D

5. 受体动物对供体动物器官或组织的移植物产生的排斥是(　　)

　　A. 先天性非特异性免疫　　　　B. 获得性非特异性免疫

　　C. 获得性特异免疫　　　　　　D. 先天性特异免疫

[答案] B

6. 免疫系统三大功能(　　)

　　A. 免疫防御、免疫清除、免疫监督　　B. 免疫防御、免疫稳定、免疫监督

C. 免疫防御、免疫保护、免疫监督　　　D. 免疫防御、免疫耐受、免疫监督

[答案] B

7. 免疫应答的基本特征(　　)

A. 特异性、多样性、免疫记忆、自身调节、识别异己

B. 特异性、多样性、免疫稳定、自身调节、识别异己

C. 特异性、多样性、免疫清除、自身调节、识别异己

D. 特异性、多样性、免疫保护、自身调节、识别异己

[答案] A

8. 鱼类免疫接种途径不包括(　　)

A. 口服法　　　　　　　　　　B. 注射法

C. 直接浸浴法　　　　　　　　D. 涂抹法

[答案] D

9. (　　)不属于集落刺激因子。

A. 破骨细胞活化因子（OSF）

B. 粒细胞-巨噬细胞集落刺激因子（GM－CSF）

C. 巨噬细胞-集落刺激因子（MCSF）

D. 粒细胞-集落刺激因子（G－CSF）

[答案] A

10. (　　)是鱼类特异性免疫分子，而不属于非特异性免疫物质。

A. C-反应蛋白　　　　　　　　B. 凝集素（Agglutinin）

C. 免疫球蛋白　　　　　　　　D. 溶菌酶

[答案] A

11. 关于脾脏，下列表述不正确的是(　　)

A. 低等鱼类盲鳗没有脾脏

B. 软骨鱼和硬骨鱼类都具有独立脾脏，由红髓和黄髓组成

C. 鱼类脾脏是粒细胞产生、贮存和成熟的主要器官

D. 大多数鱼类脾脏主要由椭圆体、脾髓及黑色巨噬细胞中心组成

[答案] B

12. 大分子抗原性物质经(　　)后易被消化到水解，从而丧失其免疫原性。

A. 注射　　　　　　　　　　　B. 浸泡

C. 口服　　　　　　　　　　　D. 伤口

[答案] C

13. 关于抗原表位的描述不正确的是(　　)
A. 蛋白质抗原表位一般由 5～7 个氨基酸组成
B. 多价抗原是指含有多个抗原表位的抗原
C. 大部分蛋白质抗原都属于单价抗原
D. 核酸抗原表位由 5～8 个核苷酸残基组成

[答案] C

14. 下列表述中不正确的是(　　)
A. 免疫系统在动物系统发生过程中存在由低级向高级逐步发展和完善的进化过程
B. 与脊椎动物的免疫系统和比，甲壳动物的免疫系统已经很完善
C. 甲壳动物的免疫系统仅由免疫器官、免疫细胞和免疫因子组成
D. 甲壳动物的免疫系统能广泛识别外界异物并对其产生免疫应答

[答案] B

15. 下列哪种情况不属于抗原交叉性(　　)
A. 不同物种间存在的共同抗原
B. 同种物种间存在的共同抗原
C. 不同抗原分子间存在共同的抗原表位
D. 不同表位间有部分结构相同

[答案] B

16. 关于克隆选择学说（Clonal selection theory）说法错误的是(　　)
A. 又称无性繁殖系选择学说，是澳大利亚免疫学家 F. M. Burnet 于 1957 年提出的抗体形成理论
B. 动物体内存在着许多免疫活性细胞克隆，不同克隆的细胞具有相同的表面受体，能与相对应的抗原决定簇发生互补结合
C. 一旦某种抗原进入体内与相应克隆的受体发生结合后便选择性地激活了这一克隆，使它扩增并产生大量抗体（即免疫球蛋白）
D. 抗体分子的特异性与被选择的细胞的表面受体相同

[答案] B

17. 属于正常免疫防御的是(　　)
A. 抗感染
B. 超敏反应
C. 变态反应
D. 免疫缺陷症

[答案] A

18. 免疫监督是指机体免疫系统识别、清除体内非正常细胞，但不包括(　　)

A. 突变　　　　　　　　　　　B. 畸形的细胞

C. 自身靶抗原细胞　　　　　　D. 病毒感染细胞

[答案] C

19. 影响水生生物免疫反应的主要环境因素有(　　　)

A. 溶氧、氨氮、pH　　　　　　B. pH、水温、水质

C. 水温、水质、氨氮　　　　　D. 溶氧、水质、水温

[答案] D

20. 营养不足对免疫反应的影响不包括(　　　)

A. 机体抗菌力降低　　　　　　B. 免疫缺陷

C. 机体细胞代谢下降　　　　　D. 病毒感染率提高

[答案] B

21. 自身免疫病是(　　　)，使其产生的病理性改变或功能障碍。

A. 自身抗体或自身致敏淋巴细胞攻击自身靶抗原细胞和组织

B. 抗体或致敏淋巴细胞攻击自身靶抗原细胞和组织

C. 自身抗体或自身致敏淋巴细胞攻击靶抗原细胞和组织

D. 抗体或致敏淋巴细胞攻击靶抗原细胞和组织

[答案] A

22. 天然免疫不包括(　　　)

A. 皮肤和黏液　　　　　　　　B. 黏液中的溶菌酶

C. 吞噬细胞　　　　　　　　　D. 抗血清

[答案] D

23. 关于获得性免疫说法正确的是(　　　)

A. 自动免疫、被动免疫都不属于获得性免疫

B. 自动免疫属于获得性免疫，被动免疫不属于获得性免疫

C. 自动免疫不属于获得性免疫，被动免疫属于获得性免疫

D. 自动免疫、被动免疫都属于获得性免疫

[答案] D

24. 关于抗原错误是(　　　)

A. 能够刺激机体产生抗体和致敏淋巴细胞

B. 能与抗体和致敏淋巴细胞结合

C. 由浆细胞产生

D. 能与抗体和致敏淋巴细胞发生特异性反应

[答案] C

25. 抗原在化学结构上与机体自身不同，可以是(　)

 A. 异种物质、同种异体物质、自身特异性血清球蛋白

 B. 异种物质、同种异体物质、自身物质

 C. 异种物质、自身特异性血清球蛋白、自身物质

 D. 自身特异性血清球蛋白、同种异体物质、自身物质

[答案] B

26. 免疫接种效率最高的途径是(　)

 A. 注射　　　　　　　　　　B. 浸泡

 C. 口服　　　　　　　　　　D. 伤口

[答案] A

27. 下列不属于细胞因子佐剂的是(　)

 A. 白细胞介素 1　　　　　　B. 白色念珠菌提取物

 C. 细菌蛋白毒素　　　　　　D. 免疫刺激复合物

[答案] A

28. 硬骨鱼类具有类似哺乳动物中枢免疫器官及外周免疫器官的双重功能的器官是(　)

 A. 头肾　　　　　　　　　　B. 后肾

 C. 肾单位　　　　　　　　　D. 胸腺

[答案] A

29. 下列不正确的是(　)

 A. 免疫球蛋白主要存在于血浆中

 B. 体液、组织和一些分泌液中不存在免疫球蛋白

 C. 免疫球蛋白可分为 IgG、IgA、IgM、IgD、IgE

 D. 硬骨鱼体血浆内的免疫球蛋白大多为 IgM

[答案] B

30. 关于免疫细胞，不正确的是(　)

 A. 凡参与免疫应答或与免疫应答有关的细胞均称免疫细胞

 B. 免疫细胞分为淋巴细胞和吞噬细胞两大类

 C. 淋巴细胞主要参与特异性免疫反应

D. 吞噬细胞在免疫应答中起核心作用

[答案] D

31. 下列描述中不正确的是(　　)
A. 抗体都是免疫球蛋白，但并非所有的免疫球蛋白都是抗体
B. 有的抗体可与细胞结合
C. 在成熟的 B 细胞表面具有 BCR
D. 免疫球蛋白是生物学及功能的概念，抗体是结构及化学的概念

[答案] D

32. 关于鱼类抗体的基本结构，正确的是(　　)
A. 所有种类抗体的单体分子结构都是相似的，即是由两条相同的轻链和两条相同的重链构成 X 形分子
B. 血清型 IgA、IgD 均以单体分子形式存在
C. IgG 是由五个单体分子构成的五聚体
D. 两条相同的重链其羧基端靠二硫键互相连接

[答案] B

33. 关于抗体的功能区，正确的是(　　)
A. 抗体的每个功能区都由约 130 个氨基酸组成
B. H－L 是抗体分子结合抗原的所在部位
C. C1 为抗体分子的补体结合位点
D. 铰链区与抗体体分子的构型变化无关

[答案] B

34. 对抗原的定义描述正确的是(　　)
A. 凡是能刺激机体产生抗体和效应性淋巴细胞，并能与之结合引起特异性免疫反应的物质
B. 凡是能刺激机体产生抗体，并能与之结合引起特异性免疫反应的物质
C. 凡是能刺激机体产生效应性淋巴细胞，并能与之结合引起特异性免疫反应的物质
D. 具有免疫原性与免疫反应原性的物质

[答案] A

35. 下列哪个是 IgM 的特点(　　)
A. 是动物血清中含量最高的免疫球蛋白
B. 持续时间较短，不是机体抗感染免疫的主力

C. 对机体呼吸道系统免疫起重要的作用

D. 它不具有抗体中和病毒和毒素的活性

[答案] B

36. 只是抗原分子表面的有限部位能与抗体分子结合，称此部位为(　　)

A. 抗原决定域　　　　　　　　B. 表面域

C. 抗原位点　　　　　　　　　D. 表位

[答案] A

37. 抗原的抗原性，是指抗原分子能与免疫应答产物，即抗体或效应 T 细胞发生特异反应的特性，故亦称之为(　　)

A. 抗原的反应原性（Reactivity）　　B. 抗原决定簇（Antigen determinant）

C. 表位（Epitope）　　　　　　　　　D. 单克隆抗体（Monoclonal antibody）

[答案] A

38. 抗原的基本特性是(　　)

A. 免疫原性　　　　　　　　　B. 反应原性

C. 免疫原性和反应原性　　　　D. 免疫原性或反应原性

[答案] C

39. 在不完全佐剂中加入(　　)则称为完全弗氏佐剂。

A. 油剂（石蜡油或植物油）　　B. 分枝杆菌（如死卡苗）

C. 抗原水溶液　　　　　　　　D. 乳化剂（羊毛脂或吐温-80）

[答案] B

40. 佐剂的作用机制不包括(　　)

A. 可能增加抗原的表面面积，易为巨噬细胞所吞噬

B. 延长抗原在体内的存留期，增加与免疫细胞接触的概率

C. 诱发抗原吸收及增加抗原浓度，增加刺激免疫细胞的增殖作用

D. 诱发抗原注射部位及其局部淋巴结的炎症反应，有利于刺激免疫细胞的增殖作用

[答案] C

41. 聚肌胞苷酸 poly（I：C）属于(　　)佐剂。

A. 微生物及其产物　　　　　　B. 多聚核苷酸

C. 弗氏佐剂　　　　　　　　　D. 革兰氏阴性杆菌的提取物

[答案] B

42. 有些小分子（相对分子质量小于 4ku）本身不能引起免疫应答，但能与已产生的相应抗体结合，这些物质属于(   )

　　A. 载体蛋白　　　　　　　　　　B. 半抗原

　　C. 抗体 H 链　　　　　　　　　　D. 抗体 L 链

[答案] B

43. 属于内源性抗原的是(   )

　　A. 成年雄鱼性腺自身所产生的抗原　　B. 鱼脑颅内组织自身所产生的抗原

　　C. 抗原递呈细胞自身所产生的抗原　　D. 来自眼球内容物自身所产生的抗原

[答案] C

44. 关于异嗜性抗原判断错误的是(   )

　　A. 如溶血性链球菌与心脏内膜所具有的共同抗原

　　B. 存在于不同物种间表面无种属特异性的共同抗原

　　C. 可存在于动物、植物、微生物及人类中

　　D. 存在于同一种族不同个体之间的抗原

[答案] A

45. 不属于胸腺依赖性抗原的是(   )

　　A. 血细胞　　　　　　　　　　　B. 细菌血清成分

　　C. 细菌　　　　　　　　　　　　D. 细菌脂多糖

[答案] D

46. 关于 TI 抗原说法正确的是(   )

　　A. 即胸腺依赖性抗原

　　B. 需 T 细胞辅助才能刺激机体产生抗体，可引起回忆应答

　　C. 所产生的抗体多为 IgG

　　D. 多数为多聚体，有重复性的抗原决定簇

[答案] D

47. 属于细菌抗原的是(   )

　　A. 抗原决定簇　　　　　　　　　B. 表位抗原

　　C. 表面抗原　　　　　　　　　　D. 核衣壳蛋白抗原

[答案] C

48. 关于细菌外毒素和类毒素说法错误的是(　　)
A. 毒素是释放的多糖类物质
B. 具很强免疫原性
C. 外毒素经 $0.3\%\sim0.4\%$ 甲醛脱毒成为类毒素
D. 均能刺激机体产生抗毒素

[答案] A

49. 抗体是重要的免疫分子，主要存在于(　　)中。
A. 血液、体液和内分泌液　　B. 血液、体液和外分泌液
C. 血液、体液和黏膜分泌液　　D. 血液、体液和腺体分泌液

[答案] C

50. (　　)均为单体分子。
A. IgG、IgM 和 IgE　　B. IgG、IgD 和 IgE
C. IgG、IgA 和 IgE　　D. IgG、IgA 和 IgM

[答案] B

51. (　　)都是抗原特异性结合部位。
A. 重链可变区（VH）和轻链可变区（VL）
B. 重链可变区（VH）和轻链恒定区（CL）
C. 重链恒定区（CH）和轻链恒定区（CL）
D. 重链恒定区（CH）和轻链可变区（VL）

[答案] A

52. 关于单克隆抗体（Monoclonal antibody）说法正确的是(　　)
A. 只针对某一特定的抗原决定区的高纯度抗体
B. 只针对某一特定的抗原决定域的高纯度抗体
C. 只针对某一特定的抗原决定基的高纯度抗体
D. 只针对某一特定的抗原决定链的高纯度抗体

[答案] C

53. 关于基因工程抗体说法错误的是(　　)
A. 又称重组抗体，是指利用重组 DNA 及蛋白质工程技术进行加工改造和重新装配
B. 以基因工程技术等高新生物技术为平台，制备的生物药物的总称
C. 主要包括嵌合抗体、人源化抗体、完全人源抗体、单链抗体、双特异性抗体等
D. 对编码抗体的基因，经转染适当的抗体细胞所表达的抗体分子

[答案] D

54. 关于催化性抗体（Catalytic antibody）说法错误的是（ ）

A. Jencks 等在 1989 年首先提出概念，是 20 世纪 80 年代后期出现。抗体酶是抗体的高度选择性和酶的高效催化能力巧妙结合的产物

B. 其本质上是一类具有催化活性的免疫球蛋白

C. 在可变区赋予了酶的属性，所以也称为催化性抗体

D. 用事先设计好的抗原（半抗原）按照一般单克隆抗体的制备程序就可获得有催化活性的抗体

[答案] A

55. 催化性抗体的优点在于（ ）

A. 高效性、专一性 　　　　　　B. 高效性、稳定性

C. 可变性、专一性 　　　　　　D. 可变性、稳定性

[答案] A

56. 不属于免疫球蛋白的抗原决定簇的是（ ）

A. 同种型 　　　　　　　　　　B. 独特型

C. 个体基因型 　　　　　　　　D. 同种异型

[答案] C

57. 关于鱼类免疫球蛋白的描述，错误的是（ ）

A. 真骨鱼存在三种不同 Ig

B. 软骨鱼类的血清中发现 2 种 Ig，相对分子质量与人类的 Ig 相似

C. 鱼卵中不存在 Ig

D. 口服及浸泡免疫鱼类后，可在皮肤黏液中发现特异性抗体

[答案] C

58. 不属于细胞因子的生物学作用的是（ ）

A. 溶细胞功能 　　　　　　　　B. 参与免疫调节

C. 参与免疫应答 　　　　　　　D. 参与神经-内分泌-免疫网络

[答案] A

59. 下列选项中不是黏液 Ig 对鱼类防病有重要意义的原因的是（ ）

A. 黏液中含有丰富的溶菌和杀菌物质 B. 分布于表面

C. 直接与外界接触 　　　　　　D. 相对分子质量大

[答案] D

60. 下列有关体液免疫的初次应答叙述不正确的是（ ）

A. 反应的 B 细胞为幼稚型 B 细胞　　B. 产生的抗原是 TD 和 TI

C. 抗体的亲和力较高　　D. 产生的抗原主要是 IgM

［答案］C

61. 下列属于获得性免疫的是(　　)

A. 炎症反应　　B. NK 细胞免疫

C. 吞噬细胞免疫　　D. 特异性体液免疫

［答案］B

62. 细胞因子的主要种类不包括(　　)

A. 白细胞介素　　B. 干扰素

C. 肿瘤坏死因子　　D. 血管活性介质

［答案］D

63. 制备单克隆抗体采用的技术是(　　)

A. 淋巴细胞杂交瘤技术　　B. 酵母双杂交技术

C. 酵母单杂交技术　　D. 基因定点突变技术

［答案］A

64. 关于克隆选择学说的表述不正确的是(　　)

A. 克隆选择学说与无性繁殖系选择学说是同一个概念

B. 这一理论认为动物体内存在许多免疫活性细胞克隆，不同克隆的细胞具有不同的表面受体，能与相对应的抗原决定簇发生互补结合

C. 该学说只是停留在假设阶段，未得到实验证明

D. 细胞受体和该细胞后代所分泌的产物具有相同的特性

［答案］C

65. 关于克隆选择学说的核心论点的描述正确的是(　　)

A. 带有各种受体的免疫活性细胞克隆在受到抗原刺激后产生

B. 抗原的作用不只是选择并激活相应的克隆

C. 细胞受体和该细胞后代分泌的抗体具有相同的特异性

D. 克隆属于有性繁殖

［答案］C

66. 爬行动物胸腺的组织结构不包括(　　)

A. 皮质　　B. 髓质

C. 致密淋巴细胞　　D. 胸腺小体

[答案] C

67. 关于虾类血细胞的描述不正确的是(　　)

A. 又称血淋巴细胞

B. 透明细胞又称为无颗粒细胞

C. 小颗粒细胞是甲壳动物免疫防御反应的关键细胞

D. 颗粒细胞具有强大的吞噬能力，附着和扩散力也很强

[答案] D

68. 下列关于影响抗原免疫原性因素的描述不正确的是(　　)

A. 不同物种动物对同一抗原的应答差别不大

B. 一般免疫原性物质经注射、伤口或吸入途径等非消化道途径进入机体更易被抗原递呈细胞加工和递呈

C. 大分子抗原性物质经口服后易被消化水解，从而丧失其免疫原性

D. 抗原的免疫原性与其分子大小直接相关，相对分子质量越大，免疫原性越强

[答案] A

69. 关于佐剂的概念与分类不正确的是(　　)

A. 一种物质先于抗原或与抗原混合同时注入动物体内，能非特异性地改变或增强机体对抗原的特异性免疫应答，发挥辅佐作用。这类物质称为佐剂

B. 佐剂不仅可增强抗原物质的、免疫物质的免疫原性，而且可减少抗原用量和接种次数

C. 一些佐剂可增强机体对肿瘤细胞的有效免疫反应

D. 海藻糖合成衍生物是非人工合成佐剂

[答案] D

70. 参与先天性免疫应答的因子不包括(　　)

A. 体表屏障和内部屏障　　　　　　B. 膜结合受体

C. 组织修复因子　　　　　　　　　D. NK 细胞

[答案] C

71. 下列表述中正确的是(　　)

A. 血细胞与血淋巴细胞不是同一概念

B. 透明细胞与无颗粒细胞不是同一概念

C. 颗粒细胞是甲壳动物免疫防御反应的关键细胞

D. 固着性细胞具有识别、吞噬和清除病原及外源蛋白类物质的能力

[答案] D

72. 透明细胞的免疫功能是(　　)

A. 包掩作用　　　　　　　　　　B. 储存和释放酚氧化酶原激活系统

C. 细胞毒作用　　　　　　　　　D. 吞噬作用，参与血淋巴凝固，伤口修复

[答案] D

73. 关于鱼类的 NK 细胞的描述，不正确的是(　　)

A. 自然杀伤细胞较大，含有细胞质颗粒　　B. 也称为大颗粒淋巴细胞

C. 可非特异直接杀伤细胞　　　　　　　　D. 有 MHC 限制

[答案] D

74. 鱼类的 IgM 是(　　)聚体，依赖(　　)链连接。

A. 五，J　　　　　　　　　　　B. 四，J

C. 五，H　　　　　　　　　　　D. 四，H

[答案] B

75. (　　)不属于鱼类的主要免疫系统组织和器官。

A. 胸腺　　　　　　　　　　　　B. 脾脏

C. 黏膜淋巴组织　　　　　　　　D. 皮肤

[答案] D

76. 下列关于虾的免疫器官，表述不正确的是(　　)

A. 虾的鳃由鳃轴、主鳃丝、二级鳃丝组成

B. 鳃是呼吸器官，也是免疫器官

C. 虾类的血窦布于机体各处，既是血淋巴交换的场所，也是病原微生物常常入侵的部位

D. 淋巴器官内外部仅由淋巴小管和球状体组成

[答案] D

77. 免疫器官是指(　　)

A. 机体执行免疫功能的细胞结构　　B. 仅是免疫细胞发生和分化的场所

C. 仅是免疫细胞产生免疫应答的场所　D. 是免疫细胞产生免疫应答的场所

[答案] D

78. 虾免疫器官包括(　　)

A. 鳃、血窦、淋巴器官　　　　　　B. 鳃、血窦、结缔组织

C. 鳃丝、血窦、淋巴器官　　　　　D. 鳃丝、鳃轴、结缔组织

[答案] A

79. 虾血细胞不包括(　　)

A. 透明细胞

B. 半透明细胞

C. 不透明细胞

D. 颗粒细胞

[答案] C

80. 在天然抗原中(　　)

A. 细菌抗原结构复杂，是多种抗原的复合体

B. 细菌、真菌、病毒的抗原性较弱

C. 超抗原不具有刺激 T 细胞活化的能力

D. 超抗原在被 T 细胞识别前需要抗原递呈细胞的处理

[答案] A

81. 体液免疫是指(　　)

A. 相对于细胞免疫而言的，发生在细胞外的免疫

B. 由抗体介导的免疫

C. 在体液中发生的免疫

D. 由 T 细胞介导免疫

[答案] B

82. 下列关于 IgM 的叙述，正确的是(　　)

A. 是动物血清中含量最高的免疫球蛋白

B. 持续时间较短，不是机体抗感染免疫的主力

C. 对机体呼吸道免疫起着重要的作用

D. 在血清中含量很少

[答案] B

83. 下列叙述中正确的是(　　)

A. 真骨鱼类免疫球蛋白由 3 个单体构成

B. 软骨鱼类的血清中目前发现有 5 种 Ig

C. 鲨、角鲨和沙洲鲨血清 Ig 只存在 19S 五聚体一种形式

D. 鲟血清的 Ig 为类 IgM 分子

[答案] D

84. 虾类免疫系统不包括(　　)

A. 血窦

B. 鳃

  C. 黏膜组织　　　　　　　　　　　D. 淋巴器官

[答案] C

85. 以下关于两栖类的胸腺的描述中，(　　)是不正确的。

  A. 胸腺有退化现象，但不受季节影响

  B. 个体发育中，胸腺是首先发育并起作用的淋巴器官

  C. 较鱼类高级，分为皮质和髓质区，髓质中有胸腺小体和囊包

  D. 同时含有 T、B 淋巴细胞，但前者主要在髓质部，后者主要在皮质区

[答案] A

86. 下列表述不正确的是(　　)

  A. 不同鱼类免疫器官的发育状况各不相同

  B. 对于淡水鱼类来说，胸腺是最早形成的免疫器官

  C. 对于淡水鱼类来说，头肾和脾脏的发育早于胸腺

  D. 对海水鱼免疫器官发生的研究表明，免疫器官的发育顺序是头肾、脾脏和胸腺

[答案] C

87. 关于黏膜淋巴组织，描述不正确的是(　　)

  A. 又称黏膜相关淋巴组织

  B. 指分布于鱼类皮肤、消化道和鳃黏膜固有层和上皮细胞下散在的淋巴组织

  C. 黏膜免疫包括鳃、肠道和皮肤等所具有的免疫功能

  D. 系统免疫相对于黏膜免疫具有一定的自主性

[答案] C

88. 两栖动物的胸腺存在退化现象，其中属于正常性退化现象的是(　　)

  A. 由于人为的日照时间的长短引起的退化

  B. 从秋季中期开始到冬季结束，胸腺开始退化，机体免疫功能有所下降

  C. 由于饥饿引起的退化

  D. 由于疾病引起的退化

[答案] B

89. 以下细胞，(　　)不是鱼类的吞噬细胞。

  A. NK 细胞　　　　　　　　　　　B. 血液单核细胞

  C. 巨噬细胞　　　　　　　　　　　D. 各种粒细胞

[答案] A

90. 关于虾的血淋巴细胞吞噬吸附的研究结果中，(　　)是不存在的。

A. 具有特异性　　　　　　　　B. Ig 结合调理

C. 异物必须先被血清糖蛋白覆盖　　D. 有识别现象

[答案] B

91. 以下成分中除(　　)外都发现有 **Ig** 存在。

A. 脑液　　　　　　　　　　　B. 皮肤黏液

C. 肠黏液和胆汁　　　　　　　D. 卵黄

[答案] A

92. 以下成分中，(　　)与抗体的抗原特异结合区无关。

A. CL 与 CH　　　　　　　　B. FR1～FR4

C. VL 与 VH　　　　　　　　D. CDR1～CDR3

[答案] A

93. 蛋白质类抗原的决定簇通常由(　　)个氨基酸残基构成。

A. 5～7　　　　　　　　　　B. 50～57

C. 2～3　　　　　　　　　　D. 10～15

[答案] A

94. 抗原决定簇分为不连续和连续决定簇两类。以下关于不连续决定簇的描述不正确的是(　　)

A. 由线性肽链上有间隔的几个氨基酸构成

B. 由不同肽链上的几个氨基酸共同构成

C. 一条肽链内部折叠缠绕展示在表面的基团构成

D. 由表位之间的基团构成

[答案] D

95. 以下关于抗原价的概念，正确的是(　　)

A. 抗原分子的数量　　　　　　B. 抗原分子上某种抗原簇的数量

C. 抗原分子上抗原决定簇的数量　　D. 抗原分子连续与非连续抗原决定簇的数量

[答案] C

96. 关于主动免疫，描述不正确的是(　　)

A. 是动物机体免疫系统对自然感染的病原微生物或疫苗接种产生免疫应答，获得对某种病原微生物的特异性抵抗力

B. 包括天然主动免疫和人工主动免疫

C. 与人工被动免疫相比，人工主动免疫所接种的物质是刺激产生免疫应答的各种

疫苗制品

D. 人工主动免疫没有诱导期和潜伏期

[答案] D

97. 关于天然被动免疫，描述不正确的是（　　）

A. 是指新生动物通过卵巢或卵黄从母体获得某种特异性抗体，从而获得对某种病原体的免疫力

B. 在临床上没有得到广泛应用

C. 可保护子代免受病原体的感染

D. 可使动物产生高水平的母源抗体

[答案] B

98. TNF 最主要的功能是（　　）

A. 参与溶细胞功能 　　　　B. 参与机体应急反应

C. 参与机体防御反应 　　　　D. 刺激造血功能

[答案] C

99. 细胞免疫应答的特点，不正确的是（　　）

A. 发生缓慢

B. 多局限于抗原所在的部位

C. 组织学变化是以单核细胞浸润为主的炎症反应

D. 浸润细胞以 B 细胞为主，但巨噬细胞、NK 细胞以及抗体介导的 K 细胞也起协同的作用

[答案] D

100. 下列哪个不是虾类体液免疫因子（　　）

A. 模式识别蛋白 　　　　B. 溶血素

C. 凝集素 　　　　D. 受体蛋白

[答案] D

101. 对于鱼类来说，淋巴细胞增殖和分化的主要场所是（　　）

A. 胸腺 　　　　B. 脾脏

C. 头肾 　　　　D. 黏膜淋巴组织

[答案] A

102. 一般认为鱼类的中枢免疫器官是（　　）

A. 胸腺 　　　　B. 肾脏

C. 脾脏 D. 黏膜淋巴组织

[答案] A

103. 下列表述不正确的是( )

A. 鱼类胸腺起源于胚胎发育的咽囊

B. 鱼的种类不同，胸腺的位置及其形状也有所不同

C. 随着鱼类性成熟、年龄增长，或受环境胁迫和激素等外部刺激，鱼类胸腺可发生退化

D. 胸腺容积大小及其变化与光照周期性无密切关系

[答案] D

104. 对于鱼既是造血器官，又是重要的免疫器官的是( )

A. 肾脏 B. 心脏

C. 肺 D. 胸腺

[答案] A

105. 将一种动物抗体注射到另一种动物体内可诱导产生对同种型决定簇的抗体称为( )

A. 同种型决定簇 B. 同种异型决定簇

C. 抗抗体 D. 独特型决定簇

[答案] C

106. 关于鱼类肾脏，下列表述不正确的是( )

A. 肾脏是鱼类的造血器官

B. 不同鱼类的肾脏形态和结构不同

C. 鱼类肾脏能产生红细胞、淋巴细胞等血液细胞

D. 肾脏不是鱼类产生抗体的主要器官

[答案] D

107. 真骨鱼类的肾脏是一个混合器官，其中不包含的组织是( )

A. 造血组织 B. 网状内皮组织

C. 内分泌组织 D. 淋巴组织

[答案] D

108. 下列屏障防止中枢神经系统受到感染的是( )

A. 血脑屏障 B. 血胎屏障

C. 血睾屏障 D. 血胸屏障

[答案] A

109. 硬骨鱼类免疫接种后，形成的黑色素巨噬细胞中心的主要作用中不包括(　　)
　　A. 参与体液免疫和炎症反应
　　B. 对内源或外源异物进行贮存、破坏或脱毒
　　C. 作为记忆细胞的原始生发中心
　　D. 对造血功能有刺激作用

[答案] D

110. 免疫球蛋白的特殊分子结构，不包括(　　)
　　A. H 链　　　　　　　　B. 连接链（J 链）
　　C. SC 是分泌型 IgA 所特有的　　　D. 分泌成分（SC）

[答案] A

111. 吞噬细胞的作用中哪项是错误的(　　)
　　A. 是组成特异性防御系统的关键成分
　　B. 在抵御微生物感染的各个阶段发挥重要的作用
　　C. 可作为辅佐细胞
　　D. 具有特异性免疫功能

[答案] A

112. 两栖类动物的主要免疫淋巴器官不包括(　　)
　　A. 胸腺　　　　　　　　B. 骨髓
　　C. 血窦　　　　　　　　D. 脾脏

[答案] C

113. 下列描述中正确的是(　　)
　　A. IgM 为动物血清中含量最高的免疫球蛋白，是动物自然感染和人工主动免疫后所产生的主要抗体
　　B. IgG 是动物机体初次体液免疫反应最早产生的免疫球蛋白
　　C. IgE 在血清中的含量很高
　　D. 分泌型 IgA 对机体消化道局部黏膜免疫起着相当重要的作用

[答案] D

114. 下列关于两栖动物胸腺的描述，错误的是(　　)
　　A. 胸腺是重要的免疫淋巴器官
　　B. 两栖动物的胸腺存在退化的现象

C. 皮质部分是 T 淋巴细胞分化、成熟的场所

D. 两栖动物胸腺仅有 T 淋巴细胞

[答案] D

115. 对于两栖类动物的骨髓，以下选项中表述错误的是( )

A. 既是造血器官也是免疫器官
B. 分为黄骨髓和红骨髓

C. 红骨髓主要是脂肪细胞
D. 骨髓最早出现于两栖类

[答案] C

116. 关于细胞因子，不正确的是( )

A. 细胞因子是指由免疫细胞和某些非免疫细胞合成和分泌的一类高活性多功能蛋白质多肽分子

B. 细胞因子多属大分子多肽或糖蛋白

C. 作为细胞信号传递分子，主要介导和调节免疫应答及炎症反应

D. 刺激造血功能

[答案] B

117. 关于两栖类肾脏，不正确的是( )

A. 具有排泄的功能
B. 具有贮存钙的功能

C. 具有贮存氯化物功能
D. 内含许多肾粗管

[答案] D

118. 以下关于两栖类动物，表述不正确的是( )

A. 存在淋巴结

B. 淋巴髓样结主要是滤血器官

C. 淋巴髓样结的组织学结构与哺乳动物淋巴结不相同

D. 淋巴腔中聚集有淋巴样细胞

[答案] A

119. 爬行动物的免疫淋巴器官不包括( )

A. 胸腺
B. 脾脏

C. 淋巴结样器官
D. 骨髓

[答案] D

120. 属于补体活性分子的是( )

A. B 因子
B. H 因子

C. C1 抑制剂
D. 血清羧肽酶 N

[答案] A

121. 关于补体的描述，错误的是(   )

    A. 补体广泛参与机体抗微生物防御反应和免疫调节

    B. 介导免疫病理的损伤性反应

    C. 具有重要生物学作用的效应系统

    D. 炎症病灶中的补体主要是由肝细胞合成

[答案] D

122. 补体的理化特性不正确的有(   )

    A. 化学成分均为糖蛋白　　　　　B. 含量相对稳定，且不受免疫的影响

    C. 在各种补体成分中，C3 含量最低　D. 不同动物血清中补体含量不一致

[答案] C

123. 对补体的激活途径描述不正确的是(   )

    A. 补体的激活途径有经典途径、凝集素途径、替代途径

    B. 激活途径具有共同的末端通路

    C. 在经典途径中，C1 与免疫复合物中抗体分子的 Fc 段结合是其始动环节

    D. 在进化和发挥抗感染作用的过程中，出现或发挥作用的顺序依次是经典途径、
       MBL 途径和旁路途径

[答案] D

124. 补体的生物学功能不包括(   )

    A. 溶细胞功能　　　　　　　　　B. 调理作用

    C. 避免炎症反应　　　　　　　　D. 清除免疫复合物

[答案] C

125. 补体成分可参与清除 IC，属于其机制的是(   )

    A. 补体与免疫球蛋白分子的结合可在时间上干扰 Fc 段之间的相互作用

    B. 激活新的 IC 的形成

    C. 使已形成的 IC 中的抗原抗体解离

    D. 循环 IC 可抑制补体活性

[答案] C

126. 细胞因子的功能不包括(   )

    A. 抗感染免疫　　　　　　　　　B. 抗肿瘤免疫

    C. 刺激造血功能　　　　　　　　D. 排异反应

[答案] D

127. 显示中华鳖消化道黏膜固有层淋巴组织相当发达的细胞不包括(   )

    A. 淋巴细胞   B. 浆细胞

    C. 红细胞   D. 肥大细胞

[答案] C

128. 关于先天性免疫与获得性免疫，不正确的是(   )

    A. 是免疫应答的两种类型

    B. 两种免疫相互依赖和协作

    C. 参与先天性免疫应答的有机体解剖屏障、可溶性分子与膜结合受体、NK 细胞等

    D. 先天性免疫主要依靠特异的细胞免疫和体液免疫

[答案] D

129. 下列关于免疫应答的基本过程描述错误的是(   )

    A. 致敏阶段是抗原进入机体后从识别到活化的过程

    B. 大多数抗原不需巨噬细胞的处理便可直接激活 B 细胞和 T 细胞

    C. 在反应阶段 B 细胞经增殖后形成浆细胞，表现体液免疫反应

    D. T 细胞介导细胞免疫反应

[答案] B

130. 下列不属于先天性免疫的内部屏障的是(   )

    A. 血脑屏障   B. 血胎屏障

    C. 体表屏障   D. 血胸屏障

[答案] C

131. 关于获得性免疫，不正确的是(   )

    A. 核心细胞是 T、B 淋巴细胞

    B. 巨噬细胞、树突状细胞等是免疫应答的核心细胞

    C. 具有特异性

    D. 具有一定的免疫期

[答案] B

132. 关于影响疫苗免疫的因素，描述不正确的是(   )

    A. 低温能延缓或阻止鱼类免疫应答的发生

    B. 疫苗质量是免疫成败的关键因素

C. 同一品种的不同动物个体，对同种抗原的免疫反应强弱相同

D. 当其他环境条件一定时，饲料营养对抗体的产生有很大影响

[答案] C

133. 消除体内衰老的和被破坏的细胞属于(　　)

A. 免疫屏障　　　　　　　　　　B. 免疫防御

C. 免疫监督　　　　　　　　　　D. 免疫稳定

[答案] D

134. 下列属于免疫监督的生理性表现的是(　　)

A. 清除病原微生物　　　　　　　B. 清除损伤、衰老的细胞

C. 清除免疫复合物　　　　　　　D. 清除体内突变、畸形细胞

[答案] D

135. 虾类免疫细胞包括(　　)

A. 血细胞和固着性细胞　　　　　B. 无颗粒细胞和固着性细胞

C. 透明细胞和颗粒细胞　　　　　D. 固着性细胞与小颗粒细胞

[答案] A

136. 虾类免疫系统不包括(　　)

A. 免疫器官　　　　　　　　　　B. 固着性细胞

C. 免疫因子　　　　　　　　　　D. 皮肤

[答案] D

137. 两栖类动物体内的免疫细胞不包括(　　)

A. T 淋巴细胞　　　　　　　　　B. 血小板

C. 粒细胞　　　　　　　　　　　D. B 淋巴细胞

[答案] B

138. 补体对免疫应答的各个环节均发挥调节作用，其中描述不正确的是(　　)

A. 在免疫感应阶段，C3 可参与捕捉、固定抗原，使抗原易被 APC 处理与递呈

B. 在免疫应答增殖分化阶段，补体成分可与多种免疫细胞相互作用，调节细胞的增殖分化

C. CR2 能结合 C3d、iC3b 及 C3b 及 C3dg，辅助 B 细胞活化

D. 在免疫效应阶段，补体参与的免疫调节作用仅包括细胞毒作用、调理作用和清除 IC 作用

[答案] D

139. 给草鱼接种草鱼出血病灭活疫苗，草鱼会产生对草鱼出血病病原的抵抗力而对其他病毒没有抵抗力，这说明免疫具有的特性是（　　）

    A. 识别自身　　　　　　　　　B. 识别非自身

    C. 特异性　　　　　　　　　　D. 免疫记忆

[答案] C

140. 免疫反应中的免疫因子抑制或杀灭病原体的方式不包括（　　）

    A. 凝集　　　　　　　　　　　B. 沉淀

    C. 包裹　　　　　　　　　　　D. 调理

[答案] D

141. 在体液免疫中，鱼类脾脏的主要作用不包括（　　）

    A. 参与体液免疫和炎症反应

    B. 产生抗体

    C. 对内源或外源异物进行储存、破坏或脱毒

    D. 作为记忆细胞的原始生发中心

[答案] B

142. 具有非特异和特异性免疫功能的免疫细胞是（　　）

    A. 单核细胞　　　　　　　　　B. 巨噬细胞

    C. 中性粒细胞　　　　　　　　D. 嗜酸性粒细胞

[答案] B

143. 下列关于爬行动物胸腺叙述中错误的是（　　）

    A. 是发育过程中最早出现的免疫器官

    B. 属于实质性器官

    C. 胸腺小叶由皮质和髓质组成

    D. 皮质位于胸腺小叶的中央，髓质位于胸腺小叶外周

[答案] D

144. 血清中含有的促进吞噬的物质为（　　）

    A. 血小板　　　　　　　　　　B. 调理素

    C. 白细胞　　　　　　　　　　D. 粒细胞

[答案] B

145. 一种细胞因子可以作用于不同的靶细胞，表现不同的生物学效应，这属于细胞因子的哪一特性( )

    A. 多源性　　　　　　　　　　B. 多效性

    C. 高效性　　　　　　　　　　D. 协同性

[答案] B

146. 在细胞免疫中分化成效应性淋巴细胞并产生细胞因子而发挥免疫效应的细胞是( )

    A. 白细胞　　　　　　　　　　B. T 细胞

    C. B 细胞　　　　　　　　　　D. 淋巴细胞

[答案] B

147. 草鱼出血病疫苗属于下列哪一类疫苗( )

    A. 弱毒疫苗　　　　　　　　　B. 异源疫苗

    C. 灭活疫苗　　　　　　　　　D. 提纯的大生物疫苗

[答案] A

148. 下列属于免疫的基本特性的是( )

    A. 非特异性　　　　　　　　　B. 识别自身与非自身

    C. 免疫应答　　　　　　　　　D. 免疫耐受

[答案] B

149. 关于抗原的分类，不完整的是( )

    A. 根据抗原性质，可分为完全抗原和不完全抗原

    B. 根据抗原加工与递呈关系可分为外源性抗原与内源性抗原

    C. 根据抗原来源可分为异种抗原、同种异性抗原、自身抗原

    D. 根据对胸腺的依赖性分为胸腺依赖性抗原和非胸腺依赖性抗原

[答案] C

150. 下列描述中不正确的是( )

    A. 动物的免疫系统能识别来自异种动物的一切抗原性物质

    B. 动物机体在某种抗原性物质的刺激下产生的免疫应答具有高度的特异性

    C. 超敏反应或免疫缺陷不是免疫防御的病理学表现

    D. 识别自身与非自身的大分子物质是动物产生免疫应答的基础

[答案] C

151. 免疫稳定的病理表现是( )

A. 超敏反应   B. 免疫缺陷

C. 自身免疫性疾病   D. 发生肿瘤

[答案] C

152. 关于主要抗原与次要抗原描述正确的是(　　)

A. 红细胞中，IA、IB 抗原对 Rh 抗原来说是次要抗原

B. 红细胞中，MN 是主要抗原

C. 在器官移植抗原中，HLA 是次要抗原

D. 在微生物中，主要抗原决定微生物种、型和株的特异性

[答案] D

153. DNA 疫苗和 RNA 疫苗属于下列哪一类疫苗(　　)

A. 大分子疫苗   B. 基因工程重组亚单位疫苗

C. 基因缺失疫苗   D. 核酸疫苗

[答案] D

154. 下列不属于传统疫苗的是(　　)

A. 活疫苗   B. 灭活疫苗

C. 代谢产物   D. 核酸疫苗

[答案] D

155. 关于完全抗原与半抗原描述正确的是(　　)

A. 大多数蛋白质、细菌、病毒、细菌外毒素、动物血清等均是完全抗原

B. 半抗原能刺激机体产生抗体或致敏淋巴细胞

C. 半抗原不能与抗体在体内和体外发生特异性结合

D. 半抗原能单独诱发免疫反应

[答案] A

156. 关于抗原性描述不正确的是(　　)

A. 抗原性包括免疫原性和反应原性

B. 免疫原性是指抗原能刺激机体产生抗体和效应淋巴细胞的特性

C. 反应原性又称免疫反应性

D. 反应原性是指抗原能刺激机体产生抗体的特性

[答案] D

157. 影响抗原免疫原性的因素不包括(　　)

A. 抗原分子的特性   B. 宿主生物特性

C. 免疫剂量 D. 免疫应答类型

[答案] D

158. 关于 ELISPOT 与 ELISA 的区别错误的是（　　）

A. ELISA 通过显色反应，在酶标仪上测定吸光度，与标准曲线比较得出可溶性蛋白总量

B. ELISPOT 通过显色反应，在细胞分泌这种可溶性蛋白的相应位置上显现清晰可辨的斑点，可直接在显微镜下或通过仪器对斑点进行计数，1 个斑点代表 1 个细胞，从而计算出分泌该蛋白的细胞的频率

C. 由于是单细胞水平检测，ELISA 比 ELISPOT 和有限稀释法等更灵敏，能从 20 万～30 万个细胞中检出 1 个分泌该蛋白的细胞

D. 捕获抗体为高亲和力、高特异性和低内毒素 McAb，在研究者以刺激剂激活细胞时，不会影响活化细胞分泌细胞因子

[答案] C

159. 胶体金是由氯金酸（$HAuCl_4$）在还原剂如白磷、抗坏血酸、枸橼酸钠、鞣酸等作用下，可聚合成一定大小的金颗粒，并由于静电作用成为一种稳定的胶体状态，形成带负电的（　　），由于静电作用而成为稳定的胶体状态，故称胶体金。

A. 疏水胶溶液 B. 负离子
C. 电子 D. 电极

[答案] A

160. ELISA 方法的基本原理是酶分子与（　　）共价结合，此种结合不会改变抗体的免疫学特性，也不影响酶的生物学活性。

A. 抗体底物 B. 抗体或抗抗体分子
C. 抗体酶 D. 抗独特型抗体

[答案] B

161. 多数细胞因子以（　　）形式存在。

A. 单体 B. 双体
C. 多聚体 D. 复合体

[答案] A

162. 大多数编码细胞因子的基因为（　　）

A. 单克隆基因 B. 单拷贝基因
C. 多克隆基因 D. 多拷贝基因

[答案] B

163. 少数细胞因子如( )以双体形式发挥生物学作用。

A. IL - 5
B. IL - 6
C. IL - 10
D. IL - 11

[答案] A

164. 细胞因子的分泌方式不包括( )

A. 旁分泌
B. 自分泌
C. 外分泌
D. 内分泌

[答案] C

165. 细胞因子必须通过与( )结合才能发挥其生物学效应。

A. 靶器官特异性复合体
B. 靶细胞表面特异性受体
C. 组织相容复合体
D. 细胞分泌性受体

[答案] B

166. 细胞表面存在相应的高亲和性受体，因此细胞因子具有( )

A. 高效性
B. 协同性
C. 双重性
D. 专一性

[答案] A

167. 关于细胞因子的作用特点说法错误的是( )

A. 一种细胞因子作用于多种靶细胞
B. 不同的细胞因子作用于同一种靶细胞
C. 细胞因子对靶细胞的作用为抗原特异性
D. 众多的细胞因子在机体内相互促进或相互抑制

[答案] C

168. 细胞因子( )相互调控，形成十分复杂的细胞因子调节网络。

A. 抗原摄入
B. 受体摄入
C. 抗原表达
D. 受体表达

[答案] D

169. 造血干细胞分化增殖产生的大量子代细胞由于不能扩散而形成细胞簇，称之为( )

A. 集落
B. 趋化
C. 分化
D. 增殖

[答案] A

170. (　　)可明显刺激造血干细胞分化增殖产生的大量子代细胞的数量和大小。

A. 干扰素　　　　　　　　　　B. 生长因子

C. 集落刺激因子　　　　　　　D. 趋化因子

[答案] C

171. 细胞毒效应是细胞因子可(　　)

A. 促进各种细胞的生长和分化　　B. 直接、间接诱导或抑制细胞毒作用

C. 细胞因子异常可导致疾病的发生　D. 参与神经-内分泌-免疫网络

[答案] B

172. 对已接触过的抗原，免疫应答形成的速度与强度远大于新接触的抗原即(　　)

A. 免疫应答　　　　　　　　　B. 特异性免疫

C. 免疫记忆　　　　　　　　　D. 免疫转移性

[答案] C

173. (　　)属于非专职抗原提呈细胞。

A. 树突状细胞　　　　　　　　B. 单核/巨噬细胞

C. B 淋巴细胞　　　　　　　　D. 内皮细胞

[答案] D

174. (　　)属于专职抗原提呈细胞。

A. 成纤维细胞　　　　　　　　B. 上皮及间质细胞

C. 嗜酸性粒细胞　　　　　　　D. 树突状细胞

[答案] D

175. 抗原递呈是指 APC 将抗原加工处理、降解为抗原肽片段并与胞内 MHC 分子结合，以抗原肽/MHC 分子复合物的形式递呈给(　　)识别的过程。

A. T 细胞　　　　　　　　　　B. B 细胞

C. 淋巴细胞　　　　　　　　　D. 内皮细胞

[答案] A

176. 抗原递呈表面标志不包括(　　)

A. MHC-Ⅰ/Ⅱ类抗原　　　　　B. 黏附分子 (LFA-1，ICAM-1)

C. 共刺激分子 (B7，CD40)　　D. 集落刺激因子 (CSF)

[答案] D

177. 辅佐细胞是指（   ）

    A. 抗原提呈细胞   B. 抗体刺激细胞

    C. 抗体诱导细胞   D. 抗原加工细胞

[答案] A

178. （   ）一般指信号形式的转换，细胞信号转导特指细胞外信号转换成细胞内的生化事件并引起基因转录激活、表达的过程。

    A. $CD4^+$ T 细胞的活化   B. T 细胞活化的信号转导

    C. $CD8^+$ T 细胞的活化   D. 抗原肽和 TCR 间的相互作用

[答案] B

179. 抗癌四大法宝不包括（   ）

    A. CIK 细胞   B. DC 细胞

    C. T 细胞   D. CTL/TCR

[答案] C

180. $CD4^+$ T 细胞的活化相关因子不包括（   ）

    A. MHC-Ⅱ类抗原   B. MHC-Ⅰ类抗原

    C. TCR   D. CD4

[答案] A

181. （   ）对脂类抗原进行提呈。

    A. CDI 分子   B. 黏附分子（LFA-1，ICAM-1）

    C. MHC-Ⅰ/Ⅱ类抗原   D. 共刺激分子（B7，CD40）

[答案] A

182. T 细胞效应的生物学意义不包括（   ）

    A. 抗感染   B. 抗肿瘤

    C. 免疫损伤   D. 免疫识别

[答案] D

183. B 细胞活化的第一信号不包括（   ）

    A. BCR 识别抗原产生的信号

    B. B 细胞共受体的作用

    C. CD32 对第一活化信号转导的负调节作用

D. BCR 复合物是由 SmIg 和 Igα/Ig β 以非共价键结合而成

[答案] D

184. TI 抗原（某些细菌多糖、多聚蛋白及脂多糖）可直接激活（　　），无须 T 细胞辅助。

A. B 细胞共受体 　　　　　　　B. CD32 对第一活化信号转导的负调节作用
C. 未致敏 B 细胞 　　　　　　　D. BCR 复合物

[答案] C

185. 高浓度 TI－1 抗原可诱导（　　），而低浓度只能活化相应 B 细胞克隆活化。

A. 多克隆 B 细胞增生和分化 　　B. 多克隆 B 细胞分化
C. 多克隆 B 细胞活化 　　　　　D. 多克隆 B 细胞增生

[答案] A

186. TI－1 抗原单独可能诱导（　　）

A. Ig 类别转换 　　　　　　　　B. 抗原亲和力成熟
C. 记忆 B 细胞形成 　　　　　　D. 相应 B 细胞克隆活化

[答案] D

187. TI－2 直接诱导（　　）与细菌结合易于被杀灭。

A. 多克隆 B 细胞分化 　　　　　B. 多克隆 B 细胞增生
C. 产生抗体 　　　　　　　　　D. 提呈抗原

[答案] C

188. TI－2 抗原多属（　　），具有高度重复的结构。

A. 多聚腺苷酸（polyA） 　　　　B. 细菌胞壁与荚膜多糖成分
C. 聚肌胞苷酸［poly（I：C）］ 　D. 脂多糖

[答案] A

189. T 细胞依赖性激活滤泡 B 细胞可诱导（　　）

A. 体液免疫反应 　　　　　　　B. B 细胞类别转换
C. 生发中心 　　　　　　　　　D. 提呈抗原

[答案] B

190. B 细胞只要抗原能够（　　），就可以直接对抗原作出反应。

A. 抗原识别 　　　　　　　　　B. 交联 BCR
C. 生发中心 　　　　　　　　　D. B 细胞类别转换

[答案] B

191. 长寿命的 B 记忆细胞的产生依赖于 T 辅助细胞存在下(　　)，从而诱导生发中心。

    A. 抗原识别 　　　　　　　　B. 交联 BCR

    C. 多克隆 B 细胞增生 　　　　D. B 细胞的抗原活化

[答案] D

192. Fas 不是(　　)

    A. 脂类抗原提呈片段

    B. 细胞的一种跨膜蛋白

    C. 与其配体细胞凋亡的信号传导系统 FasL 结合后活化靶细胞固有的死亡信号

    D. 启动细胞凋亡

[答案] A

193. Fas 分子胞内段带有特殊的(　　)

    A. 细胞凋亡（Apoptosis） 　　　B. 细胞免疫（Cellular immunity）

    C. 死亡结构域（Death domain） 　D. 体液免疫（Humoral immunity）

[答案] C

194. 免疫活性细胞再次接触抗原后出现有免疫记忆细胞参与的免疫应答，即(　　)

    A. 再次应答 　　　　　　　　B. 免疫记忆

    C. 免疫应答 　　　　　　　　D. 免疫效应

[答案] A

195. 不产生效应阶段的免疫应答即(　　)

    A. 免疫沉默 　　　　　　　　B. 免疫耐受

    C. 免疫缺陷 　　　　　　　　D. 免疫不应答

[答案] B

196. CTL 杀伤靶细胞的特点不包括(　　)

    A. 具有明显的特异性杀伤作用

    B. 对靶细胞的杀伤受 MHC-Ⅰ类分子的限制

    C. 在短时间具有连续杀伤靶细胞的功能

    D. $CD8^+$ T 细胞对抗原的识别（双识别）

[答案] D

197. 某复合物在细胞膜上形成，这个复合物中包括带有死亡结构域的 Fas 相关蛋白

FADD（　　）
  A. 免疫诱导复合物   B. 运输诱导复合物
  C. 凋亡诱导复合物   D. 提呈诱导复合物

[答案] C

198. Toll 样受体（Toll-like receptor，TLR）错误的是（　　）
  A. 能够介导多种免疫因子的识别
  B. 是进化上高度保守的胚系编码的一种Ⅰ型跨膜蛋白
  C. 启动下游的信号通路，从而诱导宿主的先天性和适应性免疫
  D. 第一个被发现且研究的模式识别受体家族

[答案] A

199. TLR 的信号转导主要分为（　　）两条途径。
  A. TNF 和 Fas   B. MyD88 依赖途径和非 MyD88 依赖途径
  C. 磷酸化和核转位   D. 神经内分泌系统-免疫系统之间的双向交流

[答案] B

200. （　　）等系统可以明显调节免疫应答。
  A. 神经和内分泌   B. 循环和内分泌
  C. 神经和消化   D. 消化和循环

[答案] A

201. 神经内分泌组织和免疫细胞均可以产生（　　），作为神经内分泌系统-免疫系统之间的双向交流的分子基础。
  A. 神经肽、激素、神经递质及细胞因子
  B. 神经肽、激素、神经递质及活性细胞
  C. 神经肽、激素、活性细胞及细胞因子
  D. 活性细胞、激素、神经递质及细胞因子

[答案] A

202. 调节 T 细胞（Regulatory T cell，Treg，TR）作为 T 细胞亚群，其作用不包含（　　）
  A. 免疫调节   B. 维持外周免疫耐受
  C. 防止自身免疫疾病   D. 免疫应答

[答案] D

203. 抗抗体针对的是 Ab1 上的独特型决定簇，故 Ab2 又称（　　）

　　　　A. 抗独特型抗体　　　　　　　　B. 效应细胞分化

　　　　C. 最适免疫应答格局　　　　　　D. 效应功能的负向调节

[答案] A

204. 感染是病原体的致病力同宿主的抵抗力相互作用的过程，可以表现为（　　）

　　　　A. 隐性感染　　　　　　　　　　B. 显性感染

　　　　C. 临床感染　　　　　　　　　　D. 潜伏性感染

[答案] B

205. 胞外菌感染主要免疫防御机制是（　　）

　　　　A. DTH 炎症　　　　　　　　　　B. TC

　　　　C. 肉芽肿形成　　　　　　　　　D. 抗体

[答案] D

206. 抗感染免疫是机体抵抗（　　），以维持生理稳定的功能。

　　　　A. 病原生物　　　　　　　　　　B. 病原生物及其有害产物

　　　　C. 病原感染　　　　　　　　　　D. 病原生物及其感染

[答案] B

207. 当病原体通过皮肤或黏膜侵入组织后，（　　）先从毛细血管游出并集聚到病原菌侵入部位。

　　　　A. 嗜酸性粒细胞　　　　　　　　B. 嗜碱性粒细胞

　　　　C. 中性粒细胞　　　　　　　　　D. 上皮及间质细胞

[答案] C

208. 体液中的某些蛋白质覆盖于细菌表面有利于细胞的吞噬，此称为（　　）

　　　　A. 调理作用　　　　　　　　　　B. 吞噬作用

　　　　C. 趋化作用　　　　　　　　　　D. 黏附作用

[答案] A

209. 病原菌易被吞噬细胞吞噬进入吞噬体，随后与溶酶体融合形成（　　）

　　　　A. 肉芽肿　　　　　　　　　　　B. DTH 炎症

　　　　C. IgE 介导 ADCC　　　　　　　D. 吞噬溶酶体

[答案] D

210. 吞噬细胞的杀菌因素分（　　）两类。

　　　　A. 胞内菌杀菌和胞外菌杀菌　　　B. 可溶性杀菌和吞噬性杀菌

C. 氧化性杀菌和非氧化性杀菌　　　D. 趋化性杀菌与黏附性杀菌

[答案] C

211. 病原菌被吞噬后经杀死、消化而排出者为（　　）

A. 半完全吞噬　　　　　　　　　B. 完全吞噬

C. 不完全吞噬　　　　　　　　　D. 半完全消化

[答案] B

212. 关于非特异性抗感染物质说法正确的是（　　）

A. 常是配合其他杀菌因素发挥作用　B. 一般在体内这些物质的直接作用大

C. 组织和细胞中的抗微生物物质　　D. 正常机体中有抗菌物质相对较少

[答案] A

213. 疫苗构建的主要目的是（　　）

A. 增加免疫提呈　　　　　　　　B. 诱导免疫应答

C. 诱导长期免疫记忆　　　　　　D. 防止感染

[答案] C

214. 关于发热说法正确的是（　　）

A. 是一种特异性防御机能，可抑制病毒增殖

B. 多种病毒感染后普遍存在的症状

C. 能全面抑制机体免疫反应，有利病毒的清除

D. 在抗体参与下 NK 细胞直接破坏病毒感染的靶细胞

[答案] B

215. 病毒的表面抗原刺激机体产生特异性抗体，不会有（　　）

A. IgG　　　　　　　　　　　　B. IgD

C. IgM　　　　　　　　　　　　D. IgA

[答案] B

216. （　　）为主要的中和抗体，能通过胎盘由母体输给胎儿。

A. IgG　　　　　　　　　　　　B. IgD

C. IgM　　　　　　　　　　　　D. IgA

[答案] A

217. （　　）产生于受病毒感染的局部黏膜表面，是中和局部病毒的重要抗体。

A. SIgG　　　　　　　　　　　B. SIgD

C. SIgM   D. SIgA

[答案] D

218. 关于 ADCC 说法错误的是（　　）

    A. ADCC 即抗体依赖的细胞介导的细胞毒性

    B. 抗体与效应细胞协同所发挥的 ADCC 作用，可破坏病毒感染的靶细胞

    C. 抗体与病毒感染的细胞结合后可激活补体，使病毒感染细胞溶解

    D. ADCC 作用所需的抗体量比 CDC 所需的抗体量多，是病毒感染初期的重要防御机制

[答案] D

219. 关于抗病毒的细胞免疫说法错误的是（　　）

    A. 参与抗病毒细胞免疫的效应细胞主要是 TC 细胞和 TD 细胞

    B. 病毒特异的 TC 细胞必须与靶细胞接触才能发生杀伤作用

    C. 病毒特异的 TD 细胞有 $CD4^+$ 和 $CD8^+$ 两种表型

    D. 病毒特异性 TD 细胞能释放多种淋巴因子

[答案] C

220. $CD8^+$ Tc 细胞受（　　）限制，是发挥细胞毒作用的主要细胞。

    A. MHC-Ⅱ类分子   B. MHC-Ⅰ类分子

    C. ADCC   D. CDC

[答案] B

221. 抗体主要作用于细胞外生长的细菌，对胞内菌的感染要靠（　　）发挥作用。

    A. 非特异性免疫因子   B. 抗体

    C. 体液免疫   D. 细胞免疫

[答案] D

222. 胞外菌感染的致病机制不包括下列哪种（　　）

    A. 引起感染部位的组织破坏   B. 引起感染部位的炎症

    C. 产生毒素   D. 细胞免疫

[答案] D

223. 病原菌对黏膜上皮细胞的（　　）是感染的先决条件。

    A. 溶解   B. 吸附

    C. 破坏   D. 应答

[答案] B

224. 病原菌对上皮组织的吸附作用会(　　)
　　A. 得到正常菌群协助　　　　　　B. 由某些局部因素如糖蛋白或酸碱度等抑制
　　C. 被分布在黏膜表面的 SIgD 阻止　　D. 免疫应答在于排除细菌及中和其毒素

[答案] B

225. 关于调理吞噬作用正确的是(　　)
　　A. 肥大细胞是杀灭和清除胞外菌的主要力量
　　B. 抗体和补体具有免疫调理作用
　　C. 抗体和补体能显著增强体液清除效应
　　D. 对化脓性细菌的移植尤为重要

[答案] C

226. 细菌与特异性抗体（IgG 或 IgM）结合后，能激活(　　)，最终导致细菌的裂解死亡。
　　A. 补体的经典途径　　　　　　B. ADCC
　　C. MHC-Ⅱ类分子　　　　　　D. MHC-Ⅰ类分子

[答案] A

227. (　　)与外毒素结合形成的免疫复合物随血循环最终被吞噬细胞吞噬。
　　A. 内毒素　　　　　　B. 抗毒素
　　C. 类毒素　　　　　　D. 易感细胞

[答案] B

228. IgG 类可中和其毒性，能阻止外毒素与(　　)上的特异性受体结合。
　　A. 内毒素　　　　　　B. 抗毒素
　　C. 类毒素　　　　　　D. 易感细胞

[答案] D

229. (　　)的感染是水生动物胞内菌感染。
　　A. 副溶血弧菌　　　　　　B. 迟缓爱德华氏菌
　　C. 嗜水气单胞菌　　　　　　D. 柱状黄杆菌

[答案] B

230. (　　)可抵抗吞噬细胞的杀菌作用。
　　A. 副溶血弧菌　　　　　　B. 迟缓爱德华氏菌

C. 嗜水气单胞菌   D. 柱状黄杆菌

[答案] B

231. 上皮细胞间淋巴细胞没有分布在(　　)

A. 黏膜组织   B. 皮下组织

C. 小肠绒毛上皮间组织   D. 肌肉间结缔组织

[答案] D

232. 关于胞外菌感染的免疫防御特点说法错误的是(　　)

A. 以中和作用和补体溶菌作用为主

B. 急性期，清除病原体以中性粒细胞为主

C. IgE 介导 ADCC、肉芽肿形成

D. 慢性期，修复损伤、清除坏死以 T 细胞和巨噬细胞为主

[答案] C

233. 免疫逃逸就是病原体或(　　)通过不同机制逃避机体的免疫识别和攻击。

A. 肿瘤细胞   B. 内毒素

C. 抗毒素   D. 类毒素

[答案] A

234. 下面病原通过 MHC Ⅰ类分子表达障碍实现免疫逃逸的是(　　)

A. 组织胞浆菌   B. HIV

C. 衣原体   D. 腺病毒

[答案] D

235. 血吸虫钻入皮肤后，获取宿主的糖蛋白和糖脂附在自己的表面，保护自己不受免疫系统的攻击，能够顺便的寄生在宿主体内，称之为(　　)

A. 保护"套"   B. 细胞内寄居

C. 抗原伪装   D. MHC Ⅰ类分子表达障碍

[答案] C

236. 新生儿通过胎盘或初乳从母体获取保护性抗体是(　　)

A. 主动自然免疫   B. 被动自然免疫

C. 主动人工免疫   D. 被动人工免疫

[答案] B

237. 机体输入含有特异抗体的免疫血清是(　　)

    A. 主动自然免疫　　　　　　　B. 被动自然免疫

    C. 主动人工免疫　　　　　　　D. 被动人工免疫

[答案] D

238. 接种疫苗产生特异性免疫是(　　)
    A. 主动自然免疫　　　　　　　B. 被动自然免疫
    C. 主动人工免疫　　　　　　　D. 被动人工免疫

[答案] C

239. 草鱼在环境中自然接触水体中嗜水气单胞菌后获得免疫是(　　)
    A. 主动自然免疫　　　　　　　B. 被动自然免疫
    C. 主动人工免疫　　　　　　　D. 被动人工免疫

[答案] A

240. 人工被动免疫的免疫效应物不会是(　　)
    A. 抗体　　　　　　　　　　　B. 免疫血清
    C. 灭活外毒素　　　　　　　　D. 淋巴因子

[答案] C

241. 关于人工主动免疫说法错误的是(　　)
    A. 维持时间较长，一般为数月或数年
    B. 维持时间较短，一般只有2~3周
    C. 是一种生物制品，多用于预防传染病等疾病
    D. 一般包括灭活疫苗、减毒活疫苗、类毒素、DNA疫苗和重组疫苗等

[答案] B

242. 人工被动免疫主要用于疫情发生时的(　　)
    A. 紧急处理或管制　　　　　　B. 紧急预防或治疗
    C. 突发防范或管制　　　　　　D. 突发处理或治疗

[答案] B

243. 疫苗（Vaccine）是病原微生物或其代谢产物经物理化学因素处理后，使之失去毒性但保留抗原性所制备的(　　)
    A. 人工制品　　　　　　　　　B. 生产产品
    C. 生物制品　　　　　　　　　D. 科技产品

[答案] C

244. 浸泡免疫主要通过(　　)给药。

    A. 黏膜组织　　　　　　　　　　B. 上皮组织

    C. 消化道　　　　　　　　　　　D. 鳃组织

［答案］A

245. 鱼类注射免疫时，腹腔注射给药方式类似哺乳动物的(　　)

    A. 皮下注射　　　　　　　　　　B. 静脉注射

    C. 肌内注射　　　　　　　　　　D. 黏膜注射

［答案］A

246. 疫苗研制过程中，须在靶动物中规模化验证的方式叫做(　　)

    A. 田间试验　　　　　　　　　　B. 大规模试验

    C. 临床试验　　　　　　　　　　D. 中间试验

［答案］C

247. 疫苗注册阶段，须依照法定程序对疫苗产品的(　　)进行审查。

    A. 安全性、有效性、质量可控性　　B. 安全、资质、监督

    C. 成本、工艺、效益　　　　　　　D. 生产资质、产能规模、市场前景

［答案］A

248. 疫苗产品每批产品上市销售前，依照法定程序都要进行(　　)

    A. 生产验证　　　　　　　　　　B. 批签发

    C. 质量控制　　　　　　　　　　D. 法人审批

［答案］B

249. 疫苗产品的生产主要管理机制是(　　)管理。

    A. GLP　　　　　　　　　　　　B. GMP

    C. GCP　　　　　　　　　　　　D. GSP

［答案］B

250. 2018 年 1 月 1 日后申报并获批的临床试验，应严格按照兽药(　　)要求执行。

    A. GLP　　　　　　　　　　　　B. GMP

    C. GCP　　　　　　　　　　　　D. GSP

［答案］C

251. 草鱼出血病活疫苗（GCHV－892 株）属于(　　)

    A. 细菌活疫苗　　　　　　　　　　B. 细菌灭活疫苗

C. 细胞毒灭活疫苗　　　　　　　D. 细胞毒活疫苗

[答案] D

252. 临床前研究是新药从实验研究过渡到临床应用必不可少的阶段，主要进行(　　)

A. 药效学、药代动力学及毒理学研究　B. 工艺、质量控制、质量检测研究

C. 病原纯化、扩培、灭活研究　　　　D. 生产、质量、管理研究

[答案] A

253. (　　)属于免疫增强剂。

A. 抗淋巴细胞血清　　　　　　　B. 抗人 T 细胞

C. 灵芝提取的多糖　　　　　　　D. 肾上腺皮质激素

[答案] C

254. (　　)促进 APC 对抗原的摄取。

A. 免疫增强剂　　　　　　　　　B. 免疫抑制剂

C. 免疫调节剂　　　　　　　　　D. 免疫佐剂

[答案] D

255. 在接种部位(　　)诱导局部炎症反应和免疫细胞迁移。

A. 免疫增强剂　　　　　　　　　B. 免疫抑制剂

C. 免疫调节剂　　　　　　　　　D. 免疫佐剂

[答案] D

256. (　　)是免疫成败的关键因素。

A. 疫苗品牌　　　　　　　　　　B. 疫苗质量

C. 疫苗工艺　　　　　　　　　　D. 疫苗接种途径

[答案] B

257. 关于疫苗使用错误的是(　　)

A. 养殖场不得根据当地疫病流行情况和本场实际制定合理的免疫程序，应按技术要求严格执行，不能随意改动

B. 保存与运输：一般均怕热、怕光，需要冷藏

C. 有时不同疫苗之间可能存在相互干扰，对疫苗的联合使用必须经过试验验证，两种不能连用的疫苗要间隔 1 周以上接种

D. 疫苗的使用影响比较大：疫苗的稀释方法、稀释液状态、接种途径、接种剂量、接种次数、接种间隔时间等

[答案] A

258. 血清补体测定（Sera complement assay）指测定血清中各补体成分及总补体含量的实验，是测定( )的一种方法。
A. 血清特异性　　　　　　　B. 健康程度
C. 机体免疫功能　　　　　　D. 免疫应答

[答案] C

259. 免疫印迹法（Immunoblotting）又称为( )印迹法，用于血清抗体检测。
A. Eastern　　　　　　　　B. Western
C. Southern　　　　　　　D. Northern

[答案] B

260. 血清学反应（Serologic reactions）是指相应的( )在体外进行的结合反应。
A. 抗原和抗体　　　　　　　B. 球蛋白和白蛋白
C. 血清抗体和病原　　　　　D. 球蛋白和抗原

[答案] A

261. 抗原是指一组能被 T 或 B 细胞识别的有机物质，不完全包括( )
A. 多肽　　　　　　　　　　B. 寡糖
C. 脂质酸　　　　　　　　　D. 佐剂

[答案] D

262. 膜表面免疫球蛋白（Surface membrane immunoglobulin，SmIg）( )
A. 是 B 细胞膜上可作为抗体识别受体的免疫球蛋白
B. 是 B 细胞膜上可作为抗原识别受体的免疫球蛋白
C. 是 T 细胞膜上可作为抗体识别受体的免疫球蛋白
D. 是 T 细胞膜上可作为抗原识别受体的免疫球蛋白

[答案] B

263. ( )属于抗原提呈细胞。
A. 中性粒细胞　　　　　　　B. 嗜酸性粒细胞
C. 嗜碱性粒细胞　　　　　　D. 单核吞噬细胞

[答案] D

264. ( )不属于鱼类黏膜免疫相关淋巴组织。
A. 鳃相关淋巴组织　　　　　B. 心脏相关淋巴组织

C. 肠道相关淋巴组织　　　　　　　　D. 皮肤相关淋巴组织

[答案] B

265. 关于补体概念错误的是(　　　)

A. 是存在于人和脊椎动物血清与组织液中一组经活化后具有酶活性的蛋白质

B. 补体系统是先天性免疫的重要组成部分，也是连接先天性免疫和获得性免疫的重要桥梁。

C. 补体系统由约 35 种可溶性和载体蛋白组成

D. 补体系统一旦被激活，在杀灭微生物、吞噬病原菌及参与机体炎症反应和清除免疫复合物等过程中均发挥重要作用

[答案] C

266. 鱼类补体系统相对哺乳动物错误的是(　　　)

A. 鱼类补体系统成分介导的补体激活反应具有更低的最适反应温度

B. 鱼类补体系统成分抵御外界病原菌的能力更强

C. 鱼类补体替代途径的活性显著高于哺乳动物替代途径的活性

D. 鱼类补体构成分子相对单一，分工不太明确

[答案] D

267. 鱼类补体系统经(　　　)激活后，可有效溶解哺乳动物（包括人类、绵羊和狗）的红细胞和多种微生物，对机体形成免疫保护作用。

A. 替代激活途径　　　　　　　　　　B. 经典激活途径

C. 甘露糖结合凝集素（MBL）激活途径　　D. 传统激活途径

[答案] A

268. (　　　)是经典激活途径的主要激活物质。

A. 免疫复合物　　　　　　　　　　　B. C1 蛋白

C. Fc 片段　　　　　　　　　　　　　D. 可溶性抗体

[答案] A

269. 细菌内毒素、酵母多糖、葡聚糖、凝集的 IgA 和 IgG4 等都可以激活(　　　)

A. 替代激活途径　　　　　　　　　　B. 经典激活途径

C. 甘露糖结合凝集素（MBL）激活途径　　D. 传统激活途径

[答案] A

270. 补体激活过程中(　　　)是级联反应的重要自限因素。

A. 自发调节的增强剂　　　　　　　　B. 一些中间产物极不稳定

C. 保护机体组织细胞的增强剂
D. 抑制或增强补体对底物正常作用的阻断剂

[答案] B

271. 补体活性片段介导的生物学效应不包括(   )

A. 调理作用
B. 引起炎症反应
C. 形成免疫复合物
D. 免疫调节作用

[答案] C

272. 膜攻击复合物形成的调节的生物学效应不包括(   )

A. 抑制 MAC 的形成 C8bp、CD59
B. 阻止末端补体成分插入细胞脂质双层膜 S 蛋白
C. 抑制 C3 转化酶的组装和形成
D. SP40/40 调节 MAC 的溶细胞能力

[答案] C

273. 补体成分的(   )可引起系统性红斑狼疮。

A. 大量消耗
B. 功能亢进
C. 大量增强
D. 功能退化

[答案] A

274. 关于细胞因子说法错误的是(   )

A. 由免疫细胞合成
B. 调节多种细胞生理功能
C. 某些非免疫细胞也可合成
D. 可溶性小分子多糖

[答案] D

275. 最初，细胞因子的命名来源于其(   )

A. 生物学结构
B. 生化多态性
C. 生物学活性
D. 生化本质

[答案] C

276. 下面可能发生的是(   )

A. 同一细胞因子有多种名称
B. 同一细胞因子只有一种名称
C. 同一受体结合蛋白名称不同
D. 同一受体结合蛋白结合不同细胞因子

[答案] A

277. 白细胞介素（interleukin，IL）是(   )

A. 在免疫调节等一系列过程中白细胞对红细胞发挥作用

B. 淋巴因子家族中的成员，由淋巴细胞、巨噬细胞等产生

C. 刺激白细胞及其他参与免疫反应的细胞增殖、分化并提高其功能

D. 一个庞大家族，与肿瘤坏死因子家族、造血因子家族等共同发挥免疫作用

［答案］B

278. 下列因子家族中，不属于 IL 的是(　　)
A. 肿瘤坏死因子家族　　　　　　B. 造血因子家族
C. 趋化因子家族　　　　　　　　D. IL‐10 家族

［答案］C

279. (　　)是一类在同种细胞上具有抗病毒活性、在细胞间传递信息的免疫调节和效应功能的蛋白质或小分子多肽。
A. 干扰素　　　　　　　　　　　B. 趋化因子
C. 生长因子　　　　　　　　　　D. 补体

［答案］A

280. 干扰素是由(　　)分泌产生。
A. 中性粒细胞和透明细胞　　　　B. 单核细胞和肥大细胞
C. 嗜酸性粒细胞和嗜碱性粒细胞　D. 巨噬细胞和淋巴细胞

［答案］D

281. (　　)目前不能用于人工表达出具有天然干扰素活性的药物。
A. 动物细胞　　　　　　　　　　B. 人细胞
C. 噬菌体　　　　　　　　　　　D. 酵母菌

［答案］C

282. 鱼类机体产生干扰素的数量受水环境因素中(　　)影响更明显。
A. 水温　　　　　　　　　　　　B. 溶解氧
C. pH　　　　　　　　　　　　　D. 氨氮

［答案］A

283. 干扰素为重要的抗病毒感染因子，但不能(　　)
A. 抗病毒增殖活性　　　　　　　B. 抑制肿瘤生长活性
C. 改变细胞生物学特性　　　　　D. 增强细胞分裂活性

［答案］D

284. TNF 的最大特点是能够(　　)而无碍于正常细胞。

A. 专一杀伤肿瘤细胞　　　　　　B. 抗病毒增殖活性

C. 抑制肿瘤生长活性　　　　　　D. 改变细胞生物学特性

[答案] A

285. 关于 TNF 说法错误的是(　　　)

A. 体外发现 TNF 对肿瘤具有直接溶解和抑制增殖的作用

B. 在体内 TNF 可引起肿瘤坏死

C. 在体内 TNF 可使肿瘤体积缩小甚至消退

D. 体外发现 TNF 增强细胞分裂活性

[答案] D

286. (　　　)能够刺激多能造血干细胞和不同发育分化。

A. 干扰素　　　　　　　　　　　B. 生长因子

C. 集落刺激因子　　　　　　　　D. 趋化因子

[答案] C

287. (　　　)能够促进生成大量的成骨细胞，抑制破骨细胞。

A. 干扰素　　　　　　　　　　　B. 生长因子

C. 集落刺激因子　　　　　　　　D. 趋化因子

[答案] B

288. 细胞因子的作用特点不包括(　　　)

A. 多效性　　　　　　　　　　　B. 协同性

C. 双重性　　　　　　　　　　　D. 专一性

[答案] D

289. (　　　)介导免疫细胞迁移外，还参与调节血细胞发育、胚胎期器官发育、血管生成、细胞凋亡等，并在肿瘤发生、发展、转移，病原微生物感染，移植排斥反应等病理过程中发挥作用。

A. 干扰素　　　　　　　　　　　B. 生长因子

C. 集落刺激因子　　　　　　　　D. 趋化因子

[答案] D

290. 细胞因子中(　　　)正作为佐剂用于疫苗的研制。

A. 白介素　　　　　　　　　　　B. 生长因子

C. 集落刺激因子　　　　　　　　D. 趋化因子

[答案] A

291. 草鱼头肾具有类似哺乳动物( )
   A. 中枢免疫器官及外周免疫器官的双重功能
   B. 中枢免疫器官功能
   C. 外周免疫器官功能
   D. 造血组织功能

[答案] A

292. 鱼类肾组织中嵌有斯坦尼斯小体和相当于肾上腺皮质及髓质的组织，主要由黑素巨噬细胞组成，称为黑素巨噬细胞中心，其主要吞噬血流中异源性物质，不包括( )
   A. 微生物   B. 自身衰老细胞
   C. 炎症细胞   D. 细胞碎片

[答案] C

293. 与头肾相比，脾脏在体液免疫反应中处于相对( )的地位。
   A. 重要   B. 次要
   C. 主要   D. 中心

[答案] B

294. 当鱼体受到抗原刺激时，黏膜淋巴组织巨噬细胞可以对抗原进行处理和递呈，( )会分泌特异性抗体，与黏液中溶菌酶和补体等非特异性的保护物质组成抵御病原微生物感染的防线。
   A. B 细胞   B. T 细胞
   C. 浆细胞   D. 抗体分泌细胞

[答案] D

295. 鱼类经口腔和腹腔免疫可明显刺激( )，经浸泡免疫和肛门插管免疫可产生明显的( )
   A. 系统免疫应答；黏膜免疫反应   B. 黏膜免疫反应；系统免疫应答
   C. 黏膜免疫反应；黏膜免疫反应   D. 系统免疫应答；系统免疫应答

[答案] A

296. 从系统发育看，无尾两栖类动物胸腺不仅是一个( )器官，也是一个神经内分泌器官。
   A. 外周免疫   B. 中枢免疫
   C. 抗体分泌   D. 抗原摄取

[答案] B

297. 两栖类动物的骨髓既是造血器官，也是免疫器官，红骨髓内为（   ），主要是（   ），无造血功能。

    A. 白骨髓；脂肪细胞   B. 白骨髓；神经元细胞

    C. 黄骨髓；脂肪细胞   D. 黄骨髓；神经元细胞

[答案] C

298. 鱼类体内体积最大的白细胞是（   ）

    A. 巨噬细胞   B. 粒细胞

    C. 中性粒细胞   D. 单核细胞

[答案] D

299. 鱼类免疫应答过程中，巨噬细胞可通过细胞表面受体识别和吞噬入侵病原，也可通过病原微生物表面结合的（   ）识别和吞噬病原。

    A. 免疫球蛋白或补体成分   B. 抗原信号

    C. 抗原蛋白   D. 外毒素

[答案] A

300. 虾类的淋巴器官位于胃的腹侧，内部由淋巴小管（动脉管）和（   ）组成。

    A. 血窦   B. 血淋巴

    C. 酚氧化酶和过氧化物酶   D. 球状体

[答案] D

第七篇

水生动物微生物学

1. 细菌形态不是螺旋状的是(　　)

    A. 鳗弧菌
                B. 紫硫螺旋菌

    C. 鼠咬热螺菌
             D. 金黄色葡萄球菌

[答案] D

[解析] 就单个细菌而言，其基本形态有球状、杆状和螺旋状，分别称为球菌、杆菌和螺旋菌，其中螺旋菌又分为弧菌和螺菌两种。D项，金黄色葡萄球菌属于球菌，其细菌形态是球状。

2. 只有一个弯曲的螺旋菌是(　　)

    A. 弧菌
                B. 螺旋菌

    C. 螺旋体
             D. 双球菌

[答案] A

[解析] 弧菌只有一个弯曲，螺旋菌有 2～6 个弯曲，螺旋体有 6 个以上的弯曲，双球菌属于球菌不属于螺旋菌。

3. 根据细菌菌落表面特征，可将菌落分为(　　)

    A. 光滑型菌落
           B. 粗糙型菌落

    C. 黏液型菌落
           D. 以上都对

[答案] D

[解析] 根据细菌菌落表面特征，可将菌落分为 3 型：光滑型菌落、粗糙型菌落和黏液型菌落。

4. 结核分枝杆菌菌落多是(　　)

    A. 光滑型菌落
           B. 粗糙型菌落

    C. 黏液型菌落
           D. 平整型菌落

[答案] C

[解析] 结核分枝杆菌菌落黏稠、有光泽、似水珠样，是黏液型菌落。

5. 细菌哪种溶血特征是完全溶血(　　)

    A. α溶血　　　　　　　　　　B. β溶血

    C. γ溶血　　　　　　　　　　D. δ溶血

[答案] B

[解析] 菌落溶血特征有三种情况：α溶血、β溶血、γ溶血。其中α溶血又称不完全溶血，β溶血又称完全溶血，γ溶血为不溶血。

6. 哪个不是细菌的基本结构(　　)

    A. 细胞膜　　　　　　　　　　B. 细胞质

    C. 鞭毛　　　　　　　　　　　D. 核质

[答案] C

[解析] 细菌的结构包括基本结构和特殊结构。基本结构指细胞壁、细胞膜、细胞质、核质、核糖体、质粒等各种细菌都具有的结构，特殊结构指某些细菌特有的荚膜、鞭毛、菌毛、芽孢等结构。

7. 细胞膜具有哪些功能(　　)

    A. 转运营养物质　　　　　　　B. 参与细菌呼吸

    C. 维持渗透压　　　　　　　　D. 以上都对

[答案] D

[解析] 细菌细胞膜主要功能有：①选择性渗透和转运营养物质，②参与细菌的呼吸作用，③参与生物合成作用和物质的分解作用，④维持渗透压，⑤是细胞壁、荚膜、鞭毛等有关成分合成的场所。

8. 质粒存在于细菌的哪个部位(　　)

    A. 细胞壁　　　　　　　　　　B. 细胞膜

    C. 细胞质　　　　　　　　　　D. 核质

[答案] C

[解析] 细胞质中的质粒是染色体外的遗传物质，存在于细胞质中，为闭合环状的双链DNA，带有遗传信息，控制细菌某些特定性状。

9. 以下关于细菌细胞壁的描述不正确的是(　　)

    A. 主要由肽聚糖构成

    B. 与细菌抗原性、致病性无关

    C. 革兰氏阳性菌细胞壁厚，阴性菌细胞壁较薄

    D. 革兰氏阳性菌细胞壁结构比阴性菌简单

[答案] B

[解析] 细胞壁是位于细胞最外的一层厚实、坚韧而有弹性的膜状结构，主要由肽聚糖构成，有固定外形和保护细胞等多种功能，并与细菌的抗原性和致病性有关。革兰氏阳性菌和革兰氏阴性菌的细胞壁均含肽聚糖成分，只是含量多少、肽链性质和连接方式有差别：革兰氏阳性菌的细胞壁较厚但组成较简单，主要由肽聚糖和革兰氏阳性菌特有的组分磷壁酸组成；革兰氏阴性菌的细胞壁较薄，但结构较复杂，在肽聚层外还有由脂蛋白、脂质双层和脂多糖构成的外膜。

10. 以下对细菌细胞膜的描述不正确的是( )

    A. 脂质双分子层结构

    B. 脂质双分子层具有流动性

    C. 整合蛋白亲水性，周边蛋白疏水性

    D. 脂质分子间或脂质与蛋白质分子间无共价结合

[答案] C

[解析] 细胞膜由单位膜组成，以脂质双分子层组成基本骨架。其要点为：膜的主体是脂质双分子层；脂质双分子层具有流动性；整合蛋白因其表面呈疏水性，故可"溶"于脂质双分子层的疏水性内层中；周边蛋白表面含有亲水基团，故可通过静电引力与脂质双分子层表面的极性头相连；脂质分子间或脂质与蛋白质分子间无共价结合。

11. 以下哪种物质的分子组成和构型是血清学分型的基础( )

    A. 荚膜多糖   B. 荚膜多肽

    C. 荚膜蛋白质   D. 以上都不是

[答案] A

[解析] 多糖分子组成和构型的多样性使荚膜多糖结构极为复杂，成为血清型分型的基础。荚膜与同型抗血清结合发生反应后即逐渐增大，出现荚膜肿胀反应，用于细菌定型。

12. 以下哪项不是细菌鞭毛的组成成分( )

    A. 基础小体   B. 钩状体

    C. 鞭毛体   D. 丝状体

[答案] C

[解析] 细菌鞭毛自细胞膜长出，游离于细菌细胞外，由基础小体、钩状体和丝状体三个部分组成。

13. 以下关于细菌鞭毛的描述不正确的是( )

    A. 鞭毛是细菌分类和鉴定的形态学指标

    B. 鞭毛基础小体的 P 环和 L 环附着在细胞膜上

C. 鞭毛钩状体位于鞭毛伸出菌体之处，呈约 90°的钩状弯曲

D. 单鞭毛比周生鞭毛移动速度快

[答案] B

[解析] 鞭毛的有无和着生方式在细菌的分类和鉴定工作中，是一项十分重要的形态指标。革兰氏阴性菌的基础小体由一根圆柱、两对同心环和输出装置组成。其中，一对是 M 环和 S 环，附着在细胞膜上；另一对是 P 环和 L 环，附着在细胞壁的肽聚糖和外膜的脂多糖上。钩状体位于鞭毛深处菌体之处，呈约 90°的钩状弯曲。单鞭毛每秒移动可达 $55\mu m$，周毛菌移动较慢，每秒 $25\sim30\mu m$。

14. 以下关于菌毛的说法错误的是(   )

A. 菌毛分为普通菌毛和性菌毛

B. 菌毛受体常为糖蛋白或糖脂

C. 性菌毛由致育因子编码

D. 菌毛可在普通光学显微镜下看到

[答案] D

[解析] 菌毛在普通光学显微镜下看不到，必须用电子显微镜观察。

15. 对于细菌芽孢的描述，不正确的是(   )

A. 芽孢主要由革兰氏阴性菌产生

B. 芽孢是休眠体

C. 芽孢含水量极低、抗逆性极强

D. 芽孢对营养、能量的需求低

[答案] A

[解析] 某些细菌在一定条件下，细胞质脱水浓缩，在菌体内形成一个圆形或椭圆形、厚壁、折光性较强、含水量极低、抗逆性极强的休眠体，称为芽孢或内生孢子。芽孢对营养、能量的需求均很低，抵抗力强，能保护细菌渡过不良环境。产生芽孢的细菌一般是革兰氏阳性菌。

16. 革兰氏染色步骤为(   )

A. 初染-媒染-脱色-复染-镜检

B. 初染-复染-媒染-脱色-镜检

C. 初染-脱色-媒染-复染-镜检

D. 初染-复染-脱色-媒染-镜检

[答案] A

[解析] 革兰氏染色步骤：①初染，草酸铵结晶紫染液染色 1min，水冲洗；②媒染，鲁氏碘液染色 1min，水冲洗；③脱色，95%酒精约 30s，水冲洗；④复染，番红液染色 60～90s；⑤水冲洗，吸水纸吸干后镜检。

17. 以下关于瑞氏染色法的原理，描述错误的是(   )

A. 染料由伊红和亚甲蓝溶解于甲醇中形成

B. 血红蛋白等嗜酸性物质被染成淡紫红色

C. 淋巴细胞等嗜碱性物质被染成蓝色

D. 完全成熟的红细胞，酸性物质彻底消失后，染成粉红色

[答案] B

[解析] 将适量伊红、亚甲蓝溶解在甲醇中，即为瑞氏染料。各种细胞化学性质不同，对各种染料的亲和力也不一样。如血红蛋白、嗜酸性颗粒为碱性蛋白物质，与酸性染料伊红结合，染粉红色，称为嗜酸性物质；细胞核蛋白、淋巴细胞、嗜碱性粒细胞胞质为酸性，与碱性染料亚甲蓝或天青结合，染紫蓝色或蓝色；中性颗粒呈等电状态与伊红和亚甲蓝均可结合，染淡紫红色，称为中性物质。完全成熟红细胞，酸性物质彻底消失后，染成粉红色。

18. 以下不属于细菌特殊染色法的是(　　)
    A. 芽孢染色法　　　　　　　　B. 荚膜染色法
    C. 瑞氏染色法　　　　　　　　D. 鞭毛染色法

[答案] C

[解析] 细菌染色方法主要包括革兰氏染色法、瑞氏染色法和特殊染色法。其中，特殊染色法包括芽孢染色法、荚膜染色法、鞭毛染色法等。

19. 芽孢染色法所用的染料为(　　)
    A. 孔雀绿和番红　　　　　　　B. 番红和亚甲蓝
    C. 伊红和亚甲蓝　　　　　　　D. 结晶紫

[答案] A

[解析] 芽孢具有厚而致密的壁，折光性强，通透性低，不易着色，当用弱碱性染料孔雀绿在加热的情况下进行染色时，此染料可以进入菌体及芽孢使其着色，而进入芽孢的染料则难以透出。若再用番红液复染，则菌体呈红色而芽孢呈绿色。

20. 绝大部分微生物的营养类型是(　　)
    A. 光能无机自养　　　　　　　B. 光能有机异养
    C. 化能无机自养　　　　　　　D. 化能有机异养

[答案] D

[解析] 微生物中绝大部分（包括大多数细菌以及全部放线菌、真菌和原生动物）都以有机物质（如蛋白质、氨基酸、糖类、有机酸、纤维素等）作为碳源和能源。它们都是化能异养微生物。

21. 红螺菌属于哪种营养类型(　　)
    A. 光能无机自养　　　　　　　B. 光能有机异养
    C. 化能无机自养　　　　　　　D. 化能有机异养

[答案] B

[解析] 红螺菌能利用异丙醇作为供氢体，进行光合作用，并积累丙酮。

22. 硫细菌属于哪种营养类型( )
  A. 光能无机自养   B. 光能有机异养
  C. 化能无机自养   D. 化能有机异养

[答案] C
[解析] 硫细菌这类微生物的能量来自无机物氧化时产生的化学能，以二氧化碳或碳酸盐作为碳源，以氨或硝酸盐作为氮源，合成细胞有机物。

23. 微生物中，无机盐的生理功能包括( )
  A. 酶活性中心的组成部分   B. 维持生物大分子和细胞结构的稳定性
  C. 调节并维持细胞的渗透压平衡   D. 以上都对

[答案] D
[解析] 无机盐是微生物生长必不可少的一类营养物质。它们在机体中的生理功能主要是作为酶活性中心的组成部分、维持生物大分子和细胞结构的稳定性、调节并维持细胞的渗透压平衡、控制细胞的氧化还原电位和作为某些微生物生长的能源物质等。

24. 作为微生物酶活性中心组成成分的是( )
  A. 无机盐   B. 生长因子
  C. 碳源   D. 氮源

[答案] A

25. 哪类细菌只能在无氧环境中生长( )
  A. 专性需氧菌   B. 兼性厌氧菌
  C. 专性厌氧菌   D. 微需氧菌

[答案] C
[解析] 不同细菌生长时对氧气有不同的需求，通常可将其分为专性需氧菌、兼性厌氧菌、微需氧菌、专性厌氧菌。其中专性厌氧菌只能在无氧环境中生长。

26. 厌氧微生物获得能量的主要方式是( )
  A. 发酵   B. 呼吸
  C. 无机物氧化   D. 光能转化

[答案] A
[解析] 发酵是厌氧微生物在生长过程中获得能量的一种主要方式。

27. 在细菌生长繁殖周期中，产生毒素等代谢产物的时期主要是( )
  A. 迟缓期   B. 对数期
  C. 稳定期   D. 衰亡期

［答案］C

［解析］在稳定期出现营养的消耗、代谢产物的蓄积等因素影响下，细菌繁殖速度逐渐下降，死亡速度逐渐增加，细菌繁殖数与死亡数趋于平衡，活菌数保持相对稳定。稳定期细菌的形态及生理性状常有改变，革兰氏阳性菌此时易被染成阴性。毒素等代谢产物大多在此时产生。

28. 大多数微生物用来产生能量（ATP）的产能代谢方式是(　　)

    A. 发酵　　　　　　　　　　　　B. 呼吸

    C. 无机物氧化　　　　　　　　　D. 光能转化

［答案］B

［解析］根据电子的最终受体不同，可将微生物的产能方式分为发酵与呼吸两种主要方式。有一些自养微生物与光合微生物可通过无机物氧化与光能转化即光合磷酸化的方式获得能量。此外，呼吸是大多数微生物用来产生能量（ATP）的一种方式。

29. 哪类生物的光合作用属于非放氧型光合作用(　　)

    A. 光合细菌　　　　　　　　　　B. 植物

    C. 藻类　　　　　　　　　　　　D. 蓝藻

［答案］A

［解析］光合作用有两种类型，一种是放氧型（或称植物型）光合作用，它们在光合作用过程中有氧气放出，植物、藻类与蓝藻的光合作用就是放氧型光合作用；另一种是非放氧型光合作用，即在光合作用中没有氧气产生，光合细菌的光合作用属于非放氧型光合作用。

30. 哪类微生物生长不需要分子氧(　　)

    A. 好氧性微生物　　　　　　　　B. 厌氧性微生物

    C. 兼性厌氧微生物　　　　　　　D. 微量好氧性微生物

［答案］B

［解析］厌氧性微生物的生长不需要分子氧。只能在缺氧条件下生长的叫作专性厌氧菌，分子氧的存在对它们有害。另外还有一类耐气性厌氧微生物，如大多数乳酸菌，它们的产能代谢实际上不需要氧，但分子氧对它们无害，其生长与氧无关，无论在有氧或缺氧的情况下，都进行典型的乳酸发酵。

31. 哪类物质可作为葡萄球菌具有毒力的标志(　　)

    A. 卵磷脂酶　　　　　　　　　　B. 胶原酶

    C. 透明质酸酶　　　　　　　　　D. 凝血浆酶

[答案] D

[解析] 凝血浆酶能使兔及马的血浆凝固。葡萄球菌中的金黄色葡萄球菌含有此酶，但白色和柠檬色葡萄球菌则不含此酶。人们通常将此酶视为葡萄球菌具有毒力的标志之一。

32. 以下关于细菌热原质的说法错误的是（   ）
   A. 革兰氏阴性菌可产生　　　　　　B. 本质是多糖
   C. 高压蒸汽15～20min可将其破坏　　D. 可被活性炭吸附或石棉板滤除

[答案] C

[解析] 许多细菌尤其是革兰氏阴性菌，能在水中发育产生一种使人或动物发生热反应的多糖物质，称为热原质。这种物质很耐热，甚至高压蒸汽灭菌15～20 min也不能将它破坏，但可被活性炭吸附或石棉板滤除。

33. 吲哚试验根据细菌分解培养基中的（   ），进行菌种鉴定。
   A. 色氨酸　　　　　　　　　　　B. 赖氨酸
   C. 甲硫氨酸　　　　　　　　　　D. 苏氨酸

[答案] A

[解析] 吲哚试验是指某些细菌可分解培养基中的色氨酸，产生吲哚，而吲哚与试剂对二甲基氨基苯甲醛结合，形成玫瑰吲哚红色化合物。

34. 下列哪种培养基不是根据其用途划分的（   ）
   A. 合成培养基　　　　　　　　　B. 增菌培养基
   C. 选择培养基　　　　　　　　　D. 厌氧培养基

[答案] A

[解析] 根据培养基的成分可分为：合成培养基（化学成分确定的培养基）、半合成培养基（培养基中某些化学成分选择性地人为确定）、天然培养基（化学成分不明确的培养基）。根据培养基的用途可分为：基础培养基、增菌培养基、选择培养基、鉴别培养基、厌氧培养基。

35. 下列哪种培养基不是根据其成分划分的（   ）
   A. 基础培养基　　　　　　　　　B. 合成培养基
   C. 半合成培养基　　　　　　　　D. 天然培养基

[答案] A

36. 培养基配制时，真核微生物的最适pH（   ）
   A.7.0～7.5　　　　　　　　　　B.7.2～7.6
   C.4.5～4.6　　　　　　　　　　D.7.5～8.0

[答案] C

[解析] 配制培养基的原则之一为调整最适合 pH，一般原核微生物 7.0～7.5；真核微生物 4.5～6.0。

37. 半固体培养基琼脂粉含量为(　　)

    A. 0.1%～0.3%　　　　　　　　B. 0.3%～0.5%

    C. 0.5%～0.75%　　　　　　　 D. 0.5%～1.0%

[答案] B

[解析] 液体培养基琼脂粉含量为 0；固体培养基琼脂粉含量为 1.5%～2.5%；半固体培养基琼脂粉含量为 0.3%～0.5%。

38. 消毒的主要目的是消除(　　)

    A. 病原微生物　　　　　　　　B. 非病原微生物

    C. 所有微生物　　　　　　　　D. 芽孢

[答案] A

[解析] 利用物理或化学的方法杀灭物体中的病原微生物的方法，称为消毒。

39. 下列说法正确的是(　　)

    A. 火焰消毒多用于玻璃器皿和金属器械的灭菌

    B. 葡萄酒多用高压蒸汽灭菌

    C. 紫外线杀菌可诱发细胞发生突变

    D. 盐腌、糖渍导致细菌质壁分离

[答案] C

[解析] A项，火焰消毒主要用于接种针、接种环、试管口等的灭菌，热空气灭菌法主要用于玻璃器皿、金属器械等的灭菌。B项，巴氏消毒用于葡萄酒、啤酒及牛乳等的消毒。C项，紫外线照射细菌时，能使同一股 DNA 上相邻的两个胸腺嘧啶通过共价键结合成二聚体，以至影响 DNA 正常的碱基配对，引起致死性突变而死亡。D项，盐腌、糖渍等造成细菌的生理干燥，导致质壁分离而达到抑菌的目的。

40. 波长为(　　)的可见光对细菌的光复活作用最有效。

    A. 470nm　　　　　　　　　　　B. 510nm

    C. 550nm　　　　　　　　　　　D. 590nm

[答案] B

[解析] 当细菌受致死量的紫外线照射后，3h 以内若再用可见光照射，则部分细菌又能恢复其活力，这种现象称为光复活作用。510nm 的可见光对细菌的光复活作用最有效。

41. 不属于湿热灭菌法的是(　　)

    A. 煮沸灭菌法　　　　　　　　　B. 热空气灭菌法

    C. 巴氏消毒法　　　　　　　　　D. 高压蒸汽灭菌法

[答案] B

[解析] 热空气灭菌法是用加热空气使灭菌物品温度升高到160℃并维持1～2h来进行灭菌的方法，属于干热灭菌法，主要用于玻璃器皿、金属器械等的灭菌。

42. 以下关于湿热灭菌法，描述正确的是(　　)

    A. 煮沸灭菌可在10～20min内杀死所有细菌繁殖体

    B. 巴氏消毒法会严重影响食品的营养成分和风味

    C. 流通蒸汽灭菌法可杀死芽孢和霉菌孢子

    D. 高压蒸汽灭菌时相对压力和温度的关系是：103.42 kPa，126℃

[答案] A

[解析] 煮沸灭菌可在10～20min内杀死所有细菌繁殖体；巴氏消毒法以较低温度杀灭液态食品中的病原菌或特定微生物，而又不致严重损害其营养成分和风味；流通蒸汽灭菌法不能杀死芽孢和霉菌孢子；高压蒸汽灭菌时相对压力和温度的关系是：103.42 kPa，121℃。

43. 下列说法错误的是(　　)

    A. 消毒剂可杀灭病原微生物

    B. 防腐剂可抑制病原微生物

    C. 消毒剂的性质、浓度和作用时间可影响消毒剂的作用效果

    D. 多种药物合用一定可以增长消毒效果

[答案] D

[解析] 由于理化性质不同，两种药物合用时可能产生相互颉颃，使药效降低。

44. 细菌的哪种形式是纯培养物(　　)

    A. 种　　　　　　　　　　　　　B. 亚种

    C. 型　　　　　　　　　　　　　D. 菌株

[答案] D

[解析] 菌株是指从自然界或实验室分离得到的任何一种微生物的纯培养物。用实验方法（如诱变）所获得某一菌株的变异型也可称为一个新菌株，以区别于原菌株。

45. 微生物命名的一般形式是(　　)

    A. 科＋属　　　　　　　　　　　B. 属＋种

    C. 种＋种　　　　　　　　　　　D. 种＋型

[答案] B
[解析] 微生物采用"双名法"进行命名，每一种微生物的学名都依属和种而命名。属名在前，种名在后。

46. 以下关于细菌分类单位的说法，错误的是( )
A. 种是指形态相同的个体的集合
B. 属是介于种（亚种）与科之间的分类等级
C. 同一种可以有不同的亚种
D. 同一亚种是纯培养物

[答案] D
[解析] 当同种或同亚种不同菌株之间的性状差异，不足以分为新的亚种时，可以细分为不同的型。不同型的细菌之间存在鉴别性特征的差异，因此，同一亚种不是纯培养物。

47. 以下哪类细菌分类单元是纯培养物( )
A. 种
B. 亚种
C. 型
D. 菌株

[答案] D

48. 以下哪种细菌 G＋C 含量超过 50%( )
A. 梭菌属
B. 螺原体属
C. 乳杆菌属
D. 放线菌属

[答案] D
[解析] 梭菌属、螺原体属、乳杆菌属都属于低 G＋C 含量（50% 以下）革兰氏阳性菌，放线菌属为高 G＋C 含量（50% 以上）革兰氏阳性菌。

49. 在细菌分类鉴定中用的最多的核酸序列分析方法是( )
A. 5S rRNA
B. 16S rRNA
C. 23S rRNA
D. 30S rRNA

[答案] B
[解析] 核酸测序技术的发展使得测定细菌某一基因序列变得更为便捷，目前核酸测序技术已经在细菌分类鉴定上得到广泛应用。目前应用最多的是 16S rRNA 全序列比较，已建立了基于细菌 16S rRNA 全序列结果的系统发育树，成为细菌种属分类标准方法。

50. 下列哪项不是细菌的核酸序列分析方法( )
A. HSP60
B. 16S～23S rRNA ISR
C. Hb
D. RnpB

[答案] C

[解析] A、B、D三项，均应用序列分析来进行细菌分类鉴定。C项，血红蛋白（Hb）为红细胞中的成分。

51. 以下哪类细菌不属于γ变形杆菌纲(　　)
A. 假单胞菌属
B. 硝化杆菌属
C. 弧菌属
D. 气单胞菌属

[答案] B

[解析] A、C、D三项，均属于γ变形杆菌纲。B项，属于α变形菌纲。

52. 以下不属于微生物休眠体构造的是(　　)
A. 芽孢
B. 担孢子
C. 分生孢子
D. 厚壁孢子

[答案] B

[解析] 担孢子是真菌界担子菌门的有性孢子。是由担子经核配、减数分裂形成的单倍体细胞。生长在担子的前端，有小梗与担子相连。成熟的担孢子由小梗弹射散出，萌发后形成初级菌丝。

53. 下列微生物中能进行光合作用的是(　　)
A. 链霉菌
B. 蓝藻
C. 青霉菌
D. 甲烷杆菌

[答案] B

[解析] 蓝藻，也叫蓝细菌，是蓝藻界蓝藻门原核生物。蓝藻之所以能够进行光合作用是因为蓝藻内虽然没有叶绿体，但含有叶绿素和藻蓝素，这两种物质是蓝藻能够进行光合作用的主要原因。

54. 分子态氮还原成氨和其他氮化物的过程成为(　　)
A. 固氮作用
B. 氨化作用
C. 硝化作用
D. 反硝化作用

[答案] A

[解析] B项，微生物分解有机氮产生氨的过程称为氨化作用。C项，微生物将氨氧化成硝酸盐的过程称为硝化作用。D项，微生物还原硝酸盐，释放出分子态氮和一氧化二氮的过程称为反硝化作用。

55. 地衣与藻类的关系属于(　　)
A. 共生
B. 互生
C. 种间共处
D. 颉颃

[答案] A

[解析] 地衣是微生物中典型的互惠共生关系，它是藻类和真菌的共生体，常形成固定形态的叶状结构，称为叶状体。在叶状体内，共生菌从基质中吸收水分和无机养料的能力特别强，能够在十分贫瘠的环境条件中吸收水分和无机养料供共生藻利用，共生藻从共生菌得到水分和无机养料，进行光合作用，合成有机物质。

56. 以下哪个是微生物间的有利关系(　　)

    A. 寄生   B. 互生

    C. 种间共处   D. 竞争

[答案] B

[解析] 一般将生物间的相互关系归纳成三种可能性：①一种生物的生长和代谢对另一种生物的生长产生有利的影响，或者相互有利，形成有利关系，如生物间的共生和互生；②一种生物对另一种生物的生长产生有害的影响，或者相互有害，形成有害关系，如生物间的颉颃、竞争、寄生和捕食；③两种生物生活在一起，两者之间发生无关紧要的、没有意义的相互影响，于是表现出对彼此生长和代谢无明显的有利或有害影响，形成中性关系，如种间共处。

57. 细菌外毒素的成分是(　　)

    A. 蛋白质   B. 糖蛋白

    C. 脂多糖   D. 寡肽

[答案] A

[解析] 外毒素是细菌在生长繁殖期间分泌到胞外的一种代谢产物（细菌培养液离心后存在于上清液中），有细胞毒性和肠毒性，成分是蛋白质，抗原性强，但毒性不稳定，易被热等破坏。外毒素对器官作用有一定的选择性。

58. 细菌内毒素的成分是(　　)

    A. 蛋白质   B. 糖蛋白

    C. 脂多糖   D. 寡肽

[答案] C

[解析] 内毒素存在于细菌细胞壁外层，是细胞的组成部分（细菌培养液离心后存在于沉淀中），细菌溶解后才能释放出来，成分是脂多糖，其作用没有特异性。

59. 下面对细菌毒素的说法正确的是(　　)

    A. 外毒素毒性稳定，不易被热等破坏   B. 外毒素对器官作用没有选择性

    C. 内毒素的主要成分是蛋白质   D. 内毒素的作用没有特异性

[答案] D

60. 测定毒力因子大小的指标不包括(　　)

　　A. 最小致死量　　　　　　　　B. 半数致死量

　　C. 最大耐受量　　　　　　　　D. 半数感染量

[答案] C

[解析] 测定毒力因子大小的指标有最小致死量、半数致死量、最小感染量、半数感染量。

61. 细菌感染宿主的核心问题是(　　)

　　A. 黏附　　　　　　　　　　　B. 定植

　　C. 增殖　　　　　　　　　　　D. 扩散

[答案] C

[解析] 细菌在宿主体内增殖，是细菌感染宿主的核心问题，增殖速度对致病性极其重要。如果增殖较快，细菌在感染之初就能克服机体的防御机制，易在体内生存。反之，若增殖较慢，则易被机体清除。

62. 病原菌由原发部位一时性或间歇性侵入血流，但不在血中繁殖，属于(　　)

　　A. 菌血症　　　　　　　　　　B. 败血症

　　C. 毒血症　　　　　　　　　　D. 脓毒血症

[答案] A

63. 病原菌不断侵入血流，并在其中大量繁殖，引起机体严重损害并出现全身中毒症状(　　)

　　A. 菌血症　　　　　　　　　　B. 败血症

　　C. 毒血症　　　　　　　　　　D. 脓毒血症

[答案] B

64. 病原存在于一定的组织或细胞中，但不能产生感染性，属于持续性感染中的哪种类型(　　)

　　A. 慢性感染　　　　　　　　　B. 潜伏感染

　　C. 慢发病感染　　　　　　　　D. 健康携带

[答案] B

[解析] 持续性感染一般分为慢性感染、潜伏感染和慢发病毒感染。潜伏感染是显性或隐性感染后，病原持续存在于动物体组织或细胞中，但不产生感染性，既无临床症状又无病毒体排出。

65. 病原入侵机体后仅引起机体发生特异性免疫应答，不出现或只出现不明显的临床症状，这种感染称为(　　)

　　A. 隐性感染　　　　　　　　　B. 显性感染

C. 持续性感染　　　　　　　　　　D. 病原携带状态

[答案] A

[解析] 发生特异性免疫应答，不出现或只出现不明显的临床症状、体征，甚至生化改变，称为隐性感染或亚临床感染，只有通过免疫学检查才能发现有过感染。感染后对动物机体损害较轻，不引起明显的病变和症状。

66. 以下不属于传统细菌耐药性的检测方法的是（　　）

　　A. 纸片扩散法　　　　　　　　　B. 抗生素稀释法
　　C. PCR法　　　　　　　　　　　D. 最小抑菌浓度法

[答案] C

[解析] 传统细菌耐药性检测方法主要根据细菌对生化物质的代谢特点进行，包括纸片扩散法和抗生素稀释法（测定最小抗生素抑菌浓度MIC）。PCR属于分子生物学技术检测细菌耐药性的方法。

67. 预防耐药性的合理措施不包括（　　）

　　A. 严格执行和区分处方与非处方药　　B. 禁止动植物使用人类应用的抗生素
　　C. 检测抗生素耐药性　　　　　　　　D. 尽可能选用广谱抗生素

[答案] D

[解析] 抗生素耐药性的预防和控制措施有：①建立规范的抗生素使用管理制度和体系，严格执行和区分处方与非处方药；②禁止或限制在动植物中使用抗生素或禁止动植物使用人类应用的抗生素；③监测抗生素耐药性，提供耐药性流行资料，为经验性治疗提供依据，改进实验室诊断，建立和开展快速的病理诊断方法，提高治疗质量。

68. 水生动物细菌感染诊断所需样品的采集与保存应遵循的原则不包括（　　）

　　A. 尽量采集具有典型症状的鲜活或濒死个体
　　B. 采样工具应做到无菌、无毒、清洁、干燥、无污染
　　C. 采集过程避免样品污染
　　D. 不同品种和疾病的样品应采集一样多的数量，并遵循《出入境动物建议采样》及《水生动物产地建议采样技术规范》等的规定和要求

[答案] D

[解析] 水生动物细菌感染诊断所需样品的采集和保存应遵循以下原则：①采样应尽量采集具有典型症状的鲜活或濒死个体。②采样工具应满足病料采集要求，做到无菌、无毒、清洁、干燥、无污染，不对检验造成影响。③采样过程中应避免对病原分析结果有影响的因素发生，避免样品被污染。④采样的数量与方法应视具体的品种和疾病的临床症状表现而定，但应遵循《出入境动物建议采样》（GB/T 18088）及《水生动物产地检疫采样技术规范》（SC/T 7103）等相关标准或规范的规定、要求。

69. 4℃条件下，细菌感染诊断的水生动物死亡个体或组织器官采集以后保存的最长时间是不超过(　　)h。

    A. 12   B. 24

    C. 36   D. 48

［答案］B

［解析］样品采集后应及时进行封样并运回实验室，如需要对样品进行储存，则在 4℃存储条件下最长不可超过 24h。

70. 以下对细菌的分离与纯化说法错误的是(　　)

    A. 接种环是细菌学工作中常用的工具

    B. 无菌操作，是指在操作过程中，避免外界微生物污染标本

    C. 单一病原细菌感染且为严格无菌操作采集的标本材料，可直接做细菌分离

    D. 涂布平板分离法适用于对纯液体性质材料的细菌分离

［答案］B

［解析］无菌操作是一种技术方法，又称为无菌技术，是指在操作过程中，既要避免任何外界环境中的微生物进入操作对象（污染标本），又要杜绝操作对象（细菌材料）散播污染周围环境。

71. 细菌分离中适用于任何类型的标本材料，最常用且有效的方法是(　　)

    A. 涂布平板分离法   B. 倾注平板分离法

    C. 平板划线分离法   D. 选择性培养基分离法

［答案］C

［解析］平板划线分离法是最常用且有效的方法，适用于任何类型的标本材料。

72. 细菌生理生化试验不包括(　　)

    A. 酶类试验   B. 血清学试验

    C. 碳水化合物代谢试验   D. 蛋白质和氨基酸分解试验

［答案］B

［解析］血清学试验为免疫学试验。

73. 以下对细菌氧化酶试验说法错误的是(　　)

    A. 氧化酶也称呼吸酶

    B. 氧化酶在有分子氧时，可氧化盐酸二甲基对苯二胺

    C. 氧化酶是细菌生理生化试验之一

    D. 氧化酶氧化盐酸二甲基对苯二胺后，使之呈玫瑰红到深紫红色

[答案] B

[解析] 氧化酶即细胞色素氧化酶，也称呼吸酶。氧化酶在有分子氧和细胞色素 C 存在时，可氧化盐酸二甲基对苯二胺或盐酸四甲基对苯二胺，使之呈玫瑰红到深紫红色。

74. 以下关于细菌碳水化合物代谢试验说法错误的是(　　)

    A. 细菌利用糖，以分子氧作为最终受氢体，成为氧化型产酸

    B. 糖类发酵试验，可用溴甲酚紫指示酸的产生

    C. β-半乳糖苷酶试验中分解得到的邻硝基酚呈紫色

    D. 甲基红试验可用于测试细菌发酵葡萄糖的变化

[答案] C

[解析] 某些细菌具有 β-半乳糖苷酶，可分解邻硝基-β-半乳糖苷，生成黄色的邻硝基酚。

75. 以下属于蛋白质、氨基酸分解试验的是(　　)

    A. 甲基红试验　　　　　　　　　　B. 甲基乙酰甲醇试验

    C. 吲哚试验　　　　　　　　　　　D. β-半乳糖苷酶试验

[答案] C

[解析] 靛基质（吲哚）试验指某些细菌能分解蛋白质中的色氨酸，产生靛基质（吲哚），靛基质与对二甲氨基苯甲醛结合，形成玫瑰色靛基质（红色化合物）。

76. 以下关于细菌碳源利用试验的说法错误的是(　　)

    A. 柠檬酸盐利用试验和丙二酸盐利用试验都属于碳源利用试验

    B. 柠檬酸盐培养基中柠檬酸钠为唯一碳源

    C. 柠檬酸盐培养基中指示剂为溴百里酚蓝

    D. 细菌利用丙二酸，可将其分解为碳酸钠

[答案] C

[解析] 有的细菌如产气杆菌，能利用柠檬酸钠为碳源，因此能在柠檬酸盐培养基上生长，并分解柠檬酸盐后产生碳酸盐，使培养基变为碱性，培养基的溴麝香草酚蓝指示剂由绿色变为深蓝色。

77. API 鉴定系统中，(　　)菌的鉴定利用氧化酶试验作为定向试验。

    A. 革兰氏阴性杆菌　　　　　　　　B. 革兰氏阴性球菌

    C. 革兰氏阳性杆菌　　　　　　　　D. 革兰氏阳性球菌

[答案] A

[解析] 革兰氏阴性杆菌的鉴定：利用氧化酶试验作定向试验，氧化酶阴性菌株选用 API 20E 试剂条，氧化酶阳性菌株选用 API 20NE 试剂条。

78. API 鉴定系统中，革兰氏阳性杆菌触酶阴性菌株，选用(　　)试剂条。

　　A. 乳酸菌鉴定试剂条 API 50CHL　　B. 棒状杆菌鉴定试剂条 API Coryne

　　C. 李斯特菌鉴定试剂条 API Listeria　D. 芽孢菌鉴定试剂条 API 50CHB

［答案］A

［解析］革兰氏阳性杆菌的鉴定：触酶阴性菌株，镜下观察为延长状杆菌，选用乳酸菌鉴定试剂条 API 50CHL。

79. Biology 自动微生物鉴定系统，微生物利用碳源进行呼吸时，会将四唑类氧化还原染色剂从无色还原成(　　)

　　A. 紫色　　　　　　　　　　　B. 红色

　　C. 黄色　　　　　　　　　　　D. 浅绿色

［答案］A

［解析］Biology 自动微生物鉴定系统：通过一块鉴定板上使用 95 种碳源进行试验，微生物利用碳源进行呼吸时，会将四唑类氧化还原染色剂从无色还原成紫色，从而在微生物的鉴定板上形成该微生物特征性的反应模式或"指纹"，通过读数仪来读取颜色变化。

80. 细菌(　　)溶血素溶血能力最强。

　　A. α 溶血　　　　　　　　　　B. β 溶血

　　C. γ 溶血　　　　　　　　　　D. δ 溶血

［答案］B

［解析］按照溶血特性可分为 α、β、γ 三种溶血类型，其中 β 溶血素溶血能力最强，可在菌落周围形成完全透明的溶血环，β 溶血菌株大多数具有较强的致病力。

81. 下列关于链球菌属的说法正确的是(　　)

　　A. 为革兰氏阴性球菌　　　　　B. 具有运动力

　　C. 具有较大范围的盐适应性　　D. 具有两种溶血类型

［答案］C

［解析］链球菌属为革兰氏阳性细菌，无运动能力。链球菌有较大范围的盐适应性，可在 0～7% 氯化钠浓度中生长。按照溶血特性分为 α、β、γ 三种溶血类型。

82. 下列关于海豚链球菌的说法正确的是(　　)

　　A. 接触酶阳性　　　　　　　　B. 发酵葡萄糖产气

　　C. β 溶血　　　　　　　　　　D. V-P 试验阳性

［答案］C

［解析］海豚链球菌：接触酶阴性，发酵葡萄糖的主要产物是乳酸，但不产气。在绵羊血琼脂平板上形成狭长的 β 溶血带。V-P 试验阴性。

水产前沿®
影响中国水产业意见领袖

执业兽医水生动物类

考点精讲

十位名师提炼核心考点

助您一次考过·快速拿证　每日配套练题·高效备战

课—程—亮—点

紧捉题眼	直击考点	有效提升
名师点睛	一点就通	考题预测
考前模拟	知己百战	预测押题

扫一扫

83. 感染海豚链球菌的发病鱼主要表现为(　　)

A. 败血症　　　　　　　　　　B. 菌血症

C. 毒血症　　　　　　　　　　D. 脓毒血症

[答案] A

[解析] 海豚链球菌能破坏鱼体的脑神经，继而通过血液循环破坏肝、肾、脾等器官引发全身性出血，是一种传染性极强的细菌性疾病。发病鱼主要表现为败血症，全身各脏器出血，脑、心脏、鳃、尾柄等部位出现化脓性炎症或肉芽肿样病变。

84. 海豚链球菌的致病特征是(　　)

A. 引发全身性出血　　　　　　B. 易感性较高的有草鱼和鲤

C. 发病鱼出现抽搐并沉入水底　D. 发病季节主要是 5—6 月

[答案] A

[解析] 对海豚链球菌易感性较高的鱼有罗非鱼、虹鳟、鲷科鱼类、石斑鱼等，而未见感染草鱼、鲤、鲢、鳙等养殖鱼类的报道。发病季节主要是 8—9 月。

85. 下列关于无乳链球菌的说法正确的是(　　)

A. 无乳链球菌具有 A 群特异性抗原　B. 革兰氏阴性球菌

C. 触酶阳性　　　　　　　　　　　D. 产能代谢是发酵

[答案] D

[解析] 无乳链球菌为革兰氏阳性球菌，触酶阴性，具有 Lancefield's B 群抗原。产能代谢是发酵，主要的最终产物是乳酸。

86. 以下关于弧菌属说法错误的是(　　)

A. 有运动力　　　　　　　　　　B. 有鞭毛

C. 触酶阴性　　　　　　　　　　D. 对 O/129 敏感

[答案] C

[解析] 弧菌的主要共同性状有：革兰氏阴性短杆菌，有运动力，极端单鞭毛，菌体大小为（0.5~0.7）$\mu m \times$（1~2）μm，在普通培养基上形成圆形、边缘平滑、灰白色菌落；氧化酶、触酶阳性，对 O/129 敏感。

87. 下列哪种细菌具有重要的公共卫生学意义(　　)

A. 鳗弧菌　　　　　　　　　　　B. 哈维弧菌

C. 副溶血弧菌　　　　　　　　　D. 溶藻弧菌

[答案] C

[解析] 副溶血弧菌由于可引起人类的疾病，具有重要的公共卫生意义。

88. 以下哪种弧菌在 TCBS 平板上呈绿色(　　)

　　A. 鳗弧菌　　　　　　　　　　B. 溶藻弧菌

　　C. 副溶血弧菌　　　　　　　　D. 霍乱弧菌

[答案] C

[解析] 鳗弧菌、溶藻弧菌和霍乱弧菌在 TCBS 上均呈黄色，而副溶血弧菌呈绿色或蓝绿色。

89. 以下关于副溶血弧菌描述不正确的是(　　)

　　A. 属于人畜共患病原　　　　　　B. 具有周生鞭毛，运动活泼

　　C. 一般在 20～28℃引起鱼发病　　D. 可用神奈川试验区分致病株与非致病株

[答案] B

[解析] 副溶血弧菌主要存在于近海岸的海水、海底沉积物和鱼虾、贝类等海产品中，是引起食源性疾病的主要病原之一，属于人畜共患病病原。该菌菌体一端具有单鞭毛，运动活泼。该菌一般在 20～28℃引起鱼发病；可用溶血反应区分致病性和非致病性，称之为神奈川试验。

90. 以下关于创伤弧菌描述正确的是(　　)

　　A. 有 4 个生物型

　　B. 生物 I 型可引起人类败血症和软组织感染

　　C. 发病鱼表现行动迟缓，经常游出水面

　　D. 产生的溶细胞毒素是一种脂溶性蛋白质，对多种哺乳动物的红细胞有溶细胞作用

[答案] C

[解析] 创伤弧菌有 3 个生物型，生物 I 型主要是人类的致病菌，也能感染养殖鱼类。该菌产生的溶细胞毒素是一种亲水蛋白质，不耐热。纯化的溶细胞毒素对多种哺乳动物的红细胞有溶细胞作用。

91. 以下对美人鱼发光杆菌说法正确的是(　　)

　　A. 革兰氏阳性杆菌　　　　　　B. 细胞内寄生

　　C. 吲哚试验阳性　　　　　　　D. V－P 试验阴性

[答案] B

[解析] 美人鱼发光杆菌为嗜盐的革兰氏阴性细菌，细胞内寄生，呈杆状或球状。该菌能发酵葡萄糖，甲基红、V－P 试验阳性，吲哚试验阴性。

92. 哪种菌主要感染鲑科鱼类(　　)

　　A. 嗜水气单胞菌　　　　　　　B. 温和气单胞菌

　　C. 豚鼠气单胞菌　　　　　　　D. 杀鲑气单胞菌

［答案］D
［解析］杀鲑气单胞菌主要感染鲑科鱼类，是鲑科鱼类疖疮病病原。

93. 以下关于嗜水气单胞菌的描述，错误的是(　　)
　　A. 可产生溶血素毒素
　　B. 引起鱼体赤鳍病、竖鳞病、打印病、细菌性肠炎病等
　　C. 主要经过皮肤和鳃感染
　　D. 水温为17～20℃时，死亡率较高

［答案］C
［解析］嗜水气单胞菌可产生 α 和 β 溶血性毒素；引起鳗鲡的赤鳍病、鲤和金鱼的竖鳞病、鲢和鳙的打印病、青鱼和草鱼的细菌性肠炎病。本菌主要通过肠道感染，在鱼体受伤或寄生虫感染的条件下，还可经过皮肤和鳃感染，并与水温等有密切关系。水温为17～20℃时，死亡率较高，在9℃以下时鱼很少发病死亡。

94. 杀鲑气单胞菌与其他气单胞菌的区别是(　　)
　　A. 革兰氏染色颜色　　　　　　　B. 细菌呈现的形态
　　C. 有无荚膜　　　　　　　　　　D. 有无鞭毛

［答案］D
［解析］杀鲑气单胞菌无鞭毛，无运动力，这是与其他气单胞菌成员的重要区别。

95. 以下关于假单胞菌属的说法正确的是(　　)
　　A. 革兰氏阳性球菌　　　　　　　B. 有运动力
　　C. 氧化酶、触酶阴性　　　　　　D. 葡萄糖氧化不分解

［答案］B
［解析］假单胞菌是一类革兰氏阴性杆菌；极端生单根或多根鞭毛，有运动力；氧化酶、触酶阳性，葡萄糖氧化分解。

96. 假单胞菌与气单胞菌、弧菌的主要区别是(　　)
　　A. 生长需氧　　　　　　　　　　B. 极端单鞭毛
　　C. 氧化酶和触酶阳性　　　　　　D. 条件致病菌

［答案］A
［解析］弧菌和气单胞菌都是需氧或兼性厌氧型，而假单胞菌是严格的需氧型。

97. 鱼类病原性荧光假单胞菌属于(　　)
　　A. 生物Ⅰ型　　　　　　　　　　B. 生物Ⅱ型
　　C. 生物Ⅲ型　　　　　　　　　　D. 生物Ⅳ型

[答案] A

[解析] 一般把荧光假单胞菌分成 I ～ V 个生物型，鱼类病原性荧光假单胞菌属于生物 I 型。

98. 以下哪类细菌是生长需氧型(   )

    A. 气单胞菌   B. 弧菌

    C. 假单胞菌   D. 爱德华氏菌

[答案] C

[解析] 假单胞菌是一类革兰氏阴性杆菌，需氧，进行严格的呼吸型代谢，这是与气单胞菌、弧菌和爱德华氏菌的主要区别。

99. 紫外灯下可见荧光，是(   )菌的重要鉴别特性。

    A. 荧光假单胞菌   B. 鳗败血假单胞菌

    C. 恶臭假单胞菌   D. 维氏气单胞菌

[答案] A

[解析] 荧光假单胞菌紫外灯下可见荧光，是该菌的重要鉴别特性。

100. 鳗败血假单胞菌病的特征不包括(   )

    A. 主要侵害日本鳗鲡和香鱼   B. 本菌可侵入鱼表皮底层和真皮中

    C. 本病一般发生在水温为 10～25℃时发生   D. 本病流行于 5—8 月

[答案] D

[解析] 鳗败血假单胞菌主要侵害日本鳗鲡和香鱼；本菌可侵入鱼表皮底层和真皮中；本病一般发生在水温为 10～25℃时发生；本病流行于 2—6 月和 10—11 月。

101. 根据 K 抗原的有无，可将鳗败血假单胞菌分为(   )个血清型。

    A. 2   B. 3

    C. 4   D. 5

[答案] B

[解析] 鳗败血假单胞菌有 O 抗原和 K 抗原。K 抗原能阻止 O 抗原与相应抗血清的凝集反应。根据 K 抗原的有无，可将本菌分为三个血清型，即 I （K＋）型、II（K—）型、中间（K±）型。

102. 以下哪类菌多数为周生鞭毛(   )

    A. 弧菌   B. 气单胞菌

    C. 假单胞菌   D. 爱德华氏菌

[答案] D

[解析] 弧菌，有运动力，极端单鞭毛；气单胞菌，绝大多数有极端单鞭毛；假单胞菌，极端生单根或多根鞭毛；爱德华氏菌，多数为周生鞭毛。

103. 爱德华氏菌病首次在(　　)中发现。
   A. 日本鳗鲡　　　　　　　　B. 大鳞大麻哈鱼
   C. 真鲷　　　　　　　　　　D. 虹鳟

[答案] A

[解析] 爱德华氏菌病首次在日本鳗鲡中发现，后来在多种人工养殖的淡水鱼和海水鱼中检出。除日本鳗鲡外，迟缓爱德华氏菌还可感染金鱼、虹鳟、大鳞大麻哈鱼、黑鲈、真鲷、黑鲷、鲻、川鲽等。

104. 鲖爱德华氏菌主要引起(　　)
   A. 肠炎病　　　　　　　　　B. 细菌性败血症
   C. 溃疡病　　　　　　　　　D. 红点病

[答案] B

[解析] 鲖爱德华氏菌主要引起细菌性败血症，该病于1976年在美国亚拉巴马州和佐治亚州的河中首次发现，目前是水产养殖业危害严重的传染病。

105. 下列不属于肠杆菌科的细菌有(　　)
   A. 沙门氏菌　　　　　　　　B. 志贺氏菌
   C. 爱德华氏菌　　　　　　　D. 弧菌

[答案] D

[解析] 肠杆菌科种类繁多，有埃希菌属、志贺菌属、沙门菌属、克雷伯菌属、变形杆菌属、摩根菌属、枸橼酸菌属、肠杆菌属等。D项，弧菌属属于弧菌科。

106. 鲁氏耶尔森菌毒性最强的血清型是(　　)
   A. 血清型Ⅰ　　　　　　　　B. 血清型Ⅱ
   C. 血清型Ⅲ　　　　　　　　D. 血清型Ⅳ

[答案] A

[解析] 鲁氏耶尔森菌用凝集反应可分成5个血清型，各型之间有一定的交叉反应。其中最常见的是血清型Ⅰ（代表株为Hagerman株），其毒性最强。

107. 鲁氏耶尔森菌的特征不包括(　　)
   A. 革兰氏阴性短杆菌，两端圆、周生鞭毛　　B. 氧化酶阴性，氧化型
   C. 可在巨噬细胞内存活和繁殖　　　　　　　D. 专性寄生菌

[答案] B
[解析] 鲁氏耶尔森菌属于氧化酶阴性，发酵型。

108. 黄杆菌属的特征不包括（　　）
    A. 革兰氏阴性杆菌　　　　　　B. 无动力、无芽孢
    C. 氧化酶、触酶阴性　　　　　D. 专性需氧

[答案] C
[解析] 黄杆菌是一群无动力的革兰氏阴性杆菌，无芽孢。氧化酶、触酶阳性。专性需氧。

109. 对海生黄杆菌抵抗力说法错误的是（　　）
    A. 对庆大霉素不敏感　　　　　B. 对多黏菌素 B 不敏感
    C. 对四环素不敏感　　　　　　D. 对萘啶酸不敏感

[答案] C
[解析] 海生黄杆菌对庆大霉素、新霉素、卡那霉素、链霉素、多黏菌素 B、放绒菌素 D 和萘啶酸不敏感。对弧菌抑制剂 O/129、新生霉素、氨苄青霉素、复端孢菌素、四环素、氯霉素、红霉素、磺胺、甲氧苄啶、硝基呋喃敏感。

110. （　　）主要引起草鱼的细菌性烂鳃病。
    A. 柱状黄杆菌　　　　　　　　B. 海生黄杆菌
    C. 脑膜炎败血黄杆菌　　　　　D. 海分枝杆菌

[答案] A
[解析] 柱状黄杆菌可从鱼体分离得到，通过水体传播，带菌鱼是该病的主要传染源，被病原菌污染的水体、塘泥等也可成为重要的传染源，主要危害对象为草鱼，引起细菌性烂鳃病。

111. 主要引起结核病症状的是（　　）
    A. 海生黄杆菌　　　　　　　　B. 鲕诺卡菌
    C. 星形诺卡菌　　　　　　　　D. 海分枝杆菌

[答案] D
[解析] 海分枝杆菌在自然界分布广泛，是人类与多种动物的病原菌，侵害鱼类、两栖类、爬行类等，对动物的致病性主要为引起结核病症状。

112. 立克次氏体和螺原体的共同特征不包括（　　）
    A. 原核生物　　　　　　　　　B. 有细胞壁
    C. 可感染虾类　　　　　　　　D. 无鞭毛

[答案] B

[解析] 立克次氏体有细胞壁，螺原体无细胞壁。

113. 碘染色可使衣原体包涵体呈现(　　)

　　A. 红紫色　　　　　　　　　　　　B. 紫红色

　　C. 蓝色　　　　　　　　　　　　　D. 红褐色

[答案] D

[解析] 碘染色可使衣原体呈现红褐色，在显微镜下较易观察。

114. Giemsa 染色，衣原体呈(　　)，网状体呈(　　)

　　A. 红紫色，淡蓝色　　　　　　　　B. 淡蓝色，红紫色

　　C. 红紫色，淡绿色　　　　　　　　D. 淡绿色，红紫色

[答案] A

[解析] Giemsa 染色，原体呈红紫色，网状体呈淡蓝色，可与立克次氏体呈紫红色加以鉴别。

115. 以下哪类微生物可进行有性繁殖(　　)

　　A. 细菌　　　　　　　　　　　　　B. 真菌

　　C. 病毒　　　　　　　　　　　　　D. 衣原体

[答案] B

[解析] 真菌可进行有性繁殖和无性繁殖，如酵母菌有性繁殖形成子囊孢子，细菌、病毒和支原体只能进行无性繁殖。

116. 根据第 8 版《真菌学辞典》，目前将真菌界分为(　　)个门。

　　A. 5　　　　　　　B. 6　　　　　　　C. 7　　　　　　　D. 8

[答案] A

[解析] 根据第 8 版《真菌学辞典》，目前将真菌界分为 5 个门：壶菌门、接合菌门、子囊菌门、担子菌门、半知菌门。

117. 以下关于真菌的说法错误的是(　　)

　　A. 有边缘清楚的核膜包围着细胞核　　B. 不含叶绿素，不能进行光合作用

　　C. 以产生大量无性和有性孢子进行繁殖　　D. 都具有发达分支的菌丝体

[答案] D

[解析] 真菌除酵母菌为单细胞外，一般具有发达分支的菌丝体。

118. 哪种真菌含有有隔菌丝(　　)

　　A. 水霉　　　　　　　　　　　　　B. 毛霉

　　C. 根霉　　　　　　　　　　　　　D. 青霉

[答案] D

[解析] 低等真菌菌丝中无隔膜，整个菌丝是一个单细胞，内含多个细胞核，如水霉、毛霉、绵霉和根霉等即为这种菌丝。高等真菌的菌丝有隔膜，隔膜将菌丝隔成多个细胞，每个细胞内有 1 个或多个孔，能让相邻两细胞内的物质相互交换。青霉、木霉、镰刀霉、白地霉和曲霉等为有隔菌丝。

119. 以下哪种孢子是有性孢子(　　)

A. 节孢子
B. 孢囊孢子
C. 分生孢子
D. 接合孢子

[答案] D

[解析] 霉菌的无性孢子包括节孢子、孢囊孢子、分生孢子、厚垣孢子；有性孢子包括合子、卵孢子、接合孢子和子囊孢子。

120. 真菌遗传分类法不包括(　　)

A. 核酸杂交测定法
B. 限制性片段多态性分析
C. 16S rRNA 序列分析
D. 聚类分析

[答案] D

[解析] 聚类分类是以生物性状的相似比较为依据的一类分类方法。此法采取两条基本原则，即一个种是许多相似性很高、但并不完全相同的菌株的聚类群，一个属是或多或少地有相似性的种的聚类群；一个生物的各种被检验的性状都具有同等的分类价值。

121. 有性繁殖产生卵孢子的是(　　)

A. 壶菌门
B. 接合菌门
C. 子囊菌门
D. 担子菌门

[答案] A

[解析] 壶菌门有性繁殖产生卵孢子，接合菌门有性繁殖产生接合孢子，子囊菌门有性繁殖产生子囊孢子，担子菌门有性繁殖产生担孢子。

122. 下列微生物具有完整细胞结构的是(　　)

A. 真菌
B. 细菌
C. 病毒
D. 支原体

[答案] A

[解析] A项，真菌是一类低等真核微生物，具有细胞壁和真正的细胞核。B项，细菌是一类个体微小，形态与结构简单，具有细胞壁和原始核质，无核仁和核膜，除核糖体外无其他细胞器的原核生物。C项，病毒是一类不具有细胞结构，只能在活细胞中增殖的微生物。D项，支原体是一类无细胞壁的原核微生物。

123. 真菌不含有以下哪种细胞结构(　　)

    A. 细胞膜   B. 细胞质

    C. 核糖体   D. 叶绿体

[答案] D

[解析] 真菌具有细胞壁和真正的细胞核，不含叶绿素，不能进行光合作用，营养方式为异养吸收型。

124. 水生动物肤霉病病原是(　　)

    A. 水霉   B. 绵霉

    C. 丝囊霉   D. 鳃霉

[答案] B

[解析] 绵霉是水塘中附着在鱼类残体上的腐生性真菌，也是水生动物肤霉病病原。

125. 水霉有性繁殖产生的雄器与卵球结合后，以此经过哪 3 个阶段(　　)

    A. 质配-核配-减数分裂   B. 核配-质配-减数分裂

    C. 减数分裂-核配-质配   D. 减数分裂-质配-核配

[答案] A

[解析] 雄核通过芽管穿过藏卵器上的凹孔纹而进入卵球核处，与卵球结合，经过质配、核配和减数分裂 3 个阶段，形成卵孢子。

126. 引起以鳃组织梗塞性坏死为特征的烂鳃病的是(　　)

    A. 水霉   B. 绵霉

    C. 丝囊霉   D. 鳃霉

[答案] D

[解析] 草鱼、青鱼、鳙、鲮、黄颡鱼、银鲴等对鳃霉具有易感性，出现以组织梗塞性坏死为特征的烂鳃病。

127. (　　)对鳃霉最易感，发病率最高。

    A. 草鱼   B. 青鱼

    C. 鳙   D. 鲮

[答案] D

[解析] 鲮鱼对鳃霉最为易感，发病率高，死亡率达 70%～90%。

128. 以下对镰刀菌说法错误的是(　　)

    A. 属于鞭毛菌亚门   B. 中毒性病原真菌

    C. 可感染作物、人、动物和昆虫   D. 产 T2 毒素

[答案] A

[解析] 镰刀菌属于半知菌亚门。

129. 以下关于链壶菌的说法错误的是（　　）
　　A. 引起链壶菌病　　　　　　　B. 菌丝不分支
　　C. 适宜生长温度为 25～35℃　　D. 适宜生长 pH 为 6～10

[答案] B

[解析] 链壶菌菌丝分支。

130. 未发现有性繁殖的真菌是（　　）
　　A. 假丝酵母菌　　　　　　　　B. 霍氏鱼醉菌
　　C. 链壶菌　　　　　　　　　　D. 镰刀菌

[答案] A

[解析] 假丝酵母属是一类能形成假菌丝、未发生有性繁殖、不产生子囊孢子的酵母。细胞为圆形、卵形或长形。

131. 病毒的（　　）与其囊膜无关。
　　A. 宿主嗜性　　　　　　　　　B. 致病性
　　C. 免疫原性　　　　　　　　　D. 感染类型

[答案] D

[解析] 有些病毒在核衣壳外面尚有囊膜。囊膜是病毒成熟过程中从宿主细胞获得的，含有宿主细胞膜或核膜成分。有些囊膜表面有突起，称为纤突或膜粒。囊膜与纤突构成病毒颗粒的表面抗原，与病毒对宿主细胞嗜性、致病性和免疫原性有密切关系。

132. 以下哪种病原结构不具有抗原性（　　）
　　A. 衣壳　　　　　　　　　　　B. 核酸
　　C. 病毒样颗粒　　　　　　　　D. 囊膜

[答案] B

[解析] 病毒蛋白是良好的抗原，可激发机体发生免疫应答。病毒的衣壳蛋白、囊膜蛋白或纤突蛋白特异性吸附和结合至易感细胞受体上，使得病毒颗粒或核酸可侵入细胞，是决定病毒宿主细胞嗜好性的重要因素。核酸是病毒的遗传物质，携带着病毒的全部遗传信息，是病毒遗传、变异的物质基础。

133. 包膜病毒和无包膜病毒的重要区别是（　　）
　　A. 对脂溶剂抗性与否　　　　　B. 有无核酸
　　C. 有无囊膜　　　　　　　　　D. 有无衣壳

［答案］A

［解析］包膜病毒因包膜富含脂类，对脂溶剂敏感，易被乙醚、丙酮、氯仿、阴离子去垢剂及去胆酸盐等脂溶剂所溶解，使病毒失去感染的能力。无包膜病毒对脂溶剂有抗性，借此可鉴别包膜病毒和无包膜病毒。

134. (　　)插入核酸后，核酸呈现不同颜色的荧光，是病毒核酸理化特性鉴定的一个重要指标。

  A. 吖啶橙   B. 亚甲蓝

  C. 台盼蓝   D. 中性红

［答案］A

［解析］吖啶橙插入核酸链后，荧光显微镜下单、双链核酸呈现不同颜色的荧光，是病毒核酸理化特性鉴定的一个重要指标。

135. 国际病毒分类系统采用(　　)级病毒分类方法。

  A. 13   B. 14

  C. 15   D. 16

［答案］C

［解析］国际病毒分类系统采用15级病毒分类方法，即8个主要等级（域、界、门、纲、目、科、属、种）和7个衍生等级（亚域、亚界、亚门、亚纲、亚目、亚科、亚属）。

136. 病毒的复制过程是(　　)

  A. 吸附、脱壳、穿入、生物合成及装配与释放

  B. 吸附、穿入、脱壳、生物合成及装配与释放

  C. 吸附、脱壳、生物合成、穿入及装配与释放

  D. 脱壳、吸附、穿入、生物合成及装配与释放

［答案］B

［解析］病毒的复制过程又称为病毒的复制周期，分为吸附、穿入、脱壳、生物合成及装配与释放5个步骤。

137. DNA 病毒多在(　　)内装配，RNA 病毒躲在(　　)内装配。

  A. 细胞核、细胞质   B. 细胞质、细胞核

  C. 细胞核、细胞核   D. 细胞质、细胞质

［答案］A

［解析］不同核酸类型的病毒装配位置不同，一般 DNA 病毒躲在细胞核内装配，RNA 病毒多在细胞质内装配。

138. 关于病毒传代细胞系的说法错误的是（　　）

    A. 原代细胞反复传代培养后获得　　　　B. 稳定的体外细胞培养系

    C. 可在体外无限制分裂　　　　　　　　D. 不可在体外无限制传代

［答案］D

［解析］传代细胞系为原代细胞反复传代培养后获得的稳定体外细胞培养系，具有体外无限制分裂和传代特性，传代及培养方便，在病毒学上应用广泛。

139. （　　）是病毒分离和培养中最常用的方法。

    A. 细胞静置培养　　　　　　　　　　　B. 细胞旋转培养

    C. 细胞悬浮培养　　　　　　　　　　　D. 细胞微载体培养

［答案］A

［解析］细胞静置培养指将消化分散的细胞悬液分装于细胞培养瓶或培养板、封闭后置于恒温箱中培养，通常数天后细胞可贴壁形成单层细胞。细胞静置培养是病毒分离和培养中最常用的方法。

140. 关于病毒感染后，细胞凋亡的说法错误的是（　　）

    A. 细胞的生理性或程序性死亡

    B. 细胞凋亡，染色质浓缩、边缘化、细胞 DNA 降解

    C. 发生在病毒复制完成后

    D. 可延缓病毒在体内的蔓延

［答案］C

［解析］病毒感染细胞后可引起细胞的生理性死亡或程序性死亡，即细胞凋亡。凋亡细胞表现为染色质浓缩、边缘化，细胞 DNA 降解成 180～200bp 片段。细胞凋亡发生在子病毒释放前，细胞通过凋亡自行死亡，可有助于机体及早清除感染病毒，延缓病毒在体内的蔓延。

141. 根据病程不同，病毒感染可分为（　　）

    A. 显性感染和隐性感染　　　　　　　　B. 急性感染和持续性感染

    C. 急性感染和慢性感染　　　　　　　　D. 慢性感染、潜伏感染和慢发病毒感染

［答案］D

［解析］病毒感染是病毒侵入机体后与机体相互作用的动态过程。根据病毒感染后是否出现临床症状，分为显性感染和隐性感染；根据病程及病毒在机体内滞留时间分为急性感染和持续性感染；根据病程不同分为慢性感染、潜伏感染和慢发性病毒感染。

142. 病毒在机体内持续增殖，不断排出体外，但感染个体无临床疾病，仅在机体免疫功能低下时发病，症状长期迁延，称为（　　）

    A. 慢性感染　　　　　　　　　　　　　B. 潜伏感染

C. 慢发病毒感染　　　　　　　　　　　D. 隐性感染

[答案] A

[解析] 慢性感染指病毒在机体内持续增殖，不断排出体外，但感染个体无临床疾病，仅在机体免疫功能低下时发病，症状长期迁延。某些鱼病毒感染后可终生带毒，并持续向环境释放病毒，引起鱼群潜在的发病威胁。

143. 无囊膜病毒最常见的传播方式是(　　　)

A. 粪口传播　　　　　　　　　　　　　B. 血液传播

C. 飞沫传播　　　　　　　　　　　　　D. 唾液传播

[答案] A

[解析] 无囊膜病毒对于干燥、酸和去污剂的抵抗力较强，通常以粪口途径为主要传播方式。有囊膜病毒对干燥、酸和去污剂的抵抗力较弱，通常维持在湿润环境，主要通过飞沫、血液、唾液和黏液等传播。

144. 以下哪种侵入途径可引起病毒的垂直传播(　　　)

A. 呼吸器官　　　　　　　　　　　　　B. 消化道

C. 皮肤　　　　　　　　　　　　　　　D. 生殖腺

[答案] D

[解析] 一些病毒可通过生殖腺、病毒感染亲本的精子和卵子等途径垂直感染子代。

145. 关于病毒的免疫的说法错误的是(　　　)

A. 抗病毒免疫包括非特异性免疫和特异性免疫

B. 非特异性免疫在病毒感染早期发挥主要作用

C. 特异性体液免疫作用于胞外病毒，特异性细胞免疫作用于胞内病毒

D. 机体主要通过细胞毒 B 细胞及 B 细胞释放的淋巴因子抵抗细胞内病毒

[答案] D

[解析] 对细胞内的病毒，机体主要通过细胞毒 T 细胞（CTL）及 T 细胞释放的淋巴因子发挥抗病毒作用。

146. 对已经发生的病毒疾病进行诊断，必须至少挑选(　　　)个体进行检测。

A. 10　　　　　　　　　　　　　　　　B. 15

C. 20　　　　　　　　　　　　　　　　D. 25

[答案] A

[解析] 要对已经发生的疾病进行诊断，必须至少挑选 10 个濒死个体或 10 个疑为某种疾病临床病症的个体。

147. 对于无症状水生动物的诊断，为了检测疾病流行或核准健康证书，最低假定检出

率定为（　　）

      A. 2%　　　　　　　　　　　　　B. 3%

      C. 5%　　　　　　　　　　　　　D. 8%

[答案] A

[解析] 要监测疾病流行情况，或检测无症状感染的病原，或核准健康证书，所需的采样数量就应该用统计学方法来确定。先假定感染的检出率大于或等于 2%、5%、10%、20% 等，再对不同大小的群体计算所需的最少样品数量，该数量应该能使样品中出现感染标本的概率满足 95% 的可信限。为了监测疾病流行或核准健康证书，取最低的假定检出率，即 2%；为了诊断群体中似乎存在的无症状感染，可假定检出率高于 5%。

148. 对于无症状水生动物的诊断，为诊断群体中似乎存在的无症状感染，可假定检出率高于（　　）

      A. 2%　　　　　　　　　　　　　B. 3%

      C. 5%　　　　　　　　　　　　　D. 8%

[答案] C

149. 按照水生动物大小的取样要求，4～6 cm 的个体，采集（　　）

      A. 整个个体　　　　　　　　　　B. 肾脏在内的所有内脏

      C. 肾脏、脾脏和脑　　　　　　　D. 10 尾鱼的组织混样

[答案] B

[解析] 按照水生动物大小的取样要求，幼体和带卵黄囊的个体，取个体，如有卵黄囊则需去除；4～6 cm 的个体，采集包括肾脏在内的所有内脏；超过 6 cm 个体，采集肾脏、脾脏和脑。取样时，最多 5 尾鱼的组织混样，组织重量不超过 1.5 g；对于无症状带毒鱼，可将不超过 5 尾鱼的组织混样，总重量不超过 1.5 g。

150. 乙醇保存样品，运输前 1 h 将保存标本转移到（　　）乙醇中包装和运输。

      A. 50%　　　　　　　　　　　　B. 70%

      C. 75%　　　　　　　　　　　　D. 90%

[答案] A

[解析] 乙醇保存样品：取病灶、可疑组织或抽取血液保存于 90%～95% 乙醇中，做好相应标签，运输前 1 h 将保存标本转移到 50% 乙醇中包装和运输。

151. 用于病毒鉴定的病毒理化特性测试不包括（　　）

      A. 核酸型鉴定　　　　　　　　　B. 耐酸、耐热性试验

      C. 脂蛋白沉降试验　　　　　　　D. 脂溶剂敏感性试验

[答案] C

[解析] 病毒理化特性是病毒鉴定的重要依据，常用的病毒鉴定包括病毒核酸型鉴定、耐酸性试验、脂溶剂敏感试验、耐热性试验、胰蛋白酶敏感试验等。

152. 对病毒理化特性测定说法错误的是(　　)

    A. 氟脱氧尿核苷可抑制 RNA 病毒的复制

    B. 绿豆核酸酶可降解单链核酸

    C. 有囊膜病毒对脂溶性试验敏感

    D. 肠道相关病毒一般具有耐酸性

[答案] A

[解析] 病毒核酸型鉴定是病毒理化特测定的最主要指标。经典的方法是用代谢抑制法，即添加氟脱氧尿核苷（FUDR）或类似物于病毒培养物中，DNA 病毒复制可受到抑制，而 RNA 病毒复制不受影响。

153. 以下对病毒感染单位测定的说法错误的是(　　)

    A. 主要有空斑试验、终点稀释法和半数致死剂量

    B. 空斑试验通过病毒接种细胞上覆盖琼脂来实现

    C. 死细胞可被中性红或结晶紫染色

    D. 终点稀释法可用于不能形成空斑的病毒

[答案] C

[解析] 通过中性红或结晶紫对感染细胞染色，活细胞可着色，病毒感染死亡细胞则因不能着色而形成透明空斑，采用无毒性的中性红还可从空斑处直接回收病毒。

154. 疱疹病毒中基因组最大的病毒是(　　)

    A. 锦鲤疱疹病毒　　　　　　　　B. 斑点叉尾鮰病毒

    C. 金鱼造血器官坏死病毒　　　　D. 传染性脾肾坏死病毒

[答案] A

[解析] 锦鲤疱疹病毒、斑点叉尾鮰病毒、金鱼造血器官坏死病毒属于疱疹病毒。其中，锦鲤疱疹病毒基因组最大，为 227 kbp。

155. 关于锦鲤疱疹病毒致病性的说法正确的是(　　)

    A. 除了感染锦鲤、鲤和剃刀鱼以外，还可感染其他鱼

    B. 该病潜伏期为 7d

    C. 死亡率可达到 100%

    D. 可水平传播和垂直传播

[答案] C

[解析] 锦鲤疱疹病毒（KHV）仅感染锦鲤、鲤和剃刀鱼，鱼苗、幼鱼、成鱼均可感染。但 KHV 不感染同池的金鱼、草鱼等其他鱼类。该病多发于春秋季，潜伏期 14 d，发病后几日就开始死亡，初次死亡后 2~4 d 死亡率可迅速达 80%~100%。KHV 暴发后幸存锦鲤可将病毒传染给同池鱼群，主要通过水平传播，能否垂直传播还未确定。

156. 对斑点叉尾鮰病毒生物学特性说法错误的是( )

    A. 鮰疱疹病毒属   B. 具囊膜

    C. 35℃时复制量最大   D. 在甘油中失去感染力

[答案] C

[解析] 斑点叉尾鮰病毒为疱疹病毒目、异疱疹病毒科、鮰疱疹病毒属的代表种；具典型的疱疹病毒属特征，具囊膜；35℃时复制速度最快，30℃时复制量最大。病毒对氯仿、乙醚、酸、热环境等敏感，在甘油中失去感染力。

157. 对斑点叉尾鮰病毒致病性说法错误的是( )

    A. 自然条件下主要感染斑点叉尾鮰   B. 可水平传播和垂直传播

    C. 流行温度是 15~30℃   D. 肾是最先受损的器官

[答案] C

[解析] 自然条件下主要感染斑点叉尾鮰。病鱼或带毒者通过尿和粪便向水体排出 CCVD，发生水平传播；亲鱼感染 CCV，可通过鱼卵发生垂直传播。CCV 的流行温度为 20~30℃，此温度范围内，水温越高，发病速度越快，发病率和死亡率越高，水温低于 15℃，CCV 几乎不会发生。病理上，CCVD 可危害斑点叉尾鮰的各种重要组织器官，肾是最先受损的器官。

158. 对金鱼造血器官坏死病毒的说法错误的是( )

    A. 无囊膜，病毒粒子呈椭圆形   B. 病毒对酸敏感

    C. 幼鱼比成鱼更易感   D. 主要发生水温为 15~25℃

[答案] A

[解析] 金鱼造血器官坏死病毒有囊膜，囊膜包裹的病毒粒子呈椭圆形。病毒对脱氧尿苷、酸和乙醚都敏感。通常幼鱼比成鱼更易感，引起暴发性死亡多为 1 龄以下幼鱼，成鱼、亲鱼也有死亡的病例报道。主要发病水温为 15~25℃，水温高于 25℃时，发病率降低，27℃以上发病死亡可立刻停止。

159. 下列对淋巴囊肿病毒的生物学特性描述正确的是( )

    A. 该病毒最适宜生长温度是 35~37℃   B. 该病毒对乙醚不敏感

    C. 该病毒对低温敏感   D. 为双股 DNA 病毒

[答案] D

[解析] 淋巴囊肿病毒粒子二十面体，有囊膜。病毒核心为双股 DNA 形成的纤丝团。病毒在细胞中的生长温度为 20～30℃，适宜温度为 23～25℃。该病毒对乙醚、甘油和热敏感；对干燥和冷冻很稳定。

160. 下列对淋巴囊肿病毒的致病性描述正确的是（　　）

　　A. 主要发病为夏秋季节，水温为 20～30℃为发病高峰

　　B. 主要感染苗种，1 龄以后鱼很少出现死亡

　　C. 病毒传染性强，可在短时间内引起大量鱼感染

　　D. 可用 BF－2、LBF－1 细胞分离培养病毒

[答案] D

[解析] 淋巴囊肿病毒流行于世界各大洲养殖鱼类，主要发生在海水鱼类。全年可发病，水温 10～20℃为发病高峰。苗种和 1 龄鱼发病后 2 个月累计死亡率达 30% 以上；2 龄以上鱼很少出现死亡。病毒传染性不强，通常养殖群体中仅有部分鱼发病。可用 BF－2、LBF－1 等细胞株分离培养病毒。

161. 以下关于传染性脾肾坏死病毒说法错误的是（　　）

　　A. 鳜暴发性出血病病原　　　　　　　B. 虹彩病毒科、细胞肿大病毒属成员

　　C. 患病鳜头部充血，肛门出血　　　　D. 可用 ISKNV 的引物进行 PCR 检测诊断

[答案] C

[解析] 传染性脾肾坏死病毒是鳜暴发性出血病的病原，属虹彩病毒科、细胞肿大病毒属成员。患病鳜头部充血，口四周和眼出血。用 ISKNV 的引物做 PCR 检测，对 PCR 阳性条带进行测序，与 ISKNV 基因序列相同可做出判断。

162. 传染性脾肾坏死病毒感染鳜的症状不包括（　　）

　　A. 头部充血，口四周和眼出血　　　　B. 鳃发白，肝肿大发黄甚至发白

　　C. 脾和肾内细胞肥大　　　　　　　　D. 出现溃疡和肠炎

[答案] D

[解析] 患病鳜头部充血，口四周和眼出血。解剖可见鳃发白，肝肿大发黄甚至发白。腹部呈黄疸症状。组织病理变化最明显的是脾和肾内细胞肥大，感染细胞肿大形成巨大细胞。

163. 下列对真鲷虹彩病毒的描述正确的是（　　）

　　A. 病毒颗粒是十二面体，有囊膜

　　B. 单链线状 DNA 病毒

　　C. 该病在日本四国真鲷养殖场首次暴发

　　D. 主要经垂直传播

[答案] C

[解析] 真鲷虹彩病毒基因组为双链线状DNA，病毒核衣壳直径120～130 nm，有囊膜。真鲷虹彩病毒病20世纪90年代初在日本四国真鲷养殖场首次暴发，逐渐蔓延到日本西部海水养殖场，引起真鲷鱼苗大量死亡。真鲷虹彩病毒病主要经水平传播。

164. 以下对流行性造血器官坏死病病毒描述正确的是（　　）

  A. 属虹彩病毒科，细胞肿大病毒属 B. 成鱼比幼鱼更易感

  C. 在赤鲈中的流行程度与水质直接相关 D. 可同时垂直传播和水平传播

[答案] C

[解析] 流行性造血器官坏死病病毒分类上属虹彩病毒科、蛙病毒属。赤鲈对该病毒极为敏感，幼鱼和成鱼都可受该病毒感染，幼鱼对该病毒更易感。该病毒对赤鲈的致死与流行程度与水质有直接关系。一般12～18℃时潜伏期为10～28d，19～21℃时为10～11d。病鱼、带毒鱼及污染水体均可作为病毒传染源，病毒可通过病鱼或带毒鱼的粪便、尿液在水体中扩散传播，最后引起疾病流行。未在卵巢中检测到病毒，表明病毒垂直传播可能性较小。

165. 以下关于流行性造血器官坏死病诊断方法描述不正确的是（　　）

  A. 流行性造血器官坏死病病毒对BF-2最为敏感

  B. 一般用28℃培养病毒

  C. 可用组织匀浆液接种BF-2细胞，病变后检测病毒

  D. 可用PCR直接检测病鱼组织中的病毒

[答案] B

[解析] 流行性造血器官坏死病病毒（EHNV）对蓝太阳鱼鳃细胞（BF-2）、大鳞大麻哈鱼胚胎细胞（CHSE-214）或鲤上皮乳头瘤细胞（EPC）较为敏感，其中以BF-2最为敏感。可用待测鱼肝、脾、肾组织匀浆液接种上述细胞，22℃培养病毒，待细胞病变出现后再用分子检测、免疫荧光、ELISA或免疫酶等方法检测EHNV；也可用免疫荧光、ELISA、免疫酶或PCR直接检测病鱼组织中的EHNV。

166. 以下关于十足目虹彩病毒描述错误的是（　　）

  A. 二十面体，有囊膜 B. 主要感染虾类

  C. 发病虾可能出现"白头" D. 患病虾造血组织形成细胞质嗜碱性包涵体

[答案] D

[解析] 十足目虹彩病毒属于虹彩病毒科、十足目虹彩病毒属，是大颗粒的二十面体病毒，有囊膜。该病毒易感物种包括凡纳滨对虾、罗氏沼虾、青虾、克氏原螯虾、红螯螯虾和脊尾白虾等重要养殖品种。罗氏沼虾感染后，额剑基部甲壳下呈现明显的白色三角形病变，产业称为"白头"或"白点"。组织病理学特征表现为患病虾的造血组织、血细胞及部分上皮细胞内形成细胞质嗜酸性包涵体，并伴随有细胞核的固缩。

167. 白斑综合征感染的主要途径是(　　　)

A. 经口传播　　　　　　　　　　B. 皮肤传播

C. 呼吸传播　　　　　　　　　　D. 生殖道传播

[答案] A

[解析] 白斑综合征病毒自然感染过程中，经口感染是病毒传播的主要途径，可通过甲壳类动物个体间的感染传播或携带，在自然界下可能长期存在。

168. 白斑综合征的组织病理学诊断用到的染色方法是(　　　)

A. HE 染色　　　　　　　　　　B. 伊红美蓝染色

C. 瑞氏染色　　　　　　　　　　D. 孔雀绿染色

[答案] A

[解析] 白斑综合征的组织病理学诊断用到的染色方法是 HE 染色。经 HE 染色后可清晰观察到各种不同组织结构的病理变化。适用于发病对虾或其他敏感宿主的初步诊断及疑似染病宿主的诊断，不适于带病毒无感染性样品的病毒检测。

169. 根据最新《一、二、三类动物疫病病种名录》，传染性脾肾坏死病属于(　　　)类动物疫病。

A. 一　　　　　　　　　　　　　B. 二

C. 三　　　　　　　　　　　　　D. 四

[答案] B

170. 根据最新《一、二、三类动物疫病病种名录》，白斑综合征从(　　　)类动物疫病调整到(　　　)类动物疫病。

A. 一，二　　　　　　　　　　　B. 二，一

C. 二，三　　　　　　　　　　　D. 三，二

[答案] A

[解析] 根据最新《一、二、三类动物疫病病种名录》，白斑综合征从一类动物疫病调整到二类动物疫病。

171. 根据最新《一、二、三类动物疫病病种名录》，锦鲤疱疹病毒病属于(　　　)类动物疫病。

A. 一　　　　　　　　　　　　　B. 二

C. 三　　　　　　　　　　　　　D. 四

[答案] B

172. 根据最新《一、二、三类动物疫病病种名录》，传染性造血器官坏死病属于(　　　)类动物疫病。

A. 一　　　　　　　　　　　　　B. 二

C. 三   D. 四

[答案] B

173. 根据最新《一、二、三类动物疫病病种名录》，病毒性神经坏死病属于（　　）类动物疫病。

A. 一   B. 二
C. 三   D. 四

[答案] B

174. 根据最新《一、二、三类动物疫病病种名录》，鲤春病毒血症从（　　）类动物疫病调整到（　　）类动物疫病。

A. 一，二   B. 二，一
C. 二，三   D. 三，二

[答案] A
[解析] 根据最新《一、二、三类动物疫病病种名录》，鲤春病毒血症从一类动物疫病调整到二类动物疫病。

175. 根据最新《一、二、三类动物疫病病种名录》，真鲷虹彩病毒病属于（　　）类动物疫病。

A. 一   B. 二
C. 三   D. 四

[答案] C

176. 根据最新《一、二、三类动物疫病病种名录》，十足目虹彩病毒病属于（　　）类动物疫病。

A. 一   B. 二
C. 三   D. 四

[答案] B

177. 中肠腺坏死杆状病毒只感染（　　）

A. 凡纳滨对虾   B. 克氏原螯虾
C. 日本囊对虾   D. 脊尾白虾

[答案] C
[解析] 中肠腺坏死杆状病毒只感染日本囊对虾，主要靶器官是肝胰腺。

178. 传染性皮下和造血组织坏死病毒在氯化铯中的浮力密度为（　　）

A. 1.415g/mL   B. 1.715g/mL

C. 1. 80g/mL　　　　　　　　　D. 1. 40g/mL

[答案] D

[解析] 传染性皮下和造血组织坏死病毒是无囊膜的二十面体，颗粒大小为 20～22nm，
在氯化铯中的浮力密度为 1. 40g/mL。

179. 以下哪种病毒为无囊膜病毒（　　）
A. 传染性皮下和造血组织坏死病毒　　B. 十足目虹彩病毒
C. 真鲷虹彩病毒　　　　　　　　　　D. 斑点叉尾鮰病毒

[答案] A

[解析] 十足目虹彩病毒、真鲷虹彩病毒、斑点叉尾鮰病毒都是有囊膜病毒；传染性皮下
和造血组织坏死病毒是无囊膜病毒。

180. 以下哪种病毒基因组是双链线状 DNA（　　）
A. 真鲷虹彩病毒　　　　　　　　　B. 白斑综合征病毒
C. 传染性皮下和造血组织坏死病毒　D. 呼肠孤病毒

[答案] A

[解析] 真鲷虹彩病毒是双链线状 DNA 病毒，白斑综合征病毒是双链环状 DNA 病毒，传
染性皮下和造血组织坏死病毒是单链线状 DNA 病毒，呼肠孤病毒是双链 RNA
病毒。

181. 以下哪种病毒基因组是双链环状 DNA（　　）
A. 真鲷虹彩病毒　　　　　　　　　B. 白斑综合征病毒
C. 传染性皮下和造血组织坏死病毒　D. 呼肠孤病毒

[答案] B

182. 以下哪种病毒基因组是单链线状 DNA（　　）
A. 真鲷虹彩病毒　　　　　　　　　B. 白斑综合征病毒
C. 传染性皮下和造血组织坏死病毒　D. 呼肠孤病毒

[答案] C

183. 以下哪种病毒基因组是双链 RNA（　　）
A. 真鲷虹彩病毒　　　　　　　　　B. 白斑综合征病毒
C. 传染性皮下和造血组织坏死病毒　D. 呼肠孤病毒

[答案] D

184. 已知对虾病毒中最稳定的病毒是（　　　　），反复冻融仍具有感染性。
A. 中肠腺坏死杆状病毒　　　　　　B. 传染性皮下和造血组织坏死病毒

        C. 十足目虹彩病毒   D. 桃拉综合征病毒

[答案] B

[解析] 传染性皮下和造血组织坏死病毒是已知对虾病毒中最稳定的，病虾感染组织经反复冻融仍具有感染性。

185. 哪种病毒可以感染人（   ）

        A. 疱疹病毒   B. 虹彩病毒
        C. 线头病毒   D. 呼肠孤病毒

[答案] D

[解析] 疱疹病毒可感染哺乳类、鸟类、爬行类、两栖类、昆虫及软体动物等。虹彩病毒流行于世界各大洲养殖鱼类。线头病毒主要感染海、淡水虾等甲壳类动物。呼肠孤病毒可感染人、脊椎动物、无脊椎动物、植物、真菌等。

186. 以下哪种病毒有商品化疫苗（   ）

        A. 锦鲤疱疹病毒   B. 传染性脾肾坏死病毒
        C. 真鲷虹彩病毒   D. 草鱼呼肠孤病毒

[答案] D

[解析] 草鱼出血疫苗可用于控制草鱼呼肠孤病毒感染。目前我国有注射疫苗和浸泡疫苗两种途径免疫草鱼。

187. 草鱼呼肠孤病毒的靶器官是（   ）

        A. 肝   B. 脾
        C. 肾   D. 脑

[答案] C

[解析] 草鱼呼肠孤病毒的靶器官是肾，损坏鱼体免疫力，并造成肝细胞退化、坏死，肝、脾内血管充血或出血。

188. 草鱼呼肠孤病毒内层衣壳由（   ）个多肽组成，外层衣壳由（   ）个多肽组成。

        A. 6，5   B. 5，6
        C. 4，7   D. 7，4

[答案] A

[解析] 草鱼呼肠孤病毒含有 11 个双链 RNA 节段及 11 个多肽，相对分子质量为 32～137ku，内层衣壳由 6 个多肽组成，外层衣壳由 5 个多肽组成。

189. 草鱼出血病病毒感染鱼的症状不包括（   ）

        A. 草鱼鱼种大量死亡   B. 出现红鳍、红鳃盖
        C. 感染草鱼可出现肌肉点状或块状出血 D. 出现溃疡，肠道无弹性

[答案] D

[解析] 草鱼出血病病毒感染鱼的症状有：草鱼鱼种大量死亡，出现红鳍、红鳃盖、红肠、红肌肉，同时伴随鱼体发黑，眼突出，口腔、鳃盖、鳃和鳍条基部出血，解剖见肌肉点状或块状出血、肠道出血等。

190. 关于鲖呼肠孤病毒说法错误的是(　　)

　　A. 病毒颗粒为二十面体，无囊膜　　　B. 病毒在细胞核内复制

　　C. 感染鱼眼球突出，腹部肿胀　　　　D. 电镜可见病毒颗粒呈晶格状排列

[答案] B

[解析] 鲖呼肠孤病毒颗粒为二十面体，无囊膜；病毒在细胞质内复制，电镜可见病毒颗粒呈晶格状排列；病毒感染后可出现鳍条基部、下颌、鳃盖、眼眶周围出血，眼球突出，腹部膨胀。

191. 传染性胰脏坏死病毒感染鱼的症状不包括(　　)

　　A. 游动失调　　　　　　　　　　　　B. 鱼体发黑

　　C. 眼球突出　　　　　　　　　　　　D. 呼吸困难

[答案] D

[解析] 传染性胰脏坏死病主要表现为病鱼游动失调、垂直回转游动、鱼体发黑、眼球突出、腹部膨大、胰腺坏死，常见病鱼肛门处拖有线状黏液粪便。

192. 抗血清中和试验可将传染性胰脏坏死病毒分为(　　)个血清型。

　　A. 2　　　　　　　　　　　　　　　　B. 3

　　C. 4　　　　　　　　　　　　　　　　D. 9

[答案] A

[解析] 抗血清中和试验可将传染性胰脏坏死病毒分为2个血清型，血清型A已发现9个以上的血清亚型。

193. (　　)是鲤春病毒血症病毒最敏感宿主。

　　A. 鲤　　　　　　　　　　　　　　　　B. 鳙

　　C. 鲢　　　　　　　　　　　　　　　　D. 鲫

[答案] A

[解析] 该病毒宿主范围很广，能感染各种鲤科鱼类，包括鲤、锦鲤、鳙、草鱼、鲢、鲫、丁鲅和欧洲鲇等，其中鲤是最敏感的宿主。

194. 关于鲤春病毒血症病毒的描述，错误的是(　　)

　　A. 单分子负链RNA病毒

　　B. 基因组编码6种蛋白质

C. 表面蛋白是病毒最主要的抗原

D. 该病多发于春季，水温超过 22℃ 就不再发病

[答案] B

[解析] 鲤春病毒血症病毒粒子含有 1 条线状、反义、单链 RNA，基因组长度约为 11000nt。基因组包含 5 个主要的开放阅读框，编码 5 种蛋白质。表面糖蛋白是病毒最主要的病原，决定病毒血清学特征。该病多发于春季水温 8～20℃，尤其在 13～15℃ 时流行。水温超过 22℃ 就不再发病。

195. 鲤春病毒血症病毒可根据糖蛋白基因序列将其分为（　　）个亚组。

A. 3　　　　　　　　　　　　B. 4

C. 5　　　　　　　　　　　　D. 6

[答案] B

[解析] 根据各地分离毒株部分糖蛋白基因序列分析和系统发育树研究，可将鲤春病毒血症病毒分为 4 个亚组：la、lB、lC、ld。

196. 传染性造血器官坏死病毒在稚鱼和幼鱼之间水平传播的主要方式是（　　）

A. 经口传播　　　　　　　　B. 经水传播

C. 皮肤传播　　　　　　　　D. 呼吸传播

[答案] B

[解析] 传染性造血器官坏死病毒传染源为病鱼，主要经水传播，这是病毒在稚鱼和幼鱼之间水平传播的主要方式。

197. 关于传染性造血器官坏死病毒的发病与水温的关系叙述正确的是（　　）

A. 8～15℃ 时潜伏期延长，病情呈慢性　　B. 10℃ 为流行高峰

C. 8～12℃ 时病情较急　　　　　　　　　D. 超过 15℃ 后一般不发病

[答案] D

[解析] 水温对传染性造血器官坏死病毒的发病及死亡率影响很大，一般 8～15℃ 时可出现临床症状，8～12℃ 时为流行高峰，10℃ 时死亡率最高；水温高于 10℃ 时病情较急，但死亡率较低；水温低于 10℃ 时，潜伏期延长，病情呈慢性；当水温超过 15℃ 后，一般不出现自然发病。

198. 下列哪种病毒基因组不编码非结构蛋白（　　）

A. 十足目虹彩病毒　　　　　　B. 鲤春病毒血症病毒

C. 传染性造血器官坏死病毒　　D. 病毒性出血性败血症病毒

[答案] B

[解析] 鲤春病毒血症病毒基因组包含 5 个主要的开放阅读框，编码核蛋白、磷蛋白、基质蛋白、糖蛋白和 RNA 聚合酶 5 种蛋白质。

199. 病毒性神经坏死症病毒可分为(　　)个血清型。

    A. 2　　　　　　　　　　　　B. 3

    C. 4　　　　　　　　　　　　D. 5

[答案] B

[解析] 病毒性神经坏死症病毒按血清型分为3个不同的血清型：A、B、C。

200. 罗氏沼虾野田村病毒引起罗氏沼虾的(　　)

    A. 蓝尾病　　　　　　　　　B. 白尾病

    C. 烂尾病　　　　　　　　　D. 烂鳃病

[答案] B

[解析] 罗氏沼虾野田村病毒是罗氏沼虾白尾病的病原，主要感染罗氏沼虾淡化后鱼苗，引起肌肉白浊，可在较短时间内大量死亡，又称白尾病。

201. 哪种方法适用于病毒带毒个体的检测(　　)

    A. 组织压片的快速染色法　　B. 组织病理学诊断法

    C. 电镜诊断　　　　　　　　D. RT - PCR

[答案] D

[解析] A、B、C三项适用于有症状或者由病理特征的特点进行检测诊断，而RT - PCR可用于病毒带毒个体的定性检测、病原筛查和疾病确诊。

202. 下列病毒中发病最适水温最高的是(　　)

    A. 传染性造血器官坏死病毒　　B. 传染性胰脏坏死病毒

    C. 鲤春病毒血症病毒　　　　　D. 传染性肌肉坏死病毒

[答案] D

[解析] A、B、C三项，发病最适水温均在30℃以下。D项，传染性肌肉坏死病毒发生的季节较长，水温较高容易发生疾病，最适发病温度30℃左右。

203. 以下说法错误的是(　　)

    A. 鲑甲病毒是鲑胰脏病和昏睡病的病原

    B. 鲑甲病毒对氯仿敏感

    C. 鲤浮肿病毒颗粒呈二十面体

    D. 鲤浮肿病毒在水温20～27℃时易发病

[答案] C

[解析] 鲤浮肿病毒颗粒呈圆形或卵圆形。

第八篇

水生动物寄生虫学

1. 寄生虫对宿主的作用不包括(　　)

    A. 掠夺营养   B. 机械性损伤

    C. 毒性作用   D. 浮头

［答案］D

［解析］A、B、C 三项，寄生虫对宿主的影响有：机械性刺激和损伤；掠夺营养；压迫和阻塞；毒素作用；带入其他病原引起继发性感染。

2. 哪些因素不会影响宿主对寄生虫的作用(　　)

    A. 获得性免疫   B. 年龄

    C. 营养   D. 温度

［答案］D

［解析］A、B、C 三项，宿主对寄生虫的影响有：天然屏障；获得性免疫；年龄；营养状况。

3. 寄生虫抗原种类根据来源分不包括哪项(　　)

    A. 结构抗原   B. 代谢抗原

    C. 可溶性抗原   D. 功能性抗原

［答案］D

［解析］寄生虫抗原种类根据来源可分为结构抗原、代谢抗原与可溶性抗原，功能性抗原是按功能划分的。

4. 黏孢子虫特有的特征是(　　)

    A. 几丁质壳   B. 极囊

    C. 孢壁   D. 极丝

［答案］B

［解析］几丁质壳、孢壁、极丝都是黏孢子虫的特征之一，且这三个特征微孢子虫也具有，其特有特征是极囊，由刺胞动物刺丝囊演化而来。

5. 虾肝肠微孢子虫寄生于对虾的主要部分是( )

    A. 肠道   B. 肌肉

    C. 肝胰腺   D. 皮下组织

[答案] C

6. 鲫面条虫是由什么虫感染( )

    A. 舌形绦虫   B. 九江头槽绦虫

    C. 鲤蠢绦虫   D. 裂头绦虫

[答案] A
[解析] 面条虫病原主要为舌形绦虫，虫体肉质肥厚，呈白色长带状，俗称"面条虫"。

7. 指环虫主要寄生于鱼体哪个部位( )

    A. 鳃   B. 肠道

    C. 肾脏   D. 肝脏

[答案] A
[解析] 指环虫主要寄生于鱼类鳃部引起疾病。

8. 下列哪类虫子可以超寄生( )

    A. 微孢子虫   B. 黏孢子虫

    C. 纤毛虫   D. 绦虫

[答案] A
[解析] 微孢子虫和单孢子虫中有些种类可以超寄生于其他寄生虫上。

9. 小瓜虫的典型特征是( )

    A. 纤毛   B. 伸缩泡

    C. 马蹄形核   D. 胞口

[答案] C
[解析] 马蹄形核是确诊小瓜虫的重要特征。

10. 下列哪类寄生虫不寄生于鳃( )

    A. 指环虫   B. 三代虫

    C. 艾美耳球虫   D. 锚头鳋

[答案] C
[解析] 指环虫、三代虫、锚头鳋都可寄生于鳃，艾美耳球虫主要寄生于鱼类肠道。

11. 鱼苗"跑马病"是由哪类寄生虫感染引起( )

    A. 车轮虫   B. 指环虫

C. 黏孢子虫   D. 绦虫

［答案］A

［解析］鱼类"跑马病"主要是由于大量车轮虫寄生于鱼类鳃上所致。

12. 下列哪项不是原虫的特征(　　)

    A. 单细胞   B. 纤毛

    C. 分节   D. 有性生殖

［答案］C

［解析］原虫的特征有单细胞；具有特殊的细胞器（如胞口、伸缩泡、鞭毛等）；运动方式通过纤毛、鞭毛、伪足完成；营养方式有光合营养、吞噬营养、渗透营养；生殖方式分为无性生殖和有性生殖。分节是绦虫的特征之一。

13. 下列关于原虫的说法错误的是(　　)

    A. 可以通过纤毛、鞭毛、胞口等进行运动、消化排泄以及感觉等

    B. 生殖方式包括有性生殖和无性生殖

    C. 通过体表和伸缩泡排出部分代谢废物

    D. 营养方式只有吞噬营养和渗透营养

［答案］D

［解析］原虫营养方式有三种，包括光合营养、吞噬营养和渗透营养。

14. 原虫与蠕虫营养方式的区别是(　　)

    A. 原虫可以进行吞噬营养，而蠕虫不能

    B. 原虫可以进行光合营养，而蠕虫不能

    C. 蠕虫可以进行渗透营养，而原虫不能

    D. 蠕虫可以进行动物性营养，而原虫不行

［答案］B

［解析］原虫中有些种类如绿眼虫可以通过光合营养获取营养物质。

15. 鱼类寄生虫病流行的条件不包括(　　)

    A. 适宜温度   B. 传染源

    C. 传播途径   D. 宿主

［答案］A

［解析］鱼类寄生虫病的流行，必须具备传染源、传播途径和宿主这三个基本条件。

16. 碘泡虫有(　　)个极囊。

    A. 1   B. 2

    C. 3   D. 4

[答案] B
[解析] 碘泡虫具有 2 个极囊，单极虫 1 个，四极虫 4 个。

17. 下个哪个器官可感染的寄生虫种类最多（　　）
  A. 肠道　　　　　　　　　　　B. 胆囊
  C. 鳃　　　　　　　　　　　　D. 肝脏

[答案] C
[解析] 鱼类鳃可感染黏孢子虫、微孢子虫、车轮虫、单殖吸虫、纤毛虫等，可感染的种类最为丰富，也是鱼体接触寄生虫的第一道屏障，很多寄生虫都是通过鳃或皮肤进入鱼体。

18. 鱼类锥体虫病的中间宿主是（　　）
  A. 钉螺　　　　　　　　　　　B. 河蚌
  C. 剑水蚤　　　　　　　　　　D. 水蛭

[答案] D
[解析] 锥体虫的中间宿主是水蛭，通过血液传播。

19. 血吸虫的中间宿主是（　　）
  A. 钉螺　　　　　　　　　　　B. 河蚌
  C. 剑水蚤　　　　　　　　　　D. 水蛭

[答案] A

20. 喉孢子虫病（洪湖碘泡虫）主要危害（　　）
  A. 鲤　　　　　　　　　　　　B. 鲫
  C. 草鱼　　　　　　　　　　　D. 鲢

[答案] B
[解析] 洪湖碘泡虫主要寄生于鲫喉部。

21. 下列哪类寄生虫不属于原虫（　　）
  A. 指环虫　　　　　　　　　　B. 微孢子虫
  C. 单孢子虫　　　　　　　　　D. 纤毛虫

[答案] A
[解析] 原虫寄生虫包括鞭毛虫、肉足虫、艾美耳球虫、微孢子虫、单孢子虫以及纤毛虫，指环虫属于单殖吸虫。

22. 下列哪类寄生虫不属于蠕虫（　　）
  A. 绦虫　　　　　　　　　　　B. 锥体虫

C. 线虫   D. 吸虫

[答案] B

[解析] 蠕虫种类包括涡虫、单殖吸虫、复殖吸虫、绦虫、线虫和棘头虫。

23. 哪项特征可以区分指环虫与三代虫(　　　)
    A. 锚钩   B. 雌雄同体
    C. 眼点   D. 头器

[答案] C

[解析] 指环虫具有眼点，而三代虫没有。

24. 下列哪类寄生虫成虫不具有消化系统(　　　)
    A. 指环虫   B. 双穴吸虫
    C. 绦虫   D. 线虫

[答案] C

[解析] 绦虫成虫无消化系统，只能寄生于脊椎动物的消化道，吸收宿主已消化好的营养物质

25. 雌雄同体不是(　　　)的特征。
    A. 三代虫   B. 复殖吸虫
    C. 绦虫   D. 线虫

[答案] D

[解析] 线虫为雌雄异体，其余三项均为雌雄同体。

26. 秀丽三代虫一般寄生于(　　　)的体表和鳃。
    A. 鲫   B. 草鱼
    C. 鲢   D. 鳙

[答案] A

[解析] 秀丽三代虫一般寄生于金鱼、鲤、鲫的体表和鳃。

27. 双穴吸虫成虫寄生于(　　　)
    A. 螺类   B. 鸟类
    C. 鱼类   D. 桡足类

[答案] B

[解析] 双穴吸虫成虫寄生于红嘴鸥，属于鸟类。

28. 九江头槽绦虫主要寄生于(　　　)肠道。
    A. 草鱼   B. 鲤

  C. 鲫   D. 鲢

[答案] A

[解析] 九江头槽绦虫主要寄生于草鱼肠道。

29. 裂头蚴是(　　)的发育阶段。

  A. 指环虫   B. 双穴吸虫

  C. 舌形绦虫   D. 毛细线虫

[答案] C

[解析] 绦虫生活史经卵、钩球蚴、原尾蚴、裂头蚴、成虫5个阶段。

30. 裂头绦虫的第一中间宿主是(　　)

  A. 剑水蚤   B. 鱼类

  C. 鸟类   D. 螺类

[答案] A

[解析] 裂头绦虫第一中间宿主是剑水蚤，第二中间宿主是鱼类。

31. 鲫嗜子宫线虫寄生于鲫的(　　)

  A. 尾鳍   B. 鳃

  C. 皮肤   D. 肠道

[答案] A

32. 下列哪类寄生虫是雌雄同体(　　)

  A. 棘头虫   B. 线虫

  C. 指环虫   D. 中华鳋

[答案] C

[解析] 棘头虫、线虫和剑水蚤均为雌雄异体，指环虫、三代虫、吸虫以及绦虫为雌雄同体。

33. 鱼类寄生虫病的防控策略，下列说法错误的是(　　)

  A. 多品种混养、轮养   B. 增强鱼体对环境的适应力和耐受力

  C. 控制寄生虫的生物量 D. 有虫必杀

[答案] D

[解析] 寄生虫病的防控策略包括多品种混养、轮养；增强鱼体对环境的适应力和耐受力；控制寄生虫的生物量。

34. 鱼类锥体虫靠(　　)运动。

  A. 纤毛   B. 鞭毛

C. 伪足   D. 伸缩泡

[答案] B

[解析] 锥体虫具有鞭毛，可以通过鞭毛进行运动。

35. 下列关于鳃隐鞭虫的说法错误的是(　　)

  A. 在我国主要养殖区均可流行，包括江苏、浙江、广东、广西等地

  B. 宿主范围广泛，可寄生于青鱼、草鱼、鲤、鲫、鳊、鳙等

  C. 主要寄生于鱼类鳃和皮肤

  D. 发病季节为5—7月

[答案] D

[解析] 鳃隐鞭虫发病季节为7—9月。

36. 库道虫寄生于鱼类(　　)

  A. 鳃   B. 皮肤

  C. 肌肉   D. 肠道

[答案] C

[解析] 库道虫为黏孢子虫中的一类，主要寄生于鱼类肌肉，可形成大量白色包囊，严重时可使肌肉液化。

37. 吉陶单极虫寄生于(　　)肠道或皮肤。

  A. 鲫   B. 鲤

  C. 鲢   D. 草鱼

[答案] B

[解析] 吉陶单极虫一般寄生于鲤或散鳞镜鲤肠道或皮肤。

38. 黏孢子虫中寄生鲑科鱼类的头骨及脊椎骨的软骨组织，使鱼追逐自身尾部而旋转运动，又称"眩晕病"是哪种(　　)

  A. 鲢碘泡虫   B. 脑黏体虫

  C. 吉陶单极虫   D. 中华黏体虫

[答案] B

[解析] 鲢碘泡虫是"疯狂病"的病原，脑黏体虫是"眩晕病"的病原，吉陶单极虫是鲤肠道"肿大病"的病原，中华黏体虫寄生于鲤肠道。

39. 下列关于黏孢子虫病防治说法错误的是(　　)

  A. 严格执行检疫制度，不从疫区购买携带有病原的苗种

  B. 清除过多淤泥，并用生石灰彻底消毒

  C. 发现病鱼、死鱼及时捞出，置于塘边

D. 对有发病史的池塘或养殖水体，每月全池遍洒敌百虫 1～2 次

[答案] C

[解析] 发现病鱼、死鱼应及时捞出，并作焚烧处理，否则鱼体腐烂后携带的孢子会随雨水流回到池塘水体中，不利于黏孢子虫病的防治。

40. 黏孢子虫需要(　　)完成整个生活史。

A. 水蚯蚓　　　　　　　　　　B. 剑水蚤

C. 鸟类　　　　　　　　　　　D. 虾类

[答案] A

[解析] 黏孢子虫的生活史主要有鱼-水蚯蚓-鱼，鱼-鱼，鱼-苔藓虫-鱼三种类型。

41. 下列关于微孢子虫的说法错误的是(　　)

A. 微孢子虫缺失线粒体

B. 微孢子虫具有复杂的挤出装置，包括锚状盘、极丝、后泡等

C. 微孢子虫为胞外原虫

D. 微孢子虫要经历裂体生殖和孢子生殖阶段

[答案] C

[解析] 微孢子虫为专性细胞内寄生的真核生物，有些种类甚至可以寄生于宿主细胞核内。

42. 异瘤体结构是(　　)的特征。

A. 微孢子虫　　　　　　　　　B. 黏孢子虫

C. 单孢子虫　　　　　　　　　D. 艾美耳球虫

[答案] A

[解析] 鱼类微孢子虫嵌入宿主细胞质中发育，可引起宿主细胞极度肥大，肥大的宿主细胞和寄生虫构成特殊的结构即为异瘤体。

43. 下列寄生虫中成虫个体最小的是(　　)

A. 大眼鲷匹里虫　　　　　　　B. 吉陶单极虫

C. 多子小瓜虫　　　　　　　　D. 鲤斜管虫

[答案] A

[解析] 大眼鲷匹里虫大小为 $(4.9\sim6)\ \mu m\times(3.1\sim3.2)\ \mu m$；吉陶单极虫 $(23\sim29)\ \mu m\times(8\sim11)\ \mu m$；多子小瓜虫肉眼可见，属于纤毛虫；鲤斜管虫也是纤毛虫，大小为 $(40\sim60)\ \mu m\times(25\sim47)\ \mu m$。

44. 以下(　　)不属于黏孢子虫。

A. 弯曲两极虫　　　　　　　　B. 鲢碘泡虫

C. 野鲤肤孢虫　　　　　　　　D. 吉陶单极虫

[答案] C

[解析] 野鲤肤孢虫属于肤孢虫，单极虫、两极虫、尾孢虫、库道虫等均属于黏孢子虫。

45. 车轮虫主要寄生于鱼体(   )

    A. 鳃和皮肤   B. 肠道

    C. 肝脏   D. 肾脏

[答案] A

[解析] 车轮虫主要寄生于鱼类鳃、皮肤，当寄生数量少时，宿主鱼症状不明显。

46. 下列关于车轮虫的说法错误的是(   )

    A. 车轮虫用附着盘附着在鱼的鳃丝或皮肤上，并来回滑动，有时离开宿主在水中自由游泳

    B. 车轮虫反口面最显著的构造是齿轮状的齿环

    C. 当镜检发现有 1 个车轮虫时要开始用药进行治疗

    D. 车轮虫一年四季均可检测到，流行于 4—7 月，但以夏、秋季为流行盛季

[答案] C

[解析] 一般车轮虫在苗种培育期加强观察，当低倍镜下 1 个视野达到 30 个以上虫体，应及时采取治疗措施。

47. 多子小瓜虫生活史不包括(   )

    A. 滋养体   B. 幼虫

    C. 包囊   D. 裂殖体

[答案] D

[解析] 多子小瓜虫生活史分为滋养体、幼虫和包囊三个阶段。

48. 多子小瓜虫不能寄生(   )

    A. 金鱼   B. 鲫

    C. 黄鳍鲷   D. 草鱼

[答案] C

[解析] 多子小瓜虫只能寄生于淡水鱼类，不能寄生于海水鱼类黄鳍鲷。

49. 刺激隐核虫可寄生于(   )

    A. 金鱼   B. 鲫

    C. 黄鳍鲷   D. 草鱼

[答案] C

[解析] 刺激隐核虫主要寄生于海水鱼类，不能寄生于淡水鱼类，选项中只有 C 属于海水鱼类。

50. (　　)不能在鱼体上形成白点。
   A. 多子小瓜虫病　　　　　　　　B. 黏孢子虫病
   C. 微孢子虫病　　　　　　　　　D. 车轮虫病

[答案] D
[解析] 多子小瓜虫病、黏孢子虫病、微孢子虫病均可以在鱼体寄生部位形成白点，车轮虫感染没有明显症状，需通过镜检检查是否有车轮虫感染。

51. 刺激隐核虫最适繁殖水温为(　　)
   A. 25 ℃左右　　　　　　　　　　B. 20 ℃左右
   C. 22 ℃左右　　　　　　　　　　D. 15 ℃左右

[答案] A
[解析] 刺激隐核虫的适宜水温为10~30 ℃，最适繁殖水温为25 ℃左右。

52. 多子小瓜虫孵化后(　　)内侵袭能力强。
   A. 30 h　　　　　　　　　　　　B. 24h
   C. 36 h　　　　　　　　　　　　D. 48 h

[答案] B
[解析] 多子小瓜虫孵化后24 h内的幼虫侵袭能力强，但随着时间推移，其感染能力降低，36h后幼虫的感染能力很低。

53. (　　)不具有宿主特异性。
   A. 三代虫　　　　　　　　　　　B. 指环虫
   C. 小瓜虫　　　　　　　　　　　D. 黏孢子虫

[答案] C
[解析] 三代虫、指环虫、黏孢子虫都具有明显的宿主特异性，而小瓜虫宿主范围广泛，可寄生宿主种类较多。

54. 坏鳃指环虫主要寄生于(　　)
   A. 鲫　　　　　　　　　　　　　B. 草鱼
   C. 鲢　　　　　　　　　　　　　D. 鳙

[答案] A
[解析] 坏鳃指环虫寄生于鲤、鲫、金鱼的鳃丝。

55. 下列说法错误的是(　　)
   A. 三代虫主要寄生在鱼体的鳃部、体表和鳍条上，有时也在口腔、鼻孔中寄生
   B. 三代虫具有明显的宿主特异性
   C. 三代虫是雌雄同体的卵生性寄生虫

D. 三代虫通过其主要附着器官的边缘小钩，刺入鱼体体表进行寄生生活

[答案] C

[解析] 三代虫是雌雄同体的胎生性寄生虫，具有独特的生殖现象——超胎生和幼体生殖能力。

56. ( )不能寄生于鱼鳃。

A. 指环虫　　　　　　　　B. 车轮虫

C. 黏孢子虫　　　　　　　D. 本尼登虫

[答案] D

[解析] 指环虫、车轮虫以及黏孢子虫均可寄生于鱼鳃，本尼登虫主要寄生于鱼类体表皮肤上

57. 勾毛蚴是( )的生活史阶段。

A. 指环虫　　　　　　　　B. 双穴吸虫

C. 侧殖吸虫　　　　　　　D. 绦虫

[答案] A

[解析] 单殖吸虫生活史包括卵、勾毛蚴和成虫，选项中只有A属于单殖吸虫。

58. 毛蚴是( )的生活史阶段。

A. 指环虫　　　　　　　　B. 双穴吸虫

C. 线虫　　　　　　　　　D. 绦虫

[答案] B

[解析] 复殖吸虫生活史包括卵、毛蚴、胞蚴、雷蚴、尾蚴、囊蚴、成虫，选项中只有双穴吸虫属于复殖吸虫。

59. ( )可以行卵胎生。

A. 侧殖吸虫　　　　　　　B. 线虫

C. 绦虫　　　　　　　　　D. 指环虫

[答案] B

[解析] 线虫有些种类可以卵生，有些种类可以卵胎生；三代虫也可以行卵胎生。

60. 胞棘蚴是( )的生活史阶段。

A. 绦虫　　　　　　　　　B. 吸虫

C. 棘头虫　　　　　　　　D. 线虫

[答案] C

[解析] 棘头虫生活史阶段包括卵、棘胚蚴、棘头蚴、胞棘蚴、成虫。

61. 下列寄生虫中(　　)经历的生活史阶段最多。
　　A. 指环虫　　　　　　　　　B. 复殖吸虫
　　C. 线虫　　　　　　　　　　D. 绦虫

[答案] B
[解析] 单殖吸虫生活阶段包括卵、勾毛蚴和成虫3个阶段；复殖吸虫生活史阶段包括卵、毛蚴、胞蚴、雷蚴、尾蚴、囊蚴、成虫7个阶段；线虫包括卵、幼虫、成虫3个阶段；绦虫包括卵、十钩蚴或六钩蚴、成虫三个阶段。所以，最多的应该是B项复殖吸虫。

62. 十钩蚴是(　　)的生活史阶段。
　　A. 单殖吸虫　　　　　　　　B. 复殖吸虫
　　C. 线虫　　　　　　　　　　D. 绦虫

[答案] D
[解析] 绦虫包括卵、十钩蚴或六钩蚴、成虫三个阶段。

63. 下列寄生虫中(　　)生活史阶段为5个。
　　A. 指环虫　　　　　　　　　B. 线虫
　　C. 绦虫　　　　　　　　　　D. 棘头虫

[答案] D
[解析] 棘头虫生活史包括卵、棘胚蚴、棘头蚴、胞棘蚴、成虫5个阶段。

64. 雷蚴是(　　)的生活史阶段。
　　A. 指环虫　　　　　　　　　B. 双穴吸虫
　　C. 线虫　　　　　　　　　　D. 绦虫

[答案] B
[解析] 复殖吸虫生活史阶段包括卵、毛蚴、胞蚴、雷蚴、尾蚴、囊蚴、成虫7个阶段，选项中只有双穴吸虫属于复殖吸虫。

65. 囊蚴是(　　)的生活史阶段。
　　A. 指环虫　　　　　　　　　B. 血居吸虫
　　C. 线虫　　　　　　　　　　D. 绦虫

[答案] B
[解析] 复殖吸虫生活史阶段包括卵、毛蚴、胞蚴、雷蚴、尾蚴、囊蚴、成虫7个阶段，选项中只有血居吸虫属于复殖吸虫。

66. (　　)生活史中不需要中间宿主。
　　A. 指环虫　　　　　　　　　B. 黏孢子虫

    C. 绦虫   D. 棘头虫

[答案] A

[解析] 黏孢子虫需要水蚯蚓或苔藓虫完成生活史，绦虫中间宿主为环节动物、软体动物等，棘头虫中间宿主为甲壳类等。所以，选项中只有指环虫不需要中间宿主。

67. 双穴吸虫( )阶段具有趋光性和趋表性。

    A. 毛蚴   B. 胞蚴

    C. 尾蚴   D. 雷蚴

[答案] C

[解析] 尾蚴移动至螺类的外套腔中，很快逸出至水中，在水中呈规律性间歇运动，时沉时浮，有趋光性和趋表性。

68. 白内障是( )的主要表现症状。

    A. 血居吸虫病   B. 双穴吸虫病

    C. 侧殖吸虫病   D. 毛细线虫病

[答案] B

[解析] 双穴吸虫尾蚴进入鱼体后，会向头部移动，沿视神经或视血管进入眼球，虫体在眼睛内积累越多，引起晶状体浑浊发白，虫越多则眼睛白的范围越大，表现为白内障的症状。

69. 血居吸虫病寄生于鱼体( )

    A. 眼球   B. 肠道

    C. 皮肤   D. 血管

[答案] D

[解析] 血居吸虫顾名思义，主要寄生于淡水鱼类血管内。

70. 鱼苗出现闭口不食，生长停滞，游动无力，群集下风面，俗称"闭口病"是由于感染( )

    A. 侧殖吸虫   B. 双穴吸虫

    C. 血居吸虫   D. 头槽绦虫

[答案] A

[解析] 鱼苗严重感染侧殖吸虫时会出现闭口不食，生长停滞，游动无力，群集下风面，俗称"闭口病"。

71. ( )属于固着类纤毛虫。

    A. 刺激隐核虫   B. 钟虫

    C. 拟舟虫   D. 车轮虫

[答案] B
[解析] 固着类纤毛虫主要包括聚缩虫、钟虫、单缩虫等，刺激隐核虫和车轮虫属于寄生纤毛虫，拟舟虫属于盾纤毛虫。

72. (　　)属于盾纤毛虫。
　　A. 刺激隐核虫　　　　　　　　　B. 钟虫
　　C. 拟舟虫　　　　　　　　　　　D. 车轮虫

[答案] C

73. (　　)属于寄生纤毛虫。
　　A. 聚缩虫　　　　　　　　　　　B. 钟虫
　　C. 拟舟虫　　　　　　　　　　　D. 斜管虫

[答案] D
[解析] 固着类纤毛虫主要包括聚缩虫、钟虫、单缩虫等，斜管虫属于寄生纤毛虫，拟舟虫属于盾纤毛虫。

74. 锚首虫属于(　　)
　　A. 单殖吸虫　　　　　　　　　　B. 复殖吸虫
　　C. 侧殖吸虫　　　　　　　　　　D. 血居吸虫

[答案] A
[解析] 三代虫、指环虫、锚首虫、片盘虫、本尼登虫等均属于单殖吸虫。

75. 本尼登虫与(　　)属于同一类。
　　A. 黏孢子虫　　　　　　　　　　B. 锚首虫
　　C. 复殖吸虫　　　　　　　　　　D. 侧殖吸虫

[答案] B

76. 片盘虫可感染下列哪些鱼类(　　)
　　A. 鳜　　　　　　　　　　　　　B. 鲈
　　C. 乌鳢　　　　　　　　　　　　D. 真鲷

[答案] D
[解析] 片盘虫目前报道 40 余种，全部寄生于海水鱼类，A、B、C 三个选项均为淡水鱼类，只有 D 属于海水鱼类。

77. 一般而言，复殖吸虫有(　　)个中间宿主。
　　A. 1　　　　　　　　　　　　　　B. 2
　　C. 3　　　　　　　　　　　　　　D. 4

[答案] B

[解析] 复殖吸虫第一中间宿主腹足类，第二中间宿主或终末宿主一般为软体动物、环节动物、甲壳类、昆虫、鱼类、两栖类、爬行类、鸟类和哺乳类。

78. 鸟类是（　　）的中间宿主之一。

    A. 血居吸虫   B. 嗜子宫线虫

    C. 舌形绦虫   D. 长棘吻虫

[答案] A

[解析] 复殖吸虫第一中间宿主腹足类，第二中间宿主或终末宿主一般为软体动物、环节动物、甲壳类、昆虫、鱼类、两栖类、爬行类、鸟类和哺乳类；绦虫、线虫以及棘头虫生活史中没有鸟类。

79. 螺类不是（　　）的中间宿主。

    A. 双穴吸虫   B. 鲤蠢绦虫

    C. 嗜子宫线虫   D. 侧殖吸虫

[答案] C

[解析] 复殖吸虫生活史都需要螺类参与，所以 A、D 项排除，绦虫生活史中也有螺类，B 项排除。

80. 鲤春绦虫中间宿主是（　　）

    A. 螺类   B. 剑水蚤

    C. 鸟类   D. 水蚯蚓

[答案] D

[解析] 鲤春绦虫中间宿主是颤蚓，原尾蚴在颤蚓体腔内发育。

81. 九江头槽绦虫的中间宿主是（　　）

    A. 螺类   B. 剑水蚤

    C. 鸟类   D. 水蚯蚓

[答案] B

[解析] 九江头槽绦虫的中间宿主是剑水蚤，草鱼吞食感染的剑水蚤被感染。

82. 俗称"红线虫"的是（　　）

    A. 嗜子宫线虫   B. 毛细线虫

    C. 鳗居线虫   D. 异尖线虫

[答案] A

[解析] 嗜子宫线虫雌虫血红色，俗称"红线虫"。

83. (　　)成虫可分为童虫、壮虫、老虫三个阶段。

 A. 中华鳋　　　　　　　　　　B. 锚头鳋

 C. 鱼虱　　　　　　　　　　　D. 鱼怪

[答案] B

84. (　　)所包含的种类数量最多。

 A. 黏孢子虫　　　　　　　　　B. 微孢子虫

 C. 绦虫　　　　　　　　　　　D. 线虫

[答案] D

[解析] A项，黏孢子虫有2 600余种；B项，微孢子虫大概有1 200种；C项，绦虫有1 500种；D项，线虫有12 000种。

85. (　　)寄生于血液且中间宿主为水蛭。

 A. 血居吸虫　　　　　　　　　B. 鳃隐鞭虫

 C. 锥体虫　　　　　　　　　　D. 鲩内变形虫

[答案] C

[解析] 锥体虫寄生在鱼类血液中，以渗透方式获取营养。锥体虫为纵二分裂法繁殖，以吸血的无脊椎动物为中间宿主（节肢动物或水蛭类）。

86. 下列不属于鞭毛虫的是(　　)

 A. 隐鞭虫　　　　　　　　　　B. 锥体虫

 C. 鱼波豆虫　　　　　　　　　D. 钟虫

[答案] D

[解析] 钟虫属于固着类纤毛虫。

87. 黏孢子虫的生殖方式不包括(　　)

 A. 裂体生殖　　　　　　　　　B. 配子生殖

 C. 孢子生殖　　　　　　　　　D. 接合生殖

[答案] D

[解析] 黏孢子虫属于孢子虫类，生殖方式包括裂体生殖、配子生殖和孢子生殖。

88. 锚头鳋是(　　)

 A. 雌虫感染鱼类，雄虫营自由生活　　B. 雄虫感染鱼类，雌虫营自由生活

 C. 雌雄虫均可感染鱼类　　　　　　　D. 幼虫自由生活，雄虫感染鱼类

[答案] A

89. 鱼类蓑衣病的病原是(　　)

A. 鱼虱　　　　　　　　　　　　B. 锚头鳋

C. 鱼怪　　　　　　　　　　　　D. 中华鳋

[答案] B

[解析] 锚头鳋头部插入鱼体肌肉、鳞下。身体大部露在鱼体外部且肉眼可见，犹如在鱼体上插入小针，故又称为"针虫病"。

90. 鱼类寄生虫幼虫或无性繁殖阶段的宿主称为(　　)

A. 转续宿主　　　　　　　　　　B. 保虫宿主

C. 终末宿主　　　　　　　　　　D. 中间宿主

[答案] D

[解析] 中间宿主是指寄生虫幼虫或无性繁殖阶段所寄生的宿主。如果有一个以上的中间寄主，则按先后次序分别称为第一中间宿主和第二中间宿主等。

91. 刺激隐核虫生活史有(　　)个阶段。

A. 1　　　　　　　　　　　　　B. 2

C. 3　　　　　　　　　　　　　D. 4

[答案] D

[解析] 刺激隐核虫营直接发育生活史，即不需要中间宿主，在宿主寄生期和脱离宿主自由生活期要经历 4 个阶段：滋养体、包囊前体、包囊和幼虫。

92. 多子小瓜虫生活史有(　　)个阶段。

A. 1　　　　　　　　　　　　　B. 2

C. 3　　　　　　　　　　　　　D. 4

[答案] C

[解析] 多子小瓜虫生活史包括滋养体、幼虫及包囊三个阶段。

93. 下列说法错误的是(　　)

A. 多子小瓜虫寄生于淡水鱼类，刺激隐核虫寄生于海水鱼类

B. 多子小瓜虫生活史有 4 个阶段，刺激隐核虫生活史有 3 个阶段

C. 多子小瓜虫和刺激隐核虫主要寄生于鱼类鳃、皮肤

D. 多子小瓜虫和刺激隐核虫都是直接发育生活史，不需要中间宿主

[答案] B

94. 舌形绦虫的终末宿主是(　　)

A. 鱼类　　　　　　　　　　　　B. 鸟类

C. 螺类　　　　　　　　　　　　D. 哺乳类

[答案] B
[解析] 舌形绦虫的终末宿主为鸥鸟，裂头蚴在鸥鸟肠内发育为成虫。

95. 九江头槽绦虫的终末宿主是(　　)
　　A. 鱼类　　　　　　　　　B. 鸟类
　　C. 螺类　　　　　　　　　D. 哺乳类

[答案] A
[解析] 九江头槽绦虫裂头蚴在草鱼肠内经过21～23d达到性成熟，初次产卵。

96. 下列寄生虫(　　)是经口感染。
　　A. 多子小瓜虫　　　　　　B. 黏孢子虫
　　C. 舌形绦虫　　　　　　　D. 指环虫

[答案] C
[解析] 舌形绦虫的虫卵随鸟类粪便排入水中，孵出钩球蚴，钩球蚴被细镖水蚤吞食后，在其体内发育为原尾蚴，鱼吞食带原尾蚴的水蚤后，穿过鱼肠壁到体腔，发育为裂头蚴，病鱼被鸥鸟吞食，裂头蚴就在鸥鸟肠内发育为成虫。

97. 下列寄生虫中(　　)不是主动经皮感染。
　　A. 双穴吸虫尾蚴　　　　　B. 吉陶单极虫
　　C. 微孢子虫　　　　　　　D. 锚头鳋

[答案] C
[解析] 微孢子虫为垂直传播或水平经口传播。

98. 下列寄生虫中(　　)不属于纤毛虫。
　　A. 多子小瓜虫　　　　　　B. 车轮虫
　　C. 艾美耳球虫　　　　　　D. 斜管虫

[答案] C
[解析] 爱美尔球虫属于球虫。

99. 下列寄生虫中不属于黏孢子虫的是(　　)
　　A. 碘泡虫　　　　　　　　B. 格留虫
　　C. 四极虫　　　　　　　　D. 库道虫

[答案] B
[解析] 格留虫属于微孢子虫。

100. 下列寄生虫中不属于微孢子虫的是(　　)
　　A. 格留虫　　　　　　　　B. 匹里虫

C. 洛姆虫   D. 库道虫

[答案] D

[解析] 库道虫属于黏孢子虫。

101. 锚钩不是下列寄生虫中(　　)的特征。

    A. 斜管虫   B. 指环虫

    C. 三代虫   D. 本尼登虫

[答案] A

[解析] 斜管虫属于纤毛虫；B、C、D 项均为单殖吸虫，具有锚钩。

102. 下列关于单殖吸虫的说法错误的是(　　)

    A. 消化系统包括口、咽、食管和肠

    B. 所有种类均为卵生，生活史不需要中间宿主，直接发育

    C. 雌雄同体，一般异体受精，有时也可以自体受精

    D. 主要寄生于鱼体鳃，有的种类也可寄生于皮肤、鳍条及口腔等与外界相通的腔管

[答案] B

[解析] 单殖吸虫中绝大部分种类均为卵生，但也有种类如三代虫可以行卵胎生繁殖。

103. 下列关于复殖吸虫的说法错误的是(　　)

    A. 复殖吸虫属扁形动物门、吸虫纲，全营寄生生活

    B. 绝大部分种类雌雄同体，极少数雌雄异体，生活史中需要多个中间宿主

    C. 生活史复杂，有卵、毛蚴、胞蚴、雷蚴、尾蚴、囊蚴和成虫 7 个阶段

    D. 消化系统包括消化管和腺体。消化管简单，分为口腔、食管、肠、直肠及肛门

[答案] D

[解析] 复殖吸虫的消化系统由口、咽、食管和肠构成。

104. 下列关于绦虫的说法错误的是(　　)

    A. 成虫无消化系统，只能寄生于脊椎动物的消化道，吸收宿主已消化好的营养物质

    B. 绦虫的幼虫可寄生于鱼类、虾类的腹腔或肝、胰脏，压迫宿主内脏器官而损害其正常机能

    C. 生活史包括卵、幼虫和成虫三个阶段。

    D. 虫体通常扁平状，极少数为圆筒状。一般由头节、颈部和数目众多的节片组成，节片前后相连形成链体状

[答案] C

[解析] 生活史包括卵、十钩蚴或六钩蚴、成虫三个阶段。

105. 下列关于线虫的说法错误的是(　　)

　　A. 虫体一般呈长圆柱形，两端较细，横切面为圆形，因此又称为圆虫

　　B. 线虫的发育包括卵、幼虫和成虫三个阶段。生殖方式为卵生

　　C. 线虫为雌雄异体，形态相似，但雌虫一般比雄虫个体大

　　D. 线虫种类繁多，是鱼类寄生虫中种类最多的类群

[答案] B

[解析] 线虫生殖方式包括卵生、卵胎生和胎生。

106. 下列关于棘头虫的说法错误的是(　　)

　　A. 雌雄同体，主要寄生于鱼类肠道

　　B. 棘头虫是一类有假体腔、无消化道的两侧对称蠕虫

　　C. 生活史包括卵、棘胚蚴、棘头蚴、胞棘蚴、成虫 5 个阶段

　　D. 鱼类寄生的棘头虫中间宿主主要为水生甲壳类

[答案] A

[解析] 雌雄异体，雌虫大于雄虫，一般寄生于鱼类的棘头虫体型较小。

107. 棘衣吻虫的主要危害对象是(　　)

　　A. 翘嘴红鲌　　　　　　　　　　B. 黄鳝

　　C. 黄颡鱼　　　　　　　　　　　D. 草鱼

[答案] B

[解析] 棘衣吻虫主要危害黄鳝，其他的宿主是它的保虫宿主。

108. 页形指环虫主要寄生于(　　)鳃上。

　　A. 鲫　　　　　　　　　　　　　B. 鲤

　　C. 草鱼　　　　　　　　　　　　D. 鲢

[答案] C

109. 下列关于黏孢子虫的说法错误的是(　　)

　　A. 黏孢子虫成熟孢子主要由壳瓣、孢质及极囊三部分组成

　　B. 绝大部分种类生活史有无脊椎动物参与

　　C. 黏孢子虫包括碘泡虫、两极虫、库道虫、尾孢虫等种类

　　D. 黏孢子虫只能寄生于淡海水鱼类，不能寄生于鸟类、两栖类、爬行类等

[答案] D

[解析] 黏孢子虫可以寄生于鱼类、鸟类、爬行类、两栖类以及哺乳类等宿主。

110. 鳃蛆病的病原是(　　)

　　A. 锚头蚤　　　　　　　　　　　B. 鲢中华蚤

    C. 大中华鳋　　　　　　　　　　D. 鲤中华鳋

［答案］C
［解析］鳃蛆病又称大中华鳋病，是由大中华鳋寄生引起的一种常见寄生虫病，主要危害
　　　　2龄以上的草鱼。

第九篇

水产公共卫生学

第一单元 总 论

1. 以下不属于水产公共卫生学研究范围的是( )

   A. 水生动物健康与水产品安全供给   B. 水生动物捕捞与健康养殖

   C. 水产品卫生检验和水产品质量安全   D. 水生动物检疫

[答案] B

[解析] 水产公共卫生学的研究范围主要包括：水生动物健康与水产品安全供给，经水与水生动物（或水产品）传播的人类疾病，水生态环境安全与人类健康，水生动物检疫、水产品卫生检验和水产品质量安全，观赏水生动物和休闲渔业的健康促进，以水生动物为原料的医药和保健品研发，水生实验动物比较医学，现代水生生物技术与人类健康等。

2. 水生动物的价值主要表现不包括( )

   A. 文化价值   B. 社会价值

   C. 生态价值   D. 营养价值

[答案] D

[解析] 水生动物的价值表现具体为以下四个方面：经济价值、社会价值、文化价值以及生态价值。

3. 下列对水产品中危害因素分类正确的是( )

   A. 化学性危害、物理性危害、生物性危害

   B. 重金属危害、物理性危害、生物性危害

   C. 化学性危害、重金属危害、生物性危害

   D. 重金属危害、物理性危害、化学性危害

[答案] A

[解析] 水、水生生物或水产品中危害因素可分为化学性危害、物理性危害和生物性危害。

4. 辐射属于下列哪种危害( )

A. 化学性危害   B. 生物性危害

C. 物理性危害   D. 变异性危害

[答案] C

[解析] 水产公共卫生安全的物理性危害因素包括掺假或混入杂物和放射性辐射等，其中放射性污染影响重大。水生动物对水环境中的放射性元素有蓄积作用，因此可能具有放射性辐射危害。

5. 下列不是影响化学性危害发挥毒作用的因素为（   ）

A. 吸收过程   B. 剂量与接触时间

C. 个体差异   D. 毒物理化特征

[答案] A

[解析] 影响化学性危害发挥毒作用的因素为：毒物理化性质、剂量与接触时间、多因素联合作用、个体差异。

6. 下列选项不属于生物性危害的是（   ）

A. 寄生虫   B. 有毒鱼类

C. 病原微生物及其毒素   D. 放射性辐射

[答案] D

[解析] 生物性危害是指水生生物或水产品被病原微生物（主要是病毒和细菌）及其毒素、寄生虫等污染后，可能直接或间接地对人类健康造成危害。有毒鱼类和水生动物源的过敏原也属于生物性危害。

7. 水污染物在动物体内最为集中的器官是（   ）

A. 消化道   B. 肝脏

C. 肾脏   D. 肠胃

[答案] B

[解析] 进入体内的少部分污染物质经过体内某些酶的代谢或转化而排出体外，这种生物转化功能主要集中在肝脏、肾脏、肠胃等器官中，其中以肝脏最为重要，肝脏也是污染物最为集中的器官。

第二单元　化学性危害因素与人类健康

1. 下列哪种属于有机磷类杀虫剂（   ）

A. 敌百虫   B. 氯霉素

C. 阿维菌素   D. 伊维菌素

[答案] A

[解析] 敌百虫属于有机磷类杀虫剂，其对鱼类及水生生物的毒性要大于藻类，对水生生物毒性依次为虾＞贝＞有鳞鱼类；氯霉素属于抗菌剂；阿维菌素和伊维菌素属于大环内酯类杀虫剂。

2. 下列对拟除虫菊酯类杀虫剂表述不正确的是(　　)

    A. 可通过升高水温减缓其降解过程　　B. 包括Ⅰ型菊酯和Ⅱ型菊酯

    C. 与有机氯相比对环境污染较少　　D. 属于胆碱酯酶抑制剂

[答案] A

[解析] 拟除虫菊酯类杀虫剂包括Ⅰ型菊酯和Ⅱ型菊酯，属于胆碱酯酶抑制剂，主要用于卫生昆虫控制、农业和渔业中的杀虫活动。该类化合物一般难溶于水，以油滴形式漂浮水面或被水中颗粒物吸附后沉积到底泥，分别对水面层水生生物或底栖水生生物造成危害。拟除虫菊酯类农药在水域和沉积物中主要经光解、化学降解和微生物降解，随水温、pH和光照升高，降解加速。

3. 以下属于抗菌剂的是(　　)

    A. 己烯雌酚　　　　　　　　　　B. 氯霉素

    C. 敌百虫　　　　　　　　　　　D. 甲基睾丸酮

[答案] B

[解析] 己烯雌酚和甲基睾丸酮均属于激素，敌百虫属于有机磷类杀虫剂。

4. 氯霉素对人体的不良反应不包括(　　)

    A. 抑制骨髓造血机能　　　　　　B. 少数出现皮疹及血管神经水肿

    C. 致癌　　　　　　　　　　　　D. 血细胞减少

[答案] C

[解析] 氯霉素的主要不良反应是抑制骨髓造血机能，包括可逆的各类血细胞减少和不可逆的再生障碍性贫血。氯霉素也可产生胃肠道反应和二重感染。少数患者可出现皮疹及血管神经性水肿等过敏反应。新生儿与早产儿使用剂量过大可发生循环衰竭（灰婴综合征）。

5. 下列关于农药对人体健康的影响，叙述不正确的是(　　)

    A. 影响各种酶的活性

    B. 损害神经、内分泌、生殖系统

    C. 引起皮肤病、不育、贫血

    D. 有机磷农药轻度中毒即可表现为心跳加快、血压升高、昏迷

[答案] D

[解析] 体内农药积蓄到一定量后就会对人体产生明显的毒害作用，农药对人体的危害常是慢性、潜在性的。D项，有机磷农药急性中毒可分为三类：①轻度表现为头疼、头晕、恶心呕吐、出汗、视力模糊、无力等。②中度上述症状加重，还有肌束震颤、瞳孔缩小、胸闷或全身肌肉紧束感，出汗、流涎、腹痛、腹泻。③重度为上述症状并有心跳加快、血压升高、发绀、瞳孔缩小如针尖、对光反射消失、呼吸极困难、肺水肿、大小便失禁、惊厥、患者进入昏迷状态；最后，可因呼吸衰竭或循环衰竭而死亡。

6. 大剂量喹诺酮类药物易致（   ）

　　A. 肾脏损伤　　　　　　　　　　B. 肝脏损害

　　C. 神经坏死　　　　　　　　　　D. 骨骼变形

[答案] B

[解析] 大剂量或长期使用喹诺酮类药物易致肝损害。

7. 醇类、醛类和重金属盐类的杀菌作用是通过下列哪种机理完成的（   ）

　　A. 改变菌体细胞膜通透性　　　　B. 干扰或损害细菌必需的酶系统

　　C. 使菌体蛋白变性、沉淀　　　　D. 通过氧化、还原反应损害酶的活性基团

[答案] C

[解析] 醇类、醛类和重金属盐类的杀菌作用机理是使菌体蛋白变性、沉淀。

8. 水俣病事件中，导致水俣病的水污染物是（   ）

　　A. 甲基汞　　　　　　　　　　　B. 铅

　　C. 镉　　　　　　　　　　　　　D. 硝基苯

[答案] A

[解析] 慢性汞中毒又称为"水俣病"。导致慢性汞中毒的水污染物是甲基汞。

9. 汞在水底淤泥中可被转化为甲基汞，下列关于甲基汞的描述错误的是（   ）

　　A. 经产甲烷菌转化为甲基汞后进入水体中

　　B. 可通过胎盘屏障

　　C. 具有脂溶性

　　D. 主要造成消化道、呼吸道刺激症状和病变

[答案] D

[解析] A项，汞经沉降集中在底泥中，经微生物（产甲烷菌）转化为甲基汞后进入水体中，通过生物富集，可造成水生动物体内的汞残留；B项，甲基汞毒性很强，可以通过血脑屏障、血睾屏障及胎盘屏障；C项，甲基汞的性质稳定，易溶于脂肪，可在人体内蓄积，难排出体外；D项，甲基汞主要损害中枢神经系统。

10. 急性中毒表现为胃肠道和神经症状，慢性中毒患者表现为消瘦、视力障碍、步态不稳、语言不清，新生儿中毒表现为发育不良、智力低下和脑瘫痪等，历史上把该病称为"水俣病"。该病是(   )

  A. 汞中毒   B. 铅中毒

  C. 镉中毒   D. 铜中毒

[答案] A

11. 慢性汞中毒时汞主要蓄积在(   )

  A. 肝脏   B. 肾脏

  C. 血液   D. 中枢神经系统

[答案] D

[解析] 甲基汞毒性很强，可以通过血脑屏障、血睾屏障及胎盘屏障，主要损害中枢神经系统。

12. 铅在人体内生物半衰期为 4 年，约有 90% 的铅蓄积在(   )

  A. 肾脏   B. 肝脏

  C. 脑部   D. 骨骼

[答案] D

[解析] 铅在体内分布为三种模式：血液、软组织和骨骼。血液和软组织为交换池，交换池中的铅在 25～35d 转移到储存池骨组织中，储存池中的铅与交换池中的铅维系着动态平衡。所以大约有 90% 的铅聚集在骨骼。

13. 急性中毒患者表现为口腔有金属味、出汗、流涎、抽搐和昏迷等症状，慢性中毒患者以神经系统功能紊乱为主，婴幼儿中毒能损害脑组织、发育迟缓、智力低下、多动、脑瘫痪。该病是(   )

  A. 汞中毒   B. 铅中毒

  C. 镉中毒   D. 铜中毒

[答案] B

14. 人体摄入镉污染的食品或饮水后可导致镉中毒或镉危害，在体内可长期蓄积，被人体吸收后主要分布于(   )

  A. 肾脏   B. 骨骼

  C. 肝脏   D. 肌肉

[答案] C

[解析] 人体内的镉主要来源于食物。镉经消化道吸收，主要分布于肝脏，其次是肾脏，在体内可长期蓄积。

15. 下列关于重金属中毒的描述，正确的是(　　)

　　A. 铬化合物中以六价铬毒性最强，三价铬次之，二价铬和铬本身的毒性很小

　　B. 元素砷和无机砷的毒性小，有机砷的毒性大

　　C. 消化道摄入引起的锌急性中毒最为常见

　　D. 慢性铜中毒表现为头发变干变脆、易脱落，指甲变脆、有白斑及纵纹、易脱落

[答案] A

[解析] B项，元素砷和有机砷的毒性小，无机砷的毒性大；C项，消化道摄入引起的锌急性中毒比较少见，主要引起消化道不适和腹泻；D项，慢性铜中毒常表现为咳嗽、咳痰、胸痛、胸闷，有的咯血、鼻咽黏膜充血、鼻中隔溃疡，甚至可引起尘肺和金属烟雾热；而头发变干变脆、易脱落，指甲变脆、有白斑及纵纹、易脱落，皮肤损伤及神经系统异常是硒中毒的表现。

16. 慢性患者表现骨质疏松症、骨质软化、骨骼疼痛、容易骨折，并出现高钙尿、肾绞痛、高血压、贫血。该病是(　　)

　　A. 汞中毒　　　　　　　　　B. 铅中毒

　　C. 镉中毒　　　　　　　　　D. 铜中毒

[答案] C

[解析] 慢性镉中毒患者表现骨质疏松症、骨质软化、骨骼疼痛、容易骨折，并出现高钙尿、肾绞痛、高血压、贫血。

17. 急性病例表现为流涎、恶心和呕吐等消化道症状，慢性病例表现为骨质疏松、骨骼疼痛、容易骨折、肾绞痛和高血压。历史上把该病称为"骨痛病"。该病是(　　)

　　A. 汞中毒　　　　　　　　　B. 铅中毒

　　C. 镉中毒　　　　　　　　　D. 铜中毒

[答案] C

18. 重金属镉对人体的危害主要是(　　)

　　A. 骨质疏松、骨折　　　　　B. 损害大脑

　　C. 口腔有金属味、出汗、流涎、呕吐　D. 血红蛋白尿、肾衰竭、休克

[答案] A

[解析] 镉的毒性较大，能损害肾脏、骨骼和消化系统，可引起骨质疏松和骨折。

19. 下列描述错误的是(　　)

　　A. 长期服用甲基睾丸酮可致黄疸　B. 慢性砷中毒可导致皮肤癌

　　C. 急性镉中毒以神经系统紊乱为主　D. 铅主要损害神经系统、造血系统和肾脏

[答案] C

[解析] A项，甲基睾丸酮长期大剂量应用易致胆汁郁积性肝炎，出现黄疸。B项，慢性砷中毒可导致皮肤癌；C项，急性镉中毒患者出现流涎、恶心和呕吐等消化道症状；D项，铅的毒性较大，主要损害神经系统、造血系统和肾脏，还能使免疫功能降低、消化道黏膜坏死、肝变性坏死。

20. 急性患者病初表现为胃肠道黏膜刺激症状、血红蛋白尿，然后出现黄疸、心律失常；严重病例出现肾衰竭、尿毒症和休克。该病是(　　)

  A. 汞中毒   B. 铅中毒

  C. 镉中毒   D. 铜中毒

[答案] D

21. 与硒中毒无关的症状是(　　)

  A. 头发变干、变脆、断裂   B. 肾衰竭及尿毒症

  C. 肝炎和肝纤维化   D. 皮肤损伤及神经系统异常

[答案] B

[解析] 硒中毒表现为头发变干变脆、易脱落，指甲变脆、有白斑及纵纹、易脱落，皮肤损伤及神经系统异常。硒选择性作用于内皮细胞，引起水肿和出血，慢性接触引起肝炎和肝纤维化。

22. 慢性铅中毒主要影响(　　)

  A. 消化系统   B. 骨骼

  C. 肾脏   D. 神经系统

[答案] D

[解析] 慢性铅中毒以神经系统功能紊乱为主，出现食欲不振、头痛、头昏、失眠、脱发、记忆力下降等。重者表现为多发性神经炎，肌肉关节疼痛，牙根有"铅线"，贫血，肾功能障碍乃至衰竭，视力模糊，记忆力减退，脑水肿等，甚至发生休克或死亡。

23. 下列关于重金属中毒的描述，错误的是(　　)

  A. 汞中毒主要表现为对人体中枢神经系统的损害

  B. 铅主要损害神经系统、造血系统和肾脏

  C. 镉主要造成肾脏、骨骼病变

  D. "痛痛病"是由砷引起的

[答案] D

[解析] "痛痛病"是由镉中毒引起的。

24. 对孔雀石绿描述错误的是（　　）

　　A. 无毒　　　　　　　　　　　B. 高毒性

　　C. 高残留　　　　　　　　　　D. 可致癌

[答案] A

[解析] 孔雀石绿及其代谢产物无色孔雀石绿具有高毒性、高残留、致癌、致畸、致突变等副作用。

25. 下列关于持久性有机污染物（POPs），叙述不正确的是（　　）

　　A. POPs 难以被光解、化学分解和生物降解，能够在环境中持久存在

　　B. POPs 可以随风和水流迁移到很远的距离，扩散到很广的地域

　　C. POPs 可以通过生物食物链逐级富集放大，直至人类

　　D. POPs 在较低浓度时不会对生物造成伤害

[答案] D

[解析] 持久性有机污染物主要有以下几个特性：①持久性，POPs 具有很强的稳定性，难以被光解、化学分解和生物降解，能够在环境中持久地存在。②半挥发性，POPs 具有半挥发性，可以随风和水流迁移到很远的距离，扩散很广的地域。③蓄积性，POPs 可以通过生物食物链逐级富集放大，直至人类；它具有较高亲脂性，能在人体的脂肪组织中长期积累。④高毒性，POPs 在较低度时也会对生物造成伤害，大都具有"三致"作用。

26. 关于持久性有机污染物对人体的危害，说法错误的是（　　）

　　A. POPs 会抑制免疫系统的正常反应

　　B. POPs 会成为潜在的内分泌干扰物质，影响内分泌活动

　　C. POPs 对生物体的生殖和发育也会造成一定的危害

　　D. POPs 会引起生物体的器官组织的病变，但不会对精神心理造成危害

[答案] D

[解析] 一些 POPs 会引起精神心理疾患症状。

27. 持久性有机污染物的特性，不包括（　　）

　　A. 半挥发性　　　　　　　　　B. 致癌性

　　C. 蓄积性　　　　　　　　　　D. 高毒性

[答案] B

[解析] 持久性有机污染物的特性包括持久性、半挥发性、蓄积性、高毒性。

第三单元　生物性危害因素与人类健康

1. 下列病毒中属于双链 DNA 病毒的是（　　）

A. 肠病毒
B. 腺病毒
C. 轮状病毒
D. 诺如病毒

[答案] B

[解析] 肠病毒和诺如病毒均属于单链 RNA 病毒，轮状病毒是双链 RNA 病毒，腺病毒属于双链 DNA 病毒。

2. 下列哪种病毒不属于单链正链 RNA 病毒(　　)

A. 甲型肝炎病毒
B. 札幌病毒
C. 轮状病毒
D. 星状病毒

[答案] C

[解析] 轮状病毒属于双链 RNA 病毒。

3. 关于肠病毒的描述，错误的是(　　)

A. 肠病毒是已知的最小病毒之一
B. 肠病毒无囊膜，只有一个血清型
C. 人之间的接触、空气传播、水传播是主要的传播途径
D. 肠病毒可引起脑膜脑炎、脊髓灰质炎、手足口病等临床综合征

[答案] B

[解析] 肠病毒无囊膜，有 69 个血清型可感染人。

4. 关于诺如病毒和札幌病毒，说法正确的是(　　)

A. 二者均有典型杯状病毒形态
B. 札幌病毒是急性胃肠炎的最常见病原体
C. 二者均为单链 RNA 病毒，诺如病毒有囊膜，札幌病毒无囊膜
D. 二者呈世界性分布，秋、冬、春季流行

[答案] D

[解析] A 项，诺如病毒的病毒形态不典型；B 项，诺如病毒是急性胃肠炎的最常见病原体；C 项，二者均为单链 RNA 病毒且均无囊膜。

5. 儿童病毒性腹泻的第一重要病原体是(　　)

A. 轮状病毒
B. 肠腺病毒
C. 诺如病毒
D. 肠病毒

[答案] A

[解析] A 项，轮状病毒是儿童病毒性腹泻的第一重要病原体；B 项，肠腺病毒是儿童病毒性腹泻的第二重要病原体；C 项，诺如病毒是急性胃肠炎的最常见病原体。

6. 肠腺病毒的传播方式不包括(　　)

A. 人之间的接触传播   B. 空气传播

C. 经污染食物传播   D. 经饮用或接触污水传播

[答案] B

[解析] 肠腺病毒的传播方式包括：①接触传播，人之间直接接触最为主要，分为粪口、口口和手眼接触，通过受污染的表面或公用器具而间接传播。②经污染食物传播。③经饮用或接触污水传播。

7. 已经证实能引起水传病毒病的病毒是(   )

A. 甲型肝炎病毒   B. 腺病毒

C. 星状病毒   D. 肠道病毒

[答案] A

[解析] 甲型肝炎病毒较其他病毒更易经水传播。

8. 肠腺病毒主要是由于腺病毒 40 型和 41 型侵袭(   )引起胃肠炎。

A. 胃   B. 小肠

C. 十二指肠   D. 胃腺

[答案] B

[解析] 腺病毒的多数成员主要引起呼吸道感染，但腺病毒 40 型和 41 型主要侵袭小肠引起胃肠炎，因而被称为肠腺病毒。

9. 一般在摄入被污染的水和食物（尤其是海产食品）12～48 h 后出现呕吐、腹泻、腹部绞痛、头痛和发热与寒战等症状，属于(   )

A. 病毒性食物中毒   B. 细菌性食物中毒

C. 生物毒素食物中毒   D. 化学性食物中毒

[答案] A

10. 关于甲肝病毒的描述，错误的是(   )

A. 甲肝病毒颗粒无囊膜，只有一个血清型

B. 甲肝病毒主要是经呼吸道感染

C. 甲肝病毒主要以人、猕猴、人猿等灵长类动物为宿主

D. 临床症状表现为急性黄疸型、急性无黄疸型、淤胆型、亚临床型和重型

[答案] B

[解析] 甲肝病毒的传播途径是粪口途径。主要是通过不洁饮食和饮用生水等途径而感染的，不是通过呼吸道。

11. 甲肝病毒的传播途径不包括下列的(   )

A. 日常生活接触传播   B. 水源传播

C. 食物传播　　　　　　　　　　　D. 垂直传播

[答案] D

[解析] 甲肝病毒的传播途径是粪口途径。主要是由不洁饮食及饮用生水等途径传播，不会引起垂直传播，即遗传性传播。

12. 下列哪种不属于感染创伤弧菌的症状(　　)

A. 发热、恶心、呕吐以及疼痛

B. 皮肤病变（如双下肢出血性水肿）

C. 循环衰竭、神志不清和全身痉挛

D. 坏死性溃疡、全身中毒症状（败血症、脓毒血症）、休克和脏器衰竭

[答案] C

[解析] 感染副溶血弧菌少数病人伴失水，个别患者循环衰竭、神志不清和全身痉挛。

13. 霍乱弧菌感染的主要临床表现为(　　)

A. 败血症　　　　　　　　　　　　B. 腹泻

C. 呼吸道症状　　　　　　　　　　D. 溶血性尿毒综合征

[答案] B

14. 关于霍乱弧菌的预防措施不正确的是(　　)

A. 本菌以预防为主，注意饮食卫生

B. 对病人要严格隔离，必要时实行疫区封锁

C. 加强水、粪管理

D. 受污染水域的水产品可以上市

[答案] D

[解析] 霍乱弧菌经粪口途径传播，感染主要因食入带菌粪便污染的生水和未煮熟食物（如水产品、蔬菜等）引起。因此，受污染水域的水产品应加以控制，防止人体食入。

15. 对副溶血弧菌描述正确的是(　　)

A. 为革兰氏阳性，兼性厌氧菌

B. 是一种嗜碱性细菌，主要来自湖泊

C. 副溶血弧菌毒株所产生的对热敏感的溶血素，是主要的致病因子

D. 此菌对酸敏感，对热的抵抗力也较弱

[答案] D

[解析] D项，副溶血弧菌对酸敏感，对热的抵抗力也较弱。A项，副溶血弧菌是弧菌科弧菌属，革兰氏染色阴性，兼性厌氧菌。B项，副溶血弧菌是一种嗜盐性细菌，主要来自海洋。C项，副溶血弧菌菌株产生的溶血素对热稳定，而不是对热敏感。

16. 对于气单胞菌属下列说法正确的是（   ）

    A. 革兰氏阳性菌   B. 兼性厌氧杆菌

    C. 有芽孢   D. 属于毒力强的条件致病菌

[答案] B

[解析] 气单胞菌科气单胞菌属的成员中对人类健康有危害是嗜温运动性气单胞菌群，包括嗜水气单胞菌、豚鼠气单胞菌、凡隆气单胞菌温和生物型、温和气单胞菌、中间气单胞菌、凡隆气单胞菌凡隆生物型、舒伯特气单胞菌等，但被认为均系毒力不强的条件致病菌。这类菌为革兰氏阴性、无芽孢、兼性厌氧杆菌。

17. 分枝杆菌属主要存在环境（   ）

    A. 天然水环境   B. 土壤

    C. 空气   D. 以上都可以

[答案] A

[解析] 这类菌存于多种类型的天然水环境中。故 A 正确。

18. 对沙门菌感染通常临床表现描述不正确的是（   ）

    A. 轻度到暴发性腹泻、恶心、呕吐

    B. 菌血症或败血症（峰形高热、血培养阳性）

    C. 伤寒/伤寒肠热病（伴有或不伴腹泻的持续发热）

    D. 皮肤溃烂、伴有脓疮

[答案] D

[解析] 沙门菌感染通常有四种临床表现：①轻度到暴发性腹泻、恶心、呕吐；②菌血症或败血症（峰形高热、血培养阳性）；③伤寒/伤寒肠热病（伴有或不伴腹泻的持续发热）；④以前感染过的患者的携带状态。

19. 与金黄色葡萄球菌食物中毒相似的细菌是（   ）

    A. 蜡样芽孢杆菌   B. 肉毒梭菌

    C. 类志贺邻单胞菌   D. 迟缓爱德华氏菌

[答案] A

[解析] B项肉毒梭菌中毒为食物型、伤口型和婴儿型。早期表现为瞳孔放大、虚弱、晕眩，继而出现视觉不清、说话和吞咽困难，体温正常，最后因呼吸麻痹和心力衰竭而亡。C项类志贺邻单胞菌造成多数患者不发热或低度发热、轻度水样腹泻等。D项迟缓爱德华氏菌可引起人类肠胃炎、败血症肝脓肿和创伤感染等，以肠道感染最多见。故 A 项正确。

20. 诺卡菌病男女患病比例约（   ）

    A. 1：2   B. 2：1

    C. 3：1   D. 1：3

[答案] B

[解析] 诺卡菌病见于世界各地。患病大多为成人，男女比例约 2∶1。

21. 小肠结肠炎耶尔森菌最适温度(　　)，最适 pH(　　)

A. 20～28℃；7.6　　　　　　　　B. 10～18℃；6.7

C. 0～8℃；7.6　　　　　　　　　D. 20～28℃；6.7

[答案] A

[解析] 小肠结肠炎耶尔森菌耐低温，4℃能生长，最适温度 20～28℃，最适 pH 7.6。

22. 变形杆菌属包括(　　)

A. 普通变形杆菌　　　　　　　　B. 奇异变形杆菌

C. 产黏性变形杆菌　　　　　　　D. 潘纳变形杆菌

E. 以上均是

[答案] E

[解析] 变形杆菌属包括普通变形杆菌、奇异变形杆菌、产黏性变形杆菌和潘纳变形杆菌 4 种。

23. 大肠埃希菌哪种菌种感染还与食用生蔬菜（如豆芽）有关(　　)

A. ETEC　　　　　　　　　　　　B. EPEC

C. EHEC　　　　　　　　　　　　D. EIEC

[答案] C

[解析] 肠致病性大肠埃希菌的主要宿主为人，尤其 EPEC、ETEC 和 EIEC 菌株更是如此。EHEC 菌株主要从家畜（如牛、羊、山羊、猪和鸡）中分离到；此外，EHEC 还与食用生蔬菜（如豆芽）有关。

24. 水传细菌引起的疾病具有的特点不包括(　　)

A. 易暴发流行　　　　　　　　　B. 病例分布与洪水范围一致

C. 季节性　　　　　　　　　　　D. 污染源控制对遏制疾病流行具有显著效果

[答案] C

25. 主要引起细菌性食物中毒的细菌是(　　)

A. 副溶血弧菌　　　　　　　　　B. 结核分枝杆菌

C. 炭疽杆菌　　　　　　　　　　D. 黄曲霉菌

[答案] A

26. 细菌性食物中毒的主要临床症状是(　　)

A. 胃肠道疾病表现为主　　　　　B. 神经症状为主

C. 感冒症状为主   D. 生殖障碍为主

[答案] A

27. 受污染食品主要是鱼类、甲壳类和含盐量较高的腌腊制品，中毒病例一般表现为急性发病、潜伏期 2～24 h、恢复较快。该病是(　　)

    A. 霍乱弧菌食物中毒   B. 嗜水气单胞菌食物中毒
    C. 迟缓爱德华氏菌食物中毒   D. 副溶血弧菌食物中毒

[答案] D

28. 主要表现为致死性腹泻的细菌性食物中毒是(　　)

    A. 霍乱弧菌食物中毒   B. 嗜水气单胞菌食物中毒
    C. 迟缓爱德华氏菌食物中毒   D. 副溶血弧菌食物中毒

[答案] A

29. 急性病例表现为胃肠炎症状、呈水样腹泻、有腹痛而无里急后重、大部分病例经 1～5d 自愈，该病有时表现为外伤感染、败血症、尿路感染和脑膜炎等。该病是(　　)

    A. 霍乱弧菌食物中毒   B. 嗜水气单胞菌食物中毒
    C. 迟缓爱德华氏菌食物中毒   D. 副溶血弧菌食物中毒

[答案] B

30. 摩氏摩根菌能在患病动物和人的哪个部位分离出(　　)

    A. 肝脏   B. 指甲
    C. 表皮   D. 肌肉

[答案] C
[解析] 患病动物和人的尿道、呼吸道、伤口、表皮可以分离出该菌，为主要传染源。

31. 以下哪个菌体大小为 1.5～2.5 μm，同时能够引起鳜的败血症(　　)

    A. 嗜麦芽寡养单胞菌   B. 鲍氏不动杆菌
    C. 弗氏柠檬酸杆菌   D. 单核细胞增生性李斯特杆菌

[答案] B
[解析] 鲍氏不动杆菌为革兰氏阴性、氧化酶阴性、无动力的球杆菌（短圆杆状），菌体大小为 1.5～2.5 μm，常成双排列，多数菌株有荚膜、无芽孢、无鞭毛，专性需氧。本菌可以引起鳜的败血症。

32. 对脑膜炎脓毒伊丽莎白菌描述正确的是(　　)

    A. 97%的天然地表水中可以分离到该菌，含菌量高达 100 CFU/mL
    B. 为条件致病菌，只感染鱼类

C. 是革兰氏阴性非发酵杆菌，单个分散排列

D. 4℃或41℃不生长，生长最适宜温度为35℃

[答案] C

[解析] A项是对鲍氏不动杆菌的描述；B项脑膜炎脓毒伊丽莎白菌为条件致病菌，人、鳖、蛙、鱼为其易感动物；D项是对嗜麦芽寡养单胞菌的描述。

33. 该菌世界分布，可从多种野生和养殖水生动物以及海藻中分离到。广泛存在于海水及海产动物中，可引起的鱼类肉芽肿性溃疡性皮炎乃至死亡，在胸鳍和尾柄处尤为严重，该菌是(　　)

A. 美人鱼发光杆菌美人鱼亚种　　　B. 单核细胞增生性李斯特杆菌

C. 香港鸥杆菌　　　D. 弗氏柠檬酸杆菌

[答案] A

[解析] 美人鱼发光杆菌美人鱼亚种引起鱼类肉芽肿性溃疡性皮炎乃至死亡，人类感染主要经伤口接触或被水生动物咬或刺伤。

34. 对单核细胞增生性李斯特杆菌（LM）描述不正确的是(　　)

A. 有 16 个血清，常见的是 4B、1B、1a 型

B. LM 不易被冻融，能耐受较高的渗透压，是冷藏水产品重要的危害因素

C. 潜伏期一般 1～5d，主要症状为腹泻

D. 感染大多呈短暂带菌状态，婴儿出生后感染以脑膜脑炎及脑脊髓膜炎为主

[答案] C

[解析] 香港鸥杆菌病理潜伏期一般 1～5d，主要症状为腹泻。

35. 感染问号钩状螺旋体病早期临床上会出现什么性状(　　)

A. 多器官损害及功能紊乱　　　B. 各种变态反应性并发症

C. 黄疸、尿毒症　　　D. 败血症

[答案] D

[解析] 钩体病在临床上可分为早期的钩端螺旋体败血症、中期的多器官损害及功能紊乱以及后期的各种变态反应性并发症。

36. 以下属于腺热新立克次氏体外形的表述是(　　)

A. 大小为（0.3～0.6）μm×（0.8～2.0）μm，呈球状、杆状或丝状，呈革兰氏阴性反应

B. 具有 12～18 个螺旋，两端有钩，长 6～20 μm，呈活跃螺旋式运动

C. 具有有性和无性生殖孢子，菌丝粗细不一，直径为 5～20cm 分隔稀

D. 有分隔、黑色或棕色菌丝，直径 1.5～3.0 μm，偶见分支，并可见芽生酵母样孢子

[答案] A

[解析] B选项属于问号钩端螺旋体表述；C选项属于蛙粪霉属的表述；D选项属于暗色丝孢霉属的表述。

37. 临床重要的蛙粪霉属成员不包括哪个（　　）

    A. 林蛙粪霉　　　　　　　　　　B. 延蛙粪霉

    C. 裂孢蛙粪霉　　　　　　　　　D. 固孢蛙粪霉

[答案] B

[解析] 临床重要的蛙粪霉属成员有三个：林蛙粪霉、裂孢蛙粪霉、固孢蛙粪霉。

38. 鱼类和龟类发生暗色丝孢霉病后，不会出现什么症状（　　）

    A. 水疱　　　　　　　　　　　　B. 脓肿

    C. 脑膜炎　　　　　　　　　　　D. 肾和内脏有菌丝侵入

[答案] C

[解析] 暗色丝孢霉病，人类和低等动物都是易感动物，其中鱼类和龟类发生暗色丝孢霉病会出现损伤、水疱和脓肿，肾和内脏有菌丝侵入。

39. 对鼻孢子菌属描述不正确的是（　　）

    A. 不耐低温，保存在0～4℃下2h即死亡

    B. 西伯氏孢子菌可引起人畜共患病

    C. 鱼类、带菌的池塘或污水等是传染源

    D. 鼻子最常发病，约占所有患者的72%，初为乳头状，表面皱缩如疣渐增大

[答案] A

[解析] A选项属于蛙粪霉的病原学描述。

40. 在隐孢子虫病中，当免疫功能是正常时，说法不正确的是（　　）

    A. 血液和白细胞正常，体重上升　　B. 病情轻重与排卵囊的数量相关

    C. 表现为胃肠炎，轻微至中度的自限性腹泻　D. 伴随食欲差、恶心、呕吐

[答案] A

[解析] 日均腹泻5～10次，以水样便多见，或为黏液稀便，一般无血液和白细胞，体重下降。

41. 在寄生人体的血吸虫种类中，以下哪种不是主要的（　　）

    A. 日本血吸虫　　　　　　　　　B. 马来血吸虫

    C. 埃及血吸虫　　　　　　　　　D. 曼氏血吸虫

[答案] B

[解析] 日本血吸虫、曼氏血吸虫和埃及血吸虫是寄生人体的 3 种主要血吸虫，流行范围最广、危害最大。

42. 下列关于血吸虫病说法错误的是（　　）

　　A. 慢性血吸虫病患者部分无症状

　　B. 急性血吸虫病时期会出现肝纤维化

　　C. 临床上可分为急性、慢性和晚期三种类型以及异位损害

　　D. 短期接触大量尾蚴会导致急性血吸虫病的发生

[答案] B

[解析] 晚期血吸虫病：反复或重度感染者，未及时彻底治疗，经过较长时期（5～15 年）的病理发展会出现肝纤维化，最后演变为肝硬化并出现相应的临床表现及并发症。

43. 下列关于并殖吸虫病的说法，不正确的是（　　）

　　A. 潜伏期的发病，与感染强度和虫体寄生部位无关

　　B. 后尾蚴、童虫和成虫生活史在终末宿主体内完成

　　C. 卫氏并殖吸虫和斯氏并殖吸虫为主要致病虫种

　　D. 急性并殖吸虫病主要由童虫引起，潜伏期短、发病急促

[答案] A

[解析] 潜伏期并殖吸虫病的发病，常与感染强度和虫体寄生部位有关，一般轻度感染后常无明显临床表现。

44. 关于片形吸虫病的说法错误的是（　　）

　　A. 其病原体为布氏姜片吸虫

　　B. 中间宿主为鱼类

　　C. 儿童感染可表现为贫血、水肿、腹水、发育障碍

　　D. 传染源是能排出虫卵的人或猪

[答案] B

[解析] 中间宿主为扁卷螺。

45. 以下哪个不属于片形吸虫病的临床表现分类（　　）

　　A. 潜隐期　　　　　　　　　　　　　B. 慢性期

　　C. 急性期　　　　　　　　　　　　　D. 晚期

[答案] D

[解析] 片形吸虫感染者的临床表现可分为急性、潜隐和慢性 3 个病期。

46. 下列关于华支睾吸虫病的说法中错误的是（　　）

A. 部分患者见肝功能损害，血清转氨酶降低

B. 成虫主要寄生于终末宿主的次级肝胆管内

C. 儿童可伴有明显的生长发育障碍，引起侏儒症

D. 慢性重复重度感染者，可出现慢性胆管炎、胆囊炎，甚至肝硬化

[答案] A

[解析] 一般可见轻度食欲减退、上腹饱胀、轻度腹泻、消化不良、肝区不适或隐痛、肝肿胀等消化道症状，伴有头晕、失眠、疲乏、精神不振、心悸、记忆力减退等神经衰弱症状。部分患者见肝功能损害，血清转氨酶升高。

47. 在姜片虫病的临床症状中，哪种说法是不正确的（　　）

A. 潜伏期一般有 1～3 个月，症状的轻重与患者感染程度及营养情况有密切联系

B. 轻型，可无症状，或表现为食欲差，偶有上腹部间歇性疼痛，粪便性状有变化

C. 中型，常表现为腹痛、腹泻、食欲减退、恶心、呕吐等症状

D. 重型，表现为营养不良和消化道功能紊乱

[答案] B

[解析] 轻型，可无症状，或表现为食欲差，偶有上腹部间歇性疼痛，粪便性状没有变化，大多为轻度感染。

48. 在易感染曼氏裂头蚴病的途径中哪项说法是错误的（　　）

A. 接触疫水　　　　　　　　　B. 局部敷贴生蛙肉、鲜蛇皮

C. 误食感染的剑水蚤　　　　　D. 熟食蝌蚪、蛙、蛇、鸡或猪肉、马肉等食物

[答案] D

[解析] 生食或半生食蝌蚪、蛙、蛇、鸡或猪肉、马肉，民间有口含生蛙肉（特别是大腿肌肉）治疗牙痛或生食活蛙治疗疮和疼痛的不良习惯，容易同时吞食曼氏裂头蚴。生吞蛇胆、喝蛇血，也可感染裂头蚴。

49. 下列不属于水生动物传播的寄生虫病的是（　　）

A. 贾第虫病　　　　　　　　　B. 异形吸虫病

C. 卫氏并殖吸虫病　　　　　　D. 棘口吸虫病

[答案] A

[解析] 水生动物传播的寄生虫病是指因食入水生动物而使人或动物感染所致，主要为肝吸虫病、异形吸虫病、卫氏并殖吸虫病、曼氏叠宫绦虫病、棘口吸虫病等，而贾第虫病是水源传播寄生虫病。

50. 对于水生植物传播寄生虫的病防控措施，说法不正确的是（　　）

A. 改水、改厕　　　　　　　　B. 不食或少食菱角、荸荠等水生植物

C. 加强畜禽管理　　　　　　　D. 水生植物杜绝施用农家肥

[答案] D
[解析] 水生植物传播的寄生虫病的防控措施包括：①改水、改厕；②不食或少食菱角、荸荠等水生植物；③管理好家畜；④做好宣传等。

51. 主要导致自限性腹泻的水传寄生虫是(　　)
　　A. 棘阿米巴　　　　　　　　　　B. 隐孢子虫
　　C. 贾第鞭毛虫　　　　　　　　　D. 刚地弓形虫

[答案] B
[解析] 隐孢子虫病是世界最常见的 6 种腹泻病之一，世界卫生组织于 1986 年将人的隐孢子虫病列为艾滋病的怀疑指标之一。

52. 水生动物传播的寄生虫病的主要控制策略，不包括(　　)
　　A. 控制传染源、切断传播途径、保护易感人群　B. 开展卫生检疫
　　C. 控制水产品的消费数量　　　　　D. 加强卫生教育

[答案] C
[解析] 水生动物传播的寄生虫病的主要控制策略，不包括控制水产品的消费数量。

53. 下列有关河豚毒素说法不正确的是(　　)
　　A. 其缩写为 TTX
　　B. 该毒素对碱不稳定，4‰ NaOH 溶液中可完全降解
　　C. 一种生物碱类毒素，对热不稳定，该毒素于 42℃即可被完全破坏
　　D. 其衍生物的毒性强弱取决于其结构上的 C4 位置的取代基

[答案] C
[解析] 河豚毒素对热稳定，100℃、2~4 h，或者 120℃、20~60 min 才可以使毒素完全被破坏。

54. 河豚毒素在河豚体内的分布以内脏为主，其中以(　　)的毒素含量最高。
　　A. 肝脏和脾脏　　　　　　　　　B. 胃
　　C. 卵巢和卵　　　　　　　　　　D. 皮肤和血液

[答案] C
[解析] 河豚的肝、脾、胃、卵巢、卵子、睾丸、皮肤以及血液均含有毒素，其中以卵和卵巢的毒素含量最高，肝脏次之。

55. 以下关于河豚毒素的中毒症状描述不准确的是(　　)
　　A. 食用河豚 0.5~3 h 后即有恶心、呕吐、腹痛或腹泻等症状
　　B. 初期口唇麻木；继而全身麻木、眼睑下垂、四肢无力、步态不稳
　　C. 后期呼吸困难、急促，表浅而不规则，黏膜发绀，血压下降

D. 最后死于呼吸、循环衰竭，死亡率高达 80%

[答案] D

[解析] 河豚毒素的死亡率为 50%。

56. 下列关于雪卡毒素说法不正确的是（　　）

A. 河豚毒素的毒性比雪卡毒素强 20 倍

B. 又称西加毒素，是一种脂溶性高醚类物质

C. 无色无味，不溶于水，耐热，不易被胃酸破坏

D. 主要存在于珊瑚鱼的内脏、肌肉中，尤其以内脏中含量最高

[答案] A

[解析] 雪卡毒素的毒性比河豚毒素强 20 倍。

57. 已发现 **3** 类雪卡毒素，不包括下列（　　）

A. 大西洋雪卡毒素　　　　　　B. 太平洋雪卡毒素

C. 加勒比海雪卡毒素　　　　　D. 印度雪卡毒素

[答案] A

[解析] 已发现的 3 类雪卡毒素，包括太平洋雪卡毒素、加勒比海雪卡毒素和印度雪卡毒素。

58. 以下关于雪卡毒素的中毒症状描述不准确的是（　　）

A. 雪卡毒素中毒最显著的特征是"干冰感觉"和热感颠倒

B. 50% 以上的患者食用雪卡鱼 12～14 h 后发病，伴有恶心、呕吐、腹泻和腹痛

C. 手指和脚趾尖麻木、局部皮肤瘙痒和出汗

D. 血压升高，心搏加速或心动加速，严重者会导致呼吸困难甚至瘫痪

[答案] D

[解析] 心血管系统症状包括血压过低，心搏徐缓或心动过速，严重者会导致呼吸困难甚至瘫痪。

59. 以下不属于常见贝类毒素的是（　　）

A. 麻痹性贝毒　　　　　　　　B. 窒息性贝毒

C. 神经性贝毒　　　　　　　　D. 记忆缺失性贝毒

[答案] B

[解析] 常见的贝类毒素主要有 4 种：麻痹性贝毒、腹泻性贝毒、神经性贝毒和记忆缺失性贝毒。

60. 关于贝毒中毒，以下说法不正确的是（　　）

A. 麻痹性贝毒中毒，潜伏期数分钟至数小时不等

B. 腹泻性贝毒中毒，潜伏期大约 12 h

C. 神经性贝毒中毒，潜伏期大约 3 h

D. 记忆缺失性贝毒中毒，潜伏期 3～6 h

[答案] B

[解析] 腹泻性贝毒中毒，潜伏期 30 min 至数小时，很少达到 12 h，大多数患者在 4 h 之内出现症状，严重的病程可持续 3d 以上，无后遗症，无死亡报告。

61. 关于蓝藻毒素，以下说法错误的是(　　)

A. 海洋中的巨大鞘丝藻可产生两种皮肤毒性的化合物：脱溴海兔毒素和鞘丝藻毒素

B. 黑变颤藻和钙生裂须藻均可产生脱溴海兔毒素

C. 在巨大鞘丝藻的暴发期间，人在海水中游泳后可以发生急性皮炎，称为"游泳者疥疮""海藻皮炎"

D. 巨颤藻毒素是淡水蓝藻毒素的主要代表

[答案] D

[解析] 微囊藻毒素（MC）是淡水蓝藻毒素的主要代表，由微囊藻、鱼腥藻、束丝藻、节球藻、筒胞藻、念珠藻、颤藻等种属产生。

62. 关于微囊藻毒素中毒，以下说法不正确的是(　　)

A. 经口摄入含毒素的水或水产品后，毒素穿过胃黏膜上皮细胞和固有层后进入血液

B. 微囊藻毒素以肝为靶器官，引起肝细胞病变，诱发肝癌

C. 直接饮用含微囊藻毒素的水而发生急性中毒的病例，患者昏迷、肌肉痉挛、呼吸急促、腹泻

D. 大部分微囊藻毒素可在两周内排出体外

[答案] A

[解析] 经口摄入含毒素的水或水产品后，毒素穿过小肠黏膜上皮细胞和固有层后进入血液，然后转运到肝、肺和心脏，最后遍布全身。

63. 一般表现为口舌麻痹、手足发麻，甚至全身肌肉麻痹，伴有呕吐等症状，有的出现语言不清、视力模糊、呼吸麻痹等症状，重症患者可能出现肝、肾、心、肺等器官衰竭，甚至死亡。属于(　　)

　　A. 病毒性食物中毒　　　　　　　　B. 细菌性食物中毒

　　C. 生物毒素食物中毒　　　　　　　D. 化学性食物中毒

[答案] C

[解析] 水产公共卫生所涉及的生物毒素很多，比较重要的有河豚毒素、雪卡毒素、贝类毒素和蓝藻毒素。根据症状，很有可能是河豚毒素中毒。

64. 下列关于赤潮毒素的说法不正确的是(　　)

　　A. 由赤潮产生的赤潮毒素称为贝毒

B. 眼镜蛇毒素比其毒力高 80 倍

C. 在中度和严重的情况下会使身体出现麻痹症状

D. 贝毒常集中在贝类的肝胰腺

[答案] B

[解析] 赤潮毒素的毒力比眼镜蛇毒高 80 倍。

65. 产生微囊藻毒素的是(　　)

    A. 硅藻　　　　　　　　　　　　B. 蓝藻

    C. 甲藻　　　　　　　　　　　　D. 绿藻

[答案] B

[解析] 微囊藻毒素是由淡水蓝藻产生的次生代谢产物。微囊藻毒素可污染饮用水源和水域中的水生动物。

66. 生物毒素可导致水产食品的毒素污染，常见的生物毒素不包括(　　)

    A. 河豚毒素和雪卡毒素　　　　　B. 贝类毒素

    C. 甲状腺素　　　　　　　　　　D. 海洋和淡水蓝藻毒素

[答案] C

[解析] 甲状腺素不属于毒素。

67. 下列有毒鱼类中，不属于卵毒鱼类的是(　　)

    A. 鲇　　　　　　　　　　　　　B. 裂腹鱼

    C. 团头鲂　　　　　　　　　　　D. 光唇鱼

[答案] C

[解析] 团头鲂属于胆毒鱼类。

68. 下列症状不属于血毒鱼类引起的是(　　)

    A. 出现恶心、呕吐和腹泻等消化道症状　　B. 引起急性肝、肾衰竭，严重的会致死

    C. 眼结膜充血、流泪和眼睑肿胀等　　　　D. 出现皮疹等过敏反应

[答案] B

[解析] 胆毒鱼类引起的中毒人数及死亡率仅次于河鲀中毒，可损害肝、肾，引起急性肝、肾衰竭，严重的会致死。

69. 毒鱼类中，最毒的棘毒鱼类是(　　)

    A. 鳗鲇科鱼类　　　　　　　　　B. 毒鲉科鱼类

    C. 疣鲉科鱼类　　　　　　　　　D. 鲉科鱼类

[答案] B
[解析] 最毒的棘毒鱼类是毒鲉科鱼类，它们相貌丑陋但色彩艳丽，生活在印度洋、太平洋的热带水域中。其中最危险的是毒鲉，它有一个很大的毒腺，通过其背部的 13 根耸立的背棘来放毒，使中毒者在 6 h 内毙命。

70. 肝毒鱼类中，马鲛、鲨等鱼对人体的危害主要是其肝脏中的(　　)引起的头痛、昏睡、眩晕等症。

    A. 维生素 A   B. 维生素 E
    C. 维生素 K   D. 维生素 D

[答案] A
[解析] 马鲛、鲨等鱼的肝脏中维生素 A、维生素 D 含量较高，长期过量食用会引起人的中毒反应。对人体的危害主要是维生素 A 中毒引起的头痛、昏睡、眩晕等症。

71. 黏液毒鱼类中，皮肤黏液中含有肽毒的是(　　)

    A. 鳗鲡科、海鳝科鱼类   B. 箱鲀科鱼类
    C. 鲬科鱼类   D. 叶虾虎鱼、喉盘鱼类

[答案] D
[解析] A 项，鳗鲡科、海鳝科鱼类的皮肤黏液毒成分为蛋白质。B 项，箱鲀科鱼类由皮下棒状细胞分泌黏液及箱鲀毒素。C 项，鲬科的六带线纹鱼、斑点须鲬、黄鲈等的黏液毒为线纹鱼毒素。D 项，叶虾虎鱼和喉盘鱼类的皮肤黏液中则含有肽毒。

72. 黏液毒鱼类中，著名的皮肤黏液毒鱼类是(　　)

    A. 箱鲀科鱼类   B. 鳎科鱼类
    C. 鳗鲇科鱼类   D. 鳗鲡科鱼类

[答案] A
[解析] 箱鲀科鱼类是著名的皮肤黏液毒鱼类，由皮下棒状细胞分泌黏液及箱鲀毒素。

73. 有毒鱼类，不包括(　　)

    A. 毒鱼类   B. 观赏鱼类
    C. 棘毒鱼类   D. 黏液毒鱼类

[答案] B
[解析] 有毒鱼类种类很多，一般可分为毒鱼类、棘毒鱼类、黏液毒鱼类。

74. 毒鱼类中，黄鳝、鳗鲡等属于(　　)

    A. 珊瑚礁毒鱼类   B. 鲀毒鱼类
    C. 血清毒鱼类   D. 肝毒鱼类

[答案] C

[解析] 有毒鱼类是指具有毒棘、毒腺或体内具有毒素的鱼类。分为毒鱼类、棘毒鱼类和黏液毒鱼类三大类。其中，毒鱼类又可分为9类。C项，黄鳝、鳗鲡、康吉鳗等鱼类属于血毒鱼类，此类鱼通过体外接触和黏膜接触会引发人皮肤过敏和刺激性出血，大量生饮活鱼血会造成中毒。

75. 水产品的主要过敏原是（　　）

  A. 鱼类小清蛋白   B. 甲壳类精氨酸激酶

  C. 甲壳类肌球蛋白轻链 D. 鱼类胶原蛋白

[答案] A

[解析] 水产品的主要过敏原是鱼类小清蛋白、甲壳类的原肌球蛋白等。此外，甲壳类中的精氨酸激酶、肌球蛋白轻链，鱼类中的胶原蛋白等被鉴定为水产品的次要过敏原。

76. 甲壳动物的过敏原主要是（　　）

  A. 精氨酸激酶   B. 原肌球蛋白

  C. 小清蛋白   D. 肌球蛋白轻链

[答案] B

[解析] 甲壳动物的过敏原主要是原肌球蛋白。小清蛋白是鱼类的主要过敏原。精氨酸激酶、肌球蛋白轻链是甲壳动物的次要过敏原。

77. 下列关于小清蛋白的叙述，错误的是（　　）

  A. 是一种 Ca^{2+} 结合型水溶性糖蛋白 B. 具有较小的相对分子质量以及酸性等电点

  C. 有一定的抗酶解能力 D. 热稳定性较差

[答案] D

[解析] 小清蛋白具较强的热稳定性，有报道称鲭罐头中的小清蛋白仍然存在过敏活性。

78. 下列关于水产品过敏原对人体健康的影响，叙述不正确的是（　　）

  A. 水产品过敏属于食物过敏，是机体受到食物中抗原刺激后产生的病理性的免疫反应

  B. 在过敏反应中90%以上属于Ⅰ类过敏反应，由特异性 IgE 抗体介导，一般在食入致敏食物后数分钟内就会发作

  C. 轻度病症只在身体某些组织出现较轻症状

  D. 较重病症会出现全身性过敏反应，甚至出现虚脱、过敏性休克，但不会导致死亡

[答案] D

[解析] 较重病症会出现全身性过敏反应，表现在消化道、皮肤、呼吸系统以及眼、耳、口、鼻等器官出现较严重的接触性皮炎，甚至出现虚脱、过敏性休克，严重的会引起死亡。

第四单元　水产品质量安全

1. 水产调味品应符合以下(　　)感官指标。

A. 无异味，无杂物

B. 无异味，无正常可见霉斑，无外来异物

C. 水产品原料必须鲜活

D. 口感香醇

[答案] B

[解析] 水产调味品应符合无异味，无正常可见霉斑，无外来异物感官指标，所以选 B。选项 A 为腌制生食动物性水产品的感官指标；选项 C 为鲜、冻动物性水产品的感官指标。

2. 腌制生食动物性水产品微生物和寄生虫指标符合标准的是(　　)

A. 菌落总数≤6 000CFU/g

B. 大肠菌群≤50MPN/每 100 g 样品中

C. 检测出金色葡萄球菌

D. 不得检测出寄生虫囊蚴

[答案] D

[解析] 腌制生食动物性水产品微生物和寄生虫指标：菌落总数≤5 000CFU/g；大肠菌群≤30MPN（每 100 g 样品中）；不得检测出致病菌（沙门氏菌、副溶血弧菌、志贺氏菌、金色葡萄球菌）；不得检测出寄生虫囊蚴。

3. 双壳类水产品及其制品中的铅限量指标为(　　)

A. 0.5mg/kg

B. 1.0mg/kg

C. 1.5mg/kg

D. 2.0mg/kg

[答案] C

[解析] 双壳类水产品及其制品中的铅限量指标为 1.5 mg/kg。

4. 《食品安全国家标准 食品中农药最大残留限量》规定了有机氯类六六六（HCB）的最大残留限量为(　　)

A. 0.1mg/kg

B. 0.2mg/kg

C. 0.3mg/kg

D. 0.4mg/kg

[答案] A

[解析] 《食品安全国家标准 食品中农药最大残留限量》规定了有机氯类六六六（HCB）的最大残留限量为 0.1 mg/kg，滴滴涕（DDT）的最大残留限量为 0.5 mg/kg。

5. 《食品安全国家标准 食品中兽药最大残留限量》规定了鱼的皮和肉中允许的最大残留限量为 50 µg/kg 的兽药是(　　)

A. 恩诺沙星

B. 青霉素

C. 磺胺类

D. 氯唑西林

[答案] B

[解析]《食品安全国家标准 食品中兽药最大残留限量》规定了鱼的皮和肉中允许的青霉素、恩诺沙星、磺胺类和氯唑西林最大残留限量分别为 50 $\mu g/kg$、100 $\mu g/kg$、100 $\mu g/kg$、300 $\mu g/kg$。

6. 水产品及其制品允许添加的抗氧化剂茶多酚的最大使用量或残留量为（以油脂中儿茶素计）（　　）

　　A. 0. 1g/kg　　　　　　　　　　　B. 0. 2g/kg

　　C. 0. 3g/kg　　　　　　　　　　　D. 0. 4g/kg

[答案] C

[解析] 水产品及其制品允许添加的茶多酚的最大使用量或残留量为 0. 3 g/kg（以油脂中儿茶素计）。

7. 以下不可作为水产品及制品的抗氧化剂的是（　　）

　　A. 丁基羟基茴香醚（BHA）　　　　B. 富马酸一钠

　　C. 二丁基羟基甲苯（BHT）　　　　D. 特丁基对苯二酚（TBHQ）

[答案] B

[解析] 丁基羟基茴香醚（BHA）、二丁基羟基甲苯（BHT）、特丁基对苯二酚（TBHQ）都属于水产品及制品的抗氧化剂，富马酸一钠属于水产品及制品的酸度调节剂。

8.《食品安全国家标准 食品中致病菌限量》规定水产制品中的沙门氏菌可接受水平限量值为（　　）

　　A. 0CFU/g　　　　　　　　　　　B. 1CFU/g

　　C. 3CFU/g　　　　　　　　　　　D. 5CFU/g

[答案] A

[解析]《食品安全国家标准 食品中致病菌限量》规定水产制品中的沙门氏菌可接受水平限量值为 0。

9.《食品安全国家标准 食品中致病菌限量》规定水产制品中的金黄色葡萄球菌最高安全限量值为（　　）

　　A. 100CFU/g　　　　　　　　　　B. 250CFU/g

　　C. 500CFU/g　　　　　　　　　　D. 1 000CFU/g

[答案] D

[解析]《食品安全国家标准 食品中致病菌限量》规定水产制品中的金黄色葡萄球菌最高安全限量值为 1 000CFU/g。

第五单元　消毒及生物安全处理

1. 关于消毒，下列说法不正确的是(　　)
A. 消毒是指用物理或化学的方法杀灭物体或清除养殖对象体表和环境中的病原微生物的技术和措施
B. 用于杀灭无生命物体上微生物的化学药物，称为消毒剂
C. 消毒要求清除或杀灭所有微生物
D. 消毒只要求将病原微生物的数量减少到无害的程度，而并不强求把所有病原微生物全部杀灭

[答案] C
[解析] 消毒是指用物理或化学的方法杀灭物体或清除养殖对象体表和环境中的病原微生物的技术和措施。用于杀灭无生命物体上微生物的化学药物，称为消毒剂。在理解"消毒"的内涵时，有两点需要强调：首先，消毒是针对病原微生物和其他有害微生物的，并不要求清除或杀灭所有微生物；其次，消毒是相对的而不是绝对的，它只要求将病原微生物的数量减少到无害的程度，而并不强求把所有病原微生物全部杀灭。

2. 关于干池清塘的说法错误的是(　　)
A. 先将池水放干或留 6～9cm 深的水，每公顷用生石灰 750～1 125 kg
B. 清塘时先在塘底挖几个小坑或用木桶等把生石灰放入土坑或容器中加水溶化
C. 待生石灰完全冷却后再全池均匀泼洒
D. 第二天早晨再用耙等翻动塘泥，消毒效果更好

[答案] C
[解析] 先将池水放干或留 6～9cm 深的水，每公顷用生石灰 750～1 125 kg。清塘时先在塘底挖几个小坑或用木桶等把生石灰放入土坑或容器中加水溶化，趁热立即向四周均匀泼洒，第二天早晨再用耙等翻动塘泥，消毒效果更好。

3. 关于生石灰清塘的说法错误的是(　　)
A. 有干池清塘和带水清塘两种方法
B. 带水清塘比干池清塘效果好，生石灰用量小，成本低
C. 生石灰清塘可以杀死残留在池塘中的敌害，如野杂鱼、蛙卵
D. 生石灰清塘可杀灭微生物、寄生虫病原体及其孢子

[答案] B
[解析] 带水清塘比干池清塘效果好，但生石灰用量大，成本较高。

4. 对鲑科鱼类的卵消毒，通常用到的消毒剂是(　　)
A. 100 mg/L 碘伏溶液　　　　　　　B. 400 mg/L 碘伏溶液

C. 100 mg/L 戊二醛溶液　　　　　　　D. 400 mg/L 戊二醛溶液

［答案］A

［解析］鲑科鱼类受精卵消毒时，受精卵经 100 mg/L 碘伏溶液漂洗 1 min，然后用新配的 100 mg/L 碘伏溶液消毒 30 min。

5. 鲑科鱼类受精卵的消毒步骤一般为(　　)
　　A. 受精-清洗-消毒-漂洗　　　　　　B. 清洗-受精-消毒-漂洗
　　C. 受精-清洗-漂洗-消毒　　　　　　D. 受精-漂洗-消毒-清洗

［答案］A

［解析］一般采用淬水法对鲑科鱼类的新受精卵进行消毒，按下面程序进行操作：受精-清洗-消毒-漂洗。

6. 对虾受精卵的消毒一般为(　　)
　　A. 将卵放入 100 mg/L 福尔马林中浸泡 1 min，再在 0.1 mg/L 碘伏中浸泡 1 min
　　B. 将卵放入 400 mg/L 福尔马林中浸泡 30～60 s，再在 0.1 mg/L 碘伏中浸泡 1 min
　　C. 将卵放入 100 mg/L 福尔马林中浸泡 30～60 s，再在 0.1 mg/L 碘伏中浸泡 1 min
　　D. 将卵放入 100 mg/L 碘伏中浸泡 1 min，再在 0.1 mg/L 福尔马林中浸泡 1 min

［答案］A

［解析］对虾受精卵消毒步骤为：将卵放入 100 mg/L 福尔马林中浸泡 1 min，再在 0.1 mg/L 碘伏中浸泡 1 min。

7. 对小型养殖池水体内水生动物的浸洗，描述不正确的是(　　)
　　A. 浸洗时不必捕起水生动物
　　B. 先排掉 1/2～3/4 原池水，再按水体计算药量，直接泼洒
　　C. 到达浸洗时间后，加注新水，同时打开排水闸，边注水边排水
　　D. 经一段时间后，估计含药池水基本排净（换水量超过 100%）后关闭排水闸，继续添加新水，直至恢复到原水位。

［答案］B

［解析］如在小型养殖池进行浸洗，不必捕起水生动物。可先排掉 1/2～3/4 原池水，再按水体计算药量，加水溶解药物，均匀泼洒，到达浸洗时间后，加注新水，同时打开排水闸，边注水边排水。经一段时间后，估计含药池水基本排净（换水量超过100%）后关闭排水闸，继续添加新水，直至恢复到原水位。

8. 对养殖建筑物使用喷雾消毒法的过程中错误的是(　　)
　　A. 对那些不会被氯制剂腐蚀的表面采用有效氯浓度约为 1 600 mg/L 的溶液喷雾
　　B. 对容易被氯制剂腐蚀的表面可以使用海绵蘸取浓度不低于 200 mg/L 的碘伏溶液擦拭表面
　　C. 地面采用有效氯浓度不低于 200 mg/L 的溶液浸泡，保持液面深度 5cm，并保持

48 h

D. 对容易被氯制剂腐蚀的表面可以使用海绵蘸取浓度不低于 200 mg/L 的福尔马林溶液擦拭表面

[答案] D

[解析] 喷雾消毒法使用氯制剂消毒。对那些不会被氯制剂腐蚀的表面采用有效氯浓度约为 1 600 mg/L 的溶液喷雾；对容易被氯制剂腐蚀的表面可以使用海绵蘸取浓度不低于 200 mg/L 的碘伏溶液擦拭表面。地面采用有效氯浓度不低于 200 mg/L 的溶液浸泡，保持液面深度 5 cm，并保持 48 h。如果那些被喷雾的地面容易被氯制剂腐蚀，可以在处理 48 h 后采用淡水冲洗。

9. 熏蒸消毒法用到的消毒剂为(　　)

A. 福尔马林、高锰酸钾　　　　　　B. 福尔马林、碘伏

C. 碘伏、高锰酸钾　　　　　　　　D. 碘伏、漂白粉

[答案] A

[解析] 熏蒸消毒法：根据现场测量结果，计算好每个房间所需要的福尔马林和高锰酸钾的量。一般 12.4 mL 的福尔马林（甲醛浓度为 37%～39%）中加 6.2 g 高锰酸钾，可熏蒸 1 m³ 空间。

10. 对运输过程中发生疫病的运输工具，消毒程序为(　　)

A. 消毒→清洗→去污→消毒，30 min 后，再清洗→去污→消毒

B. 清洗→洗刷→去污→消毒，30 min 后，再清洗→去污→消毒

C. 消毒→清洗→去污→消毒

D. 清扫→清洗→去污→消毒

[答案] A

[解析] 对运输过程中发生疫病的，消毒程序为消毒→清洗→去污→消毒，30 min 后，再清洗→去污→消毒。

11. 对运输中未发生传染病的运输工具，一般的消毒程序为(　　)

A. 清扫→洗刷→去污→消毒　　　　B. 洗刷→清扫→去污→消毒

C. 清扫→去污→洗刷→消毒　　　　D. 消毒→去污→洗刷→清扫

[答案] A

[解析] 对运输中未发生传染病的运输工具，一般消毒程序为清扫→洗刷→去污→消毒。

12. 对小型水槽和耐腐蚀用具的消毒过程中用到的次氯酸钙，需使其有效氯至少达到(　　)

A. 50 mg/L　　　　　　　　　　　B. 80 mg/L

C. 100 mg/L　　　　　　　　　　 D. 200 mg/L

[答案] D

[解析] 对那些小体积水槽，同其他耐腐蚀用具一起浸泡到盛水的水槽中；接下来加入次氯酸钙使有效氯至少达到 200 mg/L 静置过夜；然后排干水、用清洁水冲洗；最后彻底干燥。

13. 在平时的饲养管理中，定期对水生动物生活的环境、养殖生产中所用的器皿和工具、道路或水生动物群进行的消毒，被称为（　　）

    A. 临时消毒　　　　　　　　　　B. 终末消毒

    C. 一般性消毒　　　　　　　　　D. 预防性消毒

[答案] D

[解析] D项，预防性消毒是指在平时的饲养管理中，定期对水生动物生活的环境、养殖生产中所用的器皿和工具、道路或水生动物群进行的消毒。A项，临时消毒是指水生动物群中出现疫病或突然有个别水生动物死亡时，为及时消灭刚从患病动物体内排出的病原体而采取的消毒措施。B项，终末消毒是指在解除患病水生动物隔离时（痊愈或死亡），或在疫区解除封锁前，为消灭水生动物隔离场或疫区内残留的病原体而进行的全面彻底的大消毒。

14. 关于冷库消毒的说法，不正确的是（　　）

    A. 一般有定期消毒和临时消毒两种

    B. 冷库消毒常用的消毒药有漂白粉、过氧乙酸

    C. 乙二醇和乙醇可以配合使用

    D. 临时消毒一般在高温条件下进行

[答案] D

[解析] 临时消毒一般是在库内冷藏品搬空后，在低温条件下进行。

15. 冷库消毒常用的消毒药不包括（　　）

    A. 漂白粉　　　　　　　　　　　B. 次氯酸钠

    C. 过氧乙酸　　　　　　　　　　D. 生石灰

[答案] D

[解析] 冷库消毒常用的消毒药包括漂白粉、次氯酸钠、过氧乙酸和紫外线照射等。

16. 下列关于清塘消毒错误的是（　　）

    A. 常用的清塘消毒药物有生石灰、含氯石灰、甲醛、高锰酸钾

    B. 干池清塘时每公顷用生石灰 750~1 125 kg（水深 6~9cm）

    C. 带水清塘为 1 800~2 250 kg（水深 1 m）

    D. 含氯石灰清塘时，每立方米水体用含有效氯 30% 左右的含氯石灰 20 g

[答案] A
[解析] 常用的清塘消毒药物有生石灰和含氯石灰。

17. 使用次氯酸钙进行清塘消毒时，塘水的最低有效氯浓度为（　　）
　　A. 10 mg/L　　　　　　　　　B. 50 mg/L
　　C. 80 mg/L　　　　　　　　　D. 100 mg/L

[答案] A

18. 下列情况中，需要临时消毒的是（　　）
　　A. 水生动物群中突然出现个别动物的死亡
　　B. 在全进全出的养殖系统中，当全部动物出池后
　　C. 在饲养期间，为减少动物发病
　　D. 育苗前对育苗池的消毒

[答案] A

19. 下列属于季铵盐类消毒剂的是（　　）
　　A. 戊二醛溶液　　　　　　　　B. 含氯石灰
　　C. 复合亚氯酸钠　　　　　　　D. 苯扎溴铵

[答案] D
[解析] D项，苯扎溴铵是季铵盐类消毒剂。A项，戊二醛溶液属于醛类消毒剂。B、C两项，含氯石灰、复合亚氯酸钠均是卤素类消毒剂。

20. 下列属于季铵盐类消毒剂的是（　　）
　　A. 戊二醛溶液　　　　　　　　B. 苯扎溴铵
　　C. 生石灰　　　　　　　　　　D. 二氯异氰脲酸钠

[答案] B

21. 养殖场在处理生产性污水时，常用的消毒剂是（　　）
　　A. 甲醛　　　　　　　　　　　B. 戊二醛
　　C. 含氯消毒剂　　　　　　　　D. 过氧化氢

[答案] C

22. 下列哪一种不是无害化处理方法（　　）
　　A. 焚毁　　　　　　　　　　　B. 屠杀
　　C. 掩埋　　　　　　　　　　　D. 发酵

[答案] B

[解析] 无害化处理是指使垃圾不再污染环境，而且可以利用，变废为宝。无害化处理方法包括焚毁、掩埋、高温、发酵和化学消毒，不包括屠杀。

23. 对可再用的被污染物品无害化处理中，常用的最有效的方法是（　　）
　　A. 高温消毒　　　　　　　　　B. 高压消毒
　　C. 化学消毒　　　　　　　　　D. 紫外线照射消毒

[答案] C

[解析] 对被污染器具循环利用的无害化处理中，化学消毒是最常用最有效的消毒方法。

第六单元　动物诊疗机构及人员公共卫生要求

1. 生产性污水好氧处理法中对有机污水的处理效果较好、应用较广的是（　　）
　　A. 土地灌溉法　　　　　　　　B. 生物过滤法
　　C. 生物转盘法　　　　　　　　D. 活性污泥法

[答案] D

[解析] 活性污泥系统是利用低压浅层曝气池，使空气和含有大量微生物（细菌、原生动物、藻类等）的絮状活性污泥与污水密切接触，加速微生物的吸附、氧化、分解等作用，达到去除有机物、净化污水的目的。

2. 根据我国养殖水排放要求，水产养殖污水排放去向的重点保护水域在国标中属于哪类水域（　　）
　　A. Ⅰ类水域　　　　　　　　　B. Ⅱ类水域
　　C. Ⅲ类水域　　　　　　　　　D. Ⅳ类水域

[答案] B

[解析] 淡水池塘养殖水排放去向的淡水水域分为三种：①特殊保护水域，指 GB 3838—2002 中的Ⅰ类水域；②重点保护水域，指 GB 3838—2002 中Ⅱ类水域；③一般水域，指 GB 3838—2002 中的Ⅲ类、Ⅳ类、Ⅴ类水域。

3. 下列不属于重点保护水域的区域有（　　）
　　A. 鱼虾类产卵场　　　　　　　B. 一级保护区
　　C. 珍稀水生动物栖息地　　　　D. 游泳区

[答案] D

[解析] 重点保护水域主要适合于集中式生活饮用水源地、一级保护区、珍稀水生生物栖息地、鱼虾类产卵场、仔稚幼鱼的索饵场等。故 A、B、C 属于重点保护水域，而 D 项属于一般水域。

4. 海水养殖水排放去向的海水水域中的重点保护水域指的是 **GB 3097** 中的哪类水域（　　）

A. 一类、二类海域
B. 二类、三类海域
C. 三类、四类海域
D. 四类、五类海域

［答案］A

5. 下列不属于海水养殖水排放指标的有（　　）

A. 悬浮物
B. pH
C. 铜
D. 二氧化碳

［答案］D
［解析］海水养殖废水排放指标包括悬浮物、pH、化学需氧量、生化需氧量、锌、铜、无机氮、活性磷酸盐、硫化物、总余氯。故答案为 D。

6. 染疫水生动物无害化处理中，下列措施不可采取的是（　　）

A. 远离隔离养殖场所对染疫水生动物进行掩埋
B. 将染疫水生动物发酵，并用于农业用肥料
C. 将染疫水生动物加工成鱼粉，部分可用于制作水产饲料
D. 采用高压蒸煮法处理染疫水生动物

［答案］C
［解析］按照鱼粉加工的工艺要求，可将染疫水生动物加工成鱼粉，但不得用于制作水产饲料。

7. 动物诊疗人员在进行有体液或其他危害因素喷溅的诊疗活动时，除了基础防护外，还需要佩戴（　　）

A. 护目镜
B. 防护帽
C. 医用口罩
D. 手套

［答案］A

8. 动物诊疗机构卫生管理中，属于基本条件要求的是（　　）

A. 常规操作的工作台面至少需要每日消毒一次
B. 防止皮肤损伤
C. 具有布局合理的诊疗室、手术室、药房等设施
D. 实验操作避免外溢和气溶胶的产生

［答案］C
［解析］动物诊疗机构的基本条件要求有：①动物诊疗场所选址距离养殖场、加工厂及动物交易场所不少于 200 m。②动物诊疗场所应设有独立的出入口，出入口不得设在居民住宅楼内或者院内，不得与同一建筑物的其他用户共用通道。③具有布局合理的诊疗室、手术室、药房等设施。④具有诊断、手术、消毒、冷藏、常规化验、污水处理等器械设备。故答案为 C 选项，而 A、B、D 三个选项属于卫生要求。

9. 下列不属于动物诊疗机构管理的基本条件要求的是（　　）

A. 动物诊疗机构至少要分成动物普通病区和动物疫病区

B. 动物诊疗场所选址距离养殖场所不少于 200 m

C. 动物诊疗场所应该设有独立的出入口，出入口不得设在居民住宅楼或院内

D. 具有诊断、手术、消毒、冷藏、常规化验等器械设备

［答案］A

［解析］选项 A 属于动物诊疗机构卫生要求。

10. 动物诊疗机构产生的医疗废弃物，应该置于（　　）、放锐器穿透的专用包装或者密闭的容器内，并有警示的标识和说明。

A. 防渗漏　　　　　　　　　　　B. 防鼠

C. 防盗　　　　　　　　　　　　D. 防蟑螂

［答案］A

11. 对病料的管理和处理要求描述，不恰当的是（　　）

A. 动物诊疗机构应当及时收集本单位产生的医疗废弃物

B. 医疗废弃物的暂时贮存设施、设备应当定期消毒和清洁

C. 运送工具使用后应当在指定的地点及时消毒和清洁

D. 动物诊疗机构产生的污水应直接排入污水处理系统

［答案］D

［解析］病料处理的原则包括：①动物诊疗机构应当及时收集本单位产生的医疗废弃物；②医疗废弃物的暂时贮存设施、设备应当定期消毒和清洁；③运送工具使用后应当在指定的地点及时消毒和清洁；④动物诊疗机构应当遵循就近集中处置的原则；⑤动物诊疗机构产生的污水、传染病患病动物或者疑似染病动物的排泄物应严格消毒，达到排放标准后才可以排入污水处理系统；⑥没有集中处置条件的农村医疗废弃物要按要求进行处理。

12. 对诊疗机构病料及其处理的描述，正确的是（　　）

A. 病料是指诊疗机构在诊疗动物疾病以及相关活动中产生的感染性的废物

B. 对于患传染病的动物及其排泄物应按医疗废弃物进行管理和处置

C. 动物诊疗机构的病料可以随时随地及时处理

D. 废弃物可以随生活垃圾一同进行无害化处理

［答案］B

［解析］病料是指诊疗机构在诊疗动物疾病以及相关活动中产生的具有直接或者间接感染性、毒性以及其他危害性的废物。动物诊疗机构的病料不可以随时随地及时处理。废弃物不可以随生活垃圾一同进行无害化处理。

13. 动物诊疗人员卫生要求的预防措施不正确的是（　　）

A. 摘除手套后和接触患传染病动物前后必须洗手

B. 既接触清洁部位，又接触污染部位时应更换手套

C. 动物的污染物有可能发生喷溅时，应戴护目镜

D. 在任何情况下都要佩戴外科口罩

[答案] D

[解析] 当接触高危险人畜共患病患病动物时才佩戴，并非任何时候都要佩戴外科口罩。

14. 在基本防护的基础上，有液体或其他污染物喷溅的操作时需佩戴(　　　)

A. 护目镜　　　　　　　　　　B. 外科口罩

C. 手套　　　　　　　　　　　D. 鞋套

[答案] A

[解析] 基本防护是指从事诊疗活动应根据需要穿戴工作服、防护帽、护目镜、医用口罩、鞋、手套等。A项，护目镜：有液体或其他污染物喷溅的操作时佩戴。B项，外科口罩：接触高危险人畜共患病患病动物时佩戴。C项，手套：操作人员皮肤有损伤或接触患病动物体液时佩戴。D项，鞋套：进入高危险区时穿戴。

第十篇

水产药物学

1. 水产药物的法定名称是(　　)

　　A. 渔药　　　　　　　　　　　　B. 渔用药物

　　C. 兽药（水产用）　　　　　　　D. 水产养殖用药

[答案] C

[解析] 按照《兽药管理条例》的规定，水产药物属于兽药一类，在法律层面都归属于兽药范畴。

2. 下列哪类物质不属于水产药物类型(　　)

　　A. 疫苗　　　　　　　　　　　　B. 微生态制剂

　　C. 化学药品　　　　　　　　　　D. 消毒剂

[答案] B

[解析] 所有微生态制剂目前没有纳入水产药物管理范畴，故不属于药物一类，市场多以动保产品形式出现。

3. 属于人工合成的抗菌药物的是(　　)

　　A. 恩诺沙星　　　　　　　　　　B. 辛硫磷

　　C. 多西环素　　　　　　　　　　D. 氟苯尼考

[答案] A

[解析] 以抗菌药物为例，磺胺类药物和喹诺酮类药物均属于人工合成药物，恩诺沙星属于喹诺酮类药物，多西环素及氟苯尼考均不是人工合成的，而辛硫磷是抗寄生虫药物。

4. 某一药物制成的个别制品，通常是根据《药典》《药品质量标准》《处方手册》等所收载的、应用比较普遍并较稳定的处方制成的具有一定规格的药物制品，称为(　　)

　　A. 制剂　　　　　　　　　　　　B. 剂型

　　C. 处方　　　　　　　　　　　　D. 产品

[答案] A

5. 药物原料一般均不能直接用于动物疾病的预防或治疗，必须进行加工制成适合使用、保存和运输的一种制品形式，这种形式称为( )

    A. 制剂   B. 剂型

    C. 处方   D. 产品

[答案] B

[解析] 药物原料来自植物、动物、矿物以及化学合成和生物合成等物质，这些药物原料一般均不能直接用于动物疾病的预防或治疗，必须进行加工制成适合使用、保存和运输的一种制品形式，这种形式称为药物剂型。

6. 原料药物加工成剂型的优点不包括( )

    A. 便于使用与保存   B. 充分发挥药效

    C. 减少药物的毒副作用   D. 改变药物化学结构

[答案] D

[解析] 剂型可以充分发挥药效、减少药物的毒副作用，便于使用与保存，但不会改变药物化学结构。

7. 下列属于国务院兽医行政管理部门规定水产禁用药物的是( )

    A. 环丙沙星   B. 诺氟沙星

    C. 氟苯尼考   D. 恩诺沙星

[答案] B

[解析] 农业农村部第 2292 号公告公布了洛美沙星、培氟沙星、氧氟沙星、诺氟沙星 4 种兽药的原料药的各种盐、酯及其各种制剂在食品动物中停止使用，农业行业标准《无公害食品 渔用药物使用准则》（NY 5071—2002）规定的其他禁用药物，如环丙沙星、红霉素等，不属于国务院兽医行政管理部门规定禁止使用的药品及其他化合物。

8. 以下药物可在水产养殖中使用的是( )

    A. 阿莫西林   B. 氯霉素

    C. 新霉素   D. 氧氟沙星

[答案] C

[解析] 阿莫西林虽不是水产禁用药物，但也未批准使用，氯霉素及氧氟沙星均为禁用药物。

9. 磺胺类药物残留的危害不包括( )

    A. 肾脏损害   B. 变态反应

    C. 产生耐药性   D. 导致养殖动物急性死亡

[答案] D

[解析] 磺胺类可引起肾脏损害，特别是乙酰化磺胺在酸性尿中溶解度降低，析出结晶后损害肾脏；四环素、磺胺类等，可使敏感人群产生过敏反应，严重者可引起休克等严重症状；低剂量的药物残留也可产生显著的耐药性风险，将会给临床上细菌性传染性疾病的治疗带来很大的困难；抗生素一般不导致养殖动物急性死亡。

10. 水产药物残留产生的原因不包括(　　)

    A. 不遵守休药期或使用未经批准的药物

    B. 用药剂量、给药途径等不符规定

    C. 饲料加工、运送、使用过程及养殖环境中受到药物的污染

    D. 口服抗生素

[答案] D

[解析] 根据我国的情况，引起渔药残留主要有以下几个方面的原因：①不遵守休药期；②用药剂量、给药途径等不符规定；③饲料加工、运送或使用过程中受到药物的污染；④使用未经批准的药物；⑤养殖水环境中的药物残留。

11. 细菌对抗菌药物的耐药性途径有哪些(　　)

    A. 基因突变   B. 抗药性质粒（R因子）的转移

    C. 生理上的适用性   D. 以上都是

[答案] D

[解析] 细菌对抗菌药物的耐药性可通过三条途径产生，即基因突变、抗药性质粒（R因子）的转移和生理上的适用性。

12. 耐磺胺的菌株的耐药机制是(　　)

    A. 产生灭活酶   B. 降低细胞膜的通透性

    C. 改变代谢途径或利用旁路途径   D. 改变药物受体与靶结构

[答案] C

[解析] 病原体连续多次与药物接触后，常能改变自身的代谢途径而出现旁路代谢途径，避开药物的抑制反应产生耐药性。例如耐磺胺的菌株不再需要PABA，或直接利用叶酸生成二氢叶酸，使磺胺失效而产生耐药性。

13. 下列属于氨基糖苷类药物的是(　　)

    A. 新霉素   B. 四环素

    C. 多西环素   D. 甲砜霉素

[答案] A

[解析] 新霉素属于氨基糖苷类药物。

14. 以下关于新霉素说法不正确的是(　　)

　　A. 新霉素与细菌核糖体 30S 亚基结合，抑制细菌蛋白质合成

　　B. 内服很少被吸收

　　C. 对所有寄生虫均没有效果

　　D. 主要用于治疗肠道疾病

[答案] C

[解析] 新霉素与细菌核糖体 30S 亚基结合，抑制细菌蛋白质合成。对革兰氏阳性球菌、革兰氏阴性杆菌有效，对放线菌及部分原虫有抑制作用，内服很少被吸收，大部分以原形从粪便排出，治疗鱼、虾、蟹等水产动物由气单胞菌、爱德华氏菌及弧菌引起的肠道疾病。

15. 多西环素又称(　　)

　　A. 四环素　　　　　　　　　　B. 强力霉素

　　C. 土霉素　　　　　　　　　　D. 新霉素

[答案] B

16. 以下属于抗生素的是(　　)

　　A. 恩诺沙星　　　　　　　　　B. 氟苯尼考

　　C. 磺胺嘧啶　　　　　　　　　D. 诺氟沙星

[答案] B

[解析] 氟苯尼考为抗生素，其余均为人工合成抗菌药物。

17. 以下属于人工合成抗菌药物的是(　　)

　　A. 恩诺沙星　　　　　　　　　B. 氟苯尼考

　　C. 多西环素　　　　　　　　　D. 新霉素

[答案] A

[解析] 喹诺酮类（Qunolones）抗菌药，是指人工合成的含有 4-喹酮母核的一类抗菌药物。

18. 关于酰胺醇类药物以下说法不正确的是(　　)

　　A. 与维生素 C、B 族维生素、氧化剂（如高锰酸钾）配伍易分解

　　B. 与恩诺沙星配伍有颉颃作用

　　C. 与硫酸铜配伍则沉淀失效

　　D. 易溶于水

[答案] D

[解析] 酰胺醇类药物与维生素 C、B 族维生素、氧化剂（如高锰酸钾）配伍易分解；与四环素类、大环内酯类和喹诺酮类药物配伍有颉颃作用；与重金属盐类（铜等）配伍则沉淀失效，微溶于水。

19. 关于氟苯尼考以下说法错误的是（　　）

    A. 通过干扰细菌蛋白质的合成，达到杀菌的作用

    B. 白色或类白色结晶性粉末

    C. 口服吸收不好

    D. 血药浓度维持时间长

［答案］C

［解析］氟苯尼考，白色或类白色结晶性粉末，能抑制细菌70S核糖体，与50S亚基结合，抑制肽酰基转移酶的活性，从而抑制肽链的延伸，干扰细菌蛋白质的合成，达到杀菌的作用；内服与肌内注射后吸收快、分布广，血药浓度维持时间长。

20. 关于恩诺沙星以下说法错误的是（　　）

    A. 代谢产物为环丙沙星　　　　　B. 具有广谱抗菌活性

    C. 口服吸收好，血药浓度高且稳定　　D. 易溶于水和乙醇

［答案］D

［解析］恩诺沙星易溶于碱性溶液中，在水、甲醇中微溶，在乙醇中不溶；该药口服吸收好，血药浓度高且稳定，能广泛分布于组织中，具有广谱抗菌活性和很强的渗透性，它的代谢产物为环丙沙星，也有强大的抗菌作用。

21. 关于磺胺类药物以下说法不正确的是（　　）

    A. 抗菌谱较窄

    B. 通过干扰细菌的叶酸代谢而抑制细菌的生长繁殖

    C. 与酰胺醇类药物配伍毒性增加

    D. 价格低廉

［答案］A

［解析］磺胺类药物具有抗菌谱较广、性质稳定、可以口服、吸收较迅速、价格低廉等特点；磺胺类药物与酸性液体配伍易发生沉淀；与酰胺醇类药物配伍毒性增加；通过干扰细菌的叶酸代谢而抑制细菌的生长繁殖。

22. 以下为抗真菌药物的是（　　）

    A. 甲霜灵　　　　　　　　　　　B. 氟苯尼考

    C. 恩诺沙星　　　　　　　　　　D. 辛硫磷

［答案］A

［解析］甲霜灵主要用于防治水霉菌等真菌引起的水产动物疾病，氟苯尼考及恩诺沙星主要治疗细菌性疾病，而辛硫磷是抗寄生虫药物。

23. 具有抗球虫特性的药物包括以下哪个（　　）

    A. 氟苯尼考　　　　　　　　　　B. 孔雀石绿

    C. 氯霉素　　　　　　　　　　　D. 磺胺嘧啶

[答案] D
[解析] 有些抗菌药如磺胺药和四环素类药物也有一定的抗球虫作用。

24. 关于水产用铜铁合剂说法不正确的是(　　)
    A. 铜铁比例为 5∶2
    B. 对伤口有收敛作用
    C. 主要用于抗蠕虫
    D. 鲟、鲂、长吻鮠等鱼慎用

[答案] C
[解析] 硫酸铜与硫酸亚铁按 5∶2 的比例配合使用，具有收敛作用，对原虫有较强杀伤力，鲟、鲂、长吻鮠等鱼慎用。

25. 以下不是抗原虫的药物的是(　　)
    A. 硫酸铜
    B. 敌百虫
    C. 地克珠利
    D. 硫酸锌

[答案] B
[解析] 敌百虫用于杀灭或驱除主要淡水养殖鱼类寄生的中华鳋、锚头鳋、鱼鲺、三代虫、指环虫、线虫、吸虫等寄生虫。

26. 以下药物无鳞鱼禁用的是(　　)
    A. 硫酸锌
    B. 敌百虫
    C. 盐酸氯苯胍
    D. 地克珠利

[答案] B
[解析] 虾、蟹、鳜、淡水白鲳、无鳞鱼、海水鱼禁用敌百虫。

27. 以下药物为浅黄色的是(　　)
    A. 辛硫磷
    B. 敌百虫
    C. 甲苯咪唑
    D. 吡喹酮

[答案] A
[解析] 辛硫磷纯品为浅黄色油状液体。

28. 关于敌百虫以下说法错误的是(　　)
    A. 白色结晶
    B. 有恶臭味
    C. 易溶于水
    D. 虾蟹禁用

[答案] B
[解析] 白色结晶，有芳香味，易溶于水，虾、蟹、鳜、淡水白鲳、无鳞鱼、海水鱼禁用。

29. 关于辛硫磷以下说法错误的是(　　)
    A. 淡黄色至黄褐色的澄清液体
    B. 有刺激性特臭

C. 易溶于水   D. 对光不稳定，很快分解

[答案] C
[解析] 淡黄色至黄褐色的澄清液体，有刺激性特臭，不溶于水，对光不稳定，很快分解。

30. 以下药物虾蟹养殖可用的是(   )
     A. 溴氰菊酯   B. 吡喹酮
     C. 敌百虫   D. 辛硫磷

[答案] B
[解析] 仅吡喹酮可用于虾蟹养殖，其余均禁用。

31. 以下药物斑点叉尾鮰可用的是(   )
     A. 阿苯达唑   B. 甲苯咪唑
     C. 辛硫磷   D. 溴氰菊酯

[答案] D
[解析] 阿苯达唑及甲苯咪唑均不能用于鮰养殖，而无鳞鱼禁用辛硫磷，溴氰菊酯可用。

32. 以下抗寄生虫药物可口服的是(   )
     A. 溴氰菊酯   B. 敌百虫
     C. 甲苯咪唑   D. 氟苯尼考

[答案] C
[解析] A、B项均不可口服，D项不是抗寄生虫药物，甲苯咪唑是可口服抗寄生虫药物。

33. 使用抗寄生虫药物的注意因素不包括以下哪项(   )
     A. 温度   B. 溶氧
     C. 品种   D. 养殖动物性别

[答案] D
[解析] A、B、C三项均是影响抗寄生虫药物药效及毒性的重要因素，D项暂不在水产动物中考虑。

34. 以下属环境改良剂及消毒类药物的是(   )
     A. 聚维酮碘   B. 氟苯尼考
     C. 芽孢杆菌   D. 光合细菌

[答案] A
[解析] 聚维酮碘是消毒剂，氟苯尼考是抗菌药物，而芽孢杆菌及光合细菌均不属于水产药物。

35. 以下不属于水产消毒剂的是(   )

A. 新霉素   B. 含氯石灰
C. 高锰酸钾   D. 苯扎溴铵

[答案] A
[解析] 新霉素是抗生素，不是消毒剂。

36. 以下药物不可用金属容器盛装的是（   ）
　　A. 含氯石灰   B. 敌百虫
　　C. 甲苯咪唑   D. 溴氰菊酯

[答案] A
[解析] 含氯石灰不可用金属容器盛装。

37. 使用消毒剂时不需注意的是（   ）
　　A. 水温   B. 性别
　　C. 溶氧   D. 品种

[答案] B

38. 冷水性鱼类慎用的消毒剂是（   ）
　　A. 聚维酮碘   B. 三氯异氰脲酸
　　C. 溴氯海因   D. 复合碘

[答案] A

39. 无鳞鱼的溃烂、腐皮病慎用的消毒剂是（   ）
　　A. 聚维酮碘   B. 三氯异氰脲酸
　　C. 溴氯海因   D. 复合碘

[答案] B

40. 卤素类消毒剂的休药期一般为（   ）
　　A. 500℃·d   B. 250℃·d
　　C. 1 000℃·d   D. 无休药期

[答案] A

41. 关于复合碘说法错误的是（   ）
　　A. 红棕色黏稠液体   B. 水体缺氧时可用
　　C. 勿用金属容器盛装   D. 包装物应集中销毁

[答案] B
[解析] 复合碘作为消毒剂在水体缺氧时禁用。

42. 关于次氯酸以下说法不正确的是(　　)

　　A. 有腐蚀性，勿用金属器具盛装，会伤害皮肤

　　B. 不能与酸类同时使用，用量过高易杀死浮游植物

　　C. 淡黄色透明液体

　　D. 稳定，不易分解

[答案] D

[解析] 次氯酸钠为淡黄色透明液体，有似氯气的气味，不稳定，见光易分解，有腐蚀性，勿用金属器具盛装，会伤害皮肤，不能与酸类同时使用，用量过高易杀死浮游植物。

43. 关于蛋氨酸碘的说法错误的是(　　)

　　A. 水体缺氧时禁用　　　　　　　　B. 勿用金属容器盛装

　　C. 可与维生素 C 类强还原剂同时使用　D. 需在遮光、密闭、阴凉干燥处存放

[答案] C

[解析] ①水体缺氧时禁用；②勿用金属容器盛装，勿与强碱类物质及重金属物质混用；③勿与维生素 C 类强还原剂同时使用；④遮光、密闭、阴凉干燥处存放。

44. 过氧化氢又名(　　)

　　A. 氧化氢　　　　　　　　　　　　B. 过氧

　　C. 双氧水　　　　　　　　　　　　D. 过氧水

[答案] C

45. 关于过氧化氢以下说法不正确的是(　　)

　　A. 无色透明水溶液　　　　　　　　B. 化学性质稳定

　　C. 易溶于乙醇　　　　　　　　　　D. 不能与碘类制剂、高锰酸钾、碱类等混用

[答案] B

[解析] 过氧化氢为无色透明水溶液，化学性质不稳定，见光易分解变质，能与水、乙醇或乙醚以任何比例混合，不能与碘类制剂、高锰酸钾、碱类等混用。

46. 关于过氧化钙以下说法错误的是(　　)

　　A. 白色或淡黄色粉末或颗粒　　　　B. 无臭无味

　　C. 易溶于水　　　　　　　　　　　D. 干燥品在常温下很稳定

[答案] C

[解析] 过氧化钙是白色或淡黄色粉末或颗粒，无臭无味，难溶于水，不溶于乙醇及乙醚。溶于稀酸中生成过氧化氢。干燥品在常温下很稳定，但在潮湿空气中或水中可缓慢分解，能长时间释放氧气。

47. 以下消毒剂可用金属容器盛装的是(　　)

    A. 氟苯尼考　　　　　　　　　　B. 过氧化钙

    C. 过氧化氢　　　　　　　　　　D. 溴氰菊酯

[答案] C

[解析] 过氧化钙不能使用金属容器盛装，溴氰菊酯及氟苯尼考可用金属容器盛装，但不是消毒剂，只有过氧化氢符合题干要求。

48. 以下为卤素类消毒剂的是(　　)

    A. 漂白粉　　　　　　　　　　　B. 溴氰菊酯

    C. 过氧化氢　　　　　　　　　　D. 二氧化氯

[答案] A

[解析] 漂白粉又名含氯石灰，是卤素类消毒剂，溴氰菊酯是抗寄生虫药物，其余均不是卤素类消毒剂。

49. 漂白粉又名(　　)

    A. 含氯石灰　　　　　　　　　　B. 次氯酸钠

    C. 二氧化氯　　　　　　　　　　D. 过氧化钙

[答案] A

50. 关于戊二醛以下说法不正确的是(　　)

    A. 略带刺激性气味　　　　　　　B. 无色透明油状液体

    C. 可与水或醇以任何比例的混溶　D. 呈弱碱性

[答案] D

[解析] 略带刺激性气味的无色透明油状液体，味苦。有微弱的甲醛臭，但挥发性较低。它可与水或醇以任何比例的混溶，溶液呈弱酸性。pH 高于 9 时，可迅速聚合。

51. 新洁尔灭又名(　　)

    A. 戊二醛　　　　　　　　　　　B. 过氧化氢

    C. 双氧水　　　　　　　　　　　D. 苯扎溴铵

[答案] D

52. 以下不属于维生素主要功能的是(　　)

    A. 参与机体代谢的调节　　　　　B. 酶的辅酶或者是辅酶的组成分子

    C. 提供能量　　　　　　　　　　D. 以上都不是

[答案] C

[解析] ①维生素不是构成机体组织和细胞的组成成分，也不会产生能量，它的作用主要是参与机体代谢的调节；②大多数的维生素，机体不能合成或合成量不足，不能满足机体的需要，必须通过食物获得；③许多维生素是酶的辅酶或者是辅酶的组成分子，因此维生素是维持和调节机体正常代谢的重要物质。

53. 关于维生素以下说法不正确的是(　　)
A. 可分为脂溶性和水溶性两大类　　B. 水生动物对维生素的需要量很小
C. 水生动物不能合成维生素　　D. 大多数必须从食物中获得

[答案] C

[解析] 维生素大多数必须从食物中获得，仅少数可在体内合成或由肠道内微生物产生，可分为脂溶性和水溶性两大类，水生动物对维生素的需要量很小，日需要量常以毫克（mg）或微克（μg）计算，但一旦缺乏就会引发相应的维生素缺乏症。

54. 关于维生素C以下说法不正确的是(　　)
A. 参与机体氧化还原过程，影响核酸的形成、铁的吸收、造血机能、解毒及免疫功能
B. 提高受精率和孵化率，促进生长
C. 体内易贮存
D. 用于治疗坏血病、防治Pb、Hg、As中毒，增强机体的非特异免疫功能

[答案] C

[解析] 维生素C参与机体氧化还原过程，影响核酸的形成、铁的吸收、造血机能、解毒及免疫功能。提高受精率和孵化率，促进生长。口服后在小肠处吸收，分布可达全身，体内不易贮存，体内含量与代谢强度平行。缺乏时动物患肠炎、贫血、瘦弱、肌肉侧突或前弯、眼受损害、皮下弥漫性出血、体重下降、缺乏食欲、抵抗力下降、丧失活力。用于治疗坏血病、防治Pb、Hg、As中毒，增强机体的非特异免疫功能。

55. 关于维生素C以下说法不正确的是(　　)
A. 白色结晶粉末　　B. 溶于乙醚、氯仿
C. 易溶于水　　D. 与维生素A、维生素D有颉颃作用

[答案] B

[解析] 白色结晶粉末，有酸味，易溶于水，稍溶于乙醇，微溶于甘油，不溶于乙醚和氯仿，与维生素A、维生素D有颉颃作用。

56. 亚硫酸氢钠甲萘醌粉俗称(　　)
A. 维生素 K_3　　B. 维生素 E
C. 维生素 C　　D. 维生素 A

[答案] A

57. 以下药物具有促凝血功能的是(　　)

    A. 维生素 C
               B. 亚硫酸氢钠甲萘醌粉

    C. 维生素 E
               D. 维生素 A

[答案] B

[解析] 亚硫酸氢钠甲萘醌粉可促进凝血、强化肝脏解毒等。

58. 以下药物中含有生物碱的是(　　)

    A. 槟榔
               B. 贝母

    C. 苦参
               D. 以上全部含有

[答案] D

[解析] 含生物碱的中草药很多，如黄连、黄柏、茶叶、麻黄、苦参、常山、贝母、百部、槟榔、石榴皮等，主要有抗菌等药理作用。

59. 关于生物碱以下说法不正确的是(　　)

    A. 生物碱分为亲脂性和水溶性生物碱
    B. 主要有抗菌等药理作用

    C. 大多数具有含氮杂环、有旋光性
    D. 均为固体

[答案] D

[解析] 生物碱分为亲脂性生物碱和水溶性生物碱两大类，大多数具有含氮杂环，有旋光性，主要有抗菌等药理作用。大多数生物碱为结晶形固体，不溶于水，味苦；少数生物碱为液体，如烟碱、槟榔碱。

60. 黄酮类的主要功能包括(　　)

    A. 降血脂
               B. 降血糖

    C. 提高免疫功能
               D. 以上全部是

[答案] D

[解析] 主要药理功能为降血脂，降血糖，扩张冠状动脉，减低血管脆性，止血，提高免疫功能等。

61. 关于多糖的说法正确的是(　　)

    A. 由 10 个以上的单糖基通过苷键连接而成
    B. 大多为无定形化合物

    C. 可促进动物体的免疫功能
    D. 以上全部正确

[答案] D

[解析] 多糖由 10 个以上的单糖基通过苷键连接而成，大多为无定形化合物，一般不溶于水，无甜味和还原性，可促进动物体的免疫功能。

62. 大蒜素属于(　　)

    A. 黄酮　　　　　　　　　　　　B. 多糖

    C. 生物碱　　　　　　　　　　　D. 挥发油

[答案] D

[解析] 大蒜素是大蒜中的挥发油。

63. 挥发油的主要功能(　　)

    A. 能促进血液循环　　　　　　　B. 抗菌消炎

    C. 免疫增强作用　　　　　　　　D. 以上全部是

[答案] D

[解析] 多数挥发油对黏膜有一定的刺激性，能促进血液循环，有理气止痛、抗菌消炎作用，大蒜素具有显著的免疫增强作用，可提高血清中溶菌酶的含量和一些酶的活性。

64. 具有抗病毒功能的中草药不包括以下(　　)

    A. 大青叶　　　　　　　　　　　B. 黄芪

    C. 陈皮　　　　　　　　　　　　D. 板蓝根

[答案] C

[解析] 陈皮主要是健胃消食，其余均具有抗病毒功能。

65. 以下药物具有抗寄生虫功能的是(　　)

    A. 当归　　　　　　　　　　　　B. 黄连

    C. 青蒿　　　　　　　　　　　　D. 金银花

[答案] C

[解析] 青蒿具有抗寄生虫功能，其余均无。

66. 抗菌消炎的药物包括(　　)

    A. 黄连　　　　　　　　　　　　B. 金银花

    C. 博落回　　　　　　　　　　　D. 以上全部是

[答案] D

[解析] 抗菌消炎的药物包括黄连、黄芩、黄柏、蒲公英、大青叶、博落回、金银花等。

67. 五倍子主要用治疗哪类疾病(　　)

    A. 细菌性疾病　　　　　　　　　B. 真菌性疾病

    C. 病毒性疾病　　　　　　　　　D. 寄生虫性疾病

[答案] B

[解析] 五倍子末主要用于防治水产动物的水霉、鳃霉等引起的真菌性疾病。

68. 三黄散不包括(　　)

　　A. 大黄　　　　　　　　　　　　B. 黄柏

　　C. 黄芪　　　　　　　　　　　　D. 黄芩

[答案] C

[解析] 三黄散包括大黄、黄芩、黄柏。

69. 主要用于治疗病毒性疾病的药物是(　　)

　　A. 银翘板蓝根散　　　　　　　　B. 大黄五倍子散

　　C. 苍术香连散　　　　　　　　　D. 七味板蓝根散

[答案] A

[解析] 银翘板蓝根散主治水生动物的病毒性疾病。可用于治疗虾蟹的白斑综合征，中华绒螯蟹的颤抖病，草鱼出血病，鲤春病毒血症，鱼虹彩病毒病，鳖鳃腺炎、出血病、白底板病以及爱德华氏菌病，虾褐斑病，蟹黄水病等疾病。

70. 国内第一个获批的水产动物疫苗是(　　)

　　A. 草鱼出血病活疫苗　　　　　　B. 草鱼出血病灭活疫苗

　　C. 嗜水气单胞菌败血症灭活疫苗　D. 鱼虹彩病毒病灭活疫苗

[答案] B

[解析] 草鱼出血病灭活疫苗是国内第一个获批的水产动物疫苗。

71. 草鱼出血病灭活疫苗免疫保护期为(　　)

　　A. 6 个月　　　　　　　　　　　B. 3 个月

　　C. 12 个月　　　　　　　　　　D. 24 个月

[答案] C

72. 关于鱼类疫苗说法不正确的是(　　)

　　A. 不能冻结　　　　　　　　　　B. 只能预防，而不能用作治疗

　　C. 接种疫苗注射器可重复使用　　D. 以上都不正确

[答案] C

[解析] 接种疫苗时，应使用一次性注射器。注射中应注意避免针孔堵塞，疫苗只能预防，而不能作治疗；切忌冻结，冻结的疫苗严禁使用。

73. 以下属于兽药（水产用）-免疫调节剂的是(　　)

　　A. 黄芩　　　　　　　　　　　　B. 黄芪多糖粉

　　C. 肝胆利康散　　　　　　　　　D. 三黄散（水产用）

[答案] B

74. 水产药物范围(   )

A. 捕捞业使用的药物

B. 水产品加工业使用的药物

C. 水产增养殖渔业使用的药物

D. 以上全部是

[答案] C

[解析] 水产药物属于兽药，其范围限定于水产增养殖渔业，而不包括捕捞业和水产品加工业方面所使用的药物；使用对象为鱼、虾、贝、藻，两栖类、水生爬行类以及一些观赏性的水产经济动、植物。

75. 水产药物的功能主要包括(   )

A. 预防疾病

B. 治疗疾病

C. 诊断水生动物疾病或者有目的地调节其生理机能的物质

D. 以上全部是

[答案] D

[解析] 按照《兽药管理条例》的规定，水产药物是指用于预防、治疗、诊断水生动物疾病或者有目的地调节其生理机能的物质（包括药物饲料添加剂）。

76. 催产素主要在性腺发育第几期使用(   )

A. Ⅰ

B. Ⅱ

C. Ⅲ

D. Ⅳ

[答案] D

77. 以下药物对鱼类肾脏危害巨大的是(   )

A. 氟苯尼考

B. 恩诺沙星

C. 磺胺嘧啶

D. 新霉素

[答案] C

78. 氟苯尼考的休药期是(   )

A. 375℃·d

B. 500℃·d

C. 750℃·d

D. 250℃·d

[答案] A

79. 强力霉素的休药期是(   )

A. 375℃·d

B. 500℃·d

C. 750℃·d

D. 250℃·d

[答案] C

80. 恩诺沙星可与以下哪种药物配伍使用（　　）

A. 四环素　　　　　　　　　　B. 甲砜霉素

C. 氟苯尼考　　　　　　　　　D. 磺胺二甲嘧啶

［答案］D

［解析］恩诺沙星避免与四环素、甲砜霉素和氟苯尼考等有颉颃作用的药物配伍。

81. 不可在鳗养殖中使用的药物有（　　）

A. 恩诺沙星　　　　　　　　　B. 磺胺嘧啶

C. 氟苯尼考　　　　　　　　　D. 甲砜霉素

［答案］A

82. 为减轻磺胺类药物对养殖动物肾脏毒性，常与什么药物联合使用（　　）

A. $KHCO_3$　　　　　　　　　B. $NaHCO_3$

C. $NaCO_3$　　　　　　　　　D. $NaCl$

［答案］B

［解析］为减轻磺胺类药物对肾脏的毒性，建议与 $NaHCO_3$ 合用。

83. 以下药物幼鱼应少用的是（　　）

A. 恩诺沙星　　　　　　　　　B. 氟苯尼考

C. 多西环素　　　　　　　　　D. 新霉素

［答案］A

［解析］恩诺沙星可致幼年动物脊椎病变和影响软骨生长。

84. 团头鲂慎用的药物是（　　）

A. 溴氰菊酯　　　　　　　　　B. 吡喹酮

C. 阿苯达唑　　　　　　　　　D. 地克珠利

［答案］B

85. 主治细菌性肠炎病的中草药是（　　）

A. 新霉素　　　　　　　　　　B. 双黄白头翁散

C. 青板黄柏散　　　　　　　　D. 清热散（水产用）

［答案］B

86. 主治病毒性出血病的中草药是（　　）

A. 新霉素　　　　　　　　　　B. 双黄白头翁散

C. 青板黄柏散　　　　　　　　D. 清热散（水产用）

[答案] D

87. 目前，水产疫苗接种方式主要为（   ）

A. 口服
B. 注射
C. 浸泡
D. 以上全部是

[答案] B
[解析] 目前，水产疫苗接种方式仍然以注射为主。

88. 以下为水产可用抗生素的是（   ）

A. 恩诺沙星
B. 氟苯尼考
C. 青霉素
D. 庆大霉素

[答案] B
[解析] 青霉素及庆大霉素均没有批准在水产上使用，而恩诺沙星属人工合成抗菌药物，不属于抗生素，只有氟苯尼考符合题干要求。

89. 水产中抗生素包括（   ）

A. 氟苯尼考
B. 新霉素
C. 多西环素
D. 以上全部是

[答案] D
[解析] 水产中批准使用的抗生素包括氟苯尼考、甲砜霉素、多西环素及新霉素。

90. 首次用量加倍的药物是（   ）

A. 酰胺醇类
B. 氨基糖苷类
C. 喹诺酮类
D. 磺胺类

[答案] D

91. 以下在水产中使用的抗菌药物中具备抗真菌功能的是（   ）

A. 两性霉素
B. 氟苯尼考
C. 新霉素
D. 甲霜灵

[答案] D
[解析] 甲霜灵是唯一批准在水产中使用抗真菌的化药。

92. 水产用药方式包括哪些（   ）

A. 浸泡
B. 注射
C. 口服
D. 以上全是

[答案] D
[解析] 水产用药方式包括泼洒、浸泡、挂袋、注射及口服等。

93. 发生敌百虫导致人中毒时使用什么解毒（　　）
A. 黄酮
B. 阿托品或碘解磷
C. 硫代硫酸钠
D. 以上都不是

[答案] B
[解析] 使用者在使用中发生中毒事故时，用阿托品或碘解磷定作解毒剂。

94. 以下药物可促进水产动物生长的是（　　）
A. 甜菜碱
B. 黄芪多糖
C. 黄芩
D. 黄连

[答案] A
[解析] 甜菜碱刺激采食，促进生长。

95. 以下药物可促进水产动物生长的是（　　）
A. 博落回
B. 聚维酮碘
C. 香菇多糖
D. 黄连

[答案] A
[解析] 博落回刺激采食，促进生长。

96. 中草药中发挥止血与解毒的物质是（　　）
A. 多糖
B. 生物碱
C. 苷
D. 鞣质

[答案] D
[解析] 鞣质临床上用于止血和解毒。

97. 鞣质临床上又名（　　）
A. 有机酸
B. 苷
C. 单宁
D. 以上都不是

[答案] C

98. 大水面网箱养殖主要用药方式包括（　　）
A. 挂袋
B. 口服
C. 捕捞浸泡
D. 以上全部是

[答案] D

[解析] 大水面限制了泼洒等用药方式。

99. 下面哪些药物温度低毒性大（　　）

    A. 溴氰菊酯   B. 高效氯氰菊酯

    C. 氰戊菊酯   D. 以上全部是

[答案] D

[解析] 菊酯类药物低温时毒性更大。

100. 水产抗寄生虫药物主要分为（　　）

    A. 抗原虫药   B. 抗蠕虫药

    C. 驱杀寄生甲壳动物药   D. 以上三类

[答案] D

[解析] 根据其使用目的，可分为三类：抗原虫药、抗蠕虫药及驱杀寄生甲壳动物药。

101. 关于药物和毒物的说法以下错误的是（　　）

    A. 药物可用于预防、治疗、诊断疾病，或可以有目的地调节机体的生理机能

    B. 药物是指可以改变或查明机体的生理功能及病理状态

    C. 药物与毒物之间有绝对的界限

    D. 药物长期使用或剂量过大，都有可能成为毒物

[答案] C

[解析] 药物是指可以改变或查明机体的生理功能及病理状态，可用于预防、治疗、诊断疾病，或有目的地调节生理功能的物质。凡能通过化学反应影响生命活动过程（包括器官功能及细胞代谢）的化学物质都属于药物范畴。毒物是指能对动物机体产生损害作用的物质。"是药三分毒"，药物超过一定剂量或用法不当，对动物也能产生毒害作用，所以在药物与毒物之间并没有绝对的界限，它们的区别仅在于剂量的差别。药物长期使用或剂量过大，都有可能成为毒物。

102. 根据疫苗制备方法可将疫苗分为（　　）

    A. 灭活苗   B. 弱毒苗

    C. 亚单位疫苗   D. 以上全部是

[答案] D

[解析] 对病原体进行灭活或者减毒可制备相应疫苗；利用基因工程技术，制备亚单位抗原即可制备亚单位疫苗。

103. 漂白粉属于哪类药物（　　）

    A. 抗菌药物   B. 抗寄生虫药物

C. 消毒剂 D. 中草药

[答案] C

104. 不会在水产品中产生残留的是( )

A. 氟苯尼考 B. 溴氰菊酯
C. 双氧水 D. 恩诺沙星

[答案] C

105. 抗寄生虫药物敌百虫的主要成分是( )

A. 有机磷类 B. 重金属
C. 醛类 D. 酸类

[答案] A
[解析] 敌百虫为有机磷类杀虫剂。

106. 鱼类尾鳍糜烂且死亡率增加是因为缺乏( )

A. 赖氨酸 B. 缬氨酸
C. 蛋氨酸 D. 苯丙氨酸

[答案] A
[解析] 赖氨酸参与机体蛋白质的合成,是合成脑神经及生殖细胞、核蛋白及血红蛋白的必需物质,参与脂肪代谢,是脂肪代谢中肉毒碱的前体。赖氨酸缺乏时,会引起尾鳍糜烂且死亡率增加。

107. 磺胺类药物的特点包括( )

A. 抗菌谱广 B. 价格便宜
C. 可以口服 D. 以上全部是

[答案] D
[解析] 磺胺类药物具有抗菌谱较广、性质稳定、可以口服、吸收较迅速、价格低廉等特点。

108. 关于喹诺酮类药物说法正确的是( )

A. 恩诺沙星是动物专用药物 B. 抗菌谱广
C. 抗菌活性强 D. 以上全部正确

[答案] D
[解析] 喹诺酮类具有抗菌谱广、抗菌活性强等特点,喹诺酮类药物被广泛用于人、兽和水生动物的疾病防治等,恩诺沙星是动物专用药物。

109. 以下药物属四环素类的是( )

A. 强力霉素 B. 新霉素

C. 氟苯尼考 D. 恩诺沙星

[答案] A

110. 以下药物属喹诺酮类的是（　　）

A. 强力霉素 B. 新霉素

C. 氟苯尼考 D. 恩诺沙星

[答案] D

111. 以下药物属酰胺醇类的是（　　）

A. 强力霉素 B. 新霉素

C. 氟苯尼考 D. 恩诺沙星

[答案] C

112. 以下药物属氨基糖苷类的是（　　）

A. 强力霉素 B. 新霉素

C. 氟苯尼考 D. 恩诺沙星

[答案] B

113. 关于甲砜霉素的说法错误的是（　　）

A. 白色结晶性粉末 B. 无臭

C. 几乎不溶于乙醚、氯仿及苯 D. 以上都不正确

[答案] D

[解析] 白色结晶性粉末，无臭，性微苦，对光、热稳定。在二甲基甲酰胺中易溶，在无水乙醇、丙酮中略溶，在水中微溶，几乎不溶于乙醚、氯仿及苯。

114. 下列属于磺胺类药物的是（　　）

A. 磺胺嘧啶 B. 恩诺沙星

C. 新霉素 D. 以上都不是

[答案] A

115. 地克珠利不能驱杀的寄生虫是（　　）

A. 黏孢子虫 B. 单极虫

C. 绦虫 D. 尾孢虫

[答案] C

[解析] 地克珠利主要用于防治黏孢子虫、碘泡虫、尾孢虫、四极虫、单极虫等引起的鲤科鱼类孢子虫病。

116. 下列关于抗寄生虫药物使用技术要点和注意事项的叙述正确的是(　　)
- A. 坚持"以防为主、防治结合"的原则
- B. 选用适宜的给药方式
- C. 制订合理的给药剂量、给药时间
- D. 以上均正确

[答案] D

[解析] ①坚持"以防为主、防治结合"的原则；②选用适宜的给药方式；③制订合理的给药剂量、给药时间；④要治疗鱼类寄生虫病，必须了解寄生虫的寄生方式、生活史、流行病学、季节动态、感染强度及范围；⑤注意温度对杀虫药物毒性的影响；⑥虾蟹混养池塘应谨慎选药；⑦避免鱼类中毒；⑧准确计算用药剂量，充分稀释后均匀泼洒；⑨注意施药人员安全；⑩用药后要注意观察，并适当采取增氧措施。

117. 以下为抗原虫药物的是(　　)
- A. 地克珠利
- B. 硫酸铜
- C. 盐酸氯苯胍
- D. 以上全部是

[答案] D

[解析] 抗原虫药物包括硫酸铜、硫酸锌、盐酸氯苯胍及地克珠利。

118. 以下不是抗蠕虫药的是(　　)
- A. 地克珠利
- B. 敌百虫
- C. 辛硫磷
- D. 甲苯咪唑

[答案] A

[解析] 地克珠利是抗原虫药物，其余均为抗蠕虫药物。

119. 具有驱虫作用，主治肠道绦虫病、线虫病的中药是(　　)
- A. 川楝陈皮散
- B. 苦参末
- C. 雷丸槟榔散
- D. 百部贯众散

[答案] A

[解析] 主治淡水鱼的肠道绦虫病、线虫病。

120. 主治鱼类中华鳋、锚头鳋、车轮虫、指环虫、三代虫、孢子虫等寄生虫病以及肠炎病、烂鳃病、竖鳞病等细菌性疾病的中药是(　　)
- A. 川楝陈皮散
- B. 苦参末
- C. 雷丸槟榔散
- D. 百部贯众散

[答案] B

[解析] 苦参末主治鱼类中华鳋、锚头鳋、车轮虫、指环虫、三代虫、孢子虫等寄生虫病以及肠炎病、烂鳃病、竖鳞病等细菌性疾病。

121. 主要用于鱼类车轮虫、锚头鳋等体内、体表寄生虫病防治的中药是（　　）
    A. 川楝陈皮散　　　　　　　　B. 苦参末
    C. 雷丸槟榔散　　　　　　　　D. 百部贯众散

[答案] C

[解析] 雷丸槟榔散主要用于鱼类车轮虫、锚头鳋等体内、体表寄生虫病防治。

122. 主治黏孢子虫病的中药是（　　）
    A. 川楝陈皮散　　　　　　　　B. 苦参末
    C. 雷丸槟榔散　　　　　　　　D. 百部贯众散

[答案] D

123. 下列属于有机磷类杀虫剂的是（　　）
    A. 辛硫磷　　　　　　　　　　B. 硫酸锌
    C. 溴氰菊酯　　　　　　　　　D. 以上都不是

[答案] A

[解析] 辛硫磷与敌百虫都是有机磷杀虫剂。

124. 关于吡喹酮的说法正确的是（　　）
    A. 白色或类白色结晶粉末　　　B. 味苦
    C. 在乙醇中溶解　　　　　　　D. 以上都正确

[答案] D

[解析] 白色或类白色结晶粉末，味苦，在氯仿中易溶，在乙醇中溶解，在乙醚和水中不溶。

125. 常见的水产消毒类药物不包括（　　）
    A. 二氧化氯　　　　　　　　　B. 戊二醛
    C. 聚维酮碘　　　　　　　　　D. 过氧化氢

[答案] A

[解析] 二氧化氯不属于水产消毒剂。

126. 下列不属于微量元素制剂的是（　　）
    A. 硫酸铜　　　　　　　　　　B. 氯化亚铁
    C. 磷酸氢钙　　　　　　　　　D. 硫酸锌

[答案] A
[解析] 铜不属于微量元素。

127. 关于聚维酮碘以下说法正确的是( )
　　A. 碘和聚乙烯吡咯烷酮（PVP）的有机复合物
　　B. 深褐色液体
　　C. 性质稳定，气味小，无腐蚀性
　　D. 以上全部正确

[答案] D
[解析] 聚维酮碘为碘和聚乙烯吡咯烷酮（PVP）的有机复合物，固体为棕黄色细滑粉末，含有效碘 10% 左右，易溶于水，水溶液呈酸性。常用的聚维酮碘溶液为深褐色液体，含有效碘 1%。本品性质稳定，气味小，无腐蚀性。

128. 使用戊二醛的注意事项正确的是( )
　　A. 无色透明油状液体　　　B. 有微弱的甲醛臭
　　C. 味苦　　　　　　　　　D. 以上全部正确

[答案] D
[解析] 本品为略带刺激性气味的无色透明油状液体，味苦。有微弱的甲醛臭，但挥发性较低。它可与水或醇以任何比例的混溶，溶液呈弱酸性。pH 高于 9 时，可迅速聚合。

129. 下列不属于卤素类药物的是( )
　　A. 二氧化氯　　　　　　　B. 聚维酮碘
　　C. 复合碘　　　　　　　　D. 次氯酸钠

[答案] A
[解析] 二氧化氯不属于水产药物。

130. 下列属于过氧化物类药物的是( )
　　A. 氧化钙　　　　　　　　B. 水
　　C. 双氧水　　　　　　　　D. 以上都不是

[答案] C
[解析] 双氧水又名过氧化氢，属于过氧化物类药物。

131. 水产中醛类药物有( )
　　A. 过氧化氢　　　　　　　B. 氧化钙
　　C. 辛硫磷　　　　　　　　D. 戊二醛

[答案] D
[解析] 戊二醛属醛类消毒剂。

132. 属于体内常量矿物元素的是(　　)
    A. 钙　　　　　　　　　　　　B. 铁
    C. 锌　　　　　　　　　　　　D. 以上都是

[答案] D
[解析] 钙、铁、锌皆是体内微量元素。

133. 在组方中，对病因或主证起主要治疗作用的药物是(　　)
    A. 君药　　　　　　　　　　　B. 辅药
    C. 佐药　　　　　　　　　　　D. 使药

[答案] A
[解析] 君药，或称主药，是方剂中针对病因或主证起主要治疗作用的药物。

134. 在组方中，起治疗兼证或次要证候、制约君药的毒性或劣性以及用作反佐的药物是(　　)
    A. 君药　　　　　　　　　　　B. 辅药
    C. 佐药　　　　　　　　　　　D. 使药

[答案] C
[解析] 佐药在方剂中大致有三种情况：一是治疗兼证或次要证候；二是制约君药的毒性或劣性；三是用作反佐，如在温热剂中加入的少量寒凉药，或在寒凉剂中加入的少量温热药，其作用在于消除病势拒药的现象。

135. 在组方中，方剂中的引经药或调和药的药物是(　　)
    A. 君药　　　　　　　　　　　B. 辅药
    C. 佐药　　　　　　　　　　　D. 使药

[答案] D
[解析] 使药，大多是指方剂中的引经药或调和药。

136. 在组方中，辅助君药以加强治疗作用的药物是(　　)
    A. 君药　　　　　　　　　　　B. 辅药
    C. 佐药　　　　　　　　　　　D. 使药

[答案] B
[解析] 臣药，或称辅药，是辅助君药以加强治疗作用的药物。

137. 某种元素是血红蛋白的重要组成部分，缺乏时引起贫血和白细胞杀菌能力的降低，

这种元素可能是(　　)

    A. 锌   B. 铁

    C. 铜   D. 钙

[答案] B

[解析] 铁元素是构成血红蛋白的重要成分，缺乏时会引起贫血和白细胞杀菌能力的降低。

138. 中草药常见成分主要包括(　　)

    A. 多糖   B. 生物碱

    C. 黄酮   D. 以上都是

[答案] D

[解析] 中草药主要成分包括生物碱、黄酮类、多糖、苷、挥发油、有机酸及鞣质。

139. 下列哪种是免疫调节剂(　　)

    A. 黄芪多糖   B. 聚维酮碘

    C. 氧化钙   D. 甜菜碱

[答案] A

[解析] 黄芪多糖是免疫调节剂，聚维酮碘及氧化钙是消毒剂，甜菜碱是促生长剂。

140. 下列哪种是促生长剂(　　)

    A. 黄芪多糖   B. 聚维酮碘

    C. 氧化钙   D. 甜菜碱

[答案] D

141. 下列哪种是消毒剂(　　)

    A. 黄芪多糖   B. 氟苯尼考

    C. 氧化钙   D. 甜菜碱

[答案] C

[解析] 黄芪多糖是免疫调节剂，氟苯尼考是抗生素，氧化钙是消毒剂，甜菜碱是促生长剂。

142. 苦参的药性(　　)

    A. 甘、温   B. 甘、平

    C. 苦、寒   D. 苦、凉

[答案] C

[解析] 参的性味苦、寒。

143. 主要用于驱杀车轮虫的中草药是(　　)

A. 百部贯众散   B. 雷丸槟榔散

C. 川楝陈皮散   D. 驱虫散（水产用）

［答案］B

［解析］川楝陈皮散主治淡水鱼的肠道绦虫病、线虫病；雷丸槟榔散主要用于鱼类车轮虫、锚头鳋等体内、体表寄生虫病防治；百部贯众散主治黏孢子虫病；驱虫散（水产用）用于寄生虫病的辅助性治疗。

144. 主要用于驱杀黏孢子虫的中草药是(　　　)

A. 百部贯众散   B. 雷丸槟榔散

C. 川楝陈皮散   D. 驱虫散（水产用）

［答案］A

145. 用于辅助驱杀虫的中草药是(　　　)

A. 百部贯众散   B. 雷丸槟榔散

C. 川楝陈皮散   D. 驱虫散（水产用）

［答案］D

146. 虾蟹禁用的抗寄生虫药物是(　　　)

A. 吡喹酮   B. 氰戊菊酯

C. 槟榔   D. 氟苯尼考

［答案］B

［解析］氟苯尼考不是抗寄生虫药物，其余三个均为抗寄生虫药物，但氰戊菊酯在虾蟹养殖中禁用。

147. 关于甲苯咪唑以下说法正确的是(　　　)

A. 易溶于甲酸、乙酸

B. 苯并咪唑类驱虫杀虫剂

C. 直接抑制线虫对葡萄糖的摄入，导致糖原耗竭，使它无法生存

D. 以上说法都正确

［答案］D

［解析］甲苯咪唑为白色、类白色或微黄色粉末，无臭，难溶于水和多数有机溶剂（如丙酮、氯仿等），在冰醋酸中略溶，易溶于甲酸、乙酸，是苯并咪唑类驱虫杀虫剂，直接抑制线虫对葡萄糖的摄入，导致糖原耗竭，使它无法生存，具有显著的杀灭幼虫、抑制虫卵发育的作用，但不影响宿主体内血糖水平。

148. 阿苯达唑的主要成分是(　　　)

A. 吡喹酮   B. 甲苯咪唑

C. 辛硫磷   D. 敌百虫

[答案] B

149. 以下属于水产天然药物的是( )
    A. 吡喹酮   B. 恩诺沙星
    C. 辛硫磷   D. 硫酸铜

[答案] D
[解析] 以抗菌药物为例，磺胺类药物和喹诺酮类药物均属于人工合成药物；黄连、黄芩、黄柏均属于天然药物。以抗寄生虫药物为例，盐酸氯苯胍、敌百虫、溴氰菊酯/氰戊菊酯、辛硫磷、地克珠利、甲苯咪唑、吡喹酮均属于人工合成药物；硫酸铜、使君子、南瓜子、槟榔、贯众、青蒿、常山、马齿苋均属于天然药物。以环境消毒剂为例，蛋氨酸碘、苯扎溴铵均属于人工合成药物；含氯石灰（漂白粉）、沸石粉均属于天然药物。

150. 关于处方以下说法正确的是( )
    A. 是临床治疗工作和药剂配制的一类重要书面文件
    B. 是药剂人员调配药品的依据
    C. 开具处方的人要承担法律、技术、经济责任
    D. 以上说法均正确

[答案] D
[解析] 处方俗称为药方，是临床治疗工作和药剂配制的一类重要书面文件，是药剂人员调配药品的依据，开具处方的人要承担法律、技术、经济责任。

第十一篇
水生动物病理学

1. 下列哪些特征属于萎缩的病理变化(   )

A. 已经发育到正常大小的细胞体积缩小，数量减少，功能衰退

B. 细胞体积增大，功能增强

C. 细胞染色变淡

D. 细胞数量增多

[答案] A

[解析] 萎缩是指水生动物的细胞、组织和器官达到正常发育大小后，由于受到不同因子的作用，使分解代谢超过了合成代谢，导致细胞、组织和器官的体积缩小及其功能衰退。发生萎缩的主要原因是萎缩器官或者组织的细胞体积缩小和数量减少。

2. 以下哪一种不是生理性萎缩(   )

A. 水生动物类繁殖后期生殖腺的萎缩

B. 蝌蚪转变为蛙时尾部的萎缩和退化

C. 贝类浮游幼体转变为附着幼体时，运动器官的萎缩和脱落

D. 营养缺乏导致的肌肉萎缩

[答案] D

[解析] 营养缺乏导致的肌肉萎缩是病理性萎缩而不是生理性萎缩。

3. 以下哪一不是病理性萎缩(   )

A. 神经受损后，受其支配的组织器官因失去神经的调节作用而发生萎缩

B. 营养不良导致的肌肉萎缩

C. 鲫肠道大量舌形绦虫的压迫导致肠壁萎缩

D. 鱼类成鱼期的胸腺萎缩

[答案] D

[解析] 鱼类的胸腺到成年后逐渐萎缩属于生理性萎缩。

4. 饲料中硒缺乏导致鲤全身肌肉萎缩属于以下哪种类型(   )

A. 神经性萎缩   B. 营养不良性萎缩

C. 失用性萎缩　　　　　　　　　　　D. 压迫性萎缩

[答案] B

[解析] 由于饲料摄入不足、营养配方不科学等导致的萎缩属于营养不良性萎缩。

5. 肥大的主要表现不包括以下哪一点（　　　）

A. 实质细胞体积增大　　　　　　　　B. 器官体积增大或功能增强

C. 细胞数量增多　　　　　　　　　　D. 细胞大量死亡

[答案] D

[解析] 细胞、组织或器官的体积增大并伴有功能增强的现象称为肥大（Hypertrophy）。肥大是机体适应性反应在形态结构方面的一种表现。肥大的基础是实质细胞体积增大或数量增多，或二者同时发生。不包括细胞大量死亡。

6. 以下哪一种属于生理性肥大（　　　）

A. 水生动物繁殖期性腺的肥大　　　　B. 细菌性肾病导致的肾脏肥大

C. 脂肪摄入过多导致的肝脏肥大　　　D. 链球菌感染导致的脾脏椭球体肥大

[答案] A

[解析] 繁殖期性腺的肥大属于正常生理过程，剩下的三项属于病理过程。

7. 以下哪一种属于假性肥大（　　　）

A. 肝细胞体积增大、数量增多导致的肥大　　B. 心肌纤维体积增粗导致的肥大

C. 肝脏间质成纤维细胞增多导致的肥大　　　D. 脾脏免疫细胞增多导致的肥大

[答案] C

[解析] 假性肥大指的是组织和器官间质的增生引起组织器官体积增大的现象。发生假性肥大的组织、器官，虽然体积增大但其功能反而会降低。

8. 以下哪些属于生理性增生（　　　）

A. 繁殖期雄性金鱼的胸鳍上皮细胞出现增生性的结节"追星"现象

B. 氨氮胁迫导致鳃小片上皮细胞增生

C. 疱疹病毒导致的皮肤表皮层增生

D. 病毒导致的肿瘤细胞增生

[答案] A

[解析] 繁殖期的"追星"现象是鱼类的正常生理过程，属于生理性增生。其余是病害因子导致的增生。

9. 以下属于化生的是（　　　）

A. 一种已分化成熟的组织为适应环境的改变或在刺激因素的作用下，在形态和机能上转变为另外一种组织的过程

B. 细胞有丝分裂活跃而引起器官、组织内细胞数目增多的现象

C. 细胞、组织或器官的体积增大并伴有功能增强的现象

D. 为修复受损的实质细胞发生的同种细胞的增生

[答案] A

[解析] 化生的定义是：一种已分化成熟的组织为适应环境的改变或在刺激因素的作用下，在形态和机能上转变为另外一种组织的过程。B、C、D 项分别代表增生、肥大和再生。

10. 下列不属于再生的是（　　　）

A. 中华绒螯蟹螯足断裂后重新长出一只新的螯足

B. 切除蝾螈的一条腿，可以再长出一条新腿

C. 水蛭的身体碎片能再生成完整的机体

D. 氨氮胁迫导致鳃小片上皮细胞增多

[答案] D

[解析] 氨氮胁迫导致的鳃小片上皮细胞增多，属于病理性增生。

11. 腺上皮的再生属于（　　　）

A. 不稳定型细胞的再生　　　　　　　B. 稳定型细胞的再生

C. 固定型细胞的再生

[答案] B

[解析] 不稳定型细胞是指在整个生命活动过程中不断地衰老或脱落，同时又不断地分裂增殖，以补充其消耗的细胞，这类细胞的再生能力很强，比如皮肤和黏膜的被覆上皮。稳定型细胞具有强大的潜在再生能力，它们在一般情况下不再生，一旦受到损伤或刺激可再生，例如腺上皮细胞、结缔组织、血管、软骨、肝细胞等。固定型细胞是指一些再生能力很弱的细胞，损伤后一般不能完全再生，如神经细胞、肌肉细胞、心肌细胞。

12. 以下哪种不属于组织器官的适应（　　　）

A. 萎缩　　　　　　　　　　　　　　B. 肥大

C. 增生　　　　　　　　　　　　　　D. 肉芽组织的形成

[答案] D

[解析] 肉芽组织的形成属于修复。

13. 肉芽组织主要结构不包括哪些（　　　）

A. 大量新生的毛细血管　　　　　　　B. 新增散在分布的成纤维细胞

C. 大量增加的神经纤维　　　　　　　D. 多少不等的炎性细胞

[答案] C

[解析] 肉芽组织的基本结构包括：①大量新生的毛细血管，平行排列，均与表面相垂直，并在近表面处相互吻合形成弓状突起，呈鲜红色细颗粒状；②新增生的成纤维细胞，散在分布于毛细血管网络之间，很少有胶原纤维形成；③多少不等的炎性细胞浸润；④肉芽组织内常含一定量的水肿液，但不含神经纤维。

14. 以下哪些属于生理性充血(　　)
　　A. 进食后的胃肠道充血　　　　　B. 出血性败血症的皮肤充血
　　C. 鲤春病毒血症导致的鳔充血　　D. 疱疹病毒感染导致的脾脏充血

[答案] A

[解析] 进食后的胃肠充血属于生理性充血，为正常现象，其余为致病因子导致的充血。

15. 动脉性充血的表现是(　　)
　　A. 充血的器官和组织体积轻度增大，局部细动脉及毛细血管扩张充血
　　B. 局部组织和器官肿胀，呈紫红色
　　C. 局部细静脉及毛细血管扩张，过多的红细胞积聚
　　D. 充血的器官组织体积变小，颜色发白

[答案] A

[解析] 动脉性充血是指动脉流入局部组织血流量过多，而静脉流出的血量正常，导致该器官组织的含血量增加。由于动脉血量的增加，导致器官体积增大，颜色为鲜红色，同时可见细动脉和毛细血管扩张充血。

16. 充血的结局和对机体的影响不包括下列哪一项(　　)
　　A. 轻度短时的充血对机体是有利的　　B. 可产生充血性水肿
　　C. 产生充血性出血　　　　　　　　　D. 产生充血性化生

[答案] D

[解析] 充血对机体的影响，常因充血的持续时间和发生部位的不同而不同。一般来说，轻度短时的充血对机体是有利的。因为充血时由于血流量增加和血流速度加快，一方面可以输送更多的氧气、营养物质、白细胞和抗体等，另一方面可以将病理产物迅速排出。但充血时间过久可能导致充血性水肿、充血性出血，甚至充血性坏死。

17. 血液流出心脏或血管之外，称为(　　)
　　A. 充血　　　　　　　　　　　B. 出血
　　C. 梗死　　　　　　　　　　　D. 水肿

[答案] B

18. 从心血管流出的血液进入体腔或管腔内称为(　　)

A. 血肿 　　　　　　　　　　B. 淤点

C. 积血 　　　　　　　　　　D. 淤斑

[答案] C

[解析] 从心血管流出的血液进入体腔或管腔内称为积血，如腹腔积血、胸腔积血。

19. 常见的带血腹水多发生了以下哪种病理变化(　　)

A. 破裂性出血 　　　　　　　B. 渗出性出血

[答案] B

[解析] 当血管壁通透性增高，红细胞通过管壁漏出血管壁之外，称为渗出性出血。在水生动物常由于感染等因素导致。

20. 出血的结局和对机体的影响不包括以下哪项(　　)

A. 出血量少完全吸收 　　　　B. 可形成含铁血黄素

C. 长期的出血可导致贫血 　　D. 出血器官功能增强

[答案] D

[解析] 出血对机体的影响取决于出血的部位、出血量、出血的速度和出血的持续时间。少量的出血可完全吸收，对机体影响不大，其中的红细胞被吞噬细胞吞噬，形成含铁血黄素。长期的出血可导致贫血，出血量达全血量的1/3~1/2，可引起失血性休克，出血量超过全血量的2/3以上可导致出血性死亡。

21. 鱼体外周血红细胞容量减少，低于正常范围下限称为(　　)

A. 充血 　　　　　　　　　　B. 出血

C. 贫血 　　　　　　　　　　D. 失血

[答案] C

22. 器官或局部组织由于血管阻塞、血流停止导致缺氧而发生的坏死称为(　　)

A. 死亡 　　　　　　　　　　B. 凋亡

C. 梗死 　　　　　　　　　　D. 焦亡

[答案] C

[解析] 任何原因出现的血流中断，局部组织因缺氧而发生的坏死称为梗死，分为出血性梗死和贫血性梗死。

23. 下列关于病理性萎缩错误的是(　　)

A. 导致病理性萎缩与生理性萎缩的原因不同

B. 病理性萎缩可出现明显的物质代谢障碍

C. 病理性萎缩常常由一些致病因素导致

D. 病理性萎缩与年龄相关

[答案] D

[解析] 病理性萎缩是细胞、组织和器官受某些致病因子作用所发生的萎缩，其发生与年龄无关，而是在物质代谢障碍的基础上发生的。

24. 关于萎缩，下列说法正确的是（　　）

A. 细胞、组织或器官达到正常发育大小前的体积缩小和功能减退现象

B. 萎缩属先天发育不全

C. 萎缩是发育成熟的细胞、组织或器官体积缩小、数量减少、功能减退的现象

D. 萎缩包括生理学萎缩和先天性萎缩

[答案] C

[解析] 萎缩指水生动物的细胞、组织或器官达到正常发育大小后，由于受不同因子的作用，使分解代谢超过了合成代谢，导致细胞、组织和器官的体积缩小及功能减退的现象。

25. 萎缩的实质器官大体病理变化不包括（　　）

A. 质地坚硬　　　　　　　　　　B. 形状异常

C. 体积缩小　　　　　　　　　　D. 重量减轻

[答案] B

[解析] 肉眼观察，萎缩的实质器官一般保持固有形态，仅见体积缩小、边缘锐薄、质地变硬、重量减轻、被膜增厚。

26. 光学显微镜下萎缩细胞表现不包括（　　）

A. 细胞体积缩小　　　　　　　　B. 细胞质比细胞核深染

C. 可能出现脂褐素　　　　　　　D. 细胞器减少

[答案] D

[解析] 光学显微镜下，萎缩器官实质细胞体积缩小、细胞质致密、染色较深、胞核浓缩。在萎缩的肌纤维、肝细胞内常见脂褐素沉着。

27. 电子显微镜下萎缩细胞表现不包括（　　）

A. 溶酶体数量减少　　　　　　　B. 线粒体数量减少

C. 自噬泡增多　　　　　　　　　D. 内质网数量减少

[答案] A

[解析] 电子显微镜下，除溶酶体外，萎缩细胞线粒体、内质网数量减少、体积缩小，细胞质内自噬泡增多，自噬泡内含细胞器碎片和丰富的溶酶体酶。

28. 病理性萎缩不包括以下哪种类型（　　）

    A. 神经性萎缩　　　　　　　　　B. 营养不良性萎缩

    C. 废用性萎缩　　　　　　　　　D. 压迫性萎缩

    E. 功能性萎缩　　　　　　　　　F. 先天性萎缩

[答案] F

29. 直接化生和间接化生的区别是(　　)

    A. 直接化生对机体不利，间接化生有利

    B. 直接化生随时发生，间接化生在一定时间内发生

    C. 直接化生由机体引起，间接化生由环境引起

    D. 直接化生不经细胞的增殖，间接化生需要通过细胞增殖

[答案] D

[解析] 直接化生是一种组织细胞不经过细胞的增殖直接变成另外一种类型组织细胞的化生，间接化生是组织通过新生的幼稚组织而变成另外一种类型组织的化生，通过细胞增生来完成。

30. 以下属于固定型细胞的是(　　)

    A. 结缔组织成纤维细胞　　　　　B. 上皮细胞

    C. 神经细胞　　　　　　　　　　D. 肝细胞

[答案] C

31. 下列关于炎症的描述不正确的是(　　)

    A. 炎症是致炎因子对机体的损害与机体抗损害的反应过程

    B. 炎症是各种致炎因子及局部损伤所产生的以血管渗出为中心的、以防御为主的应答性反应

    C. 鱼类比虾蟹贝类炎症防御反应机制更完善

    D. 炎症发生时，白细胞数量往往减少

[答案] D

[解析] 炎症发生后，可出现白细胞增多。

32. 中性粒细胞的功能包括(　　)

    A. 具游走和吞噬能力

    B. 促进血管壁通透性升高和对单核细胞具有趋化作用

    C. 促进脓肿形成

    D. 以上均是

[答案] D

33. 嗜酸性粒细胞的主要特点(　　)

A. HE 染色下胞质内可见淡蓝色小颗粒

B. HE 染色下胞质内可见深蓝色大颗粒

C. HE 染色下胞质内可见淡红色小颗粒

D. HE 染色下胞质内可见亮红色大颗粒

[答案] D

34. 患寄生虫病的鱼体组织内，常可见哪一种类型的炎症细胞(　　)

A. 中性粒细胞　　　　　　　　　B. 嗜酸性粒细胞

C. 淋巴细胞　　　　　　　　　　D. 嗜碱性粒细胞

[答案] B

35. 淋巴细胞的主要特点包括(　　)

A. 呈球形

B. 血液中较小的细胞

C. 细胞核圆形或椭圆形，位于细胞中央，胞质少、嗜碱性

D. 以上都是

[答案] D

36. 单核巨噬细胞的主要特点包括(　　)

A. 细胞体积较大，呈多形性

B. 细胞核呈肾形或折叠弯曲的不规则形

C. 细胞质中富含大小、致密度、形态和功能不一的颗粒

D. 以上都是

[答案] D

37. 单核巨噬细胞胞浆内颗粒的主要功能包括(　　)

A. 吞噬病原体、组织分解物、凋亡细胞及异物

B. 形成上皮样细胞和多核巨细胞

C. 细胞毒性作用

D. 以上都是

[答案] D

38. 下列关于虾蟹血液说法不正确的是(　　)

A. 虾蟹类血液又称为血淋巴

B. 血淋巴由血细胞和血浆组成

C. 根据细胞质中是否含有颗粒以及颗粒的大小分为无颗粒细胞、小颗粒细胞及大颗粒细胞

D. 血淋巴呈红色

[答案] D

39. 下列关于无颗粒细胞描述正确的是（　　）

A. 又称为透明细胞，核大，胞质少，无颗粒物质

B. 胞核较小，胞质丰富

C. 胞质内可见大小不等的颗粒

D. 胞核较大，胞质丰富

[答案] A

40. 下列关于小颗粒细胞描述正确的是（　　）

A. 胞核位于细胞中央

B. 胞质中无明显颗粒

C. 胞核清晰，略偏于一侧，胞质内含黑色小颗粒

D. 无吞噬功能

[答案] C

41. 下列关于大颗粒细胞描述不正确的是（　　）

A. 细胞质中含有较大的颗粒　　　　B. 颗粒有折光性

C. 胞核大，位于细胞中央　　　　　D. 参与凝血过程

[答案] C

42. 虾蟹类血液描述正确的是（　　）

A. 含血蓝蛋白

B. 活体内呈蓝色

C. 有含铜的呼吸色素，非氧合状态下为白色或无色，氧合状态下为蓝色

D. 以上都是

[答案] D

43. 下列关于贝类血液描述正确的是（　　）

A. 一般为无色或蓝色，内含大颗粒细胞、小颗粒细胞、透明细胞和特殊颗粒细胞

B. 含变形血细胞

C. 有些种类含血红蛋白或血清素，血液呈红色或青色

D. 以上都是

答案：D

44. 下列关于炎症的说法正确的是（　　）

A. 是在致炎因子的作用下发生的

B. 局部细胞或体液中可产生参与炎症反应的炎症介质

C. 炎症介质可分为外源性和内源性两种

D. 以上都是

答案：D

45. 体液炎症介质的主要作用不正确的是( )

A. 使血管以外的平滑肌收缩

B. 使微血管扩张和通透性升高，有利于白细胞渗出

C. 增强感觉器官的兴奋性，具有致痛作用

D. 启动溶血系统和纤维蛋白溶解系统

答案：D

[解析]启动凝血和纤维蛋白溶解两个系统。

46. 下列哪项不是细胞释放炎症介质的主要作用( )

A. 使细动脉、毛细血管扩张　　　B. 使血管通透性降低

C. 对白细胞有特异性化学趋化作用　　D. 具有一定的凝血作用

答案：B

47. 变质性炎症的主要特点是( )

A. 炎症灶内严重渗出　　　B. 炎症灶内严重增生

C. 炎症灶内实质细胞严重变性坏死　　D. 以上都是

[答案]C

48. 渗出性炎症的主要特点是( )

A. 炎症灶内形成大量渗出物　　　B. 炎症灶内严重增生

C. 炎症灶内严重渗出　　　D. 以上都是

[答案]A

49. 根据渗出物的特点，渗出性炎症又可以分为哪些种类( )

A. 浆液性炎症　　　B. 纤维素性炎症

C. 化脓性炎症　　　D. 出血性炎症

E. 以上都是

[答案]E

50. 增生性炎症的主要特点是( )

A. 炎症灶内细胞、组织的增生明显　　　B. 炎症灶内严重变质

C. 炎症灶内严重渗出　　　　　　D. 以上都是

[答案] A

51. 增生性炎症的包含哪些种类(　　)
　　A. 普通增生性炎症和特异增生性炎症　B. 急性炎症
　　C. 亚急性炎症　　　　　　　　　　D. 以上都是

[答案] A

52. 感染性肉芽肿一般由哪些细胞组成(　　)
　　A. 上皮样细胞、嗜酸性粒细胞、淋巴细胞
　　B. 上皮样细胞、中性粒细胞、单核巨噬细胞
　　C. 上皮样细胞、淋巴细胞、多核巨细胞
　　D. 中性粒细胞、多核巨细胞、淋巴细胞

[答案] C

53. 炎症的全身反应不包括哪一项(　　)
　　A. 网状内皮系统细胞增生　　　　B. 实质器官功能障碍
　　C. 白细胞增多　　　　　　　　　D. 血管闭锁

[答案] D

54. 病毒性炎症性病灶内较多见的炎症细胞是(　　)
　　A. 中性粒细胞　　　　　　　　　B. 单核细胞
　　C. 淋巴细胞　　　　　　　　　　D. 嗜酸性粒细胞

[答案] C

55. 活体水生动物的细胞或局部组织的死亡称为(　　)
　　A. 自噬　　　　　　　　　　　　B. 凋亡
　　C. 萎缩　　　　　　　　　　　　D. 坏死

[答案] D

56. 大多数坏死在细胞组织变性的基础上发展而来，故又称为(　　)
　　A. 渐进性坏死　　　　　　　　　B. 发展性坏死
　　C. 逐步性坏死　　　　　　　　　D. 程序性坏死

[答案] A

57. 以下哪项不是细胞坏死的表现(　　)
　　A. 细胞核固缩　　　　　　　　　B. 细胞核增生

C. 细胞核碎裂　　　　　　　　D. 细胞核溶解

[答案] B

58. 以下哪种细胞的大量坏死对机体影响巨大(　　)
A. 肠道上皮细胞　　　　　　　B. 皮肤表皮细胞
C. 心肌细胞　　　　　　　　　D. 软骨细胞

[答案] C

59. 细胞坏死后不包括哪些形态学改变(　　)
A. 细胞体积缩小　　　　　　　B. 染色质浓缩
C. 细胞破裂崩解　　　　　　　D. 核质比变大

[答案] D

60. 细胞坏死发生的致病因子中，虾、蟹、鱼的心肌和脑组织对什么最敏感(　　)
A. 缺氧　　　　　　　　　　　B. pH 变化
C. 有机磷农药　　　　　　　　D. 离子浓度变化

[答案] A

61. 细胞或组织死亡之后发生的形态学变化实际上是(　　)的改变。
A. 细胞核崩解、细胞质固缩　　B. 内环境稳态
C. 细胞组织自溶性　　　　　　D. 溶酶体膜结构

[答案] C

62. 在细胞坏死中的酶性消化过程，若酶来源于白细胞的溶酶体，该过程称之为(　　)
A. 自溶过程　　　　　　　　　B. 异溶过程
C. 自消过程　　　　　　　　　D. 异消过程

[答案] B

63. 细胞间质中的网状纤维必须用(　　)特殊染色方法，才能观察到其坏死变化。
A. 嗜银染法　　　　　　　　　B. 马松染色法
C. 天狼猩红染色法　　　　　　D. Van Gieson 氏染色法

[答案] A

64. 决定细胞是否存活的标志是(　　)
A. 细胞核的变化　　　　　　　B. 细胞膜的变化
C. 细细胞质的变化　　　　　　D. 间质的变化

[答案] A

65. 在细胞坏死中的酶性消化过程，若酶来源于死亡细胞的溶酶体，该过程称之为(　　)

    A. 自溶过程　　　　　　　　　B. 异溶过程

    C. 自消过程　　　　　　　　　D. 异消过程

[答案] A

66. 细胞坏死的最后阶段，表现为(　　)

    A. 细胞核发生浓缩、变性、变形、碎裂、溶解

    B. 胞核、细胞质和间质全部崩解

    C. 细胞核结构模糊，蛋白质和脂肪碎屑散播在细胞质内

    D. 细胞内充满自噬泡

[答案] B

67. 干酪样坏死属于(　　)

    A. 凝固性坏死　　　　　　　　B. 液化性坏死

    C. 干性坏死　　　　　　　　　D. 干性坏疽

    E. 湿性坏疽

[答案] A

68. 脑组织坏死的病理学特征是(　　)

    A. 凝固性　　　　　　　　　　B. 化脓性

    C. 出血性　　　　　　　　　　D. 液化性

    E. 以上都不是

[答案] D

69. 组织化脓属于(　　)

    A. 凝固性坏死　　　　　　　　B. 液化性坏死

    C. 湿性坏疽　　　　　　　　　D. 气性坏疽

    E. 干性坏疽

[答案] B

70. 坏死细胞的细胞核变化特征描述错误的是(　　)

    A. 浓缩　　　　　　　　　　　B. 变性

    C. 碎裂、溶解　　　　　　　　D. 肿大

[答案] D

71. 坏死的结局不取决于(　　)

  A. 坏死的原因   B. 坏死的范围

  C. 机体的全身状况   D. 坏死的程度

[答案] D

72. 炎症反应的表现不包括(　　)

  A. 血管扩张充血   B. 炎性液体渗出

  C. 红细胞游走和浸润   D. 白细胞游走和浸润

[答案] C

73. 机体可产生清除或排除坏死组织的有害作用。不包括下列哪种方式(　　)

  A. 炎症反应   B. 溶解吸收

  C. 分离脱落   D. 机化

  E. 渗出

[答案] E

74. 坏死组织呈灰白色豆腐渣样外观时，称为(　　)

  A. 蜡样坏死   B. 干酪样坏死

  C. 干性坏疽   D. 贫血性梗死

  E. 湿性坏疽

[答案] B

75. 当坏死区域较大，不能被肉芽组织所完全取代时，则可由新生肉芽组织将坏死组织包围起来，使坏死区域局限化，这种现象叫做(　　)

  A. 包裹   B. 机化

  C. 溶解   D. 钙化

[答案] A

76. 坏死区域较大，不能被肉芽组织所完全取代时，当中间残留的坏死组织发生钙盐沉着，这种现象称为(　　)

  A. 包裹   B. 机化

  C. 溶解   D. 钙化

[答案] D

77. 坏死组织范围较大，既不能完全吸收，又不能分离脱落时，可逐渐被周围新生的毛

细血管和成纤维细胞组成的肉芽组织所取代，最后变成纤维疤痕的过程，称为（　　）

    A. 包裹   B. 机化

    C. 溶解   D. 钙化

［答案］B

78. 海水鱼类病毒性神经坏死症的脑组织出现的空泡现象为（　　）坏死后溶解所致。

    A. 神经细胞   B. 中性粒细胞

    C. 巨噬细胞   D. 白细胞

［答案］A

79. 组织细胞中最轻微且最常见的变性类型是（　　）

    A. 空泡变性   B. 透明变性

    C. 气球样变性   D. 颗粒变性

［答案］D

80. 下列哪项变性的实质为组织坏死（　　）

    A. 黏液样变性   B. 纤维素样变性

    C. 淀粉样变性   D. 玻璃样变性

［答案］B

81. 肠道卡他性表现可能主要发生了以下哪种变性（　　）

    A. 黏液样变性   B. 纤维素样变性

    C. 淀粉样变性   D. 玻璃样变性

［答案］A

82. 脂肪变性最常见于下列哪种器官（　　）

    A. 肝脏   B. 肺

    C. 小肠   D. 心脏

［答案］A

83. 脂肪变性是指（　　）

    A. 脂肪组织中脂肪增多

    B. 组织内出现脂肪细胞

    C. 脂肪内出现脂肪滴

    D. 正常不见或仅见少量脂滴的细胞质出现脂滴或者脂滴增多

［答案］D

84. 脂肪变性是(　　)

A. 不可逆性变性

B. 可逆性变性

C. 两者均有

D. 两者均无

[答案] B

85. 细胞肿胀是指(　　)

A. 细胞器增大

B. 细胞肿大，胞内水分增多

C. 组织水肿

D. 器官体积增大

[答案] B

86. 发生细胞肿胀的器官不含以下哪种病理表现(　　)

A. 器官体积增大，包膜紧张

B. 颜色浅淡、混浊，无光泽

C. 切面膨出、边缘外翻

D. 颜色变深，体积缩小

[答案] D

87. 纤维素样变性常发生于(　　)

A. 心肌纤维

B. 结缔组织

C. 脂肪组织

D. 上皮组织

[答案] B

88. 细胞肿胀是(　　)

A. 不可逆性变性

B. 可逆性变性

C. 两者均有

D. 两者均无

[答案] B

89. 纤维素样变性表现为(　　)

A. 上皮内及间质内有类黏液聚集

B. 上皮组织内有类黏液聚集

C. 间质内有纤维样物质聚集

D. 上皮细胞内有黏液，空泡增多

[答案] C

90. 淀粉样变性是指间质内有(　　)

A. 蛋白质-黏多糖

B. 糖原蓄积

C. 黏多糖蓄积

D. 蛋白质蓄积

[答案] A

91. 符合变性的描述是(　　)

A. 属不可复性损伤

B. 细胞功能丧失

C. 细胞体积缩小，伴随功能下降

D. 表现为细胞内或间质异常物质的出现或正常物质显著增多

[答案] D

92. 肝细胞内出现红色的不规则均质物质是发生了哪种病理变化（   ）

A. 气球样变　　　　　　　　　B. 细胞水肿

C. 脂肪变性　　　　　　　　　D. 玻璃样变性

[答案] D

93. 细胞内或间质中出现异常物质或正常物质增多，称为（   ）

A. 代偿　　　　　　　　　　　B. 适应

C. 变性　　　　　　　　　　　D. 坏死

E. 化生

[答案] C

94. 细胞水肿易发生于什么器官（   ）

A. 心、肝、脾　　　　　　　　B. 肺、脑、皮肤

C. 心、肝、肾　　　　　　　　D. 胃、皮肤、肠

[答案] C

95. 火腿脾属于什么变性（   ）

A. 脂肪变性　　　　　　　　　B. 透明变性

C. 淀粉样变性　　　　　　　　D. 黏液样变性

[答案] C

96. 细胞水肿不包括以下哪种情况（   ）

A. 颗粒变性　　　　　　　　　B. 水泡变性

C. 气球样变　　　　　　　　　D. 透明变性

[答案] D

97. 透明变性又称为（   ）

A. 颗粒变性　　　　　　　　　B. 水泡变性

C. 气球样变　　　　　　　　　D. 玻璃样变

[答案] D

98. 脂肪变性的细胞苏丹Ⅲ染色呈（   ）

A. 橘红色   B. 黄色
C. 红色   D. 透明

[答案] A

99. 细胞水肿发生的机制主要是(　　)
A. 内质网受损
B. 高尔基体受损
C. 中心体受损
D. 线粒体肿大和内质网扩张断裂
E. 核糖体受损

[答案] D

100. 关于细胞水肿下列叙述中哪项是不正确(　　)
A. 细胞膜受损钠泵功能障碍所致
B. 胞质疏松并透明
C. 胞核淡染或稍大
D. 属于可恢复性病变
E. 继续发展，可形成玻璃样变

[答案] E

101. HE染色切片中，发现肝细胞体积变大，细胞质淡染呈空泡状。为确定空泡的性质，最常用的检查方法是(　　)
A. 嗜银染色
B. 普鲁士蓝染色
C. 苏丹Ⅲ染色
D. 免疫组化

[答案] C

102. 虎斑心是指心肌发生了(　　)
A. 萎缩
B. 细胞水肿
C. 脂肪变性
D. 化生
E. 肥大

[答案] C

103. 下列关于肿瘤说法错误的是(　　)
A. 细胞分化一般不完全
B. 在致瘤因素的作用被除去之后，肿瘤性增生仍会持续不断地增生
C. 在病因消除或再生停止后，肿瘤增生也停止
D. 组织损伤后所发生的增生与慢性炎症的增生与肿瘤增生不同

[答案] C

104. 肿瘤的外形受以下什么因素的影响(　　)
A. 发生部位、生长方式和肿瘤良恶程度

B. 发生部位、周围组织和生长方式

C. 发生部位、营养来源和血液含量

D. 发生部位、血液含量和时间久暂

[答案] A

105. 色素细胞肿瘤的颜色与下列哪一项不相关（   ）

A. 血液含量的多少   B. 是否有特深的色素

C. 变性与坏死的有无   D. 发生的部位

[答案] D

106. 肿瘤质地与哪种因素无关（   ）

A. 瘤细胞的来源   B. 肿瘤实质细胞与间质细胞的比例

C. 有无继发性改变   D. 血液是否丰富

[答案] D

107. 下列因素中不属于致癌因素的是（   ）

A. 多环碳氢化合物   B. 病毒

C. 花粉   D. 长期机械刺激或创伤

[答案] C

108. 良性肿瘤与恶性肿瘤存在区别，下列不是良性肿瘤的特征的是（   ）

A. 细胞分化程度低   B. 生长速度缓慢

C. 无转移发生   D. 核分裂现象很少

[答案] A

109. 肿瘤组织会对机体产生影响，包括局部性影响和全身性影响，下列影响中属于全身性影响的是（   ）

A. 肿瘤组织细胞的增生   B. 血管、神经组织受到机械性的压迫

C. 组织器官营养障碍   D. 机体贫血

[答案] D

110. 下列只属于恶性肿瘤特点的是（   ）

A. 扩散和转移   B. 异型性

C. 组织器官营养障碍   D. 机械性压迫组织

[答案] A

111. 关于恶性肿瘤，说法错误的是（   ）

A. 分化程度较低　　　　　　　　　B. 细胞体积较大
C. 细胞质较少　　　　　　　　　　D. 细胞呈嗜酸性

[答案] D

112. 生物致癌因素不包括(　　)
A. 病毒　　　　　　　　　　　　　B. 细菌
C. 寄生虫　　　　　　　　　　　　D. 异物

[答案] D

113. 常见的可致癌的生物因素是(　　)
A. 病毒　　　　　　　　　　　　　B. 细菌
C. 寄生虫　　　　　　　　　　　　D. 异物

[答案] A

114. 下列关于肿瘤影响因素，说法错误的是(　　)
A. 遗传因素、动物种类、年龄、性别、激素和免疫功能等也会影响肿瘤发生
B. 生物致癌因素以细菌为主
C. 物理致癌因素包括电离辐射、长期机械刺激、创伤、异物
D. 金属元素也能影响肿瘤发生

[答案] B

115. 下列关于肿瘤对机体的影响，说法错误的是(　　)
A. 肿瘤导致机体严重营养消耗
B. 肿瘤周围组织受到机械性压迫，特别是血管、神经、管道和器官等
C. 被压迫的组织器官营养障碍、变性和坏死
D. 恶性肿瘤的代谢产物引起机体中毒

[答案] D

116. 下列疾病中，属于肿瘤病的是(　　)
A. 痘疮病　　　　　　　　　　　　B. 结节病
C. 鱼皮肤黑色素瘤　　　　　　　　D. 心外膜囊肿

[答案] C

117. 下列由肿瘤导致的组织结构变化，说法正确的是(　　)
A. 组织细胞体积缩小，核质浓缩，核膜、核仁破碎
B. 组织失水变干、蛋白质凝固，变为灰黄色比较干燥结实的凝固体
C. 组织受到损伤发生物质代谢障碍，在一些细胞内或细胞间质内，表现有某些物

质沉积，从而导致其形态结构、功能变化

    D. 组织细胞核蛋白体增多，核仁增多，细胞体积较大，核质比增大

［答案］D

118. 下列不符合肿瘤生长特点的是(　　)

    A. 生长旺盛　　　　　　　　　　B. 常形成肿块

    C. 细胞分化成熟能力正常　　　　D. 不需要致癌因素持续存在

［答案］C

119. 下列不属于肿瘤的转移方式的是(　　)

    A. 淋巴管转移　　　　　　　　　B. 血管转移

    C. 种植性转移　　　　　　　　　D. 消化管转移

［答案］D

120. 下列属于良性肿瘤的生长方式的是(　　)

    A. 膨胀性，有包膜，界线清，活动性大

    B. 浸润性，无包膜，界限不清，活动性小

    C. 外生性，无包膜，界限不清，活动性小

    D. 膨胀性，无包膜，界线清，活动性大

［答案］A

121. 下列关于肿瘤性增生与慢性炎症增生的叙述，说法正确的是(　　)

    A. 肿瘤性增生与慢性炎症的增生均对机体不利

    B. 肿瘤性增生与慢性炎症增生一旦发生，可持续不断增生

    C. 在病因消除或再生停止后，慢性炎症的增生会停止，局部又恢复原来的结构与功能

    D. 肿瘤性增生的组织结构和原有的或正常的组织一样

［答案］C

122. 下列有关良性肿瘤和恶性肿瘤转移，正确的是(　　)

    A. 良性肿瘤不会转移，恶性肿瘤常发生转移

    B. 二者均易转移

    C. 二者均不发生转移

    D. 良性肿瘤会少量转移，恶性肿瘤不发生转移

［答案］A

123. 下列有关肿瘤异型程度，说法正确的是(　　)

A. 良性肿瘤异型程度低，恶性肿瘤异型程度高

B. 良性肿瘤异型程度高，恶性肿瘤异型程度低

C. 良性肿瘤和恶性肿瘤异型程度均明显

D. 良性肿瘤和恶性肿瘤异型程度均不明显

[答案] A

124. 下列有关淋巴囊肿病叙述正确的是(　　)

A. 增生物表面原光滑，后来变得有些粗糙，有时不透明

B. 为一种病毒感染皮肤成纤维细胞至异常肿大的瘤样疾病

C. 鱼体表出现大量灰白色石蜡样的增生物

D. 是一种多系统多器官受累的肉芽肿性疾病

[答案] B

125. 下以不属于良性肿瘤的是(　　)

A. 纤维瘤　　　　　　　　B. 脂肪瘤

C. 乳头状囊腺瘤　　　　　D. 恶性黑色素瘤

[答案] D

126. 下列有关结节病叙述说法不正确的是(　　)

A. 多种因素均可导致

B. 是一种多系统受累的肉芽肿疾病

C. 其可发生于皮肤，也可发生于肝、脾和肾等器官

D. 其实质是上皮细胞的异常增殖，质地为类胶质，具有弹性

[答案] D

127. "癌"来源于什么组织(　　)

A. 神经组织　　　　　　　B. 上皮组织

C. 结缔组织　　　　　　　D. 肌肉组织

[答案] B

128. 危害牙鲆、真鲷等鱼类的淋巴囊肿病属于什么类型的疾病(　　)

A. 细菌病　　　　　　　　B. 真菌病

C. 病毒病　　　　　　　　D. 寄生虫病

[答案] C

129. 以下哪种因素通常不导致结节病(　　)

A. 病毒　　　　　　　　　B. 细菌

C. 寄生虫   D. 氨氮和亚硝酸盐

[答案] D

130. 根据肌肉组织的形态和功能可以分为（   ）

A. 骨骼肌、平滑肌、心肌   B. 骨骼肌、心肌、躯干肌
C. 平滑肌、心肌、躯干肌   D. 平滑肌、骨骼肌、躯干肌

[答案] A

131. 主要分布在消化道和血管壁上，肌纤维呈梭形，无横纹，细胞核位于肌纤维中央的称为（   ）

A. 骨骼肌   B. 平滑肌

C. 心肌   D. 躯干肌

[答案] B

132. 心肌坏死的主要表现是（   ）

A. 肌肉肿胀且横纹不明显，胞核浓缩，细胞质浓缩红染，部分区域细胞质消失
B. 心肌纤维增粗，细胞质内可见颗粒样物质
C. 肌纤维间隙增宽，横纹不明显
D. 肌肉纤维肿大，数目增多

[答案] A

133. 鲟发生大规模死亡，可见心外膜囊肿，起泡样变化，严重的可见心脏和动脉球瘤状或菜花状变，心脏严重畸形。病变部位未发现病原体。该病可能是什么病（   ）

A. 心外膜囊肿病   B. 中毒病

C. 心脏结节病   D. 恶性肿瘤

[答案] A

134. 脑组织坏死多属于什么类型（   ）

A. 液化性坏死   B. 凝固性坏死

C. 气性坏疽   D. 湿性坏疽

[答案] A

135. 患"鱼类肝胆综合征"的鱼肝脏多见肝脏肿大、被膜紧张、边缘钝圆、颜色发黄、有油腻感、质地脆软。此肝脏细胞主要发生了什么病理变化（   ）

A. 颗粒变性   B. 水泡变性/细胞肿胀

C. 脂肪变性   D. 黏液样变性

[答案] C

136. 病毒性神经组织坏死症的病原体为（　　）
　　A. 诺达病毒　　　　　　　　B. 虹彩病毒
　　C. 鲑疱疹病毒　　　　　　　D. 杆状病毒

[答案] A

137. 以下哪种营养因子过高可导致肝脏脂肪变性（　　）
　　A. 蛋白质　　　　　　　　　B. 粗脂肪
　　C. 食盐　　　　　　　　　　D. 矿物质

[答案] B

138. 单核巨噬细胞通常不具有以下哪种作用（　　）
　　A. 形成上皮样细胞核多核巨细胞　B. 细胞毒作用
　　C. 具有活跃的游走和吞噬能力　　D. 可吞噬大病原体、组织崩解产物及异物

[答案] B

139. 急性细菌性炎症中，最活跃的炎症细胞通常是（　　）
　　A. 中性粒细胞　　　　　　　B. 嗜酸性粒细胞
　　C. 嗜碱性粒细胞　　　　　　D. 淋巴细胞

[答案] A

140. 鲑疱疹病毒感染后上皮组织病理变化为（　　）
　　A. 增生　　　　　　　　　　B. 凋亡
　　C. 坏死　　　　　　　　　　D. 自噬

[答案] A

141. 杆状病毒感染斑节对虾上皮细胞后主要病理变化是（　　）
　　A. 细胞核固缩　　　　　　　B. 细胞体积增大
　　C. 细胞染色变淡　　　　　　D. 细胞核肥大

[答案] D

142. 肠炎病的组织病理变化主要表现为（　　）
　　A. 黏膜上皮脱落　　　　　　B. 上皮细胞水肿
　　C. 肠壁局部充血，肠内黏液增多　D. 以上都是

[答案] D

143. 嗜水气单胞菌、豚鼠气单胞菌等引起的对虾气单胞菌病的共同症状是（　　）

　　A. 体表损伤，体表、鳃上有附着物　　B. 血淋巴浑浊、凝固性差

　　C. 血淋巴和鳃丝中有细菌活动　　D. 以上都是

［答案］D

144. 鳃的退行性病变主要表现在鳃上皮细胞的下列什么病理变化（　　）

　　A. 增生　　　　　　　　　　　　B. 充血、出血

　　C. 炎症反应　　　　　　　　　　D. 空泡变性

［答案］D

145. 坏死的结局主要包括（　　）

　　A. 反应性炎症　　　　　　　　　B. 溶解吸收或分离脱落

　　C. 机化、钙化或包裹　　　　　　D. 以上都是

［答案］D

146. 海水鱼类感染虹彩病毒时，哪个器官通常会发生肿胀现象（　　）

　　A. 肝脏　　　　　　　　　　　　B. 肾脏

　　C. 脾脏　　　　　　　　　　　　D. 心脏

［答案］C

147. 用含有饿酸的固定液固定的石蜡切片，脂肪可染为什么颜色（　　）

　　A. 黑色　　　　　　　　　　　　B. 紫色

　　C. 红色　　　　　　　　　　　　D. 蓝色

［答案］A

148. 患疖疮病的鱼类肌肉主要发生了什么病理变化（　　）

　　A. 凝固性坏死　　　　　　　　　B. 纤维素样坏死

　　C. 坏疽　　　　　　　　　　　　D. 液化性坏死

［答案］D

149. 坏死的细胞用曙红染色，可见细胞核缩小、染色质浓缩、染色质大都位于近（　　）

　　A. 细胞核中央　　　　　　　　　B. 细胞核膜

　　C. 细胞核仁　　　　　　　　　　D. 细胞膜

［答案］B

150. 肠上皮黏液细胞常用什么特殊染色方法鉴别（　　）

A. PAS 染色　　　　　　　　　　　B. 苏丹黑染色

C. Van Gieson 染色　　　　　　　　D. 嗜银染色

[答案] A

151. 以下不属于萎缩的病变的是(　　)

A. 细胞轮廓不清　　　　　　　　　B. 细胞核与核仁体积缩小

C. 细胞质曙红强染色　　　　　　　D. 细胞核浓缩

[答案] C

152. 水产动物细菌性病料采集注意事项不包括(　　)

A. 采集处于不同发病时期的样本和健康对照样本

B. 必须无菌操作，避免样本被杂菌污染，并尽快送检

C. 对疑似传染病或人畜共患病样本严格按照生物安全规定包装、专人递送，样本
应做好标记并填写详细检验单

D. 必须从活的或濒死的水产动物体表或体内采集

[答案] D

153. 具有软骨或骨骼的组织包埋前需脱钙处理，脱钙液的浓度应选择(　　)

A. 1%的 EDTA　　　　　　　　　　B. 5%的 EDTA

C. 10%的 EDTA　　　　　　　　　 D. 15%的 EDTA

[答案] B

154. 可以从以下哪个部位采集鱼类血液(　　)

A. 尾柄下方的腹下动脉　　　　　　B. 入鳃血管

C. 心室　　　　　　　　　　　　　D. 以上均可

[答案] D

155. 冷冻切片的最佳切片厚度为(　　)

A. 1~2 μm　　　　　　　　　　　 B. 4~5 μm

C. 7~10 μm　　　　　　　　　　　D. 10~12 μm

[答案] C

156. 透射电镜观察用切片必须是(　　)

A. 冷冻切片　　　　　　　　　　　B. 70 nm 左右超薄切片

C. 3 μm 厚切片　　　　　　　　　 D. 3.5 μm 厚切片

[答案] B

157. 透射电镜主要观察内容是（　　　）

    A. 细胞内部超微结构　　　　　　　B. 细胞器的微细结构

    C. 细胞表面微细结构　　　　　　　D. 以上都是

［答案］D

158. 运用光学显微镜观察不到的是（　　　）

    A. 胞核浓缩　　　　　　　　　　　B. 胞质致密

    C. 细胞线粒体减少　　　　　　　　D. 核质比例

［答案］C

159. 可以观察到完整病毒粒子的诊断方法是（　　　）

    A. 新鲜组织的快速染色观察　　　　B. 电镜观察

    C. 组织病理学观察　　　　　　　　D. 解剖观察

［答案］B

160. 对患有全身性炎症的 3～6cm 的患病鱼，样品应采集什么部位（　　　）

    A. 肝、脾、肾　　　　　　　　　　B. 内脏器官

    C. 整条鱼　　　　　　　　　　　　D. 脑、脾、肾

［答案］C

161. HE 染色的基本原理是（　　　）

    A. 抗原抗体反应　　　　　　　　　B. 核酸碱基配对

    C. 氧化还原反应　　　　　　　　　D. 正负电荷结合

［答案］D

162. PAS 染色显示（　　　）

    A. 脂肪　　　　　　　　　　　　　B. 蛋白质

    C. 糖原　　　　　　　　　　　　　D. 核酸

［答案］C

163. 观察血涂片常用的方法（　　　）

    A. Giemsa 染色　　　　　　　　　B. Bodian's 染色

    C. HE 染色　　　　　　　　　　　D. 油红 O 染色

［答案］A

第十二篇

水生动物疾病学

1. 异育银鲫鳃出血病的病原属于( )
    A. 弧菌
    B. 疱疹病毒
    C. 杆菌
    D. 弹状病毒
    E. 洪湖碘泡虫

[答案] B

2. 草鱼畸形病产生的原因不包括( )
    A. 电击
    B. 重金属含量超标
    C. 营养元素缺乏
    D. 寄生虫感染
    E. 惊吓

[答案] E

3. 鲤鱼苗跑马病的可能原因是( )
    A. 车轮虫
    B. 小瓜虫
    C. 钩介幼虫
    D. 鲤蠢绦虫
    E. 洪湖碘泡虫

[答案] A

4. 钩介幼虫感染后的草鱼苗会出现( )的症状。
    A. 白头白嘴
    B. 红头白嘴
    C. 红头红嘴
    D. 眼球脱落
    E. 眼球发白

[答案] B

5. 洪湖碘泡虫可感染异育银鲫的( )部位。
    A. 咽喉
    B. 肝胰脏
    C. 肠道
    D. 体表
    E. 鳍条

[答案] A

6. 吴李碘泡虫可感染异育银鲫的( )部位。

A. 咽喉 B. 肝胰脏

C. 肠道 D. 体表

E. 鳍条

[答案] B

7. 武汉单极虫可感染异育银鲫的( )部位。

A. 咽喉 B. 肝胰脏

C. 肠道 D. 鳞片

E. 鳍条

[答案] D

8. 瓶囊碘泡虫可感染异育银鲫的( )部位。

A. 咽喉 B. 肝胰脏

C. 肠道 D. 体表

E. 鳃丝

[答案] E

9. 吉陶单极虫可寄生在鲤的( )部位。

A. 咽喉 B. 肝胰脏

C. 肠道 D. 鳃丝

E. 肛门

[答案] C

10. 可用于内服治疗孢子虫的药物是( )

A. 甲苯咪唑 B. 阿苯达唑

C. 盐酸恩诺沙星 D. 盐酸左旋咪唑

E. 氟苯尼考

[答案] D

11. 下列病原中对寄主专一性最强的是( )

A. 病毒 B. 细菌

C. 寄生虫 D. 真菌

E. 藻类

[答案] A

12. 水体中的溶解氧的主要来源是(　　)

　　A. 藻类　　　　　　　　　　　B. 浮游动物

　　C. 增氧机　　　　　　　　　　D. 增氧剂

　　E. 新进水源

[答案] A

13. 鱼虾正常生长需要满足(　　)mg/L 以上的溶解氧。

　　A. 3　　　　　　　　　　　　　B. 4

　　C. 5　　　　　　　　　　　　　D. 6

　　E. 2

[答案] B

14. 鲤春病毒病在(　　)℃时最容易发病。

　　A. 8　　　　　　　　　　　　　B. 10

　　C. 12　　　　　　　　　　　　D. 18

　　E. 20

[答案] C

15. 下列用于清塘的药物中，效果最好的是(　　)

　　A. 漂白粉　　　　　　　　　　B. 清塘剂

　　C. 茶籽饼　　　　　　　　　　D. 茶籽饼＋敌百虫

　　E. 生石灰

[答案] E

16. 水生动物疾病现场诊断时，在问诊环节需开展的工作不包括(　　)

　　A. 检查养殖动物生活状态　　　B. 检查养殖动物的生活环境

　　C. 检查养殖管理情况　　　　　D. 了解水产动物的发病经历

　　E. 开展流行病学调查

[答案] D

17. 可用于内服治疗孢子虫的药物是(　　)

　　A. 甲苯咪唑　　　　　　　　　B. 阿苯达唑

　　C. 盐酸恩诺沙星　　　　　　　D. 盐酸氯苯胍

　　E. 氟苯尼考

[答案] D

18. 某池塘养殖的异育银鲫出现暴发性死亡，现场目检时发现濒死鱼眼球凸出，其可能的原因不包括（　　）

    A. 急性中毒　　　　　　　　　　B. 洪湖碘泡虫感染

    C. 大红鳃病　　　　　　　　　　D. 竖鳞病

    E. 细菌性烂鳃病

[答案] E

19. 目检某发病池塘 1 龄濒死草鱼时发现其眼球发白，可能的原因有（　　）

    A. 钩介幼虫感染　　　　　　　　B. 双穴吸虫感染

    C. 指环虫感染　　　　　　　　　D. 斜管虫感染

    E. 扁弯口吸虫感染

[答案] B

20. 目检某发病池塘 2 龄草鱼时发现，其鳃丝结构完整但颜色发白、变淡，可能的原因是（　　）

    A. 肝胰脏损伤　　　　　　　　　B. 肠道损伤

    C. 心脏损伤　　　　　　　　　　D. 细菌性烂鳃病

    E. 诺卡氏菌病

[答案] A

21. 鲤春病毒病从流行病学角度上来看属于（　　）

    A. 地方流行　　　　　　　　　　B. 流行

    C. 大流行　　　　　　　　　　　D. 散发流行

    E. 小规模流行

[答案] C

22. 下列疾病中可以由垂直传播的是（　　）

    A. 锚头鳋病　　　　　　　　　　B. 细菌性败血症

    C. 水霉病　　　　　　　　　　　D. 加州鲈弹状病毒病

    E. 链球菌病

[答案] D

23. 常用于病毒滴度测定的技术不包括（　　）

    A. 空斑试验　　　　　　　　　　B. 终点稀释法

    C. 荧光斑点实验　　　　　　　　D. 转化实验

E. 电子显微镜

［答案］E

24. 江苏如东的小棚虾养殖模式是近年来较为成功的养殖模式，其养殖成功率高的主要原因是（　　）
    A. 苗种检测   B. 饲料优质
    C. 水质优良   D. 管理完善
    E. 售价较高

［答案］A

25. 下列寄生虫中属于鞭毛虫的是（　　）
    A. 小瓜虫   B. 指环虫
    C. 车轮虫   D. 鳃隐鞭虫
    E. 肠袋虫

［答案］D

26. 下列寄生虫中可引起花鲢尾鳍上翘、不摄食的是（　　）
    A. 锚头鳋   B. 中华鳋
    C. 鱼虱   D. 鱼怪
    E. 指环虫

［答案］B

27. 下列寄生虫中可寄生在白鲢脑部引起白鲢极度消瘦、疯狂游动的是（　　）
    A. 单极虫   B. 尾孢虫
    C. 复殖吸虫   D. 碘泡虫
    E. 球虫

［答案］D

28. 下列寄生虫中可寄生在黄鳝消化道导致黄鳝消瘦的是（　　）
    A. 九江头槽绦虫   B. 舌形绦虫
    C. 鲤蠢绦虫   D. 棘头虫
    E. 肠袋虫

［答案］D

29. 草鱼出血病可以危害下列（　　）种鱼。
    A. 异育银鲫   B. 白鲫
    C. 雅罗鱼   D. 青鱼

E. 乌鳢

[答案] D

30. 草鱼出血病肠炎型与草鱼细菌性肠炎病的区分重点在于(　　)
    A. 鳃盖出血
    B. 口腔出血
    C. 肌肉出血
    D. 肠道状态
    E. 肛门出血

[答案] D

31. 一个 1.33hm² 主养草鱼、套养鲫的池塘出现草鱼出血病，每天死亡草鱼 300 尾，可选用的消毒剂是(　　)
    A. 聚维酮碘
    B. 二氧化氯
    C. 苯扎溴铵
    D. 戊二醛
    E. 漂白粉

[答案] A

32. 以下措施不能减缓斑点叉尾鮰病毒病暴发的是(　　)
    A. 用茶籽饼清塘
    B. 对苗种进行检疫
    C. 对水源进行消毒
    D. 投喂人工配合饲料
    E. 定期对水质进行调控

[答案] A

33. 下列药物可用于内服治疗斑点叉尾鮰病毒病的是(　　)
    A. 病毒灵
    B. 黄芪多糖
    C. 恩诺沙星
    D. 氟苯尼考
    E. 鱼腥草

[答案] B

34. 3 月 4 日，江苏某地养殖场的黄金鲫出现暴发性死亡，主要症状是鱼体发黑、眼球突出、腹部膨大，少量鳞片松动，该病为(　　)
    A. 大红鳃病
    B. 细菌性出血病
    C. 疖疮病
    D. 竖鳞病
    E. 水霉病

[答案] D

35. 草鱼出血病暴发后下列哪些行为不会引起死亡量增加(　　)
    A. 增加投料
    B. 停止投料

C. 用氯制剂泼洒　　　　　　　　D. 加注新水

E. 投放新的鱼苗

[答案] B

36. 草鱼细菌性出血病暴发后下列哪种行为不会引起死亡量增加(　　)

A. 投喂恩诺沙星　　　　　　　　B. 停止投料

C. 用敌百虫泼洒　　　　　　　　D. 加注新水

E. 投放新的鱼苗

[答案] A

37. 由指环虫寄生后继发感染的细菌性烂鳃病在治疗时应先(　　)

A. 杀虫　　　　　　　　　　　　B. 杀菌

C. 清除鳃丝黏液　　　　　　　　D. 调节水质

E. 投喂抗生素

[答案] C

38. 草鱼因指环虫叮咬后继发细菌感染形成的细菌性烂鳃病可用(　　)杀灭指环虫。

A. 甲苯咪唑　　　　　　　　　　B. 阿苯达唑

C. 盐酸左旋咪唑　　　　　　　　D. 奥美拉唑

E. 敌敌畏

[答案] A

39. 黄颡鱼指环虫大量寄生后可用(　　)进行治疗。

A. 甲苯咪唑　　　　　　　　　　B. 阿苯达唑

C. 盐酸左旋咪唑　　　　　　　　D. 奥美拉唑

E. 敌百虫

[答案] E

40. 以下哪种情形适用于换水(　　)

A. 病毒感染　　　　　　　　　　B. 细菌感染

C. 寄生虫感染　　　　　　　　　D. 肝胆综合征

E. 外用药物中毒

[答案] E

41. KHV 最适发病温度为(　　)

A. 8℃以下　　　　　　　　　　B. 8～18℃

C. 18～23℃　　　　　　　　　　D. 23～28℃

E. 28～31℃

[答案] D

42. 以下哪种症状不是 KHV 发病后的典型症状（　　）

　　A. 患病鱼无力、无食欲　　　　　　B. 皮肤出现苍白的斑块和水泡

　　C. 皮肤上有石蜡样黏液层　　　　　D. 鳃出血并有大量黏液

　　E. 眼球凹陷

[答案] C

43. 鲫造血器官坏死病的病原为（　　）

　　A. 鲤疱疹病毒 1 型　　　　　　　　B. 鲤疱疹病毒 2 型

　　C. 鲤疱疹病毒 3 型　　　　　　　　D. 弹状病毒

　　E. 鲤杆状病毒

[答案] B

44. KHV 的病原为（　　）

　　A. 鲤疱疹病毒 1 型　　　　　　　　B. 鲤疱疹病毒 2 型

　　C. 鲤疱疹病毒 3 型　　　　　　　　D. 弹状病毒

　　E. 鲤杆状病毒

[答案] C

45. "鳃出血"是下列哪种疾病的典型症状（　　）

　　A. KHV　　　　　　　　　　　　　B. 鲤春病毒病

　　C. 鲫造血器官坏死病　　　　　　　D. 大鳞鲆疱疹病毒病

　　E. 鳜虹彩病毒病

[答案] C

46. 与 KHV 症状最为相似的为以下哪种疾病（　　）

　　A. 鲤浮肿病　　　　　　　　　　　B. 鲤春病毒病

　　C. 鲫造血器官坏死病　　　　　　　D. 大鳞鲆疱疹病毒病

　　E. 鳜虹彩病毒病

[答案] A

47. 以下哪种疾病不会出现眼球凹陷的特征（　　）

　　A. KHV　　　　　　　　　　　　　B. 鲤春病毒病

　　C. 鲤浮肿病　　　　　　　　　　　D. 大鳞鲆疱疹病毒病

　　E. 亚硝酸盐慢性中毒

[答案] D

48. 以下疾病中，主要发生在低温期的是(　　)

　　A. KHV　　　　　　　　　　　B. 鲤痘疮病

　　C. 鲫造血器官坏死病　　　　　D. 草鱼出血病

　　E. 鳜虹彩病毒病

[答案] B

49. 以下疾病中，主要发生在水温 22℃ 以上的是(　　)

　　A. KHV　　　　　　　　　　　B. 鲤春病毒病

　　C. 鲤痘疮病　　　　　　　　　D. 竖鳞病

　　E. 水霉病

[答案] A

50. 与淀粉卵甲藻病体表症状较为相似的是(　　)

　　A. 鲤痘疮病　　　　　　　　　B. 鲤春病毒病

　　C. 鲫造血器官坏死病　　　　　D. 大鳞鲃疱疹病毒病

　　E. 鳜虹彩病毒病

[答案] A

51. 低溶氧胁迫是导致病毒病暴发的主要诱因之一，为了防止病毒病的暴发，养殖过程中溶解氧最好能维持在(　　)mg/L 以上。

　　A. 3　　　　　　　　　　　　B. 4

　　C. 5　　　　　　　　　　　　D. 6

　　E. 7

[答案] C

52. 下列哪种疾病不会在鱼的体表形成白点(　　)

　　A. 鲤痘疮病　　　　　　　　　B. 小瓜虫病

　　C. 嗜酸性卵甲藻病　　　　　　D. 淀粉卵甲藻病

　　E. 车轮虫病

[答案] E

53. 为了降低鲑疱疹病毒病的发生率，可对鲑苗用(　　)进行浸泡。

　　A. 二氧化氯　　　　　　　　　B. 聚维酮碘

　　C. 石灰水　　　　　　　　　　D. 敌百虫

　　E. 三黄粉

[答案] B

54. 以下哪种疾病可导致慢性皮肤瘤的症状（　　）
A. KHV
B. 鲤春病毒病
C. 鲫造血器官坏死病
D. 大鳞鲆疱疹病毒病
E. 淋巴囊肿病

[答案] E

55. 下列疾病分类中属于三类水生动物疫病的是（　　）
A. KHV
B. 鲤春病毒病
C. 白斑综合征
D. 大鳞鲆疱疹病毒病
E. 指环虫病

[答案] E

56. 下列水生动物疾病中，由一类降为二类的是（　　）
A. KHV
B. 鲤春病毒病
C. 鲫造血器官坏死病
D. 大鳞鲆疱疹病毒病
E. 鳜虹彩病毒病

[答案] B

57. 引起罗氏沼虾生长缓慢的主要原因除了苗种退化以外，还有（　　）
A. 水质恶化
B. 十足目虹彩病毒
C. 微孢子虫
D. 饲料质量不高
E. 投放密度过大

[答案] C

58. 下列症状中哪个不属于鳜虹彩病毒病的典型症状（　　）
A. 鳃丝发白
B. 肝胰脏发白
C. 肝胰脏点状出血
D. 肛门红肿
E. 濒死鱼抽搐、颤动

[答案] D

59. 病毒病的特征不包括（　　）
A. 寄主专一性强
B. 对水温敏感
C. 感染规格相对固定
D. 出血形态以弥散型为主
E. 肠道弹性好，无内容物

[答案] D

60. 生态环境持续变好后，寄生虫性疾病的发生率会( )
A. 提高 B. 降低
C. 不变 D. 不好说
E. 大幅降低

[答案] A

61. 下列疾病发生后，鱼苗有较为明显的拖便症状的是( )
A. 传染性造血器官坏死病 B. 病毒性出血性败血症
C. 鲤春病毒病 D. 鲤浮肿病
E. 草鱼出血病

[答案] A

62. 病毒性出血性败血症在水温( )℃以上时发病率会大幅下降。
A. 11 B. 12
C. 13 D. 14
E. 15

[答案] E

63. 鲤春病毒血症也称鲤鳔炎症，属于( )动物疫病。
A. 一类 B. 二类
C. 三类 D. 四类
E. 五类

[答案] B

64. 下列疾病中，鱼鳔与鲫鳃出血病一样会出现出血斑点的是( )
A. 传染性造血器官坏死病 B. 病毒性出血性败血症
C. 鲤春病毒病 D. 鲤浮肿病
E. 草鱼出血病

[答案] C

65. 病毒性神经坏死病诊断时，主要取( )组织。
A. 肝胰脏 B. 脾脏
C. 肾脏 D. 脑和眼
E. 肌肉

[答案] D

66. 白斑综合征是对南美白对虾危害严重的一种疾病，属于( )动物疫病。

A. 一类
B. 二类
C. 三类
D. 四类
E. 五类

[答案] B

67. 下列疾病中，能在南美白对虾的甲壳上形成明显白色斑块的是( )

A. 白斑综合征
B. 十足目虹彩病毒病
C. 桃拉病毒病
D. 斑节对虾杆状病毒病
E. 黄头病

[答案] A

68. 下列措施中，可较好预防南美白对虾白斑综合征的是( )

A. 经常泼洒漂白粉
B. 经常泼洒生石灰
C. 经常换水
D. 套养草鱼
E. 经常投放新的苗种

[答案] D

69. 近两年在青虾主产区导致青虾大量发病的是( )

A. 白斑综合征
B. 十足目虹彩病毒病
C. 桃拉病毒病
D. 斑节对虾杆状病毒病
E. 黄头病

[答案] B

70. 下列疾病中，可引起河蟹发病的是( )

A. 白斑综合征
B. 十足目虹彩病毒病
C. 桃拉病毒病
D. 斑节对虾杆状病毒病
E. 黄头病

[答案] A

71. 水温( )以上时，十足目虹彩病毒病发病率会大幅下降。

A. 12℃
B. 18℃
C. 20℃
D. 28℃
E. 32℃

[答案] E

72. 斑节对虾杆状病毒病不会感染( )

A. 日本对虾   B. 斑节对虾

C. 墨吉对虾   D. 日本沼虾

E. 中国明对虾

[答案] D

73. 下列疾病中,可导致患病对虾肝胰腺呈黄色的是( )

A. 白斑综合征   B. 十足目虹彩病毒病

C. 桃拉综合征   D. 斑节对虾杆状病毒病

E. 黄头病

[答案] E

74. 下列疾病的病原属于细小病毒科的是( )

A. 白斑综合征   B. 十足目虹彩病毒病

C. 桃拉病毒病   D. 斑节对虾杆状病毒病

E. 传染性皮下和造血组织坏死病

[答案] E

75. 下列疾病中,可引起罗氏沼虾苗种肌肉呈白斑或者白浊状的是( )

A. 白斑综合征   B. 十足目虹彩病毒病

C. 桃拉病毒病   D. 罗氏沼虾白尾病

E. 黄头病

[答案] D

76. 下列疾病中,可引起河蟹步足颤抖的是( )

A. 白斑综合征   B. 河蟹螺原体病

C. 河蟹牛奶病   D. 河蟹水瘪子病

E. 河蟹甲壳溃疡病

[答案] B

77. 河蟹纤毛虫病可用下列哪种药物进行治疗( )

A. 敌百虫   B. 硫酸铜

C. 硫酸锌   D. 阿维菌素

E. 辛硫磷

[答案] C

78. 成体南美白对虾发生白斑综合征后，最好的做法是( )
    A. 出售
    B. 泼洒碘制剂
    C. 泼洒氯制剂
    D. 泼洒表面活性剂
    E. 投喂免疫增强剂

[答案] A

79. 引起河蟹甲壳溃疡病的主要病原属于( )
    A. 细菌
    B. 病毒
    C. 寄生虫
    D. 真菌
    E. 螺原体

[答案] A

80. 河蟹养殖池塘到了养殖中后期时，水体中的限制性营养元素是( )
    A. 氮元素
    B. 磷元素
    C. 钾元素
    D. 碳元素
    E. 镁元素

[答案] D

81. 鲍病毒性死亡病属于( )动物疫病。
    A. 一类
    B. 二类
    C. 三类
    D. 四类
    E. 五类

[答案] C

82. 下列除( )病原外都可引起扇贝大规模死亡。
    A. 球形病毒
    B. 衣原体
    C. 立克次氏体
    D. 支原体
    E. 夜光虫

[答案] E

83. 细菌性烂鳃病又称( )
    A. 老三病
    B. 乌头瘟
    C. 黑体病
    D. 溃疡病
    E. 草鱼出血病

[答案] B

84. 下列除(　　)因素外，都可能导致细菌性烂鳃病的暴发。
　　A. 车轮虫　　　　　　　　　　B. 指环虫
　　C. 柱状黄杆菌　　　　　　　　D. 异育银鲫鳃出血病病毒
　　E. 三代虫

[答案] D

85. 下列(　　)可用于内服治疗细菌性烂鳃病。
　　A. 10%氧氟沙星　　　　　　　B. 10%诺氟沙星
　　C. 98%恩诺沙星　　　　　　　D. 10%恩诺沙星
　　E. 98%氧氟沙星

[答案] D

86. 细菌性烂鳃病的症状不包括(　　)
　　A. 体色发黑　　　　　　　　　B. 离群独游
　　C. 鳃丝溃烂　　　　　　　　　D. 鳃盖腐蚀
　　E. 鳞片脱落

[答案] E

87. 可引起细菌性烂鳃病的原因不包括(　　)
　　A. pH 长期偏高　　　　　　　B. 中华鳋寄生
　　C. pH 长期偏低　　　　　　　D. 用药不均匀
　　E. 体表受伤

[答案] E

88. 鱼种下塘前药浴可使用的药物不包括(　　)
　　A. 食盐　　　　　　　　　　　B. 聚维酮碘
　　C. 漂白粉　　　　　　　　　　D. 敌百虫
　　E. 辛硫磷

[答案] E

89. 赤皮病的病原是(　　)
　　A. 柱状黄杆菌　　　　　　　　B. 柱状屈挠杆菌
　　C. 嗜水气单胞菌　　　　　　　D. 荧光假单胞菌
　　E. 链球菌

[答案] D

90. 赤皮病通常与(   )并发。
A. 疖疮病 　　　　　　B. 打印病
C. 竖鳞病 　　　　　　D. 指环虫病
E. 肠炎病

[答案] E

91. 鱼体检查时将投饵台捕捞的鱼放置于水桶中约 5min 后发现鳍条末端发白，其可能的原因是(   )
A. 指环虫感染 　　　　B. 烂鳍病
C. 烂尾病 　　　　　　D. 肝胰脏病变
E. 气泡病

[答案] D

92. 下列哪种抗生素首次使用时需加倍(   )
A. 磺胺类 　　　　　　B. 喹诺酮类
C. 大环内酯类 　　　　D. 氯霉素类
E. 氨基糖苷类

[答案] A

93. 下列哪种疾病在水质清瘦、溶氧高的环境中更易出现(   )
A. 烂鳃病 　　　　　　B. 赤皮病
C. 疖疮病 　　　　　　D. 鲤白云病
E. 竖鳞病

[答案] D

94. 竖鳞病的典型特征不包括(   )
A. 体色发黑 　　　　　B. 眼球突出
C. 腹部膨大 　　　　　D. 鳞片竖立
E. 鳞片脱落

[答案] E

95. 下列哪种鱼不易得竖鳞病(   )
A. 1 龄青鱼 　　　　　B. 2 龄黄颡鱼
C. 2 龄草鱼 　　　　　D. 2 龄鲫
E. 鲤鱼种

[答案] B

96. 下列疾病中会产生大量腹水的是（　　）
　　A. 烂鳃病　　　　　　　　　B. 赤皮病
　　C. 肠炎病　　　　　　　　　D. 竖鳞病
　　E. 吴李碘泡虫病

[答案] D

97. 下列疾病中，不会产生腹水的是（　　）
　　A. 大红鳃病　　　　　　　　B. 鲤痘疮病
　　C. 竖鳞病　　　　　　　　　D. 爱德华氏菌病
　　E. 肠炎病

[答案] E

98. 下列哪种寄生虫寄生后，也可引起竖鳞的症状（　　）
　　A. 指环虫　　　　　　　　　B. 隐鞭虫
　　C. 波豆虫　　　　　　　　　D. 斜管虫
　　E. 扁弯口吸虫

[答案] C

99. 细菌性败血症暴发的主要诱因不包括（　　）
　　A. 池底恶化　　　　　　　　B. 锚头鳋寄生
　　C. 暴雨形成的水体对流　　　D. 鱼体受伤
　　E. 投喂较多

[答案] E

100. 下列哪种疾病以全身性严重的出血为典型特点（　　）
　　A. 烂鳃病　　　　　　　　　B. 赤皮病
　　C. 肠炎病　　　　　　　　　D. 细菌性败血症
　　E. 疖疮病

[答案] D

101. 细菌性败血症发生时，往往（　　）鱼先出现死亡。
　　A. 小杂鱼　　　　　　　　　B. 花鲢
　　C. 鲫　　　　　　　　　　　D. 鲤
　　E. 草鱼

[答案] A

102. 可用于治疗细菌性败血症的敏感抗生素是(   )

A. 氧氟沙星　　　　　　　　　B. 恩诺沙星

C. 庆大霉素　　　　　　　　　D. 氯霉素

E. 链霉素

[答案] B

103. 细菌性败血症的主要病原属于(   )

A. 气单胞菌属　　　　　　　　B. 链球菌属

C. 芽孢杆菌属　　　　　　　　D. 弧菌属

E. 诺卡氏菌

[答案] A

104. 下列哪种做法可能会导致细菌性疾病的复发(   )

A. 治愈后立即加注新水　　　　B. 治愈后继续投喂保肝药

C. 治愈后继续投喂中草药　　　D. 治愈后继续投喂免疫增强剂

E. 治愈后继续投喂丁酸梭菌

[答案] A

105. 细菌性肠炎病的诱发因素不包括(   )

A. 肠道寄生虫　　　　　　　　B. 饲料适口性差

C. 投喂过多　　　　　　　　　D. 饲料质量差

E. 投喂过少

[答案] E

106. 饲料投喂四定原则不包括(   )

A. 定时　　　　　　　　　　　B. 定点

C. 定质　　　　　　　　　　　D. 定量

E. 定型

[答案] E

107. 打印病的易感鱼种不包括(   )

A. 草鱼　　　　　　　　　　　B. 白鲢

C. 花鲢　　　　　　　　　　　D. 斑点叉尾鮰

E. 加州鲈

[答案] D

108. 与打印病症状相似，但是病灶部位凸出于体表的疾病是( )

　　A. 竖鳞病　　　　　　　　　B. 疖疮病
　　C. 痘疮病　　　　　　　　　D. 赤皮病
　　E. 白云病

[答案] B

109. 与疖疮病症状相似，但是病灶部位未凸出于体表，通常只有一个病灶的疾病是( )

　　A. 竖鳞病　　　　　　　　　B. 打印病
　　C. 痘疮病　　　　　　　　　D. 赤皮病
　　E. 白云病

[答案] B

110. 可引起斑点叉尾鮰头部穿孔的疾病是( )

　　A. 链球菌病　　　　　　　　B. 诺卡氏菌病
　　C. 爱德华氏菌病　　　　　　D. 赤皮病
　　E. 拟态弧菌病

[答案] C

111. 爱德华氏菌急性感染时症状主要表现在( )

　　A. 体表　　　　　　　　　　B. 头部
　　C. 消化道　　　　　　　　　D. 鳍条
　　E. 肌肉

[答案] C

112. 爱德华氏菌慢性感染时症状主要表现在( )

　　A. 体表　　　　　　　　　　B. 头部
　　C. 消化道　　　　　　　　　D. 鳍条
　　E. 肌肉

[答案] B

113. 治疗爱德华氏菌病时下列哪个组方效果最优( )

　　A. 恩诺沙星　　　　　　　　B. 氟苯尼考
　　C. 恩诺沙星＋氟苯尼考　　　D. 氟苯尼考＋强力霉素
　　E. 强力霉素

[答案] D

114. 导致无鳞鱼如黄颡鱼体表方形烂身的主要病原是(　　)

A. 嗜水气单胞菌
B. 拟态弧菌

C. 溶藻弧菌
D. 副溶血弧菌

E. 霍乱弧菌

[答案] B

115. 可用于特异性培养弧菌的培养基是(　　)

A. 脑心培养基
B. 牛肉蛋白胨培养基

C. LB 培养基
D. TCBS 培养基

E. LA 培养基

[答案] D

116. 下列疾病中不会在鱼的内脏形成结节的是(　　)

A. 鱼醉菌病
B. 类结节病

C. 诺卡氏菌病
D. 舒伯特气单胞菌病

E. 疖疮病

[答案] E

117. 对罗非鱼养殖危害最大的细菌性疾病是(　　)

A. 诺卡氏菌病
B. 细菌性败血症

C. 链球菌病
D. 打印病

E. 赤皮病

[答案] C

118. 以下疾病中能在鳃部形成结节的是(　　)

A. 诺卡氏菌病
B. 细菌性败血症

C. 链球菌病
D. 打印病

E. 赤皮病

[答案] A

119. 以下疾病中能在肌肉形成结节的是(　　)

A. 诺卡氏菌病
B. 细菌性败血症

C. 链球菌病
D. 打印病

E. 赤皮病

[答案] A

120. 以下鱼类中易感染诺卡氏菌的是(　　)

    A. 草鱼　　　　　　　　　　B. 黄颡鱼

    C. 黄鳝　　　　　　　　　　D. 乌鳢

    E. 罗非鱼

[答案] D

121. 以下细菌性疾病中可在感染鱼鳃丝形成结节的是(　　)

    A. 链球菌病　　　　　　　　B. 鳃孢子虫病

    C. 中华鳋病　　　　　　　　D. 诺卡氏菌病

    E. 细菌性烂鳃病

[答案] D

122. 诺卡氏菌病在淡水鱼养殖中流行的主要因素是(　　)

    A. 投喂海水冰鲜鱼　　　　　B. 投喂人工配合饲料

    C. 饲料中添加鱼粉　　　　　D. 苗种退化

    E. 养殖环境恶化

[答案] A

123. 以下疾病中不能在鱼的内脏形成白点或者结节的是(　　)

    A. 分枝杆菌病　　　　　　　B. 诺卡氏菌病

    C. 吴李碘泡虫病　　　　　　D. 肝胆综合征

    E. 舒伯特气单胞菌病

[答案] D

124. 以下是由弧菌感染引起的对虾疾病是(　　)

    A. 红腿病　　　　　　　　　B. 桃拉病毒病

    C. 黄头病　　　　　　　　　D. 白斑病

    E. 荧光病

[答案] A

125. 急性肝胰腺坏死病的病原属于(　　)

    A. 真菌　　　　　　　　　　B. 病毒

    C. 寄生虫　　　　　　　　　D. 弧菌

    E. 未知

[答案] D

126. 甲壳溃疡病属于继发性的(　　)感染。
　　A. 真菌　　　　　　　　　　B. 病毒
　　C. 寄生虫　　　　　　　　　D. 细菌
　　E. 未知

[答案] D

127. 荧光病的病原是(　　)
　　A. 哈维氏弧菌　　　　　　　B. 拟态弧菌
　　C. 溶藻弧菌　　　　　　　　D. 副溶血弧菌
　　E. 发光杆菌

[答案] A

128. 贝类感染细菌性疾病后，可通过(　　)方式进行处理。
　　A. 外用消毒剂　　　　　　　B. 外泼抗生素
　　C. 内服抗生素　　　　　　　D. 外泼杀虫剂
　　E. 清塘

[答案] A

129. 爱德华氏菌可以感染除(　　)大类以外的水生动物。
　　A. 冷水鱼类　　　　　　　　B. 贝类
　　C. 两栖类　　　　　　　　　D. 爬行类
　　E. 温水鱼类

[答案] B

130. 链球菌病可感染以下哪种水生动物(　　)
　　A. 黑斑蛙　　　　　　　　　B. 草鱼
　　C. 罗氏沼虾　　　　　　　　D. 异育银鲫
　　E. 南美白对虾

[答案] A

131. 青蛙歪头病的病原是(　　)
　　A. 脑膜炎败血伊丽莎白菌　　B. 嗜水气单胞菌
　　C. 拟态弧菌　　　　　　　　D. 分枝杆菌
　　E. 蛙虹彩病毒

[答案] A

132. 可引起克氏原螯虾体表出现絮状物的疾病是(　　)
A. 累枝虫病　　　　　　　　B. 鳃霉病
C. 竖鳞病　　　　　　　　　D. 腐皮病
E. 指环虫病

[答案] A

133. 可引起鱼体体表出现絮状物的疾病是(　　)
A. 固着类纤毛虫病　　　　　B. 鳃霉病
C. 竖鳞病　　　　　　　　　D. 腐皮病
E. 指环虫病

[答案] A

134. 由寄生于鱼类鳃部的真菌引起的疾病是(　　)
A. 水霉病　　　　　　　　　B. 鳃霉病
C. 竖鳞病　　　　　　　　　D. 腐皮病
E. 指环虫病

[答案] B

135. 异育银鲫大红鳃病暴发时最好选用的消毒剂是(　　)
A. 聚维酮碘　　　　　　　　B. 二氧化氯
C. 强氯精　　　　　　　　　D. 戊二醛
E. 二硫氰基甲烷

[答案] A

136. 真菌性疾病暴发后可选用的外用药物是(　　)
A. 五倍子末　　　　　　　　B. 二硫氰基甲烷
C. 强氯精　　　　　　　　　D. 戊二醛
E. 二氧化氯

[答案] A

137. 下列寄生虫中寄生部位在血液的是(　　)
A. 卵涡鞭虫　　　　　　　　B. 隐鞭虫
C. 锥体虫　　　　　　　　　D. 波豆虫
E. 艾美虫

[答案] C

138. 下列属于草鱼常见寄生虫，但是需在 100 倍以上的视野中方能看到的是（　　　）
　　A. 卵涡鞭虫　　　　　　　　　B. 鳃隐鞭虫
　　C. 锥体虫　　　　　　　　　　D. 波豆虫
　　E. 艾美虫

[答案] B

139. 锥体虫主要通过（　　　）进行传播。
　　A. 舌形绦虫　　　　　　　　　B. 九江头槽绦虫
　　C. 鱼蛭　　　　　　　　　　　D. 鱼怪
　　E. 锚头鳋

[答案] C

140. 治疗隐鞭虫可通过以下哪种药物与硫酸亚铁合剂外泼（　　　）
　　A. 聚维酮碘　　　　　　　　　B. 硫酸铜
　　C. 敌百虫　　　　　　　　　　D. 硫酸锌
　　E. 苦参末

[答案] B

141. 下列寄生虫中可以寄生于青鱼肠道的是（　　　）
　　A. 艾美虫　　　　　　　　　　B. 鲤蠢绦虫
　　C. 棘头虫　　　　　　　　　　D. 指环虫
　　E. 鱼怪

[答案] A

142. 寄生于瓦氏黄颡鱼尾鳍部位的孢子虫是（　　　）
　　A. 拟吴李碘泡虫　　　　　　　B. 武汉单极虫
　　C. 吴李碘泡虫　　　　　　　　D. 瓶囊碘泡虫
　　E. 尾孢虫

[答案] A

143. 寄生于沙塘鳢鳃部的孢子虫是（　　　）
　　A. 洪湖碘泡虫　　　　　　　　B. 武汉单极虫
　　C. 吴李碘泡虫　　　　　　　　D. 尾孢虫
　　E. 艾美虫

[答案] D

144. 寄生于黄金鲫肝胰脏部位的孢子虫是( )
A. 洪湖碘泡虫　　　　　　　　B. 武汉单极虫
C. 吴李碘泡虫　　　　　　　　D. 瓶囊碘泡虫
E. 尾孢虫

[答案] C

145. 寄生于异育银鲫吻部的孢子虫是( )
A. 洪湖碘泡虫　　　　　　　　B. 丑陋圆形碘泡虫
C. 吴李碘泡虫　　　　　　　　D. 瓶囊碘泡虫
E. 尾孢虫

[答案] B

146. 寄生于镜鲤鳞片孢子虫是( )
A. 洪湖碘泡虫　　　　　　　　B. 武汉单极虫
C. 吴李碘泡虫　　　　　　　　D. 瓶囊碘泡虫
E. 吉陶单极虫

[答案] E

147. 引起白鲢疯狂打转的可能病原是( )
A. 鲢碘泡虫　　　　　　　　　B. 武汉单极虫
C. 吴李碘泡虫　　　　　　　　D. 瓶囊碘泡虫
E. 尾孢虫

[答案] A

148. 可寄生于鳜鳃部形成肉眼可见的白色孢囊的是( )
A. 洪湖碘泡虫　　　　　　　　B. 武汉单极虫
C. 吴李碘泡虫　　　　　　　　D. 瓶囊碘泡虫
E. 尾孢虫

[答案] E

149. 孢子虫重要的中间寄主是( )
A. 椎实螺　　　　　　　　　　B. 萝卜螺
C. 河蚌　　　　　　　　　　　D. 水蛭
E. 水丝蚓

[答案] E

150. 寄生于罗氏沼虾肠道，引起其生长缓慢的寄生虫是（　　）
    A. 洪湖碘泡虫
    B. 武汉单极虫
    C. 吴李碘泡虫
    D. 瓶囊碘泡虫
    E. 微孢子虫

[答案] E

151. 可用于内服治疗孢子虫病的药物是（　　）
    A. 环烷酸铜
    B. 百部贯众散
    C. 盐酸吗啉胍
    D. 盐酸多西环素
    E. 阿维菌素

[答案] B

152. 可用于外用治疗孢子虫病的药物是（　　）
    A. 环烷酸铜
    B. 盐酸氯苯胍
    C. 盐酸吗啉胍
    D. 盐酸多西环素
    E. 阿维菌素

[答案] A

153. 治疗孢子虫病时最适添加的抗生素是（　　）
    A. 恩诺沙星
    B. 氟苯尼考
    C. 磺胺
    D. 盐酸多西环素
    E. 阿维菌素

[答案] C

154. 车轮虫对于鱼苗危害极大，可引起鱼苗（　　）的典型症状。
    A. 扎堆
    B. 红头白嘴
    C. 打转
    D. 漫游
    E. 静卧

[答案] C

155. 被称为白点病的病原是（　　）
    A. 小瓜虫
    B. 车轮虫
    C. 斜管虫
    D. 固着类纤毛虫
    E. 瓣体虫

[答案] A

156. 小瓜虫从分类上属于(　　)

A. 纤毛虫　　　　　　　　　B. 鞭毛虫

C. 单殖吸虫　　　　　　　　D. 复殖吸虫

E. 孢子虫

[答案] A

157. 小水体治疗小瓜虫时，可将水温提高到(　　)℃以上并持续一段时间，虫体可自行脱落。

A. 22　　　　　　　　　　　B. 25

C. 26　　　　　　　　　　　D. 28

E. 32

[答案] D

158. 治疗小瓜虫可使用的药物是(　　)

A. 环烷酸铜　　　　　　　　B. 硫酸铜

C. 硝酸亚汞　　　　　　　　D. 敌百虫

E. 阿维菌素

[答案] B

159. 三代虫有(　　)个眼点。

A. 0　　　　　　　　　　　B. 1

C. 2　　　　　　　　　　　D. 3

E. 4

[答案] A

160. 指环虫有(　　)个眼点。

A. 0　　　　　　　　　　　B. 1

C. 2　　　　　　　　　　　D. 3

E. 4

[答案] E

161. 中华鳋有(　　)个眼点。

A. 0　　　　　　　　　　　B. 1

C. 2　　　　　　　　　　　D. 3

E. 4

[答案] B

162. 可用于治疗草鱼指环虫病的药物是（　　）
    A. 甲苯咪唑　　　　　　　　B. 阿苯达唑
    C. 盐酸左旋咪唑　　　　　　D. 硫酸铜
    E. 辛硫磷

[答案] A

163. 可用于治疗黄颡鱼指环虫病的药物是（　　）
    A. 甲苯咪唑　　　　　　　　B. 阿苯达唑
    C. 盐酸左旋咪唑　　　　　　D. 敌百虫
    E. 辛硫磷

[答案] D

164. 下列寄生虫中与三代虫分类最为接近的是（　　）
    A. 指环虫　　　　　　　　　B. 车轮虫
    C. 双穴吸虫　　　　　　　　D. 扁弯口吸虫
    E. 鱼怪

[答案] A

165. 观察到鳃丝上有一层淡蓝色黏液层包裹时，一般是（　　）寄生导致的。
    A. 指环虫　　　　　　　　　B. 车轮虫
    C. 双穴吸虫　　　　　　　　D. 扁弯口吸虫
    E. 鱼怪

[答案] A

166. 下列寄生虫中可寄生于眼球引起白内障的是（　　）
    A. 指环虫　　　　　　　　　B. 车轮虫
    C. 双穴吸虫　　　　　　　　D. 扁弯口吸虫
    E. 鱼怪

[答案] C

167. 寄生于草鱼肠道的大型寄生虫主要是（　　）
    A. 九江头槽绦虫　　　　　　B. 舌形绦虫
    C. 鲤蠢绦虫　　　　　　　　D. 嗜子宫线虫
    E. 鱼怪

[答案] A

168. 寄生于异育银鲫肠道的大型寄生虫主要是( )

    A. 九江头槽绦虫   B. 舌形绦虫

    C. 鲤蠢绦虫   D. 嗜子宫线虫

    E. 鱼怪

[答案] B

169. 寄生于鲤肠道的大型寄生虫主要是( )

    A. 九江头槽绦虫   B. 舌形绦虫

    C. 鲤蠢绦虫   D. 嗜子宫线虫

    E. 鱼怪

[答案] C

170. 可寄生于异育银鲫尾鳍内的寄生虫是( )

    A. 九江头槽绦虫   B. 舌形绦虫

    C. 鲤蠢绦虫   D. 嗜子宫线虫

    E. 鱼怪

[答案] D

171. 下列药物中可用于内服治疗团头鲂九江头槽绦虫病的是( )

    A. 甲苯咪唑   B. 阿苯达唑

    C. 吡喹酮   D. 阿维菌素

    E. 辛硫磷

[答案] B

172. 下列药物中不可用于内服治疗团头鲂九江头槽绦虫病的是( )

    A. 槟榔   B. 阿苯达唑

    C. 吡喹酮   D. 敌百虫

    E. 南瓜子

[答案] C

173. 下列药物中既可以内服用于治疗孢子虫病，也可以同时增强鱼体免疫力的是( )

    A. 甲苯咪唑   B. 盐酸左旋咪唑

    C. 吡喹酮   D. 阿维菌素

    E. 辛硫磷

[答案] B

174. 下列肠道寄生虫中可以涨破肠道进入腹腔的是(　　)

A. 九江头槽绦虫　　　　　　　　B. 舌形绦虫

C. 鲤蠢绦虫　　　　　　　　　　D. 嗜子宫线虫

E. 鱼怪

[答案] B

175. 绦虫主要寄生于鱼的(　　)

A. 胃　　　　　　　　　　　　　B. 前肠

C. 中肠　　　　　　　　　　　　D. 后肠

E. 腹腔

[答案] B

176. 按照《兽药管理条例》的规定，内服后可预防肠炎病的乳酸菌属于(　　)

A. 饲料　　　　　　　　　　　　B. 饲料添加剂

C. 混合型饲料添加剂　　　　　　D. 兽药

E. 饲料原料

[答案] D

177. 有机酸属于(　　)

A. 饲料　　　　　　　　　　　　B. 饲料添加剂

C. 混合型饲料添加剂　　　　　　D. 兽药

E. 饲料原料

[答案] B

178. 下列药品中，属于停用兽药的是(　　)

A. 聚维酮碘　　　　　　　　　　B. 恩诺沙星

C. 诺氟沙星　　　　　　　　　　D. 有机酸

E. 敌百虫

[答案] C

179. 毛细线虫主要寄生于草鱼的(　　)

A. 胃　　　　　　　　　　　　　B. 眼球

C. 鳍条　　　　　　　　　　　　D. 肠道

E. 腹腔

[答案] D

180. 锚头鳋不可寄生于鱼的(   )部位。
　　A. 鳞片　　　　　　　　　B. 鳍条
　　C. 口腔　　　　　　　　　D. 眼部
　　E. 腹腔

[答案] E

181. 中华鳋可引起草鱼(   )的典型症状。
　　A. 打转　　　　　　　　　B. 狂游
　　C. 不摄食　　　　　　　　D. 翘尾巴
　　E. 漫游

[答案] D

182. 中华鳋主要寄生于草鱼的(   )部位。
　　A. 鳞片　　　　　　　　　B. 鳍条
　　C. 口腔　　　　　　　　　D. 鳃丝
　　E. 腹腔

[答案] D

183. 鱼虱有(   )个眼点。
　　A. 0　　　　　　　　　　　B. 1
　　C. 2　　　　　　　　　　　D. 3
　　E. 4

[答案] C

184. 鱼怪主要寄生于(   )
　　A. 鳞片　　　　　　　　　B. 鳍条
　　C. 口腔　　　　　　　　　D. 鳃丝
　　E. 围心腔

[答案] E

185. 下列寄生虫繁殖时产茧的是(   )
　　A. 指环虫　　　　　　　　B. 锚头鳋
　　C. 车轮虫　　　　　　　　D. 钩介幼虫
　　E. 鱼蛭

[答案] E

186. 甲壳类寄生虫造成的危害不包括（　　）

A. 撕破皮肤

B. 在体表形成伤口

C. 继发细菌感染

D. 导致鱼焦躁不安

E. 引起鱼摄食亢奋

[答案] E

187. 下列寄生虫中在轻度感染时可通过脱壳脱除的是（　　）

A. 微孢子虫

B. 拟阿脑虫

C. 累枝虫

D. 蟹奴

E. 指环虫

[答案] C

188. 南美白对虾发病后往往大规格个体先出现死亡的原因是（　　）

A. 大规格个体病毒含量高

B. 大规格个体体质弱

C. 大规格个体对溶氧要求高

D. 大规格个体吃料多

E. 大规格个体抢食凶

[答案] E

189. 固着类纤毛虫的暴发强度与有机质含量的关系是（　　）

A. 正相关

B. 负相关

C. 无关

D. 低度负相关

E. 不清楚

[答案] A

190. 大量寄生后可导致蟹肉味恶臭的是（　　）

A. 微孢子虫

B. 拟阿脑虫

C. 累枝虫

D. 蟹奴

E. 指环虫

[答案] D

191. 蓝藻少量生长后的主要危害是（　　）

A. 高 pH

B. 低溶氧

C. 藻毒素

D. 遮光

E. 无危害

[答案] E

192. 蓝藻大量生长后的主要危害不包括(   )

A. 高 pH

B. 白天低溶氧

C. 死亡后产生藻毒素

D. 水体分层

E. 白天高溶氧

[答案] B

193. 三毛金藻暴发后可通过(   )进行治疗。

A. 聚维酮碘

B. 苯扎溴铵

C. 碳酸氢铵

D. 过磷酸氢钙

E. 复合肥

[答案] C

194. 甲藻水华的池塘溶解氧的特征是(   )

A. 日低夜低

B. 日高夜高

C. 日高夜低

D. 日低夜高

E. 全天变化不大

[答案] C

195. 下列水色中被认为是最好的是(   )

A. 茶褐色

B. 淡绿色

C. 浓绿色

D. 嫩绿色

E. 蓝色

[答案] A

196. 茶褐色的水色中主要的藻类是(   )

A. 甲藻

B. 裸藻

C. 小球藻

D. 绿藻

E. 硅藻

[答案] E

197. 可引起浮头的原因不包括(   )

A. 产氧不足

B. 耗氧过多

C. 鳃丝溃烂

D. 亚硝酸盐严重超标

E. 水温较低

[答案] E

198. 畸形发生的原因不包括(　　)

A. 重金属含量超标　　　　　　B. 电击

C. 某种营养元素缺乏　　　　　D. 寄生虫感染

E. 细菌感染

[答案] E

199. 气泡病发生的主要原因不包括(　　)

A. 水体清瘦　　　　　　　　　B. 水质较肥

C. 水位较浅　　　　　　　　　D. 水温较高

E. 阳光直射

[答案] A

200. 气泡病发生后可采取的措施不包括(　　)

A. 遮阳　　　　　　　　　　　B. 换水

C. 打开增氧机　　　　　　　　D. 撒盐

E. 泼洒有机酸

[答案] E

201. 晴天打开增氧机的最佳时期是(　　)

A. 清晨7—9点　　　　　　　　B. 上午8—10点

C. 上午10—12点　　　　　　　D. 中午12至下午2点

E. 下午3—5点

[答案] D

202. 维生素C的味道是(　　)

A. 香　　　　　　　　　　　　B. 甜

C. 酸　　　　　　　　　　　　D. 苦

E. 辣

[答案] C

203. GMP文号的有效期是(　　)年。

A. 2　　　　　　　　　　　　　B. 3

C. 4　　　　　　　　　　　　　D. 5

E. 8

[答案] D

204. 可用于预防脂肪肝的药物是(　　　)

A. 维生素 D　　　　　　　　　B. 丁酸梭菌

C. 芽孢杆菌　　　　　　　　　D. 氯化胆碱

E. 鱼油

[答案] D

205. 胆汁酸是胆汁的主要成分，其主要功效是(　　　)

A. 帮助蛋白质的消化　　　　　B. 帮助淀粉的消化

C. 帮助脂肪的消化　　　　　　D. 促进维生素的合成

E. 促进蛋白质的合成

[答案] C

206. 肝胆综合征引起的死鱼发生后，死鱼的规格主要是(　　　)

A. 偏大　　　　　　　　　　　B. 偏小

C. 无区别　　　　　　　　　　D. 说不清

E. 不一定

[答案] A

207. 由肝胆综合征引起死鱼的池塘投喂量应(　　　)

A. 增加　　　　　　　　　　　B. 减少

C. 无区别　　　　　　　　　　D. 停止投料 3～5d

E. 不一定

[答案] D

208. 阿维菌素使用不当引起异育银鲫中毒时，可见异育银鲫的尾鳍(　　　)

A. 末端发白　　　　　　　　　B. 末端发黄

C. 末端发黑　　　　　　　　　D. 鳍条腐蚀严重

E. 不一定

[答案] C

209. 阿维菌素使用不当引起异育银鲫中毒时，不当的做法是(　　　)

A. 打开增氧机　　　　　　　　B. 换水

C. 泼洒有机酸　　　　　　　　D. 泼洒维生素

E. 进水

[答案] C

210. 下列哪种药物使用后可能导致鱼类体色发黄( )

A. 敌百虫
B. 辛硫磷
C. 阿维菌素
D. 伊维菌素
E. 苯扎溴铵

[答案] A

211. 水生动物患病后，供检水生动物最好是( )

A. 生病后的个体
B. 患病濒死个体
C. 死后时间较长的个体
D. 体色改变或症状消退的个体

[答案] B

212. 水产动物实验室常规检查包括( )

A. 目检和剖检
B. 目检和镜检
C. 剖检和镜检
D. 目检、剖检和镜检

[答案] D

213. 诊断病毒性疾病时，关于病料采集与准备叙述不正确的是( )

A. 一般可采集濒临死亡的水产动物组织
B. 组织采集后装入无菌玻璃瓶中
C. 最好在采集后48h内进行病毒提取
D. 实验室提取病毒前4℃保存

[答案] C

214. 水生动物疾病发生的死亡率指的是( )

A. 一定时期内，某动物群体中发生某病新病例的频率
B. 在一定时间内，某动物群体死亡动物总数与该群里同期动物平均数之比
C. 一定时期内，患某病的动物中因该病死亡的频率
D. 某个时间内，某病的病例数与同期群里的平均数之比

[答案] B

215. 气泡病发生的病因是( )

A. 水中缺氧
B. 水中溶解气体过饱和
C. 水中溶解有毒气体
D. 水中浮游植物过少

[答案] B

216. 可通过泼洒 10～15 mg/kg 茶粕促进脱皮达到防治目的的水生动物疾病是（　　）

    A. 微孢子虫病
        B. 蟹奴病

    C. 固着类纤毛虫
       D. 虾疣虫病

[答案] C

217. 虾蟹鳃、体表和附肢上有一层灰黑色、黄绿色或棕色绒毛状物，鳃丝变黑，可能感染了（　　）

    A. 微孢子虫
        B. 蟹奴

    C. 虾疣虫
        D. 固着类纤毛虫

[答案] D

218. 造成鱼类脂肪肝的最主要因素是（　　）

    A. 养殖密度过大、水体环境恶化

    B. 营养物质组配不均衡及抗脂肪肝因子缺失

    C. 饲料氧化、酸败、发霉、变质

    D. 过量或长期使用抗生素和化学合成药物以及杀虫剂

[答案] B

219. 养殖成鳖的毛霉病更容易发生于（　　）

    A. 水质较肥的水体
       B. 浮游植物繁茂的水体

    C. 水质清澈和透明度高的水体
    D. 污染较重的水体

[答案] C

220. 鳖穿孔病的症状与病理变化描述不正确的是（　　）

    A. 发病初期稚鳖行动缓慢，食欲减退

    B. 背腹甲、裙边、四肢基部出现一些成片的黑点或黑斑

    C. 肺局部泡壁上皮细胞和毛细血管内皮细胞肿胀、变性和坏死

    D. 肝内黑色素增多、淤血，肝细胞浑浊、肿胀和坏死

[答案] B

221. 生物防治锚头鳋病通常采用池中投放适量的（　　）

    A. 黄颡鱼
        B. 草鱼

    C. 鲢
        D. 鳙

[答案] A

222. 与细菌性肠炎病相比，草鱼出血病患病鱼的症状描述正确的是（　　）

    A. 肠壁弹性较差

B. 肠壁弹性较好

C. 肠壁内黏液较多

D. 严重时肠腔内有大量黏液和脱落的上皮细胞

[答案] B

223. 草鱼出血病根据症状和病理变化可分为三种类型，不包括下列（　　）

　　A. 红肌肉型　　　　　　　　　B. 红鳍红鳃盖型

　　C. 神经型　　　　　　　　　　D. 肠炎型

[答案] C

224. 草鱼出血病最有效的防控措施是（　　）

　　A. 加强水源消毒，对繁殖用的鱼卵、亲鱼、引进的鱼苗和相应设施进行严格消毒

　　B. 加强疫病监测，掌握流行病学情况

　　C. 定期消毒水体

　　D. 注射草鱼出血病灭活或活疫苗

[答案] D

225. 某养殖场青鱼、草鱼鱼种大量死亡，而同一个池塘的其他鱼类并无此现象，患病草鱼鳍条、鳃盖发红，患病青鱼肠和肌肉出血发红等，由此可初步诊断该病为（　　）

　　A. 病毒性出血性败血症　　　　B. 淡水鱼细菌性败血症

　　C. 细菌性肠炎病　　　　　　　D. 草鱼出血病

[答案] D

226. 草鱼出血病常危害（　　）

　　A. 草鱼鱼苗　　　　　　　　　B. 2.5～15 cm 草鱼鱼种

　　C. 草鱼亲鱼　　　　　　　　　D. 2 龄以上的草鱼

[答案] B

227. 某养殖场患病鲫鱼体发黑，于下风口处缓慢游动。体表以广泛性出血或充血为主要症状，鳃丝肿胀、出血，剖检病鱼后可见有淡黄色或者红色腹水，肝、脾、肾等器官肿大，并有程度不一的出血，鳔壁出现斑块状出血。由此可初步诊断该病为（　　）

　　A. 淡水鱼细菌性败血症　　　　B. 病毒性出血性败血症

　　C. 鲫造血器官坏死病　　　　　D. 草鱼出血病

[答案] C

228. 下列有关鲫造血器官坏死病叙述不正确的是（　　）

　　A. 病原为鲤疱疹病毒 1 型

B. 病原宿主有严格的选择性

C. 各个年龄阶段的鱼均可发病

D. 此病流行时间长，水温 15～33℃时均有暴发

［答案］A

229. 对于鲫造血器官坏死病的防控措施不正确的是(　　)

A. 放养经检疫合格的种苗 　　　　B. 大换水后用强氯精对水体进行消毒

C. 定期投喂天然植物抗病毒药物 　　D. 改良水质和底质，保持良好的养殖环境

［答案］B

230. 关于鲤春病毒血症病理特征描述不正确的是(　　)

A. 肝脏实质组织显示多灶性坏死及充血

B. 胰脏可观察到炎症和多灶性坏死

C. 脾脏和肾脏肿大坏死，含有肥大细胞

D. 肾小管堵塞，出现空泡和透明化

［答案］C

231. 下列有关鲤春病毒血症叙述不正确的是(　　)

A. 为一类动物疫病

B. 各个年龄阶段的鱼均可发病，鱼龄越小越易感染

C. 此病主要发生在春季，水温 13～20℃时最为流行

D. 传染源为病鱼、死鱼和病毒携带鱼，主要以水为媒介

［答案］A

232. 某养殖场患病鱼的皮肤、鳍上和眼球等处出现许多菜花样肿胀物，囊肿物多呈白色、淡灰色和灰黄色，由此推断该病最可能是(　　)

A. 锦鲤疱疹毒病 　　　　　　　　B. 淋巴囊肿病

C. 诺卡氏菌病 　　　　　　　　　D. 鲤痘疮病

［答案］B

233. 病毒性出血性败血症根据病程缓急及症状表现差异可分为三种类型，不包括下列(　　)

A. 急性型 　　　　　　　　　　　B. 慢性型

C. 神经型 　　　　　　　　　　　D. 出血型

［答案］D

234. 发病鱼体表出现浅乳白色、奶油色增生物，增生物表面初期光滑，后变粗糙，并

呈玻璃样或蜡样，质地由柔软变成软骨状，较坚硬，由此推断该病最可能是(　　)

    A. 锦鲤疱疹毒病　　　　　　　　　B. 淋巴囊肿病

    C. 鲤痘疮病　　　　　　　　　　　D. 病毒性出血性败血病

[答案] C

235. 对鲤痘疮病症状描述不正确的是(　　)

    A. 早期病鱼体出现乳白色小斑点

    B. 随病情发展斑点数目和大小增加、扩大和变厚

    C. 增生物表面初期光滑后变粗糙，并呈玻璃样或蜡样

    D. 增生物一般不能被摩擦掉，增生物增长到一定程度可以自然脱落痊愈

[答案] D

236. 胰腺组织不坏死或很少坏死的是(　　)

    A. 鲑疱疹病毒病　　　　　　　　　B. 传染性胰腺坏死病

    C. 传染性造血组织坏死病　　　　　D. 病毒性出血性败血病

[答案] A

237. 以下关于牙鲆弹状病毒病叙述不正确的是(　　)

    A. 病原为牙鲆弹状病毒　　　　　　B. 发病季节为冬季和早春

    C. 水温 15℃时为发病高峰期　　　　D. 患病牙鲆体色变黑，体表出血

[答案] C

238. 发病虹鳟鱼苗皮肤变暗、眼球突出、腹部膨胀，鳍基部和腹部发红、充血，肛门拖线状粪便，大量死亡。病理显示胰、肾坏死。电镜观察可见弹状病毒颗粒。由此推断该病最可能是(　　)

    A. 传染性脾肾坏死病　　　　　　　B. 传染性造血器官坏死病

    C. 流行性造血器官坏死病　　　　　D. 传染性胰脏坏死病

[答案] B

239. 具有前肾、肝脏、脾脏、胰腺和消化道坏死，肠壁嗜酸性粒细胞坏死特征病变的疾病是(　　)

    A. 传染性胰脏坏死病　　　　　　　B. 流行性造血器官坏死病

    C. 病毒性出血性败血病　　　　　　D. 传染性造血器官坏死病

[答案] D

240. 传染性胰脏坏死病发病水温一般为(　　)

    A. 10～15℃　　　　　　　　　　　B. 15～20℃

        C. 20～25℃   D. 25～30℃

[答案] A

241. 关于传染性胰脏坏死病的流行特点描述正确的是( )
    A. 各年龄阶段的鲑鳟均易感   B. 发病水温一般为 15～20℃
    C. 该病经水体水平传播和卵垂直传播D. 卵表面消毒可有效防止垂直传播

[答案] C

242. 关于传染性胰脏坏死病的病理特征叙述不正确的是( )
    A. 胰脏坏死，多数细胞坏死，有些细胞的细胞核内有包涵体
    B. 肠系膜、胰腺周围的脂肪组织坏死
    C. 造血组织和肾小管变性、坏死
    D. 肝脏坏死

[答案] A

243. 目前研究结果初步表明，流行性造血器官坏死病的传播途径不包括( )
    A. 经水传播   B. 垂直传播
    C. 经活鱼运输传播   D. 经钓鱼饵料传播

[答案] B

244. 发病虹鳟肝、脾和肾造血组织呈急性局灶性、多灶性或局部大量凝结性或液化性坏死，肝和肾坏死灶边缘可见少量胞质嗜碱性包涵体。由此推断该病最可能是( )
    A. 传染性胰脏坏死病   B. 流行性造血器官坏死病
    C. 病毒性出血性败血病   D. 传染性造血器官坏死病

[答案] B

245. 某养殖场患病海水鱼苗做螺旋状游动，组织切片观察可见脑部和视网膜有空泡病变的是( )
    A. 传染性造血器官坏死病   B. 链球菌病
    C. 病毒性神经坏死病   D. 流行性造血器官坏死病

[答案] C

246. 有关病毒性神经坏死病的叙述正确的是( )
    A. 为三类动物疫病
    B. 传播途径有垂直传播和水平传播
    C. 仅危害海水鱼类鱼苗
    D. 该病对不同年龄阶段、不同地域的鱼类都有危害

[答案] B

247. 关于斑点叉尾鮰病毒病的叙述不正确的是（ ）

    A. 病原是鮰疱疹病毒 1 型
    B. 流行水温为 20～30℃
    C. 发生在鱼苗、鱼种和成鱼
    D. 传播方式有垂直传播和水平传播

[答案] C

248. 关于斑点叉尾鮰病毒病的病理特征描述不正确的一项是（ ）

    A. 病毒含量最高的器官是胃和肠
    B. 肾小管和肾间组织坏死
    C. 胃肠道黏膜上皮细胞变性坏死
    D. 肝局灶性坏死，肝细胞内偶尔可见嗜酸性细胞质包涵体

[答案] A

249. 斑点叉尾鮰病毒病的预防措施中不合理的是（ ）

    A. 严格执行检疫和消毒措施
    B. 渔场设置孵化区和鱼苗区的隔离带
    C. 患病鱼和疑似患病鱼应及时捞出，放于隔离池进行饲养
    D. 加强饲养管理，改善养殖环境

[答案] C

250. 斑点叉尾鮰病毒感染后，鱼体病毒含量最高的器官是（ ）

    A. 肝、鳃
    B. 胃、肠
    C. 脾、肾
    D. 脑、心

[答案] C

251. 锦鲤疱疹病毒引起发病的最适水温是（ ）

    A. <18℃
    B. 18～22℃
    C. 23～28℃
    D. >30℃

[答案] C

252. 某养殖场患病鲤无力、厌食，呈无方向感的游泳，或在水中头朝下、尾朝上姿势漂游。鱼体皮肤上出现苍白的斑块和水泡，鳍条充血，鳃丝出血或斑块状坏死。出现症状后 24～48h 后发生大量死亡。由此可推断该病最可能诊断是（ ）

    A. 鲤浮肿病
    B. 鲤痘疮病
    C. 鲤春病毒血症
    D. 锦鲤疱疹病毒病

[答案] D

253. 鲤春病毒血症病毒感染途径主要以水体为媒介，入侵的途径为（　　）

    A. 皮肤和鳃　　　　　　　　　　B. 皮肤和肠道

    C. 鳃和肠道　　　　　　　　　　D. 鳃和肾

[答案] C

254. 下列鱼病中属于农业农村部规定的三类动物疫病是（　　）

    A. 传染性脾肾坏死病　　　　　　B. 病毒性神经坏死病

    C. 传染性造血器官坏死病　　　　D. 三代虫病

[答案] D

255. 下列不属于鲤春病毒血症临诊症状的是（　　）

    A. 呼吸急促，行动兴奋

    B. 运动失调，顺水漂流或游动异常

    C. 鳃和眼球有出血点，肌肉也因出血而呈红色

    D. 腹部膨大，腹腔内有腹水，肠道严重发炎

[答案] A

256. 水温 10～15℃ 时感染鲤春病毒的潜伏期为（　　）

    A. 5d　　　　　　　　　　　　　B. 10d

    C. 15d　　　　　　　　　　　　　D. 20d

[答案] D

257. 8月，某养殖场发病石斑鱼体色发黑，昏睡，体表和鳍条出血，解剖脾、肾肿大，病理切片可见异常肥大细胞。由此推断发病最可能的病原是（　　）

    A. 淋巴囊肿病毒　　　　　　　　B. 真鲷虹彩病毒

    C. 病毒性出血性败血症病毒　　　D. 流行性造血器官坏死病毒

[答案] B

258. 关于传染性脾肾坏死病的流行特点叙述不正确的是（　　）

    A. 死亡率较高

    B. 在体内可长期潜伏感染

    C. 最适流行温度为 12～20℃

    D. 宿主范围广，包括多种海水、咸淡水和淡水养殖鱼类

[答案] C

259. 传染性脾肾坏死病毒的易感鱼类为(　　)

A. 虹鳟　　　　　　　　　　　B. 斑点叉尾鮰

C. 鳜　　　　　　　　　　　　D. 锦鲤

[答案] C

260. 患传染性脾肾坏死病的鳜最显著的病理特征是(　　)

A. 细胞核萎缩，嗜碱性

B. 脾脏和肝脏肿大坏死

C. 肾小管和肾小囊的血管球萎缩

D. 脾、心、肾、肝等组织切片可见异常肥大细胞

[答案] D

261. 患病鱼胰腺坏死，胰腺泡、胰岛及所有的细胞几乎都发生异常，多数细胞坏死，特别是核固缩、核破碎明显，有些细胞的细胞质中含有包涵体，可初步推断此鱼患有(　　)

A. 锦鲤疱疹病毒病　　　　　　B. 传染性胰脏坏死病

C. 鲤春病毒血症　　　　　　　D. 牙鲆弹状病毒病

[答案] B

262. 8月，某养殖场患病鱼苗作螺旋状或旋转状游动，或静止时腹部朝上，一旦用手触碰病鱼时鱼会立即游动；鳔膨胀、厌食、消瘦等，有极高的死亡率，由此可诊断是感染了(　　)

A. 链球菌　　　　　　　　　　B. 病毒性神经坏死症病毒

C. 鲤春病毒血症病毒　　　　　D. 传染性脾肾坏死病毒

[答案] B

263. 发病后出现典型症状"乌头瘟"和"开天窗"的疾病是(　　)

A. 赤皮病　　　　　　　　　　B. 肠炎病

C. 淡水鱼细菌性败血症　　　　D. 烂鳃病

[答案] D

264. 下列疾病中，病原细菌不属于革兰氏阴性菌的是(　　)

A. 烂鳃病　　　　　　　　　　B. 打印病

C. 分枝杆菌病　　　　　　　　D. 疖疮病

[答案] C

265. 关于赤皮病流行特点的说法不正确的是(　　)

A. 全国各地一年四季都流行，无明显的季节性

B. 多发生于 2～3 龄大鱼，当年鱼种也可发生

C. 常与肠炎病、烂鳃病混合并发

D. 病原经消化道、鳃和皮肤感染

[答案] D

266. 患病鱼体表充血发炎，鳞片脱落，鳍充血、末端腐烂、呈扫帚状，形成"蛀鳍"，上下腭及鳃盖部分出血，鳃盖中部表皮有时烂去一块呈透明小圆窗状。由此可诊断该病为( )

    A. 赤皮病   B. 烂鳃病

    C. 链球菌病   D. 淡水鱼细菌性败血症

[答案] A

267. 发病鱼离群独游，游动缓慢无力，身体失衡，眼球突出，体表粗糙，鱼体前部鳞片竖立，向外张开呈球状，鳞片基部的鳞囊水肿，内部积聚着半透明的渗出液，腹部膨大，腹腔内积有腹水，由此可推断为( )

    A. 白皮病   B. 链球菌病

    C. 竖鳞病   D. 赤皮病

[答案] C

268. 关于细菌性肠炎病叙述正确的是( )

    A. 病原为革兰氏阳性菌，有运动力，无芽孢

    B. 鲤和鳙最易发病

    C. 流行水温为 20～25℃

    D. 该病病原为条件致病菌

[答案] D

269. 赤皮病的病原是( )

    A. 柱状黄杆菌   B. 荧光假单胞菌

    C. 嗜水气单胞菌   D. 豚鼠气单胞菌

[答案] B

270. 细菌性肠炎病与赤皮病症状最显著的区别是( )

    A. 有无离群独游和体色发黑   B. 体表皮肤有无发炎出血、鳞片脱落

    C. 肠道有无充血和发炎   D. 肠道内有无食物

[答案] B

271. 不常与鱼类烂鳃病并发的疾病是( )

A. 赤皮病   B. 出血病

C. 疖疮病   D. 肠炎病

[答案] C

272. 下列关于打印病和疖疮病的描述不正确的是（   ）

A. 两者均为革兰氏阴性短杆状菌

B. 两者均危害草鱼、鲢、鳙

C. 鱼苗和夏花阶段易患疖疮病

D. 鱼种及成鱼患打印病时全身通常仅有 1 个病灶

[答案] C

273. 下列关于打印病的描述不正确的是（   ）

A. 患病鱼的种类仅限于鲢、鳙和草鱼等

B. 患病鱼种及成鱼全身通常仅有 1 个病灶

C. 患病鱼种及成鱼病灶呈脓疮状突起

D. 患病部位通常在肛门附近两侧或尾鳍基部

[答案] C

274. 下列关于疖疮病的描述不正确的是（   ）

A. 主要危害青鱼、草鱼、鲤、团头鲂，鲢、鳙也有发生

B. 各年龄阶段的鱼均可发病，高龄鱼有易患疖疮病的倾向

C. 无明显的流行季节，一年四季都可发生

D. 发病部位通常在鱼体背鳍基部附近的两侧，有 1 个或多个脓疮

[答案] B

275. 关于迟缓爱德华氏菌病流行特点的说法不正确的是（   ）

A. 该病全年均可发生，无明显的季节性

B. 水温越低，发病期越长，危害性越大

C. 在鱼类中常与链球菌、嗜水气单胞菌混合感染

D. 传播途径主要为水平传播

[答案] B

276. 关于鮰类肠败血症的说法不正确的是（   ）

A. 病原为鮰爱德华氏菌，革兰氏染色阴性，极生单鞭毛

B. 主要感染鲇形目鱼类

C. 流行时间跨度大，3—12 月均可发病

D. 病原为典型的非条件致病菌

[答案] A

277. 关于鮰类肠败血症的感染的描述不正确的是( )
  A. 病菌通过水传播
  B. 经消化道感染
  C. 病原鮰爱德华氏菌，为典型的条件致病菌
  D. 由体外感染神经系统

[答案] C

278. 鮰类肠败血症的病原是( )
  A. 嗜水气单胞菌　　　　　　B. 鮰爱德华氏菌
  C. 温和气单胞菌　　　　　　D. 迟缓爱德华氏菌

[答案] B

279. 下列属于二类动物疫病是( )
  A. 桃拉综合征　　　　　　　B. 鮰类肠败血症
  C. 小瓜虫病　　　　　　　　D. 白斑综合征

[答案] D

280. 某养殖场患病鱼行为异常，伴有交替的不规则游泳，常作环状游动，或者倦怠嗜睡；后期头背颅侧部溃烂形成一深孔，直到裸露出整个脑组织，形成似"马鞍"状的病灶，由此可初步判断该病为( )
  A. 链球菌病　　　　　　　　B. 鮰类肠败血症
  C. 神经坏死病毒病　　　　　D. 弧菌病

[答案] B

281. 关于鱼类弧菌病的说法正确的是( )
  A. 主要病原为弧菌属的种类，为典型的非条件致病菌
  B. 全球均可发生，感染宿主范围广
  C. 全年都可发生，7—9月的高水温期是发病高峰期
  D. 患病鱼的症状均表现为体表皮肤溃疡

[答案] B

282. 弧菌的选择性培养基是( )
  A. Rimler-Shotts 琼脂　　　B. TCBS 琼脂
  C. SS 琼脂　　　　　　　　D. 营养琼脂

[答案] B

283. 关于鱼类链球菌病的说法正确的是（   ）

A. 主要病原为海豚链球菌和无乳链球菌

B. 感染宿主广，可感染罗非鱼、斑点叉尾鲴、草鱼、真鲷等各种海水、半咸淡水和淡水鱼类

C. 全年都可发生，7—9 月的高水温期易感

D. 病原为典型的非条件致病菌

[答案] A

284. 感染链球菌的病鱼的典型症状不包括（   ）

A. 在水面做螺旋状运动　　　　　　B. 眼球突出、充血

C. 病鱼体色发红，体表溃烂　　　　D. 鳃盖内侧发红、充血或出血

[答案] C

285. 关于鱼类类结节病的说法正确的是（   ）

A. 取结节制成涂片，进行革兰氏染色镜检发现有革兰氏阳性杆菌

B. 脾、肾组织可观察到许多小白点

C. 肌肉中有白点

D. 肝、肾组织肥大或肿胀

[答案] B

286. 鱼类类结节病流行发病最适合水温为（   ）

A. 15～20℃　　　　　　　　　　　B. 20～25℃

C. 25～30℃　　　　　　　　　　　D. 30～35℃

[答案] B

287. 病鱼体表形成许多白色或淡黄色结节，剖开结节后流出白色或稍带红色的浓汁，取结节制成涂片，进行革兰氏染色镜检发现有阳性分枝丝状菌，由此可初步判断该病为（   ）

A. 诺卡氏菌病　　　　　　　　　　B. 分枝杆菌病

C. 类结节病　　　　　　　　　　　D. 疖疮病

[答案] A

288. 关于分枝杆菌病的说法描述不正确的是（   ）

A. 病原为革兰氏阴性，无鞭毛、无芽孢、无荚膜

B. 流行范围广，世界性的疾病，危害水族馆和热带鱼类

C. 经卵、皮肤和口均可感染

D. 取结节制成涂片，进行抗酸染色镜检发现有长杆状抗酸菌

[答案] A

289. 由革兰氏阴性细菌引起疾病是(　)

A. 分枝杆菌病　　　　　　　　B. 诺卡氏菌病

C. 疖疮病　　　　　　　　　　D. 流行性溃疡综合征

[答案] C

290. 导致患病牙鲆仔鱼肠道白浊症症状的疾病是(　)

A. 鲤白云病　　　　　　　　　B. 赤皮病

C. 弧菌病　　　　　　　　　　D. 疖疮病

[答案] C

291. 关于卵涡鞭虫病的叙述不正确的是(　)

A. 病原为眼点淀粉卵涡鞭虫

B. 病原生活史包括营养体、包囊和涡孢子

C. 原生质中有许多淀粉粒，显微镜下可见胞核位于中央

D. 对宿主有专一性

[答案] D

292. 眼点淀粉卵涡鞭虫的营养体主要寄生在(　)

A. 皮肤　　　　　　　　　　　B. 眼

C. 鳃　　　　　　　　　　　　D. 鳍条

[答案] C

293. 关于卵涡鞭虫病的叙述不正确的是(　)

A. 鳃和体表形成许多小白点

B. 鱼呼吸频率加快，鳃盖开闭不规则，口常不能闭合，鱼向固体物上摩擦身体

C. 流行于夏秋高温季节，7—9月是疾病高发期

D. 显微镜可观察到寄生于鳃组织上皮内的营养体

[答案] D

294. 寄生在体表的原生动物有(　)

A. 车轮虫　　　　　　　　　　B. 锥体虫

C. 艾美虫　　　　　　　　　　D. 六鞭毛虫

[答案] A

295. 寄生在血液内的原生动物有（   ）

    A. 车轮虫　　　　　　　　　　B. 锥体虫

    C. 艾美虫　　　　　　　　　　D. 鱼波豆虫

[答案] B

296. 关于锥体虫病的说法不正确的是（   ）

    A. 淡水鱼和海水鱼均易感

    B. 锥体虫通常寄生在鱼类的血液中

    C. 取血液滴于玻片上镜检观察可见扭曲运动的虫体

    D. 该病经消化道和鳃感染

[答案] D

297. 下列关于隐鞭虫病的叙述不正确的是（   ）

    A. 病原为隐鞭虫，可寄生于鳃、皮肤和血液中

    B. 虫体可较长时间在水中自由生活

    C. 发病季节为 7—9 月

    D. 淡水鱼和海水鱼均易感

[答案] B

298. 鳙是（   ）的保虫寄主。

    A. 鱼波豆虫　　　　　　　　　B. 鲤斜管虫

    C. 鳃隐鞭虫　　　　　　　　　D. 车轮虫

[答案] C

299. 血居吸虫生活史中具感染力的阶段是（   ）

    A. 尾蚴　　　　　　　　　　　B. 毛蚴

    C. 胞蚴　　　　　　　　　　　D. 囊蚴

[答案] D

300. 通过全池泼洒硫酸铜和亚硫酸铁合剂（5∶2），使池水浓度成 0.7 mg/L，该防治预防措施不适用的寄生虫病是（   ）

    A. 斜管虫病　　　　　　　　　B. 车轮虫病

    C. 锥体虫病　　　　　　　　　D. 鱼波豆虫病

[答案] C

301. 发病鱼离群独游、游动缓慢、食欲减退、呼吸困难，体表形成灰白色或淡蓝色的黏液层，2 龄以上的鲤鳞囊内积水、竖鳞，则可初步判断为（　　）

    A. 竖鳞病   B. 鱼波豆虫病

    C. 隐鞭毛虫病   D. 车轮虫病

[答案] B

302. 下列关于鱼波豆虫病的叙述正确的是（　　）

    A. 危害各种温水及热带淡水鱼

    B. 发病温度为 20～30℃

    C. 各种年龄的鱼均受其害，鱼苗、鱼种易感

    D. 虫体靠直接接触传播

[答案] D

303. 以下关于艾美虫病的叙述正确的是（　　）

    A. 国内外均有发生

    B. 海淡水养殖鱼类均可感染并引起死亡

    C. 不同种类艾美虫对宿主没有严格的选择性

    D. 生活史的感染期是孢子体

[答案] A

304. 艾美耳属球虫孢子化卵囊内含（　　）

    A. 2 个孢子囊共 8 个孢子体   B. 4 个孢子囊共 8 个孢子体

    C. 4 个孢子囊共 4 个孢子体   D. 2 个孢子囊共 2 个孢子体

[答案] B

305. 在多种海淡水鱼类肠、幽门垂、肝脏、肾脏、精巢、胆囊和鳔等内脏器官均可寄生的虫体是（　　）

    A. 头槽绦虫   B. 单孢子虫

    C. 艾美虫   D. 线虫

[答案] D

306. 艾美虫发育过程中都产生球形或类球形卵囊，成熟的卵囊内有 4 个卵形（　　）

    A. 残余体   B. 极体

    C. 孢子体   D. 孢子囊

[答案] D

307. 黏孢子虫的共同特征是具有（　　）

A. 孢子体
B. 残余体
C. 极囊
D. 嗜碘泡

[答案] C

308. 某养殖场患病鱼体发黑，消瘦，皮肤发炎，死亡，发现鱼体体表有线性、盘曲成一团的包囊。取病变组织做涂片或压片显微镜下可观察到圆球形不动孢子，由此，可以诊断该病鱼患有（　　）

A. 微孢子虫病
B. 肤孢虫病
C. 小瓜虫病
D. 艾美虫病

[答案] A

309. 甲壳类微孢子虫病的叙述不正确的是（　　）

A. 病原包括奈氏微粒虫、对虾匹里虫、米卡微粒虫、普尔微粒虫等
B. 传播途径一般是健康的虾蟹捕食病虾蟹而受感染
C. 微孢子虫主要侵害对虾的横纹肌
D. 患微孢子虫病的对虾肌肉发红

[答案] D

310. "棉花虾"是对虾（　　）的主要症状之一。

A. 拟阿脑虫病
B. 微孢子虫病
C. 固着类纤毛虫病
D. 簇虫病

[答案] B

311. 可以在鱼类和虾蟹类中发生的寄生虫病是（　　）

A. 卵涡鞭虫病
B. 艾美虫病
C. 微孢子虫病
D. 黏孢子虫病

[答案] C

312. 下列寄生虫中，其孢子含有 4 个极囊的黏孢子虫是（　　）

A. 碘泡虫
B. 黏体虫
C. 角孢子虫
D. 库道虫

[答案] D

313. 脑黏体虫病的特征是病鱼尾部旋转而运动，因此又叫做（　　）

A. 疯狂病
B. 旋缝虫病
C. 眩晕病
D. 水臌病

[答案] C

314. 鲢碘泡虫主要寄生在鲢的(　　)，其病症是头大尾小，尾部上翘，离群独自急游打转，上蹿下跳，故叫"疯狂病"。

  A. 消化系统   B. 神经系统

  C. 生殖系统   D. 循环系统

[答案] B

315. 鲢四极虫主要寄生在(　　)的胆囊内，其病症主要有胆囊肿大等症状。

  A. 鲤   B. 青鱼

  C. 鲢   D. 草鱼

[答案] C

316. 吉陶单极虫寄生在(　　)的肠壁，病症主要是肠管堵塞涨粗，腹腔积水，肝苍白等。

  A. 草鱼   B. 鲢

  C. 鲤   D. 鳙

[答案] C

317. 异形碘孢虫寄生在(　　)的鳃上，形成许多针头大小白色胞囊。

  A. 青鱼   B. 鲱

  C. 鲤   D. 鳙

[答案] D

318. 鲮单极虫寄生于鱼的(　　)

  A. 鳞片   B. 肠

  C. 鳃   D. 腹腔

[答案] A

319. 时珍黏体虫寄生在鲢的各器官组织，它是 (　　) 的病原体。

  A. 疯狂病   B. 眩晕病

  C. 碘泡虫病   D. 水臌病

[答案] D

320. 舌形绦虫病的症状主要是(　　)

  A. 体表充血   B. 体腔中充满大量白色带状的虫体

  C. 肝脏肿大   D. 肠道粗大

[答案] B

321. 微山尾孢虫孢子呈纺锤形，有两块壳片，缝脊直而细，前端有(　　)个大小相同的梨形极囊。

　　A. 1　　　　　　　　　　　　　B. 2

　　C. 4　　　　　　　　　　　　　D. 6

[答案] B

322. 两极虫与四极虫的不同特征是(　　)

　　A. 两极虫有极囊而四极虫无极囊

　　B. 两极虫有 2 块壳片而四极虫有 4 块壳片

　　C. 两极虫极囊位于孢子的两端而四极虫极囊位于孢子前端

　　D. 两极虫有嗜碘泡而四极虫无嗜碘泡

[答案] C

323. 下列关于斜管虫病的叙述不正确的是(　　)

　　A. 病原为鲤斜管虫，虫体腹面观卵圆形，后端稍凹入

　　B. 全池泼洒硫酸铜和硫酸亚铁合剂（5∶2），使池水成为 0.7 mg/L 的浓度

　　C. 对各年龄阶段的鱼均有严重危害

　　D. 发现鱼体游动缓慢、食欲减退、呼吸困难，体表形成苍白色或淡蓝色黏液层，可以做初步诊断

[答案] C

324. 发现病鱼鱼体游动缓慢、食欲减退、呼吸困难，小鱼有"跑马"症状，可初步诊断为(　　)

　　A. 单孢子虫病　　　　　　　　　B. 车轮虫病

　　C. 跑马病　　　　　　　　　　　D. 鱼波豆虫病

[答案] B

325. 淡水鱼类中常见的白点病的病原是(　　)

　　A. 黏孢子虫　　　　　　　　　　B. 刺激隐核虫

　　C. 多子小瓜虫　　　　　　　　　D. 卵涡鞭虫

[答案] C

326. 下列关于淡水鱼类白点病的叙述正确的是(　　)

　　A. 为二类疫病

　　B. 病原为刺激隐核虫

C. 生活史包括成虫期、幼虫期、包囊前期、包囊期

D. 显微镜下可见滋养体的马蹄形大核

[答案] D

327. 下列关于淡水鱼类白点病流行特点的叙述不正确的是(　　)

A. 世界范围内广泛流行于淡水养殖鱼类和野生鱼类

B. 对宿主无选择性

C. 主要流行于夏、秋季，流行水温 25～32℃

D. 通过包囊和幼虫传播

[答案] C

328. 对小瓜虫病病理特征的描述不正确的是(　　)

A. 其主要病变部位为皮肤和鳃

B. 小瓜虫在上皮组织内大量增殖形成白点

C. 病鱼感染初期中性粒细胞上升

D. 可进入胸腺组织内部吞食淋巴细胞和上皮细胞

[答案] B

329. 防治淡水鱼小瓜虫病的方法不正确的是(　　)

A. 水温提高到 28℃以上

B. 以盐度为 20～30 的盐水浸泡

C. 敌百虫（浓度为 0.5 mg/L）全池泼洒

D. 硫酸铜、硫酸亚铁粉溶液（浓度为 0.7 mg/L）全池泼洒

[答案] C

330. 不属于刺激隐核虫病的症状的是(　　)

A. 脾脏、肾脏等器官充血肿大，有许多小白点

B. 食欲不振，呼吸困难，皮肤和鳃上出现小白点

C. 显微镜下可见圆形或卵圆形的运动虫体

D. 病鱼皮肤和鳃受到刺激分泌大量黏液，严重者体表形成白膜

[答案] A

331. 显微镜下观察刺激隐核虫的形态为(　　)

A. 圆形或卵圆形，无纤毛，体色透明

B. 圆形或卵圆形，无纤毛，体色不透明

C. 圆形或卵圆形，有纤毛，体色透明

D. 圆形或卵圆形，有纤毛，体色不透明

[答案] D

332. 下列关于刺激隐核虫病的叙述不正确的是（　　）

    A. 为三类动物疫病

    B. 无宿主专一性

    C. 主要流行于夏、秋季，病原最适繁殖水温 25℃

    D. 通过包囊和幼虫传播

[答案] A

333. 大多数指环虫对宿主有较强的选择性，寄生于鲤、鲫、金鱼鳃丝的指环虫是（　　）

    A. 小鞘指环虫   B. 页形指环虫

    C. 鲭指环虫   D. 坏鳃指环虫

[答案] D

334. 大多数指环虫对宿主有较强的选择性，寄生于草鱼鳃丝的指环虫是（　　）

    A. 小鞘指环虫   B. 页形指环虫

    C. 鲭指环虫   D. 坏鳃指环虫

[答案] B

335. 下列关于指环虫病的叙述正确的是（　　）

    A. 为二类动物疫病

    B. 传播需中间寄主

    C. 主要流行于春末、夏初，病原最适繁殖水温 25～30℃

    D. 通过包囊和幼虫传播

[答案] C

336. 发病鱼焦躁不安，往往在水中异常游泳，在网箱及其他物体上摩擦身体，体表黏液增多，局部皮肤粗糙变为白色或暗蓝色。同时发现病鱼有点状出血，将鱼体捞起置于淡水容器内，发现近于椭圆的虫体从鱼体的表面脱落。最可能的诊断是（　　）

    A. 异斧虫病   B. 本尼登虫病

    C. 指环虫病   D. 双阴道吸虫

[答案] B

337. 下列关于双阴道吸虫病的叙述不正确的是（　　）

    A. 流行季节为春、秋季

    B. 当年鱼种受害最大

C. 病鱼食欲减退，游泳缓慢，头部往往左右摇摆，鳃盖张开

D. 解剖病鱼，肝脏和肾脏充血、淤血

[答案] D

338. 异沟虫病最显著的症状是(　　)

A. 病鱼体色变黑，厌食，游动无力

B. 病鱼鳃丝苍白，呈贫血状

C. 虫体可寄生于鳃丝和鳃部深层肌肉

D. 病鱼鳃孔外面常拖挂着链状黄绿色的梭形卵

[答案] D

339. 关于异斧虫病的描述正确的是(　　)

A. 大多数海水鱼类均易感

B. 发病时水温为 26~32℃

C. 常用防治方法是用 6%~7% 的氯化钠海水溶液浸洗病鱼 5~6 min

D. 病原体寄生于体表和鳃

[答案] C

340. 下列关于血居吸虫病的叙述不正确的是(　　)

A. 病原为血居吸虫

B. 危害多种海、淡水鱼类，对宿主无选择性

C. 寄生于血管内

D. 病原生活史需要更换中间寄主

[答案] B

341. 下列关于血居吸虫病的症状与病理叙述不正确的是(　　)

A. 症状有急性和慢性之分

B. 病原在鱼的肾脏组织中发育为成虫

C. 鳃出血和组织损伤

D. 肾脏中虫卵较多时引起腹腔积水，眼球突出，竖鳞，肛门肿大外突

[答案] B

342. 发病鱼眼睛发白、头部充血、鱼体弯曲、急速游动、运动失调可初步判断为(　　)

A. 侧殖吸虫病

B. 双穴吸虫病

C. 血居吸虫病

D. 复口吸虫病

[答案] B

343. 患病鱼苗闭口不食、生长停滞、游动无力，群集下风面；解剖病鱼，可见吸虫充

塞肠道，前肠部尤为密集，肠内无食，由此可以诊断为（　　）

    A. 侧殖吸虫病　　　　　　　　B. 双穴吸虫病

    C. 血居吸虫病　　　　　　　　D. 复口吸虫病

［答案］A

344. 复殖吸虫生活史第一中间宿主是（　　）

    A. 鱼类　　　　　　　　　　　B. 腹足类

    C. 鸟类　　　　　　　　　　　D. 甲壳类

［答案］B

345. 下列不会形成包囊的寄生虫是（　　）

    A. 黏孢子虫　　　　　　　　　B. 刺激隐核虫

    C. 指环虫　　　　　　　　　　D. 微孢子虫

［答案］C

346. 关于三代虫病流行特点的描述正确的是（　　）

    A. 没有明显的宿主特异性

    B. 可危害大多数野生和养殖鱼类

    C. 通过包囊和幼虫传播

    D. 流行于春季、夏季和越冬阶段，繁殖的最适水温是25℃左右

［答案］B

347. 关于指环虫外形和运动特征的描述不正确的是（　　）

    A. 虫体扁平，具有4个眼点　　B. 有2对头器

    C. 有1对中央大钩，7对边缘小钩　　D. 虫体内有子代胚胎

［答案］D

348. 三代虫和指环虫都具有（　　）

    A. 眼点　　　　　　　　　　　B. 吸盘

    C. 口刺　　　　　　　　　　　D. 后固着器

［答案］D

349. 终末寄主为鸥鸟的绦虫是（　　）

    A. 头槽绦虫　　　　　　　　　B. 舌形绦虫

    C. 鲤蠢绦虫　　　　　　　　　D. 许氏绦虫

［答案］B

350. 可以采用驱赶鸥鸟的方法防治的绦虫病是(　　)
　　A. 鲤蠢病　　　　　　　　　　B. 头槽绦虫病
　　C. 舌形绦虫病　　　　　　　　D. 许氏绦虫病

[答案] C

351. 下列绦虫中身体不分节的是(　　)
　　A. 九江头槽绦虫　　　　　　　B. 鲤蠢绦虫
　　C. 裂头绦虫　　　　　　　　　D. 舌形绦虫

[答案] B

352. 草鱼鱼种消瘦，于水面离群独游，口常张开，伴有恶性贫血症状。剖检肠道可见白色带状、分节虫体，头节有两个深沟。该病的病原最可能是(　　)
　　A. 舌形绦虫　　　　　　　　　B. 头槽绦虫
　　C. 鲤蠢绦虫　　　　　　　　　D. 双线绦虫

[答案] A

353. 寄生于腹腔的绦虫是(　　)
　　A. 九江头槽绦虫　　　　　　　B. 鲤蠢绦虫
　　C. 裂头绦虫　　　　　　　　　D. 舌形绦虫

[答案] D

354. 被称为面条虫的寄生虫是(　　)
　　A. 九江头槽绦虫　　　　　　　B. 鲤蠢绦虫
　　C. 舌形绦虫　　　　　　　　　D. 毛细线虫

[答案] C

355. 某鱼腹部膨大，严重失去平衡，鱼侧游上浮或腹部朝上；解剖时可见到鱼体腔内充满白色带状虫体。由此可以推断该鱼患有(　　)
　　A. 头槽绦虫病　　　　　　　　B. 毛细线虫病
　　C. 舌形绦虫病　　　　　　　　D. 嗜子宫线虫病

[答案] C

356. 双穴吸虫的尾蚴在(　　)发育成囊蚴。
　　A. 鸥鸟肠内　　　　　　　　　B. 鱼体肠道内
　　C. 椎实螺　　　　　　　　　　D. 鱼的视觉器官

[答案] D

357. 下列关于毛细线虫病的叙述不正确的是(　　)
- A. 病原是毛细线虫
- B. 虫体微小如纤维，前端尖细，后端稍粗大
- C. 生活史不需要中间寄主
- D. 毛细线虫寄生于青鱼、草鱼体表和鳍条

[答案] D

358. 雌虫寄生在鱼鳞下被称为"红线虫"的是(　　)
- A. 鲫嗜子宫线虫
- B. 藤本嗜子宫线虫
- C. 鲤嗜子宫线虫
- D. 毛细线虫

[答案] C

359. 红线虫病的病原是(　　)
- A. 毛细线虫
- B. 嗜子宫线虫
- C. 长棘吻虫
- D. 侧殖吸虫

[答案] B

360. 寄生于鲫的尾鳍的是(　　)
- A. 藤本嗜子宫线虫
- B. 鲤嗜子宫线虫
- C. 鲫嗜子宫线虫
- D. 毛细线虫

[答案] C

361. 雌虫寄生于鳞囊内，雄虫寄生于腹腔和鳔的是(　　)
- A. 鲤嗜子宫线虫
- B. 鲫嗜子宫线虫
- C. 藤本嗜子宫线虫
- D. 毛细线虫

[答案] A

362. 雌虫寄生于乌鳢等背鳍、臀鳍等鳍条上，雄虫寄生于鳔和腹腔的是(　　)
- A. 鲤嗜子宫线虫
- B. 鲫嗜子宫线虫
- C. 藤本嗜子宫线虫
- D. 毛细线虫

[答案] C

363. 鱼苗误食带病原剑水蚤而被感染，寄生虫寄生在鱼的鳔腔中的是(　　)
- A. 鳗居线虫
- B. 嗜子宫线虫
- C. 毛细线虫
- D. 长棘吻虫

[答案] A

364. 寄生在鱼的消化道内、无中间寄主，健康鱼误食虫卵或病鱼而被感染的是(　　)
- A. 鳗居线虫
- B. 嗜子宫线虫

C. 毛细线虫　　　　　　　　D. 长棘吻虫

[答案] C

365. 引起鱼类的"闭口病"的寄生虫是（　　）
A. 毛细线虫　　　　　　　　B. 嗜子宫线虫
C. 血居吸虫　　　　　　　　D. 侧殖吸虫

[答案] D

366. 毛细线虫寄生鱼体的主要部位是（　　）
A. 鳔　　　　　　　　　　　B. 鳍
C. 皮肤　　　　　　　　　　D. 肠

[答案] D

367. 患病鳗停止摄食，消瘦、贫血，腹部出现不规则肿大，腹部皮下淤血，解剖发现有透明无色圆筒形虫体，由此推断该鱼患有（　　）
A. 毛细线虫病　　　　　　　B. 鳗居线虫病
C. 嗜子宫线虫病　　　　　　D. 长棘吻虫病

[答案] B

368. 关于棘头虫描述正确的是（　　）
A. 雌雄异体，胎生　　　　　B. 成虫寄生在鱼类的体表和鳃
C. 虫体经直接接触感染　　　D. 无消化系统，靠体表渗透吸收营养

[答案] D

369. 患病鱼胸鳍基部有1～2个孔洞，性腺不发育；可很快导致幼鱼死亡的是（　　）
A. 大中华鳋病　　　　　　　B. 多态锚头鳋病
C. 鱼鲺病　　　　　　　　　D. 鱼怪病

[答案] D

370. 患"翘尾巴病"的鲢呼吸困难，焦躁不安，在水表层打转或狂游，尾鳍上叶常露出水面，该病的病原是（　　）
A. 锚头鳋　　　　　　　　　B. 中华鳋
C. 鱼虱　　　　　　　　　　D. 鲺

[答案] B

371. 常见侵袭花鲢体表，病鱼焦躁不安、消瘦，甚至大批死亡。有时寄生鱼眼和口腔，影响鱼类摄食的是（　　）

A. 大中华鳋病   B. 多态锚头鳋病
C. 鲺   D. 鱼虱

[答案] B

372. 主要侵袭草鱼，引起鳃部病变，肉眼可见蛆样虫体的是（   ）

A. 大中华鳋病   B. 多态锚头鳋病
C. 鱼虱   D. 鲺

[答案] A

373. 患病鲢烦躁不安、食欲减退、行动迟缓、身体瘦弱、体表发红。肉眼可见细针状虫体头部插入鱼体肌肉、鳞下，虫体大部分露在鱼体外部。由此可推断病原最大可能是（   ）

A. 鲺   B. 中华鳋
C. 锚头鳋   D. 鱼虱

[答案] C

374. 针虫病和蓑衣虫病是指（   ）

A. 鲺病   B. 中华鳋病
C. 锚头鳋病   D. 鱼虱病

[答案] B

375. 寄生于肠道的寄生虫是（   ）

A. 九江头槽绦虫   B. 毛细线虫
C. 指环虫   D. 棘头虫

[答案] D

376. 下列各组病原体中均属于体内寄生虫的是（   ）

A. 棘头虫、隐鞭虫   B. 头槽绦虫、侧殖吸虫
C. 鱼怪、鱼波豆虫   D. 锥体虫、锚头鳋

[答案] B

377. 下列各组病原体中全是体外寄生虫的是（   ）

A. 毛细线虫、中华鳋   B. 舌形绦虫、鲢碘泡虫
C. 车轮虫、本尼登虫   D. 双穴吸虫、毛细线虫

[答案] C

378. 下列寄生虫为雌雄同体的是（   ）

A. 鱼蛭   B. 绦虫

C. 复殖吸虫   D. 单殖吸虫

[答案] A

379. 鱼虱病病原体中鲕鱼虱寄生于石斑鱼的( )

A. 体表   B. 肌肉

C. 肠   D. 鳃

[答案] D

380. 鱼虱病的最适发病水温是( )

A. 5~10℃   B. 15~20℃

C. 25~30℃   D. 35℃以上

[答案] C

381. 下列寄生虫不属于甲壳动物性病原的是( )

A. 锚头鳋   B. 鲺

C. 鱼虱   D. 中华鳋

[答案] B

382. 对虾感染部位白浊不透明且失去弹性，取病变部位镜检，发现孢子或孢子母细胞，由此可推断其病原可能是( )

A. 球虫   B. 微孢子虫

C. 单孢子虫   D. 黏孢子虫

[答案] B

383. 下列不属于锚头鳋病防治方法的是( )

A. 在水温 10 ℃以下时，用 33 mg/L 浓度高锰酸钾水溶液对患病鲢、鳙进行药浴

B. 根据病原体对寄主有选择性，可采用轮养方法进行预防

C. 全池泼洒 20%精制敌百虫粉 0.18~0.45 g/m³

D. 将水温升高到 25~26 ℃，多数可自愈

[答案] D

384. 毛细线虫通常感染水生动物的途径是( )

A. 经皮感染   B. 经生殖道感染

C. 经鳃感染   D. 经口感染

[答案] D

385. 毛细线虫病的治疗方法不包括（   ）

A. 每千克鱼体重使用川楝陈皮散 0.1g，拌饲投喂，连喂 3d

B. 用 2%～5% 的食盐水浸浴鱼体

C. 每千克鱼体重使用 40mg 阿苯达唑，拌饲投喂，连喂 3d

D. 全池遍洒精制 20% 精制敌百虫粉，使池水的浓度为 0.18～0.45 mg/L

[答案] B

386. 下列病原中属固着类纤毛虫的是（   ）

A. 斜管虫   B. 车轮虫

C. 累枝虫   D. 瓣体虫

[答案] C

387. 淋巴囊肿病对患病个体的主要影响是（   ）

A. 生长   B. 存活

C. 摄食   D. 商品价值

[答案] D

388. 鲫嗜子宫线虫一般寄生在鲫的（   ）

A. 肠道   B. 体腔

C. 腹腔   D. 鳍

[答案] D

389. 以下关于水霉病叙述不正确的是（   ）

A. 病原为水霉属和绵霉属的种类，有内外菌丝

B. 鱼体受损容易感染，被水霉游动孢子入侵引发水霉病

C. 一年四季均可发病，水温 25℃ 左右时的夏季为发病高峰

D. 根据体表形成肉眼可见的灰白色棉毛状的絮状物可初步做出判断

[答案] C

390. 关于水霉病的防治方法不正确的是（   ）

A. 鱼苗、鱼种等过塘、拉网和运输时，避免鱼体受伤

B. 鱼种放养前，用 2.5%～5% 的食盐水浸洗 15～20 min

C. 全池泼洒食盐及小苏打合剂（1：1），使池水成 8 mg/L 的浓度

D. 每千克鱼体重使用甲砜霉素粉 20～30 mg，拌饲投喂，连喂 3d

[答案] D

391. 下列关于鳃霉病叙述不正确的是（   ）

A. 病原为鳃霉

B. 一般不侵入宿主血管和软骨，仅在鳃小片的组织生长

C. 流行季节为水温较低的秋、冬季节

D. 鳃上出现点状出血、淤血或缺血，呈现花鳃。病重时鳃呈青灰色

[答案] C

392. 某养殖池塘青鱼厌食、呼吸困难、游动缓慢，鳃上黏液增多，鳃苍白或出现点状充血、出血，病重时呈青灰色，由此可以初步推断该病为（　　）

  A. 链球菌病   B. 爱德华氏菌病

  C. 鳃霉病   D. 水霉病

[答案] C

393. 下列关于对虾卵和幼体的真菌病叙述不正确的是（　　）

  A. 病原为链壶菌属、离壶菌属和海壶菌属的部分种类

  B. 该病发生快，病程短

  C. 全球性疾病，宿主范围广

  D. 该病原可感染成体甲壳动物，引起成体患病

[答案] D

394. 关于流行性溃疡综合征临床症状的描述不正确的是（　　）

  A. 病鱼不摄食，鱼体发黑

  B. 漂浮在水面并不停游动

  C. 患病前期出现较大的浅部溃疡和棕色坏死

  D. 存活的病鱼体表有不同程度的溃疡和坏死

[答案] C

395. 流行性溃疡综合征出现临床症状后，组织病理学的典型特征是（　　）

  A. 皮肤溃烂   B. 肾脏和肝脏出血

  C. 局部组织霉菌性肉芽肿   D. 感染部位伴有寄生虫感染

[答案] C

396. 流行性溃疡综合征区别于其他疾病的特征是（　　）

  A. 不摄食，鱼体发黑   B. 霉菌性肉芽肿

  C. 发病急、传染性强   D. 头部、鳃部有溃疡灶

[答案] B

397. 对流行性溃疡综合征进行诊断时，宜选取的样品组织是（　　）

A. 皮肤和肌肉　　　　　　　B. 鳃

C. 肝、肾　　　　　　　　　D. 胃肠

[答案] A

398. 白斑综合征病毒最易感的甲壳类动物是（　　　）

A. 凡纳滨对虾　　　　　　　B. 中国明对虾

C. 日本囊对虾　　　　　　　D. 斑节对虾

[答案] B

399. 下列关于白斑综合征叙述不正确的是（　　　）

A. 二类动物疫病

B. 宿主范围广，易感物种包括凡纳滨对虾、斑节对虾、罗氏沼虾、脊尾白虾和锯缘青蟹

C. 病原是白斑综合征病毒，为双链 DNA 病毒

D. 垂直传播为主要的传播途径

[答案] D

400. 虾感染白斑综合征病毒后的症状和病理不包括（　　　）

A. 厌食，行动迟缓，弹跳无力，静卧不动或在水面兜圈

B. 部分患病对虾体色发红，在头胸和甲壳上有白色斑点

C. 血淋巴浑浊、不凝固，血淋巴细胞减少

D. 细胞质有嗜酸性包涵体

[答案] D

401. 在诊断白斑综合征时，适合于 PCR 检测的组织是（　　　）

A. 肝胰腺　　　　　　　　　B. 中肠

C. 鳃　　　　　　　　　　　D. 复眼

[答案] C

402. 下列有关白斑综合征疫病的防控方法的叙述不正确的是（　　　）

A. 繁殖时选用经检疫不带病原的健康虾作为亲虾

B. 做好合理的养殖管理工作，保持优良水质，定期消毒

C. 采用虾蟹混养的养殖模式进行预防

D. 定期检查，投喂提高虾免疫力的酵母葡聚糖或中草药

[答案] C

403. 关于桃拉综合征的流行特点的叙述不正确的是（　　　）

A. 主要侵害甲壳类水生动物

B. 细角滨对虾选择系对桃拉综合征病毒无抵抗力

C. 凡纳滨对虾的不同生长阶段均对该病易感

D. 主要通过健康虾摄食病虾、带病毒水源等水平传播

［答案］B

404. 患有桃拉综合征的对虾角质层上皮多处出现不规则黑色斑点的时期是(　　)

A. 潜伏期　　　　　　　　　B. 急性期

C. 过渡期　　　　　　　　　D. 慢性期

［答案］C

405. 对虾桃拉综合征急性期具有的病理特征是(　　)

A. 病灶处呈现"胡椒粉状"外观　　B. 上皮和表皮细胞中被大量弧菌感染

C. 有血细胞浸润　　　　　　　　D. 淋巴器官坏死

［答案］A

406. 患桃拉综合征的对虾全身呈淡红色，尾扇和游泳足呈鲜红色，病灶处的上皮坏死的时期是(　　)

A. 潜伏期　　　　　　　　　B. 急性期

C. 过渡期　　　　　　　　　D. 慢性期

［答案］B

407. 患有黄头病的对虾通常发黄的器官是(　　)

A. 鳃　　　　　　　　　　　B. 肝胰腺

C. 游泳足　　　　　　　　　D. 中肠

［答案］B

408. 取黄头病对虾鳃丝或表皮压片，HE 染色后进行观察，可见细胞内(　　)

A. 球形嗜酸性细胞核包涵体　　　B. 球形嗜酸性细胞质包涵体

C. 球形嗜碱性细胞质包涵体　　　D. 球形嗜碱性细胞核包涵体

［答案］C

409. 斑节对虾杆状病毒病最主要的传播方式是(　　)

A. 经口传播　　　　　　　　B. 经鳃传播

C. 垂直传播　　　　　　　　D. 经皮肤传播

［答案］A

410. 为了诊断斑节对虾杆状病毒病，样品的采集通常不包括(　　)

A. 完整幼体 　　　　　　　　B. 仔虾的头胸部

C. 肝胰腺或中肠 　　　　　　D. 血淋巴

［答案］D

411. 下面关于传染性皮下和造血器官坏死病的流行特点的叙述正确的是(　　)

A. 该病在我国发病率较低

B. 成虾受危害最严重

C. 凡纳滨对虾感染后死亡率可达 90％以上

D. 发病后存活的对虾仍带毒，可通过垂直传播方式传播该病

［答案］D

412. 传染性皮下和造血器官坏死病毒一般不感染(　　)

A. 表皮 　　　　　　　　　　B. 肝胰腺细胞

C. 肠上皮 　　　　　　　　　D. 淋巴器官

［答案］B

413. 在诊断传染性皮下和造血器官坏死病时，适合于分子杂交和 PCR 检测的组织是(　　)

A. 肝胰腺 　　　　　　　　　B. 中肠

C. 血淋巴 　　　　　　　　　D. 盲肠

［答案］C

414. 患病对虾组织病理切片可观察到肝胰腺坏死和萎缩，肝胰腺上皮细胞的细胞核过度肥大，核内有 1 个大而显著的嗜碱性包涵体的疾病是(　　)

A. 传染性皮下和造血组织坏死病 　　B. 肝胰腺细小病毒病

C. 对虾杆状病毒病 　　　　　　　　D. 白斑综合征

［答案］B

415. 下列关于十足目虹彩病毒病叙述不正确的是(　　)

A. 病原为十足目虹彩病毒 1（DIV1）

B. 曾用名为红螯螯虾虹彩病毒（CQIV）和虾血细胞虹彩病毒（SHIV）

C. 病原为双链 RNA 病毒

D. 分类归属于十足目虹彩病毒属

［答案］C

416. 下列关于十足目虹彩病毒病流行规律叙述正确的是(　　)

A. 易感物种包括凡纳滨对虾、斑节对虾和日本囊对虾

B. 侵染阶段包括幼体到成虾的各个阶段

C. 发病高峰期为4—8月，水温27~28℃最易发病

D. 垂直传播为主要的传播途径

[答案] C

417. 下列关于十足目虹彩病毒病症状与病理叙述不正确的是( )

　　A. 发病虾类肝胰腺颜色变浅，空肠空胃

　　B. 罗氏沼虾感染十足目虹彩病毒肌肉白浊

　　C. 部分患病的凡纳滨对虾体色发红

　　D. 患病的脊尾白虾额剑基部轻微发白

[答案] B

418. 引起我国罗氏沼虾虾苗发生白尾病的重要原因是( )

　　A. 育苗池和水体未彻底消毒　　　　B. 垂直传播

　　C. 育苗工具未彻底消毒　　　　　　D. 饵料携带病毒

[答案] B

419. 下列关于罗氏沼虾白尾病的叙述不正确的是( )

　　A. 又称罗氏沼虾肌肉白浊病　　　　B. 病原是罗氏沼虾野田村病毒

　　C. 主要危害罗氏沼虾成虾　　　　　D. 病虾肌肉白浊

[答案] C

420. 引起罗氏沼虾虾体肌肉白浊的原因不包括( )

　　A. 感染白斑综合征病毒　　　　　　B. 水质不良

　　C. 营养因素　　　　　　　　　　　D. 感染罗氏沼虾野田村病毒

[答案] A

421. 当用 RT－PCR 方法筛查罗氏沼虾带毒情况时，可采集的组织不包括( )

　　A. 鳃　　　　　　　　　　　　　　B. 肝胰腺

　　C. 游泳足　　　　　　　　　　　　D. 中肠

[答案] B

422. 下列关于罗氏沼虾白尾病的防控说法不正确的是( )

　　A. 加强疫病监测与检疫　　　　　　B. 严格消毒、控制外来人员进入种苗场

　　C. 检出阳性的种苗场应立即停止生产　D. 检出阳性的亲虾和苗种应立即排掉

[答案] D

423. 下列关于急性肝胰腺坏死病的叙述不正确的是(　　)

　　A. 曾称为早期死亡综合征

　　B. 一种甲壳类的急性传染性病

　　C. 病原是一类携带特定毒力基因的弧菌

　　D. $PirA$ 和 $PirB$ 毒力基因位于染色体上

[答案] D

424. 下列关于急性肝胰腺坏死病流行规律叙述不正确的是(　　)

　　A. 易感物种包括凡纳滨对虾、斑节对虾

　　B. 通常放苗（仔虾或幼虾）后的 7～35 d 内发生并引起高死亡率

　　C. 发病高峰期为 4—7 月

　　D. 高盐度能减少疫病的发生

[答案] D

425. 下列关于急性肝胰腺坏死病症状与病理叙述不正确的是(　　)

　　A. 发病虾肝胰腺颜色发红、肿大　　B. 发病虾空肠空胃或肠道内食物不连续

　　C. 部分患病的虾体色发红　　D. 发病晚期肝胰腺表面常可见黑色斑点和条纹

[答案] A

426. 下列关于急性肝胰腺坏死病的防控说法不正确的是(　　)

　　A. 采购经检疫合格的种苗　　B. 采用鱼虾混养的模式

　　C. 投喂鲜活饵料，提高虾体的免疫力　D. 保持良好的水质和水环境的稳定

[答案] C

427. 下列关于荧光病的叙述正确的是(　　)

　　A. 病原为副溶血弧菌

　　B. 又称发光病，是我国南方对虾育苗和养成中最常见的细菌性疾病之一

　　C. 无节幼体到成虾均可患病，常引起大量死亡

　　D. 取患病幼体附肢、鳃或肌肉等组织镜检，可观察到具有活动性的丝状菌

[答案] B

428. 对虾荧光病的病原为(　　)

　　A. 溶藻弧菌　　　　　　　　　B. 副溶血弧菌

　　C. 哈维氏弧菌　　　　　　　　D. 嗜水气单胞菌

[答案] C

429. 关于甲壳类丝状细菌病病原和流行特点的叙述不正确的是(　　)

A. 常见病原为毛霉亮发菌和发硫菌

B. 病原菌菌丝无色透明，细长不分支，长度可从数微米到 $500\ \mu m$ 以上

C. 感染对象广，包括不同种类和不同时期的虾类和蟹类等多种海产甲壳类均可感染

D. 具有明显的季节性，发病季节主要为 8—9 月

[答案] D

430. 关于丝状细菌病症状和病理变化的叙述不正确的是(　　)

A. 患病个体体表簇生有大量丝状细菌

B. 丝状细菌感染宿主后侵入宿主组织，从宿主体内吸取营养

C. 与水体和底质中单细胞藻类和各种污物黏附在体表，阻碍虾蟹机体的呼吸、代谢及行为，影响机体的生长发育，甚至导致死亡等较严重的间接危害

D. 以宿主为附着基，与宿主之间属于附生或外共栖关系

[答案] B

431. 丝状细菌病的防治方法不包括(　　)

A. 放养前彻底清淤，并用 $20\sim30\ mg/L$ 的漂白粉彻底清塘消毒

B. 投喂鲜活饵料，提高虾体的免疫力

C. 控制养殖密度及适量加大换水频率和换水量

D. 使用 $10\sim15\ mg/L$ 的茶籽饼浸泡后全池泼洒，促进患病对虾蜕壳

[答案] B

432. 虾蟹类动物患红腿病后最为明显的病变部位是(　　)

A. 步足 　　　　　　　　　　 B. 尾扇

C. 头胸部 　　　　　　　　　 D. 游泳足

[答案] C

433. 下列对虾疾病中发病温度较低的是(　　)

A. 红腿病 　　　　　　　　　 B. 烂鳃病

C. 丝状细菌病 　　　　　　　 D. 甲壳溃疡病

[答案] D

434. 某对虾患病幼体停止摄食，活动力显著减退，游走缓慢，趋光性降低，病情严重者沉于水底死亡，慢性感染幼体自净能力下降，在体表和附肢上常黏附有污物，压片后用高

倍镜检查，可在其内部组织和血淋巴中发现大量细菌，由此推断该虾可能患(　　)

    A. 红腿病　　　　　　　　　　　B. 荧光病

    C. 丝状细菌病　　　　　　　　　D. 幼体弧菌病

[答案] D

435. 某对虾头胸甲先出现浅黄色到橘红色斑，并逐渐发展为浅褐色、黑褐色直至黑色，鳃部发黑糜烂，鳃丝脱落，由此推断该病虾可能患(　　)

    A. 镰刀菌病　　　　　　　　　　B. 甲壳溃疡病

    C. 烂鳃病　　　　　　　　　　　D. 丝状细菌病

[答案] A

436. 下列关于甲壳类链壶菌病叙述不正确的是(　　)

    A. 病原为链壶菌属的部分种类，通过其游动孢子附着在甲壳类卵和幼体发育成菌丝

    B. 该病发生快，病程短，死亡率高，1~3d 内死亡率可达 100%

    C. 全球性疾病，宿主范围广

    D. 该病原可感染各种甲壳动物卵、幼体和成体，导致患病和大量死亡

[答案] D

437. 某对虾患病幼体活力下降，早期表现为趋光性降低，停止摄食，空肠胃，后期患病个体变为灰白色，肌肉棉花状，弯曲分支的菌丝布满全身，并逐渐下沉至池底，卵和幼体大量死亡，由此推断该病虾可能患(　　)

    A. 镰刀菌病　　　　　　　　　　B. 丝状细菌病

    C. 链壶菌病　　　　　　　　　　D. 幼体弧菌病

[答案] C

438. 链壶菌病为全球性疾病，其宿主范围广，可危害(　　)及贝类等的卵和幼体。

    A. 淡水鱼　　　　　　　　　　　B. 海水鱼

    C. 蟹　　　　　　　　　　　　　D. 两栖类

[答案] C

439. 以下为虾蟹类真菌性疾病的是(　　)

    A. 鳃霉病　　　　　　　　　　　B. 甲壳溃疡病

    C. 丝状细菌病　　　　　　　　　D. 镰刀菌病

[答案] D

440. 关于文蛤弧菌病下列叙述不正确的是(　　)

    A. 病原为溶藻弧菌或副溶血弧菌　　B. 发病季节为秋季和冬季

C. 在江苏南部和广西沿海流行　　D. 文蛤产卵后肥满度下降是发病诱因

[答案] B

441. 患病文蛤在退潮后不能潜入沙中，壳顶外露于沙面上；对外来刺激反应迟钝；两片贝壳不能紧密闭合，壳缘周围有很多黏液。镜检肠壁、肝脏和外套膜黏液等组织，可见大量细菌，由此可以推断该文蛤患有(　　)

　　A. 气单胞菌病　　　　　　　　B. 弧菌病
　　C. 丝状细菌病　　　　　　　　D. 溃疡病

[答案] B

442. 下列关于三角帆蚌的气单胞菌病叙述不正确的是(　　)

　　A. 是由嗜水气单胞菌引起的细菌病
　　B. 以 2～4 龄的蚌最易感染患病，5—7 月为发病高峰期
　　C. 该病发病急、病程短，流行区域广，死亡率高
　　D. 患病三角帆蚌紧闭双壳，肝小管萎缩，肝细胞变性坏死

[答案] D

443. 下列关于鲍脓疱病的叙述正确的是(　　)

　　A. 是由副溶血弧菌感染导致的一种细菌性传染病
　　B. 以成鲍感染为主，幼鲍和稚鲍也会感染
　　C. 仅流行于我国北方沿海养殖地区
　　D. 感染途径主要为创伤感染

[答案] B

444. 鲍脓疱病的感染途径主要是(　　)

　　A. 创伤感染　　　　　　　　　B. 经口感染
　　C. 垂直传播　　　　　　　　　D. 经鳃感染

[答案] A

445. 关于鲍脓疱病的组织病理特征说法不正确的是(　　)

　　A. 脓疱的形状大部分为三角形
　　B. 病灶是从腹足的内部开始逐渐扩展到足表面
　　C. 足的肌肉和结缔组织变性、坏死到逐渐瓦解消失
　　D. 发展到晚期，病灶内的所有结构都被溶解消失，只残留一些空腔

[答案] B

446. 牛蛙爱德华氏菌病的流行特点描述错误的是(　　)

A. 该病主要危害变态后的幼蛙、成蛙

B. 无明显的流行季节，周年可发病

C. 该病一般出现外部症状 15～20 d 后才会发生死亡

D. 发病率高

[答案] D

447. 牛蛙红腿病病原不包括(　　)

A. 嗜水气单胞菌　　　　　　　B. 豚鼠气单胞菌

C. 链球菌　　　　　　　　　　D. 乙酸钙不动杆菌

[答案] C

448. 关于牛蛙红腿病的描述不正确的是(　　)

A. 牛蛙养殖中最常见、危害严重的一种疾病

B. 该病发病急、病程短，传染速度快，死亡率高

C. 有明显的流行季节，发生于 3—11 月

D. 外观有突出皮肤的针尖状绿豆大小的红点

[答案] C

449. 养殖场患病蛙精神不佳，厌食，四肢无力，腹部臌气，头部、嘴周围、腹部、背部、腿和脚趾上有绿豆至花生米粒大小、粉红色的溃疡或坏死灶，后腿水肿呈红色。剖检，肝、肾和脾肿大，肝、脾呈黑色，脾髓切面呈暗红色，似煤焦油状，发病 3d 内可引起死亡。由此，可以推断该蛙患有(　　)

A. 爱德华氏菌病　　　　　　　B. 红腿病

C. 链球菌病　　　　　　　　　D. 蛙脑膜炎败血金黄杆菌病

[答案] B

450. 关于蛙链球菌病的叙述不正确的是(　　)

A. 病原为革兰氏阳性球菌

B. 该病在全国各养蛙地区都可发生，幼蛙与成蛙均可发病

C. 一般每年的 5—9 月为流行季节，7—8 月为发病高峰期

D. 病蛙白内障和腹部有大量腹水

[答案] D

451. 下列关于蛙脑膜炎败血金黄杆菌病的叙述正确的是(　　)

A. 病原是蛙脑膜炎败血伊丽莎白菌，为一种革兰氏阳性菌

B. 全年均可发病，流行水温通常在 15℃以上

C. 各种规格的蛙类和蝌蚪均可发病，危害对象主要为幼蛙

　　D. 该病原可感染牛蛙、美国青蛙、虎纹蛙、中华鳖和沙鳖等各种养殖蛙类和鳖类
　　　及人

[答案] D

452. 对蛙脑膜炎败血金黄杆菌病流行特点的描述正确的是(　　)
　　A. 病原仅感染牛蛙、美国青蛙、虎纹蛙等蛙类
　　B. 发病急，病程与水温呈明显的正相关
　　C. 各种规格的蛙类和蝌蚪均可发病，危害对象主要为幼蛙
　　D. 传染性强，死亡率高

[答案] D

453. 蛙脑膜炎败血金黄杆菌病常见的典型症状不包括(　　)
　　A. 舌头外吐　　　　　　　　B. 白内障
　　C. 歪脖子　　　　　　　　　D. 腹水

[答案] A

454. 某养殖场病蛙外观头低垂，有的个体前后腿呈淡红色充血状。外观腹部肿胀，解剖发现，腹部胀气感个体腹内充满气体，内脏被挤压紧贴背壁，由此可以初步推断该蛙患有(　　)
　　A. 红腿病　　　　　　　　　B. 温和气单胞菌病
　　C. 爱德华氏菌病　　　　　　D. 链球菌病

[答案] B

第十三篇

饲料与营养学

1. 下列不属于饲料原料内源性抗营养因子的是( )

    A. 棉酚   B. 植酸

    C. 黄曲霉毒素   D. 胰蛋白酶抑制剂

[答案] C

[解析] 内源性抗营养因子是指机体或有机物固有的物质。黄曲霉毒素为饲料原料被霉菌污染后产生。

2. 在池塘的食物链中，下列属于第一级消费者的是( )

    A. 剑水蚤   B. 螺旋藻

    C. 鳙   D. 水蚯蚓

[答案] A

[解析] 螺旋藻为初级生产者，鳙为第二级消费者，水蚯蚓为分解者。

3. 下列不属于杂食性水生动物的是( )

    A. 罗非鱼   B. 大口黑鲈

    C. 南美白对虾   D. 河蟹

[答案] B

[解析] 大口黑鲈属于肉食性鱼类。

4. 下列属于能量类饲料原料的是( )

    A. 鱼粉   B. 血粉

    C. 豆粕   D. 次粉

[答案] D

[解析] 鱼粉、血粉、豆粕都属于蛋白质类饲料原料。

5. 我国南方地区的脆肉鲩是采用了哪种蛋白类饲料原料( )

    A. 豌豆   B. 大豆

    C. 发芽蚕豆   D. 豆粕

[答案] C

6. 花生仁饼粕极易产生哪一种抗营养因子( )

A. 血细胞凝集素　　　　　　　B. 硫苷

C. 棉酚　　　　　　　　　　　D. 黄曲霉毒素

[答案] D

[解析] 花生仁饼粕容易感染黄曲霉，产生黄曲霉毒素。

7. 关于食物链的特点的说法，错误的是( )

A. 食物链多以绿色植物为基础　B. 食物链的每一个环节称为一个营养段

C. 动物所处的营养级是一成不变的　D. 食物链不可能无限加长

[答案] C

[解析] 动物所处的营养级不是一成不变的。

8. 下列不属于饲料原料外源性抗营养因子的是( )

A. 氧化酸败物　　　　　　　　B. 植酸

C. 黄曲霉毒素　　　　　　　　D. 重金属

[答案] B

[解析] 植酸为饲料原料固有的物质，属于内源性抗营养因子。

9. 优质鱼粉的蛋白质含量高，可达( )

A. 45%　　　　　　　　　　　B. 60%

C. 75%　　　　　　　　　　　D. 80%

[答案] C

[解析] 鱼粉的蛋白质含量高，可达75%，且氨基酸组成平衡。

10. 使用赖氨酸或者蛋氨酸作为添加剂时，为使其在配合饲料中能均匀混合，可用载体预先混合。一般不采用下列哪个物质做载体( )

A. 沸石粉　　　　　　　　　　B. 脱脂米糠

C. 麸皮　　　　　　　　　　　D. 玉米粉

[答案] A

[解析] 常用的载体有脱脂米糠、麸皮、玉米粉，氨基酸与载体之比约为1∶4。

11. 下列不属于鱼虾饲料中所需的常量元素的是( )

A. 碘　　　　　　　　　　　　B. 钾

C. 钠　　　　　　　　　　　　D. 磷

[答案] A

[解析] 碘为鱼虾饲料中所需的微量元素。

12. 下列不属于饲料中使用的防霉剂的是(　　)

    A. 丙酸　　　　　　　　　　　B. 丙酸钙

    C. 山梨酸　　　　　　　　　　D. 乙氧基喹啉

[答案] D

[解析] 乙氧基喹啉为饲料中常用的抗氧化剂。

13. 一般养成用的渔用饲料应全部通过多少目筛(　　)

    A. 20　　　　　　　　　　　　B. 40

    C. 60　　　　　　　　　　　　D. 80

[答案] B

[解析] 一般养成用的渔用饲料应全部通过 40 目筛。

14. 膨化饲料在膨化制粒过程中，挤压制粒机的温度可达(　　)℃。

    A. 80～100　　　　　　　　　B. 100～120

    C. 120～180　　　　　　　　D. 180～200

[答案] C

[解析] 膨化制粒是指制粒过程经过挤压制粒机的高温（温度可达 120～180℃）和高压的过程。

15. 下列不属于鱼类必需氨基酸的是(　　)

    A. 赖氨酸　　　　　　　　　　B. 缬氨酸

    C. 苯丙氨酸　　　　　　　　　D. 半胱氨酸

[答案] D

[解析] 半胱氨酸为半必需氨基酸，可由蛋氨酸转化而来。

16. 下列不属于饲料原料内源性抗营养因子的是(　　)

    A. 环丙烯脂肪酸　　　　　　　B. 多氯联苯

    C. 硫葡萄糖苷　　　　　　　　D. 芥子酸

[答案] B

[解析] 多氯联苯为饲料原料的有毒有害污染物，属于外源性抗营养因子。

17. 下列属于鱼类必需氨基酸的是(　　)

    A. 半胱氨酸　　　　　　　　　B. 胱氨酸

    C. 酪氨酸　　　　　　　　　　D. 色氨酸

[答案] D

[解析] 半胱氨酸或胱氨酸可由蛋氨酸转化而来，酪氨酸可由苯丙氨酸转化而来。半胱氨酸、胱氨酸、酪氨酸都称作半必需氨基酸。

18. 氨基酸的代谢途径分为脱氨作用和脱羧作用。大量事实证明，体内氨基酸的脱氨作用方式主要通过(   )作用进行的。

A. 氧化脱氨   B. 转氨

C. 联合脱氨   D. 脱羧

[答案] C

[解析] 大量事实证明，体内氨基酸的脱氨作用方式主要通过联合脱氨作用进行的。而联合脱氨又分为转氨偶联氧化脱氨和转氨偶联腺苷酸循环脱氨两种方式。

19. 氨基酸通过氨基酸氧化酶进行氧化脱氨作用，这一过程分两步，先生成亚氨基酸，然后亚氨基酸自发水解生成相应的(   )

A. 吡哆醛   B. 磷酸吡哆醛

C. 吡哆胺   D. α-酮酸

[答案] D

[解析] 氨基酸通过氨基酸氧化酶进行氧化脱氨作用，这一过程分两步，先在氨基酸氧化酶作用下，脱去1对氢原子，生成相应的亚氨基酸；然后亚氨基酸自发水解生成相应的α-酮酸，并释放出氨。

20. 下列组织或器官中，不属于转氨偶联腺苷酸循环脱氨方式主要发生的组织或器官的是(   )

A. 脑组织   B. 肾脏

C. 心肌   D. 肝脏

[答案] B

[解析] 联合脱氨分为转氨偶联氧化脱氨和转氨偶联腺苷酸循环脱氨两种方式，后者主要发生在骨骼肌、心肌、肝脏和脑组织中。

21. 组氨酸通过脱羧作用的脱羧产物为(   )

A. 5-羟色胺   B. 儿茶酚胺

C. 组胺   D. 尸胺

[答案] C

22. γ-氨基丁酸是哪一个氨基酸的脱羧产物(   )

A. 组氨酸   B. 色氨酸

C. 络氨酸   D. 谷氨酸

[答案] D

23. 机体内源性氨主要是通过(   )作用产生。

    A. 氨基酸脱氨作用   B. 氨基酸转氨作用

    C. 氨基酸脱羧作用   D. 含氮化合物的分解代谢

[答案] A

[解析] 氨基酸脱氨作用产生的氨是内源性氨的主要来源。此外，嘌呤、嘧啶类等含氮化合物经过分解代谢也可以产生内源性氨。

24. 尿素主要在哪一个器官中合成(   )

    A. 肾脏   B. 肝脏

    C. 脑   D. 脾脏

[答案] B

[解析] 尿素主要在肝脏中合成，其他器官如肾脏、脑组织也能合成，但其量极微。

25. 下列不属于排氨水生动物的是(   )

    A. 基围虾   B. 加州鲈

    C. 草鱼   D. 虎鲨

[答案] D

[解析] 直接以氨的形式排出体外的动物，称为排氨动物，如大多数鱼、虾类；板鳃类（鲨、鳐等）、腔棘鱼类和有些硬骨鱼类属于排尿素动物。

26. 氨基酸代谢中，会形成尿素；尿素中性、无毒、水溶性很强。形成尿素具有很多生理功能，下列哪一项不属于其生理功能(   )

    A. 防止过量的游离氨积累于血液中而引起神经中毒

    B. 可以重新合成氨基酸

    C. 降低体内由三羧酸循环产生的二氧化碳溶于血液中所产生的酸性

    D. 解除氨的毒性

[答案] B

[解析] 形成尿素具有以下生理功能：解除氨的毒性；降低体内由三羧酸循环产生的二氧化碳溶于血液中所产生的酸性；防止过量的游离氨积累于血液中而引起神经中毒。

27. 下列哪些物质不是氨基酸分解代谢的产物(   )

    A. α-酮酸   B. 氨

    C. 二氧化碳   D. 转氨酶

[答案] D

[解析] 转氨酶是氨基酸转氨作用中所需的酶，并非氨基酸分解代谢产物。

28. 下列哪些物质不是 α-酮酸的代谢产物（   ）

A. 非必需氨基酸　　　　　　　　B. 糖

C. 草酰乙酸　　　　　　　　　　D. 脂肪

[答案] C

[解析] α-酮酸经过还原氨基化作用或转氨作用生成新的非必需氨基酸；当体内的能量供给充足时，α-酮酸可以转化成糖和脂肪。草酰乙酸可在二氧化碳的代谢中所产生。

29. 下列哪一种氨基酸为纯生酮氨基酸（   ）

A. 亮氨酸　　　　　　　　　　　B. 异亮氨酸

C. 苯丙氨酸　　　　　　　　　　D. 酪氨酸

[答案] A

[解析] 20 种氨基酸中，只有亮氨酸为纯生酮氨基酸。

30. 下列哪一种氨基酸为生糖兼生酮氨基酸（   ）

A. 苯丙氨酸　　　　　　　　　　B. 蛋氨酸

C. 缬氨酸　　　　　　　　　　　D. 苏氨酸

[答案] A

[解析] 异亮氨酸、苯丙氨酸、酪氨酸、色氨酸、赖氨酸为生糖兼生酮氨基酸；其他 14 种氨基酸（包括必需氨基酸中的蛋氨酸、缬氨酸、苏氨酸）都属于生糖氨基酸。

31. 蛋白质合成的场所是（   ）

A. 线粒体　　　　　　　　　　　B. 细胞核

C. 核糖体　　　　　　　　　　　D. 细胞膜

[答案] C

[解析] 蛋白质合成的场所是核糖体，合成的原料是氨基酸。

32. 下列不属于脂类的生理功能的是（   ）

A. 提供能量　　　　　　　　　　B. 提供必需脂肪酸

C. 组织细胞的组成成分　　　　　D. 替代蛋白质

[答案] D

[解析] 脂类只能节省部分蛋白质，提高饲料蛋白质利用率，并不能替代蛋白质。

33. 维生素 D_2 可由下列哪一类脂类物质转化而成（   ）

A. 胆固醇　　　　　　　　　　B. DHA

C. EPA　　　　　　　　　　　D. 麦角固醇

[答案] D

34. 关于脂类的吸收、代谢的说法错误的是(　　)

A. 饲料中钙含量较高，可促进脂肪的吸收

B. 磷、锌等矿物质含量充足时，可促进脂肪的氧化

C. 维生素 E 可防止并破坏脂肪氧化代谢过程中产生的氧化物

D. 胆碱不足时，脂肪在体内的转运和氧化受阻，导致脂肪在肝脏的大量积累，诱发脂肪肝

[答案] A

[解析] 饲料中钙含量过高，多余的钙与脂肪发生螯合，可使脂肪消化率下降。

35. 多数鱼类脂肪消化吸收的主要部位在(　　)

A. 胃　　　　　　　　　　　　B. 肝脏

C. 肠道前部胆管开口附近　　　D. 后肠

[答案] C

36. 脂肪本身及其主要水解产物游离脂肪酸不溶于水，但可被(　　)乳化成水溶性微粒。

A. 乳糜微粒　　　　　　　　　B. 胆汁酸盐

C. 极低密度脂蛋白　　　　　　D. 甘油三酯

[答案] B

37. 当脂肪乳化后的水溶性微粒到达肠道的主要吸收位置时，此种微粒便被破坏，胆汁酸盐留在肠道中，脂肪酸则透过细胞膜而被吸收，并在黏膜上皮细胞内重新合成(　　)

A. 乳糜微粒　　　　　　　　　B. 胆汁酸盐

C. 极低密度脂蛋白　　　　　　D. 甘油三酯

[答案] D

38. 动物体内脂肪酸的合成是在脂肪合成酶的作用下利用(　　)进行碳链延长的过程。

A. 辅酶 Q　　　　　　　　　　B. 乙酰 CoA

C. 甘油三酯　　　　　　　　　D. 磷脂

[答案] B

39. 下列不属于单糖的是(　　)

A. 乳糖　　　　　　　　　　　B. 葡萄糖

C. 果糖　　　　　　　　　　D. 核糖

[答案] A

[解析] 蔗糖、麦芽糖、纤维二糖和乳糖属于双糖。

40. 赖氨酸的通过脱羧作用的脱羧产物为(　　)

A. 5-羟色胺　　　　　　　　B. 儿茶酚胺

C. 组胺　　　　　　　　　　D. 尸胺

[答案] D

41. 下列不属于生物体内可消化糖主要作用的是(　　)

A. 提供能量　　　　　　　　B. 合成必需氨基酸

C. 节约蛋白质　　　　　　　D. 体组织细胞的组成成分

[答案] B

[解析] 可消化糖的主要作用有：①体组织细胞的组成成分；②提供能量；③合成体脂肪；④合成非必需氨基酸；⑤节约蛋白质。

42. 一些鱼类，如鳕和鲤，当肝脏脂肪含量充足时，(　　)是鱼类饥饿时首先动用的能源。

A. 肌肉脂肪　　　　　　　　B. 肝脂

C. 肝糖原　　　　　　　　　D. 肌肉蛋白质

[答案] B

[解析] 一些鱼类，如鳕和鲤，当肝脏脂肪含量充足时，肝脂是鱼类饥饿时首先动用的能源，其次是肌肉脂肪，然后才利用肝糖原和肌糖原，肌肉蛋白质是饥饿期间最后的能量储备。

43. 大西洋鲑存在的(　　)对饲料葡萄糖含量变化能作出快速的反应。

A. 葡萄糖激酶　　　　　　　B. 磷酸果糖激酶

C. 丙酮酸激酶　　　　　　　D. 己糖激酶

[答案] A

[解析] 大西洋鲑存在的葡萄糖激酶对饲料葡萄糖含量变化能作出快速的反应，另外，还有两个关键酶是磷酸果糖激酶和丙酮酸激酶。

44. 糖酵解是指糖原降解释放出的葡萄糖在己糖激酶等一系列酶的作用下经过四个阶段的反应生成(　　)

A. 乳酸　　　　　　　　　　B. 丙酸

C. 甘油　　　　　　　　　　D. 丙酮酸

[答案] D

45. 糖通过酵解产生的丙酮酸在有氧情况下在线粒体中进一步完全氧化成二氧化碳和水，并产生大量的能量。这个过程分两个阶段进行，第一阶段是丙酮酸氧化脱羧成（　　）

  A. 辅酶 Q   B. 乙酰 CoA

  C. 甘油三酯   D. 磷脂

[答案] B

[解析] 第一阶段是丙酮酸氧化脱羧成乙酰 CoA，第二阶段是乙酰 CoA 进入三羧酸循环氧化成二氧化碳和水。

46. 糖酵解是指糖原降解释放出的葡萄糖在（　　）等一系列酶的作用下经过四个阶段的反应生成丙酮酸。

  A. 葡萄糖激酶   B. 磷酸果糖激酶

  C. 丙酮酸激酶   D. 己糖激酶

[答案] D

47. 葡萄糖是糖原的唯一原料，半乳糖和果糖都要通过（　　）才能变成糖原。

  A. 果酸葡萄糖   B. 乳酸葡萄糖

  C. 磷酸葡萄糖   D. 葡萄糖氧化酶

[答案] C

48. 由非糖原料合成糖原的过程叫做（　　）

  A. 糖酵解   B. 糖异生作用

  C. 糖代谢   D. 糖吸收

[答案] B

49. 动物肝脏的糖原部分来自糖原的异生作用，而肌糖原只能由（　　）合成。

  A. 肌肉脂肪   B. 肌蛋白

  C. 肝糖   D. 血液葡萄糖

[答案] D

50. 目前的研究表明，饲料中可以用脂肪节约（　　）左右的蛋白质。

  A. 2%   B. 5%

  C. 10%   D. 20%

[答案] C

51. 动物体内的脂肪氧化时需氧量多，产生热量也多。脂肪的平均产热量为（　　）

A. 17 154J/g
B. 23 640J/g
C. 39 539J/g
D. 58 337J/g

[答案] C

52. 饲料中营养物质必须首先经过消化和吸收，其所含的能量才能够供机体代谢使用。没有被消化吸收的那部分物质以粪便的形式排出体外，其所含的能量称为粪能。摄入总能减去粪能后所剩的那部分能量称为(　　)

A. 可消化能
B. 净能
C. 尿能
D. 代谢能

[答案] A

53. 在鱼类，内源性含氮废物主要是通过(　　)排出体外。

A. 肾
B. 肠道
C. 鳃
D. 鳔

[答案] C

54. 下列属于水溶性维生素的是(　　)

A. 维生素 A
B. 维生素 C
C. 维生素 D
D. 维生素 K

[答案] B
[解析] 维生素 A、维生素 D、维生素 E、维生素 K 为脂溶性维生素。

55. 主要生理功能是清除细胞内自由基，防止自由基、氧化剂对生物膜中多不饱和脂肪酸、富含巯基的蛋白质成分以及细胞核和骨架的损伤；保护细胞、细胞膜的完整性和正常功能；维持正常免疫功能，特别对 T 淋巴细胞的功能有重要作用，此维生素是(　　)

A. 维生素 A
B. 维生素 K
C. 维生素 E
D. 维生素 D

[答案] C

56. 维生素 B_1 又称为(　　)

A. 核黄素
B. 烟酸
C. 硫胺素
D. 吡哆素

[答案] C
[解析] 维生素 B_1 又称为硫胺素，维生素 B_2 又称为核黄素，维生素 B_6 又称为吡哆素，维生素 B_{12} 又称为氰钴素。

57. 可以作为卵磷脂的构成成分参与生物膜的构建，是重要的细胞结构物质；同时可以

促进肝脂肪以卵磷脂形式输送，或提高脂肪酸本身在肝脏内的氧化作用，有防止脂肪肝的作用。它是( )

  A. 叶酸   B. 维生素 E
  C. 肌醇   D. 胆碱

[答案] D

58. 主要生理功能是通过增强肠道对钙、磷的吸收和通过肾脏对钙、磷的重吸收来维持体内血钙、血磷浓度的稳定，参与体内矿物质平衡的调节。它是( )

  A. 维生素 A   B. 维生素 C
  C. 维生素 D   D. 维生素 K

[答案] C

59. 目前为止，已发现有 29 种矿物质是动物的必需营养物质。按其在机体的含量，分为大量元素、常量元素、微量元素。以下不属于常量元素的是( )

  A. 氮   B. 钙
  C. 氯   D. 磷

[答案] A
[解析] 氮属于大量元素。

60. 下列哪一项是生物体中最丰富的电解质，主要分布在体液和软组织中，维持渗透压和酸碱平衡，控制营养物质进入细胞和水代谢等( )

  A. 钙、磷   B. 镁
  C. 镁、钙   D. 钾、钠、氯

[答案] D

61. 下列关于动物体内微量元素铁的说法，错误的是( )

  A. 可以作为缓冲液，以保持体液和细胞内液的正常 pH
  B. 铁的作用主要是构成血红蛋白，参与氧气运输
  C. 动物铁缺乏时主要表现为贫血、含铁酶功能下降
  D. 动物铁缺乏时主要表现为脑神经功能异常、机体防御能力下降

[答案] A
[解析] 磷可用作缓冲液，以保持体液和细胞内液的正常 pH。

62. 可在动物体内参与铁的吸收与新陈代谢，为血红蛋白合成及红细胞成熟所必需。也是软体动物和节肢动物血蓝蛋白的组成成分，作为血液的氧载体参与氧的运输。它是( )

  A. 铁   B. 铜
  C. 锰   D. 锌

[答案] B

63. 下列不属于锌缺乏时表现的症状的是(　　)

　　A. 生长缓慢、采食量下降　　　　B. 角化不全、皮肤损害

　　C. 免疫力下降、生殖功能受损　　D. 贫血、含铁酶功能下降

[答案] D

[解析] 铁缺乏时，主要表现为贫血、含铁酶功能下降、脑神经功能异常、机体防御能力下降，体重增长迟缓，骨骼发育异常。

64. 构成维生素 B_{12} 的微量元素是(　　)

　　A. 铁　　　　　　　　　　　　　B. 铜

　　C. 硒　　　　　　　　　　　　　D. 钴

[答案] D

[解析] 维生素 B_{12} 也称为氰钴素。钴是其重要构成成分。

65. 下列哪一器官不能吸收饲料中的矿物质(　　)

　　A. 鳃　　　　　　　　　　　　　B. 皮肤

　　C. 肠道　　　　　　　　　　　　D. 肾脏

[答案] D

[解析] 水产养殖动物不仅消化道（胃肠道）可以吸收饲料中的矿物质，其鳃及皮肤也可以直接吸收矿物质。

66. 由黄玉米制成的玉米蛋白粉富含(　　　　)和玉米黄质，可作为一些鱼类的着色剂。

　　A. 必需氨基酸　　　　　　　　　B. 叶黄素

　　C. 柠檬黄　　　　　　　　　　　D. 非必需脂肪酸

[答案] B

67. 饲料中哪一矿物质的含量较低时，鱼体内的脂肪便不能有效地作为能源利用(　　　　)

　　A. 钙　　　　　　　　　　　　　B. 磷

　　C. 钾　　　　　　　　　　　　　D. 钠

[答案] B

68. 某一维生素易溶于水，碱性极强，可使维生素 C、维生素 B_1、维生素 B_2、泛酸、烟酸、维生素 B_6、维生素 K 等遭到破坏，所以这些维生素不能与其在预混料中混合。这个维生素是(　　　)

　　A. 维生素 A　　　　　　　　　　B. 胆碱

　　C. 维生素 D　　　　　　　　　　D. 维生素 K

[答案] B

69. 某一维生素，水溶液呈酸性，且具有很强的还原性，可使叶酸、维生素 **B₁₂** 失活（   ）

  A. 维生素 A   B. 维生素 C

  C. 维生素 D   D. 维生素 K

[答案] B

70. 动物体内维生素与矿物质之间存在密切的关系。水体中的铜对鱼体的毒性和在机体的积累均受到饲料中（   ）的影响。

  A. 维生素 C   B. 维生素 A

  C. 维生素 D   D. 维生素 K

[答案] A

71. 影响鱼类免疫力的主要营养物质不包括（   ）

  A. 氨基酸   B. 维生素

  C. 脂肪酸   D. 糖类

[答案] D

72. 下列属于低聚糖的是（   ）

  A. 木糖   B. 果糖

  C. 麦芽糖   D. 赤藓糖

[答案] C
[解析] 葡萄糖、果糖、核糖、木糖、赤藓糖、二羟基丙酮、甘油醛都属于单糖。

73. 水产动物不能自身合成维生素 **A**，需要依赖食物提供维生素 **A** 或其前体（   ）

  A. 谷胱甘肽   B. 谷氨酰胺

  C. 类胡萝卜素   D. γ-氨基丁酸

[答案] C

74. 下列关于类胡萝卜素的说法，错误的是（   ）

  A. 类胡萝卜素具有清除体内自由基的功能

  B. 类胡萝卜素具有防止脂质的氧化、保护白细胞免受损伤的功能

  C. 在类胡萝卜素中，虾青素的抗氧化能力优于 β-胡萝卜素

  D. 类胡萝卜素是生物膜特别是红细胞外膜的重要组成部分

[答案] D

[解析] 维生素 E 是生物膜特别是红细胞外膜的重要组成部分。

75. 下列关维生素 C 的说法错误的是（　　）

　　A. 多数水生动物体内有古洛糖醛酸内酯氧化酶，可自身合成维生素 C

　　B. 维生素 C 通过促进胶原蛋白的形成而参与表皮、黏液、鳞片的形成

　　C. 维生素 C 是一种伤口愈合的激活因子，可加速伤口愈合

　　D. 维生素 C 是一种重要的抗氧化剂，能够清除细胞呼吸作用中产生的氧自由基

[答案] A

[解析] 多数水生动物缺乏古洛糖醛酸内酯氧化酶，不能自身合成维生素 C，需要从食物中摄取。

76. 关于微量元素与免疫的相互关系的说法错误的是（　　）

　　A. 碘是甲状腺激素的主要组成成分，与动物的基础代谢有密切关系

　　B. 铜在赖氨酸氧化酶、细胞色素氧化酶、超氧化物歧化酶等生物酶中起着重要作用

　　C. 硒对保障谷胱甘肽过氧化酶活性至关重要

　　D. 锌能影响免疫活性，且无机锌对中性粒细胞数量以及巨噬细胞的趋化反应显著高于有机锌

[答案] D

[解析] 锌能影响免疫活性，且有机锌对中性粒细胞数量以及巨噬细胞的趋化反应显著高于无机锌。

77. 摄食周期方面，甲壳类多在哪些时间段摄食较为旺盛（　　）

　　A. 中午　　　　　　　　　　B. 夜晚

　　C. 早晨和黄昏　　　　　　　D. 上午

[答案] C

78. 中华鳖属于变温动物，对环境温度变化很敏感，冬季水温低于（　　）时不摄食。

　　A. 5℃　　　　　　　　　　B. 10℃

　　C. 15℃　　　　　　　　　　D. 20℃

[答案] B

79. 鱼类的胰脏不可以分泌（　　）

　　A. 脂肪酶　　　　　　　　　B. 酯酶

　　C. 蛋白质分解酶　　　　　　D. 纤维素酶

[答案] D

[解析] 研究表明，鱼类消化道内的纤维素酶几乎都是来自微生物区系。

80. 关于牛蛙消化系统的描述错误的是（   ）

　　A. 十二指肠、空肠、回肠是牛蛙的主要消化吸收部位

　　B. 在各自生理 pH 下，牛蛙消化系统蛋白酶活力部位主要是胰脏、胃和中肠

　　C. 脂肪酶活力部位主要是胰脏和肠

　　D. 在牛蛙消化系统中检测到明显纤维素酶活性

[答案] D

[解析] 在牛蛙消化系统中未检测到明显纤维素酶活性。

81. 下列不属于鱼类对营养物质的吸收方式的是（   ）

　　A. 胞饮作用　　　　　　　　　B. 主动运输

　　C. 过滤　　　　　　　　　　　D. 乳化

[答案] D

[解析] 鱼类对营养物质的吸收主要通过以下几种方式：扩散、过滤、主动运输、胞饮作用。

82. 水产动物的摄食、消化和吸收受到温度、pH、盐度、天气突变等环境因素的影响。其中，哪一因素是影响最大的因素。

　　A. 温度　　　　　　　　　　　B. pH

　　C. 盐度　　　　　　　　　　　D. 天气突变

[答案] A

83. 水产养殖动物对蛋白质的需求比较高，对维生素 A、维生素 C 和 B 族维生素的需求高，而对（   ）的需求不敏感。

　　A. 维生素 D　　　　　　　　　B. 维生素 E

　　C. 维生素 K　　　　　　　　　D. 维生素 H

[答案] A

[解析] 水产养殖动物对蛋白质的需求比较高，对维生素 A、维生素 C 和 B 族维生素的需求高，而对维生素 D 的需求不敏感，对磷元素需求高，而对钙需求低。

84. 关于水产养殖动物对饵料蛋白质的需求，说法错误的是（   ）

　　A. 仔稚鱼对蛋白质的需求量高于幼鱼，更高于食用鱼

　　B. 养殖温度越高，蛋白质含量宜调高

　　C. 养殖水盐度越高，蛋白质含量宜调低

　　D. 网箱或工厂化养殖同种鱼对蛋白质的需求量高于土池塘粗养或半精养

[答案] C

[解析] 养殖水盐度越高，蛋白质含量宜调高。

85. 关于海水鱼类对饵料蛋白质的需求，说法错误的是(   )

A. 冷水鱼如鲑鳟比温水性鱼类需要较低水平的蛋白质

B. 大菱鲆幼鱼对牛磺酸或含硫氨基酸的需求较高

C. 当限制氨基酸缺乏时，冷水性鱼类极易出现营养性疾病

D. 当限制氨基酸缺乏时，冷水性鱼类更易出现免疫力和抗应激能力的下降

[答案] A

[解析] 冷水鱼如鲑鳟比温水性鱼类需要较高水平的蛋白质，一般 $30\%\sim55\%$，且动物性蛋白质占蛋白质总量的 $35\%\sim75\%$。

86. 下列不属于鱼类必需脂肪酸的是(   )

A. 亚麻酸   B. 亚油酸

C. 二十碳六烯酸   D. 二十碳四烯酸

[答案] C

[解析] 鱼类必需脂肪酸分为：亚麻酸、EPA（二十碳五烯酸）、DHA（二十二碳六烯酸）、亚油酸、二十碳四烯酸。

87. 关于鱼类对脂肪和脂肪酸的营养需求，说法错误的是(   )

A. 大多数海水主要养殖鱼类对脂肪的最适需求量为 $8\%\sim16\%$

B. 在相同条件下，半咸水鱼类的脂肪需求量略高于海水鱼类

C. 一般来说，n-3 系列的脂肪酸对海水鱼较为重要

D. 一般来说，n-6 系列的脂肪酸对淡水鱼类较为重要

[答案] B

[解析] 在相同条件下，海水鱼类的脂肪需求量略高于半咸水鱼类。

88. 斑点叉尾鮰虽然不需要 n-6 系列不饱和脂肪酸，但在有 n-3 系列不饱和脂肪酸和 n-9 系列不饱和脂肪酸时生长迅速。因此，斑点叉尾鮰配合饲料中应尽量添加(   )

A. 海水鱼油   B. 亚油酸

C. 花生油   D. 菜籽油

[答案] A

89. 通常海水鱼或冷水鱼可消化糖类的适宜水平不高于(   )，淡水鱼类或温水鱼类则高些，因为淡水鱼类和温水鱼类肠道里木糖酶活性比海水鱼类和冷水鱼类高。

A. 10%   B. 15%

C. 20%   D. 25%

[答案] C

90. 饲料中纤维素的含量为 2.5%～10.0%时，对斑点叉尾鮰肠蠕动有促进作用，可促进其生长，但超过(　　)时，会抑制其生长。

A. 10.5%

B. 12.6%

C. 15.2%

D. 20.5%

[答案] C

91. 关于鱼类对糖类营养需求的描述，错误的是(　　)

A. 鱼类和陆生动物相比，由于缺乏胰岛素，对糖类分解能力低，因此对糖类的需求量及利用率低

B. 总体来说，大多数鱼类对熟淀粉和糊精的利用比单糖好

C. 冷水性的鲑鳟对糖类的利用能力比温水性鱼类强

D. 鲤和斑点叉尾鮰对糖类有较好的利用率，可以有效将糖类作为能量利用

[答案] C

[解析] 冷水性的鲑鳟对糖类的利用能力比温水性鱼类弱，对日粮中糖类没有特殊要求，能够通过糖异生作用合成足够的葡萄糖。

92. 关于鱼类对维生素的营养需求的描述，错误的是(　　)

A. 鱼类对维生素 C 的缺乏非常敏感，但鲤幼鱼及成鱼都不需要维生素 C

B. 当每千克饲料中含维生素 E 186 mg 时，对防止牙鲆无眼侧出现体色异常（黑化）是有效的

C. 鲤对维生素 E 的需要随日粮中多不饱和脂肪酸水平的提高而相应减少

D. 通常用幼鱼来确定斑点叉尾鮰对维生素的需求量，鱼种的需求量可以满足大鱼的需求

[答案] C

[解析] 鲤幼鱼及成鱼都不需要维生素 C，因其自身可由 D-葡萄糖合成，但鱼苗需要补充维生素 C。鲤对维生素 E 的需要随日粮中多不饱和脂肪酸水平的提高而相应增加。

93. 关于虾类的营养需求的说法，错误的是(　　)

A. 二十二碳六烯酸、亚油酸、亚麻酸等不饱和脂肪酸是虾类的必需脂肪酸

B. 虾类在不同生长阶段对磷脂的需要量不同，幼虾对磷脂的需要量较高

C. 钙和磷有助于虾类外骨骼和甲壳的形成，可预防软壳病

D. 作为商品虾饲料时，推荐的脂类水平为 6%～7.5%，且建议最高水平为 15%

[答案] D

[解析] 作为商品虾饲料时，推荐的脂类水平为 6%～7.5%，且建议最高水平为 10%。

94. 关于南美白对虾的营养需求的描述，错误的是(　　)

  A. 南美白对虾饲料中限制性氨基酸的顺序为赖氨酸、蛋氨酸和精氨酸

  B. 亚油酸、亚麻酸、DHA、EPA 均是南美白对虾的必需脂肪酸

  C. 钙对南美白对虾没有营养价值，高水平的钙还会通过抑制磷和其他营养成分吸收而抑制对虾的生长，不得超过 3%

  D. 南白对虾饲料中的糖类没有节约蛋白质的作用

［答案］D

［解析］南白对虾饲料中的糖类有一定节约蛋白质的作用，需求量为 13.82%。

95. 关于凡纳滨对虾对维生素和矿物质的营养需求的描述，错误的是(　　)

  A. 维生素 A、维生素 D 和维生素 E 是凡纳滨对虾的必需维生素

  B. 钙对凡纳滨对虾有重要的营养价值，高水平的钙还会通过促进磷和其他营养成分吸收

  C. 镁、锰、铁、锌、硒和铜是凡纳滨对虾的必需矿物质

  D. 凡纳滨对虾饲料中铁离子过高时将影响不饱和脂肪酸以及维生素 C 的稳定性，进而影响饲料品质

［答案］B

96. 饵料中色氨酸严重缺乏，可导致虹鳟患(　　)

  A. 脂肪肝　　　　　　　　　　B. 肾结石

  C. 烂鳍病　　　　　　　　　　D. 白内障

［答案］B

97. 脂肪氧化变质后产生的醛、酮、酸对鱼类有毒。鲤食 1 个月，导致(　　)，严重时死亡。

  A. 脂肪肝　　　　　　　　　　B. 肾结石

  C. 烂鳍病　　　　　　　　　　D. 瘦背症

［答案］D

98. 鳗鲡缺乏维生素 B_2 时，可引起食欲不振，生长缓慢，肝、胰脏的脂肪增多，形成(　　)

  A. 脂肪肝　　　　　　　　　　B. 肾结石

  C. 烂鳍病　　　　　　　　　　D. 瘦背症

［答案］A

99. 缺乏维生素 B_2 时，许多鱼类会出现(　　)

  A. 瘦背症　　　　　　　　　　B. 肾结石

C. 烂鳍病　　　　　　　　　　　　　D. 白内障、瞎眼

[答案] D

100. 斑点叉尾鮰缺乏(　　)时，饲料系数升高 45％，鱼体出现畸形，沿脊椎有内出血区。

　　A. 维生素 A　　　　　　　　　　　B. 维生素 C
　　C. 维生素 E　　　　　　　　　　　D. 维生素 K

[答案] B

101. 斑点叉尾鮰缺乏(　　)时，可出现神经失调，抽搐，死亡率高，体色呈蓝绿色。

　　A. 维生素 A　　　　　　　　　　　B. 维生素 B_2
　　C. 维生素 B_6　　　　　　　　　　D. 维生素 K

[答案] C

102. 关于蟹类的营养需求的描述，错误的是(　　)

　　A. 对集约化养殖的蟹类，在饲料中添加磷脂有助于营养物质的消化和加速脂类的吸收，能提高养殖蟹类成活率并起到促生长的作用
　　B. 蟹类所需的固醇最具有代表性的是胆固醇，蟹类自身不能合成胆固醇，需要在饲料中加入虾头粉和蛋粉等胆固醇类含量高的原料
　　C. 海水中富含磷，海水养殖的蟹类，其饲料中就没有必要另外添加磷
　　D. 蟹类对糖类的利用能力远比鱼类低，对糖类的需要量亦低于鱼类

[答案] C
[解析] 海水中富含钙，海水养殖的蟹类，其饲料中就没有必要另外添加钙，而海水中的磷含量少，在饲料中加磷是必需的。

103. 当鱼体受到刺激时，心脏活动突然增强、血压升高，某些部位的微血管破裂，表现为哪一种营养缺乏症(　　)

　　A. 萎瘪症　　　　　　　　　　　　B. 出血症
　　C. 软骨症　　　　　　　　　　　　D. 越冬障碍症

[答案] B

104. 下列不属于导致鱼类脂肪肝的原因的是(　　)

　　A. 养殖环境不良
　　B. 饲料中糖类过高，摄入过多脂肪、蛋白质
　　C. 缺乏甲基源、无机磷、必需脂肪酸和泛酸
　　D. 饲料中缺乏维生素 C

[答案] D

[解析] 养殖环境不良，配合饲料中糖类过高，摄入过多脂肪、蛋白质，缺乏甲基源、无机磷、必需脂肪酸和泛酸，营养物质组配不平衡及抗脂肪因子缺乏等是导致鱼类形成脂肪肝的主要因素。鱼类缺乏维生素 C 会导致畸形等。

105. 越冬前或越冬期间，配合饲料中缺乏维生素 A、维生素 E、维生素 B_1、维生素 B_2 及锌等，导致鱼体内维生素及微量元素减少。越冬结束后，天气转暖，罗非鱼生命活动渐趋活跃，但由于体内营养元素不足而无法满足生命活动的需要，而此时，病原细菌也随温度升高而活跃，造成罗非鱼感染病原体甚至死亡。该病症称为(　　　)
　　A. 萎瘪症　　　　　　　　　　B. 出血症
　　C. 软骨症　　　　　　　　　　D. 越冬障碍症

[答案] D

106. 配合饲料中缺磷会造成(　　　)
　　A. 萎瘪症　　　　　　　　　　B. 方头症
　　C. 瘦背症　　　　　　　　　　D. 贫血症

[答案] B

[解析] 配合饲料中缺磷会造成软骨症（方头症）。

107. 下列不属于虹鳟及大麻哈鱼色氨酸缺乏综合征的表现的是(　　　)
　　A. 脊椎侧凸、动脉充血　　　　B. 肾有钙质沉着
　　C. 尾鳍腐烂或白内障　　　　　D. 肝贫血、肝细胞脂肪浸润

[答案] D

108. 关于瘦背症的描述错误的是(　　　)
　　A. 高密度培苗期间，饲料中缺乏必需维生素，如叶酸或维生素 E 等，可致使鱼类发生瘦背症
　　B. 由于饲料中脂肪被氧化产生醛、酮、酸等有毒物质，某些维生素被破坏，引起饲料的营养价值下降，适口性下降，可致使鱼类发生瘦背症
　　C. 患瘦背症的病鱼，鱼体干瘪，枯瘦，头大体小，背似刀刃，鱼体两侧肋骨可数
　　D. 病鱼肝脏组织表面有脂肪沉积，肠管表面脂肪覆盖明显，肝贫血

[答案] D

[解析] 患营养性脂肪肝的鱼，剖检病鱼，见肝脏组织表面有脂肪沉积，肠管表面脂肪覆盖明显，肝贫血，肝细胞脂肪浸润，细胞肥大，细胞质充满脂肪，细胞核被挤偏于一端。

109. 性成熟之前，鱼类周年的能量收支中，大约25%的能量用于生长，而进入性成熟后，这一比例仅为0～5%。与此同时，生殖能则由性腺成熟前的0提高到(　　)左右。

  A. 5%　　　　　　　　　　　　B. 20%

  C. 30%　　　　　　　　　　　　D. 50%

[答案] B

110. 关于影响水生动物幼苗首次摄食时间的因素的说法，错误的是(　　)

  A. 幼苗发育的程度　　　　　　B. 卵黄囊的利用效率

  C. 内源性营养物质储备的数量　　D. 水体中饵料的数量

[答案] D

111. 关于水产动物幼苗的消化生理的说法错误的是(　　)

  A. 幼苗阶段的消化包括细胞内消化和细胞外消化

  B. 通常情况下，幼苗的消化道是一根透明的长管子

  C. 消化酶方面，幼苗的消化过程主要在胃肠中进行

  D. 采用细胞内消化方式标志着幼苗进入成熟的消化模式

[答案] D
[解析] 采用细胞外消化方式标志着幼苗进入成熟的消化模式。

112. 海水肉食性鱼类仔稚鱼对蛋白质的需要量较高，达(　　)

  A. 35%～45%　　　　　　　　B. 45%～55%

  C. 55%～60%　　　　　　　　D. 60%～65%

[答案] C

113. 在快速生长的幼苗期，体内磷脂的合成远不能满足生长发育的需要，因此，幼苗必须从食物中获得磷脂。磷脂能够为幼苗提供能量，也是细胞膜的重要组成成分。仔稚鱼饲料中磷脂的需要量为(　　)

  A. 1%～5%　　　　　　　　　B. 1%～10%

  C. 5%～15%　　　　　　　　D. 10%～20%

[答案] B

114. 关于水产动物的食性的说法，错误的是(　　)

  A. 鱼类的食性主要分为肉食性、杂食性及草食性

  B. 对虾食性较广，属以动物性饵料为主食的杂食性种类

  C. 鲍在不同发育阶段食物种类组成不同

  D. 河蟹的食性是肉食性

[答案] D
[解析] 河蟹的食性很杂。自然条件下，以水草、腐殖质为主食，嗜食动物尸体，也可摄食螺、蚌、蚬等贝类和昆虫，偶尔也摄食小型鱼类、虾类。

115. 关于水产动物膨化料的说法，错误的是(　　)
　　A. 原料经过膨化过程中的高温、高压处理，使淀粉糊化，更有利于消化吸收
　　B. 膨化过程中的高温可杀灭多种病原生物
　　C. 膨化饲料可漂浮于水面、耐水性好，有利于观察鱼群觅食，便于养殖者掌握投食量，减少饲料浪费
　　D. 膨化饲料加工成本高，对热敏物质（如维生素 C）有很好的保护作用

[答案] D
[解析] 膨化饲料加工成本高，且经过高温、高压处理，饲料中的热敏物质（如维生素 C）会被严重破坏。

116. 关于微粒饲料的说法，正确的是(　　)
　　A. 微粒是供甲壳类幼体、贝类幼体和鱼类仔稚鱼食用的新型配合饲料
　　B. 微粒饲料的原料需超微粉碎，粉料粒度能通过 100～200 目筛
　　C. 微粒饲料需要高蛋白低糖，脂肪含量在 10% 以下，能充分满足幼苗的营养需要
　　D. 颗粒大小应与仔稚鱼（虾）的口径相适应，一般颗粒大小不超过 50μm

[答案] A
[解析] 微粒饲料的原料需超微粉碎，粉料粒度能通过 200～300 目筛。饲料需要高蛋白低糖，脂肪含量在 10% 以上，能充分满足幼苗的营养需要。颗粒大小应与仔稚鱼（虾）的口径相适应，一般颗粒大小 50～300μm。

117. 关于饼粕类饲料原料的说法，错误的是(　　)
　　A. 大豆饼粕根据不同级别，粗蛋白从 40% 到超过 50% 不等
　　B. 市场上的菜籽饼粕主要为国产双低菜籽粕和加拿大产双低菜籽粕，粗蛋白在 37%～40%
　　C. 菜籽饼粕的氨基酸组成方面，赖氨酸和精氨酸含量较高，蛋氨酸含量低
　　D. 棉仁饼粕的氨基酸组成特点是赖氨酸不足、精氨酸较高

[答案] C
[解析] 菜籽饼粕的氨基酸组成方面，赖氨酸和蛋氨酸含量较高，精氨酸含量低。

118. 关于花生仁饼粕的说法，错误的是(　　)
　　A. 机榨花生仁饼粕含粗蛋白质通常为 44% 左右，浸提粕为 47% 左右
　　B. 花生仁饼粕的氨基酸组成中，赖氨酸和蛋氨酸含量较高
　　C. 花生仁饼粕的代谢能水平很高，是饼粕类饲料中可利用能量水平最高者
　　D. 花生仁饼粕的钙、磷均少，磷多为植酸磷

[答案] B

[解析] 花生仁饼粕的氨基酸组成不佳，赖氨酸和蛋氨酸含量都很低。

119. 关于酒糟蛋白饲料的说法错误的是（　　）

    A. DDG 是将玉米酒精糟作简单过滤，滤渣干燥，滤清液排放掉，只对滤渣单独干燥而获得的饲料

    B. DDGS 是将滤清液干燥浓缩后再与滤渣混合干燥而获得的饲料

    C. 经发酵处理后 DDGS 的霉菌毒素含量几乎是普通玉米的 3 倍，必须严格检测 DDDS 霉菌毒素的含量

    D. DDG 的能量和营养物质总量均明显高于 DDGS

[答案] D

[解析] DDGS 的能量和营养物质总量均明显高于 DDG。

120. 关于鱼粉的说法错误的是（　　）

    A. 白鱼粉的营养价值要高于红鱼粉

    B. 鱼粉是良好的矿物质来源，钙、磷、硒的含量都很高

    C. 鱼粉蛋白质含量高，可达 75%，氨基酸组成平衡，必需氨基酸含量均丰富，可弥补植物蛋白质的缺点

    D. 鱼粉中含有相当多的 B 族维生素，尤其是维生素 B_{12}、维生素 B_2，还有维生素 A、维生素 D、维生素 E

[答案] A

[解析] 不论白鱼粉还是红鱼粉，只要其新鲜度好，在营养价值上并无很大的差异

121. 肉粉、肉骨粉来源于畜禽屠宰场、肉品加工厂的下脚料。一般产品中含骨量超过（　　），即为肉骨粉。

    A. 5%   B. 10%

    C. 15%   D. 20%

[答案] B

122. 关于血粉和羽毛粉的说法错误的是（　　）

    A. 血粉最大的缺点是异亮氨酸含量很少，几乎为零

    B. 血粉粗蛋白质含量很高，可达 80%～90%，其亮氨酸含量较低

    C. 水解处理能使羽毛粉粗蛋白质的胃蛋白酶消化率提高至 75% 以上

    D. 水解羽毛粉的氨基酸组成特点是：甘氨酸、丝氨酸含量高，异亮氨酸含量也很高

[答案] B

[解析] 血粉粗蛋白质含量很高，可达 80%～90%，其赖氨酸含量高，亮氨酸含量也高。

123. 关于能量类饲料原料的说法正确的是( )
    A. 玉米的蛋白质含量较低，为8%～9%
    B. 糠麸类是谷物加工的副产品，制米的副产品称为麸，制面的副产品称为糠
    C. 米糠的脂肪含量为10.5%～13.5%
    D. 淀粉在酸或淀粉酶的作用下被逐步降解，生成分子大小不一的中间产物，称为α-淀粉

[答案] A
[解析] 糠麸类是谷物加工的副产品，制米的副产品称为糠，制面的副产品称为麸。米糠的蛋白含量为10.5%～13.5%，脂肪含量很高，可达15%。淀粉在酸或淀粉酶的作用下被逐步降解，生成分子大小不一的中间产物，称为糊精。

124. 羽毛粉在氨基酸组成上的缺点是( )含量不足。
    A. 甘氨酸和丝氨酸   B. 赖氨酸和蛋氨酸
    C. 赖氨酸和色氨酸   D. 蛋氨酸和色氨酸

[答案] B
[解析] 羽毛粉在氨基酸的组成特点是，甘氨酸和丝氨酸含量高，异亮氨酸含量也很高，但是赖氨酸和蛋氨酸含量不足。

125. 载体的质量对维生素的稳定性有影响。选用维生素添加剂的载体时除考虑其质量外，还应考虑水分含量，以不超过( )为宜。
    A. 2%   B. 5%
    C. 10%   D. 15%

[答案] B

126. 为了避免外界因素如潮湿、氧气和光线对维生素稳定性的影响，包装容器可选用多层铝塑袋，在装入维生素后立即抽空密封。产品在贮藏时，温度不宜超过( )
    A.15℃   B.20℃
    C.25℃   D.30℃

[答案] C

127. 目前生产的微量元素添加剂，多以( )作为物料的载体。
    A. 脱脂米糠   B. 麸皮
    C. 沸石或含钙的石灰石粉   D. 玉米粉

[答案] C

128. 关于饲料用矿物元素的原料说法错误的是( )
    A. 一般来说，细的矿物元素原料比粗的利用率好，因此矿物元素原料越细越好

B. 钙、磷为饲料中添加的主要常量元素，磷的来源相当复杂，利用率及售价相差也较大

C. 碘化钾易潮解，稳定性差，与其他金属盐类易发生反应，对维生素、抗生素等添加剂都可起到破坏作用，应尽可能少用

D. 无机微量元素主要在鱼、虾的中肠被吸收

[答案] A

[解析] 一般来说，细的矿物元素原料比粗的利用率好，但太细会造成扬尘，对操作处理（如包装）有不良影响。

129. 在生产中常用的饲料防霉剂是丙酸钙，用量为（　　）

    A. 0.05%～0.1%　　　　　　　B. 0.1%～0.3%

    C. 0.5%～1%　　　　　　　　D. 1%～2%

[答案] B

130. 关于水产饲料诱食剂的说法，错误的是（　　）

    A. DMPT 和氨基酸复合配伍后，对于对虾、海水鱼有较好的促食效果

    B. 谷氨酸钠、核苷酸对对虾有诱食作用

    C. 植物原料中的绿原酸对鱼、虾类有强烈的诱食作用

    D. 饲料的适口性差，可能是由于缺乏摄食促进物质，也可能是由于存在摄食抑制剂

[答案] C

[解析] 植物原料中的绿原酸和酚类化合物、营养颉颃物质都是鱼、虾类动物的强烈摄食抑制剂。

131. 一般认为，不管在热带还是温带，饲料在仓库的贮藏均应不超过（　　）

    A. 1 个月　　　　　　　　　　B. 3 个月

    C. 5 个月　　　　　　　　　　D. 6 个月

[答案] B

132. 蛋白质是由（　　）种 L-型 α-氨基酸组成并具有一定空间结构和生物学功能的大分子。

    A. 16　　　　　　　　　　　　B. 18

    C. 20　　　　　　　　　　　　D. 22

[答案] C

133. 在蛋白质所有元素中，氮元素是其特征性元素，平均值为（　　）

    A. 16%　　　　　　　　　　　B. 18%

C. 20%

D. 6.25%

[答案] A

134. 鱼类、虾类的必需氨基酸有(　　)种。

A. 8

B. 10

C. 15

D. 20

[答案] B

135. 半胱氨酸或胱氨酸可由(　　)转化而来。半胱氨酸、胱氨酸都称作半必需氨基酸。

A. 蛋氨酸

B. 组氨酸

C. 亮氨酸

D. 苯丙氨酸

[答案] A

[解析] 半胱氨酸或胱氨酸可由蛋氨酸转化而来，酪氨酸可由苯丙氨酸转化而来。半胱氨酸、胱氨酸、酪氨酸都称作半必需氨基酸。

136. 酪氨酸可由(　　)转化而来。故酪氨酸称作半必需氨基酸。

A. 蛋氨酸

B. 组氨酸

C. 亮氨酸

D. 苯丙氨酸

[答案] D

137. 大多数植物性蛋白源对水产养殖动物来说，(　　)往往是限制性氨基酸。

A. 蛋氨酸和赖氨酸

B. 色氨酸和蛋氨酸

C. 色氨酸和赖氨酸

D. 精氨酸和色氨酸

[答案] A

138. 氨基酸通过氨基酸氧化酶进行氧化脱氨作用，这一过程分两步，先在氨基酸氧化酶作用下，脱去 1 对氢原子，生成相应的(　　)，然后其自发水解生成相应的 α-酮酸，并释放出氨。

A. 亚氨基酸

B. 氨

C. 吡哆醛

D. 吡哆醇

[答案] A

139. 氨基酸氧化酶有 L-氨基酸氧化酶和 D-氨基酸氧化酶两种。在体内最重要的氨基酸氧化酶是(　　)。它在肝、肾、脑组织中广泛存在。

A. L-氨基酸氧化酶

B. D-氨基酸氧化酶

C. D-谷氨酸脱氢酶

D. L-谷氨酸脱氢酶

[答案] D

[解析] 在体内最重要的氨基酸氧化酶是L-谷氨酸脱氢酶。它在肝、肾、脑组织中广泛存在，活性也较强，能催化L-谷氨酸脱氢，生成α-酮戊二酸及氨。

140. 转氨作用，是指一个氨基酸的氨基在(　　)的催化下，转移到一个α-酮酸分子上，氨基酸转变成α-酮酸，而接受氨基的α-酮酸则转变成氨基酸。

  A. 氨基酸氧化酶   B. 转氨酶

  C. 氨基酸脱羧酶   D. L-谷氨酸脱氢酶

[答案] B

141. 在正常情况下，转氨酶存在于细胞内，故血浆中的活性很低。但当组织细胞受到炎症性损害，细胞破损或细胞膜的通透性改变时，存在于细胞内的转氨酶即释放入血液，造成血清转氨酶活力(　　)

  A. 明显升高   B. 显著降低

  C. 不变   D. 先降低后升高

[答案] A

142. 氨基酸在氨基酸脱羧酶催化下进行脱羧反应，排出二氧化碳，形成(　　)

  A. 氨   B. 铵

  C. 胺   D. 亚氨基酸

[答案] C

143. 色氨酸通过脱羧作用的脱羧产物为(　　)

  A. 5-羟色胺   B. 儿茶酚胺

  C. 组胺   D. 尸胺

[答案] A

144. 内源性氨的主要来源是(　　)

  A. 嘌呤经过分解代谢产生的氨

  B. 嘧啶经过分解代谢产生的氨

  C. 氨基酸脱氨作用产生的氨

  D. 肠道内蛋白质和氨基酸在肠道细菌作用下产生的氨

[答案] D

[解析] 氨基酸转氨作用产生的氨是内源性氨的主要来源。

145. 体内氨的代谢会形成尿素，形成尿素具有很多生理功能，下列关于其说法错误的是(　　)

A. 解除氨的毒性

B. 降低体内由三羧酸循环产生的二氧化碳溶于血液中所产生的酸性

C. 防止过量的游离氨积累于血液中而引起神经中毒

D. 尿素的合成主要在肾脏中进行

[答案] D

[解析] 尿素主要在肝脏中合成。

146. 生物体内 20 种氨基酸脱氨后生成的 α-酮酸，可经过不同的酶系催化进行氧化分解。虽然氨基酸的氧化分解途径各异，但它们都集中形成了 5 种代谢产物。下列不属于这 5 种代谢产物的是（　　）

    A. γ-氨基丁酸　　　　　　　　B. α-酮戊二酸

    C. 乙酰辅酶 A　　　　　　　　D. 草酰乙酸

[答案] A

[解析] 氨基酸的氧化分解途径各异，但都集中形成了 5 种代谢产物：乙酰辅酶 A、α-酮戊二酸、琥珀酰辅酶 A、延胡索酸、草酰乙酸。

147. 按脂类化学组成的不同，可分为单纯脂、复合脂和衍生脂三大类。由脂肪酸和甘油形成的酯是（　　）

    A. 单纯脂　　　　　　　　　　B. 复合脂

    C. 衍生脂　　　　　　　　　　D. 饱和脂

[答案] A

148. 磷脂属于哪一脂类（　　）

    A. 单纯脂　　　　　　　　　　B. 复合脂

    C. 衍生脂　　　　　　　　　　D. 饱和脂

[答案] B

[解析] 复合脂是指除了含有脂肪酸和醇外，尚有其他非脂分子成分的物质。如磷脂和糖脂。

149. 磷脂和（　　）是细胞膜的重要组成成分。

    A. 单纯脂　　　　　　　　　　B. 甘油三酯

    C. 糖脂　　　　　　　　　　　D. DHA

[答案] C

[解析] 一般组织细胞中均含有 1%～2% 的脂类物质。特别是磷脂和糖脂是细胞膜的重要组成成分。

150. 脂类物质的重要作用之一是作为某些激素和维生素的合成原料。与鱼类不同，甲壳类不能合成( )，必须由食物提供。

A. 磷脂   B. 糖脂

C. 胆固醇   D. DHA

[答案] C

151. 淀粉在酸或淀粉酶的作用下被逐步降解，生成分子大小不一的中间产物，统称为( )

A. 糊精   B. α-淀粉

C. 直链淀粉   D. 支链淀粉

[答案] A

152. 对于具有幽门盲囊的鱼来说，幽门盲囊中的脂肪酶活性最高，( )是脂肪消化的主要部位，这些脂肪酶来自幽门垂。

A. 胃   B. 前肠

C. 中肠   D. 后肠

[答案] A

153. 当血液中游离脂肪酸超过机体需要时，多余部分又重新进入肝脏，并合成( )，该物质再通过血液循环回到脂肪组织中贮存备用。

A. 甘油三酯   B. 磷脂

C. 胆固醇   D. 乳糜微粒

[答案] A

154. 已知动物体内脂肪酸合成停止在( )即软脂酸而终止，这是正常的脂肪酸合成酶作用的终点。

A. 12 碳脂肪酸   B. 16 碳脂肪酸

C. 18 碳脂肪酸   D. 22 碳脂肪酸

[答案] B
[解析] 更长链的脂肪酸或不饱和脂肪酸等都是以软脂酸作为前体，需要另外的酶反应形成的。

155. 下列不属于低聚糖的是( )

A. 乳糖   B. 蔗糖

C. 麦芽糖   D. 果糖

[答案] D
[解析] 果糖（己糖）属于单糖。

156. 糖类按其功能可分为可消化糖和粗纤维。下列不属于可消化糖的是(　　)

　　A. 单糖　　　　　　　　　　B. 糊精

　　C. 淀粉　　　　　　　　　　D. 木质素

[答案] D

[解析] 粗纤维包含纤维素、半纤维素、木质素等。

157. 关于糖类的生理作用的说法错误的是(　　)

　　A. 糖类是合成体脂的主要原料

　　B. 糖类可为鱼、虾合成非必需氨基酸提供碳架

　　C. 糖类可以改善饲料蛋白质的利用，有一定的节约蛋白质作用

　　D. 粗纤维一般可以为鱼虾消化、利用，是维持鱼虾健康所必需的

[答案] D

[解析] 粗纤维一般不能为鱼虾消化、利用，但却是维持鱼虾健康所必需的。

158. 糖在鱼类组织中的主要贮存形式是(　　)，而且主要存在于肝脏和肌肉。

　　A. 葡萄糖　　　　　　　　　B. 乳糖

　　C. 血糖　　　　　　　　　　D. 糖原

[答案] D

[解析] 糖原是糖在鱼类组织中的主要贮存形式，而且主要存在于肝脏和肌肉。

159. 关于鱼类饥饿和再摄食对糖贮存与分解的影响的说法错误的是(　　)

　　A. 负责糖的有氧氧化（红肌）和无氧酵解（白肌）的肌肉都含有大量的糖原

　　B. 因为白肌占鱼体的比例很大，所以白肌是鱼类糖原的主要贮存场所

　　C. 一些鱼类，如鳕和鲤，当肝脏脂肪含量充足时，肝脂是饥饿时首先动用的能源

　　D. 太平洋鲑在长途的产卵洄游过程中，肝糖原首先分解提供能量，而肌肉蛋白在产卵时提供能量

[答案] D

[解析] 太平洋鲑在长途的产卵洄游过程中，肌肉蛋白首先降解提供能量，而肝糖原在产卵时提供能量。

160. 下列不属于糖酵解过程中的关键激酶的是(　　)

　　A. 己糖激酶　　　　　　　　B. 葡萄糖激酶

　　C. 丙酮酸激酶　　　　　　　D. 戊糖激酶

[答案] D

[解析] 糖酵解过程中的关键激酶包括己糖激酶、葡萄糖激酶、磷酸果糖激酶、丙酮酸激酶。

161. 三羧酸循环最后的代谢产物是（　　）
A. 丙酮酸
B. 乙酰 CoA
C. 二氧化碳和水
D. 葡萄糖

[答案] C
[解析] 三羧酸循环是指糖酵解产生的丙酮酸在线粒体中进一步完全氧化成二氧化碳和水，并产生大量的能量。

162. （　　）是糖原的唯一直接原料。
A. 葡萄糖
B. 半乳糖
C. 果糖
D. 核糖

[答案] A
[解析] 葡萄糖是合成糖原的唯一原料，半乳糖和果糖都要通过磷酸葡萄糖才能变成糖原。

163. 饲用油脂的主要成分是（　　），约占95%。
A. 植物油脂
B. 非必需脂肪酸
C. 甘油三酯
D. 必需脂肪酸

[答案] C

164. 在动物体内，蛋白质的产热量较糖类高，较脂肪低。其平均产热量为（　　）
A. 17 154J/g
B. 23 640J/g
C. 39 539J/g
D. 58 337J/g

[答案] B

165. 人们把鱼类生理代谢能够利用的那部分能量称为（　　）
A. 可消化能
B. 总能
C. 尿能
D. 代谢能

[答案] D

166. 氨基酸分为 D 型和 L 型氨基酸，其中（　　）氨基酸能直接被动物利用。
A. D 型
B. L 型
C. DL 型
D. 化学合成

[答案] B
[解析] 天然存在的氨基酸多为 L 型，D 型很少，化学合成的多为 L 型与 D 型各50%的混合物，即消旋型。L 型氨基酸能直接被动物利用，而 D 型则不易被利用。

167. 下列维生素中，哪一项具有很强的碱性，在配制饲料添加剂时，应将其作为单项配料成分考虑（　　）

A. 维生素 K_3　　　　　　　　B. 维生素 A

C. 维生素 E　　　　　　　　　D. 氯化胆碱

［答案］D

168. 无机微量元素主要在鱼、虾的(　　)被吸收。

A. 肝脏　　　　　　　　　　B. 前肠

C. 中肠　　　　　　　　　　D. 后肠

［答案］C

169. 有一种维生素，其突出的药理功能是降低血脂，该维生素是(　　)

A. 维生素 B_1　　　　　　　　B. 烟酸

C. 维生素 B_6　　　　　　　　D. 叶酸

［答案］B

170. 通过骨骼的(　　)可用判断饲料中是否缺镁。

A. 镁含量　　　　　　　　　B. 钙镁比

C. 钙磷比　　　　　　　　　D. 磷镁比

［答案］B

171. 下列哪一常量元素的缺乏，会造成水产动物痉挛惊厥、白内障、骨骼变形，食欲减退(　　)

A. 钙　　　　　　　　　　　B. 钙、磷

C. 镁　　　　　　　　　　　D. 钾

［答案］C

［解析］水产动物镁缺乏症表现为生长缓慢、肌肉软弱、痉挛惊厥、白内障、骨骼变形、食欲减退、死亡率高。

172. 下列不属于饲料中被批准的防霉剂的是(　　)

A. 丙酸钙　　　　　　　　　B. 山梨酸钠

C. 苯甲酸钠　　　　　　　　D. 乙氧基喹啉

［答案］D

［解析］乙氧基喹啉属于抗氧化剂。

173. 水产动物的蛋白质、脂肪、糖类间的相互作用与哺乳动物类似，并未有特殊之处。组成蛋白质的各种氨基酸均可在体内转变成脂肪。生酮氨基酸可转变成(　　)

A. 必需脂肪酸　　　　　　　B. 非必需脂肪酸

C. 非必需氨基酸　　　　　　　D. 糖类

[答案] B
[解析] 生酮氨基酸可转变成非必需脂肪酸，生糖氨基酸可转变成糖类，然后转变成脂肪。

174. 维生素可作为抗氧化剂防止脂肪氧化。其中，抗氧化作用较强的是（　　）
    A. 维生素 A 和维生素 C　　　　B. 维生素 A 和维生素 E
    C. 维生素 D 和维生素 C　　　　D. 维生素 E 和维生素 C

[答案] D

175. 维生素之间的相互关系，主要表现为协同和颉颃。关于其说法错误的是（　　）
    A. 维生素 E 可以保护维生素 A 免遭氧化破坏
    B. 维生素 B_2 和烟酸也具有协同作用，它们都是辅酶的成分，参与生物基质的氧化反应过程
    C. 维生素 C 的水溶液呈酸性，且具有较强的氧化性，可使叶酸、维生素 B_{12} 失活
    D. 胆碱易溶于水，碱性极强，可使维生素 C、维生素 B_1、维生素 B_2、泛酸、烟酸、维生素 B_6、维生素 K 等遭到破坏

[答案] C
[解析] 维生素 C 的水溶液呈酸性，且具有较强的还原性，可使叶酸、维生素 B_{12} 失活。

176. 核黄素是指（　　）
    A. 维生素 B_1　　　　　　　　B. 维生素 B_2
    C. 维生素 B_6　　　　　　　　D. 维生素 B_{12}

[答案] B

177. 关于水产饲料中，矿物质间的相互关系的说法错误的是（　　）
    A. 饲料中的钙磷比通常会影响鱼类的生长和饲料利用，不同鱼类对饲料中钙磷比要求不同
    B. 鱼类对镁的需求量随着饲料中钙或磷的增加而减少
    C. 饲料中的硒和水体中的铜有明显的代谢交互作用，硒和铜可明显改变其他矿物盐的毒性作用
    D. 铜对铁的吸收和代谢存在明显的促进作用

[答案] B
[解析] 鱼类对镁的需求量随着饲料中钙或磷的增加而增加。

178. 关于氨基酸与免疫的相互关系的说法错误的是（　　）
    A. 饲料中 2% 的精氨酸水平能够提高斑点叉尾鮰的抗病力
    B. 在应激状况下，应补充一定量的谷氨酰胺，以满足动物机体的需要，使动物能

健康快速生长

    C. 鱼体免疫力随饲料必需氨基酸指数的下降而升高

    D. 动物机体内还原性谷胱甘肽和超氧化物歧化酶在清除自由基、抗氧化损伤和维持细胞的结构方面起着重要作用

[答案] C

[解析] 鱼体免疫力随饲料必需氨基酸指数的升高而升高。

179. 关于维生素 C 与免疫的相互关系的说法错误的是(   )

    A. 维生素 C 通过促进胶原蛋白的形成而参与表皮、黏液、鳞片的形成，在防病抗病过程中首先发挥着第一道屏障的作用

    B. 维生素是一种伤口愈合的激活因子，可加速伤口愈合

    C. 维生素 C 是一种重要的氧化剂，它能够清除细胞呼吸作用中产生的自由基

    D. 维生素能刺激干扰素的形成，从而影响水产动物免疫力和抗病力

[答案] C

[解析] 维生素 C 是一种重要的抗氧化剂，它能够清除细胞呼吸作用中产生的自由基。

180. 关于水生动物的摄食的说法，错误的是(   )

    A. 单位时间单位体重鱼体的摄食量叫摄食率

    B. 摄食周期方面，甲壳类多在早晨和黄昏摄食较为旺盛

    C. 海参分为悬浮食性和沉积食性两种

    D. 中华鳖是肉食性动物，以摄取高蛋白的动物饵料为主

[答案] D

[解析] 中华鳖是杂食性动物，以摄取高蛋白的动物饵料为主。

181. 关于鱼类的消化系统的说法，错误的是(   )

    A. 胃体常分为前后两部，前部成为贲门胃，后部称为幽门胃

    B. 在无胃鱼中，食管与中肠连接

    C. 后肠是食物消化吸收的重要场所

    D. 肝脏可分泌胆汁，帮助脂类消化

[答案] C

[解析] 中肠是食物消化吸收的重要场所。

182. 关于鱼类的消化酶的说法错误的是(   )

    A. 大部分鱼类的胃能分泌蛋白酶

    B. 胰脏是脂肪酶和酯酶的主要分泌器官，但也有组织学证据表明胃、肠黏膜和肝胰脏也能分泌脂肪酶

    C. 糖酶对草食性和杂食性鱼类具有更重要的意义

    D. 广泛的研究证明，鱼类消化道内的纤维素酶是消化道自身分泌的

[答案] D
[解析] 广泛的研究证明，鱼类消化道内的纤维素酶几乎都是来自微生物区系。

183. 对虾的肝胰脏又称(　　)，位于胸部中后区、心脏前方腹面，成对分布。肝胰脏是对虾主要消化腺。

    A. 中肠腺
            B. 后肠腺

    C. 中肠盲囊
          D. 后肠盲囊

[答案] A

184. 中华鳖对淀粉的消化主要依赖于(　　)，消化部位主要在前肠。

    A. 胰淀粉酶
            B. 麦芽糖酶

    C. 胃淀粉酶
            D. 肠淀粉酶

[答案] A

185. 甲壳类对营养素的吸收主要发生在(　　)

    A. 幽门胃
            B. 中肠

    C. 肝胰腺
            D. 后肠

[答案] C

186. 贝类吸收营养物质的主要场所是(　　)

    A. 肠
             B. 肝脏

    C. 消化盲囊
            D. 肝胰脏

[答案] A

187. 关于海水鱼类对蛋白质需求的说法错误的是(　　)

    A. 一般个体越小，其代谢越旺盛，对蛋白质的需求量越高

    B. 水温越高，对蛋白质的需求量越高

    C. 在适宜生活的盐度范围内，对蛋白质的需求随盐度的增加而降低

    D. 冷水性鱼类比温水性鱼类需要较高水平的蛋白质

[答案] C
[解析] 在适宜生活的盐度范围内，对蛋白质的需求随盐度的增加而增加。

188. 下列属于 n-6 系列的鱼类必需脂肪酸的是(　　)

    A. 亚麻酸
            B. 亚油酸

    C. DHA
             D. EPA

[答案] B
[解析] 亚麻酸（18：3n-3）；DHA（22：6n-3）；EPA（20：5n-3）；亚油酸（18：2n-6）。

189. 关于鱼类对糖类的营养需求的说法，错误的是(   )
　　A. 鱼类由于缺乏胰岛素，对糖类分解能力低，因此对糖类的需要量及利用率较低
　　B. 海水鱼类或冷水鱼类可消化糖类的适宜水平≤10％
　　C. 大多数鱼类对熟淀粉和糊精的利用比单糖好
　　D. 高浓度的糖类对鱼体有副作用

[答案] B
[解析] 海水鱼类或冷水鱼类可消化糖类的适宜水平≤20％。

190. 关于鱼类对糖类的营养需求的说法，错误的是(   )
　　A. 冷水性的鲑鳟对糖类的利用能力比温水性鱼类强
　　B. 糖类对大菱鲆增重的影响比脂肪明显，饲料中糖类含量为4％最好
　　C. 鲤日粮糖类的需要量一般为30％～40％
　　D. 饲料中纤维素含量为2.5％～10％时，对斑点叉尾鮰肠蠕动有促进作用，可促进其生长，但超过15.2％时，会抑制其生长

[答案] A
[解析] 冷水性的鲑鳟对糖类的利用能力比温水性鱼类弱。

191. 关于虾类的营养需求的说法错误的是(   )
　　A. 作为商品虾饲料，推荐的脂类水平为6％～7.5％，且建议最高水平为10％
　　B. 钙磷有助于虾类外骨骼和甲壳的形成，可预防软壳病
　　C. 斑节对虾对蛋白质的需求较高，需要量为39.9％～45.3％
　　D. 南美白对虾限制性氨基酸的顺序为蛋氨酸、精氨酸、赖氨酸

[答案] D
[解析] 南美白对虾限制性氨基酸的顺序为赖氨酸、蛋氨酸、精氨酸。

192. 关于蟹类的营养需求说法错误的是(   )
　　A. 对集约化养殖的蟹类，在饲料中添加磷脂有助于营养物质的消化和加速脂类的吸收
　　B. 蟹类所需的固醇中最具有代表性的是胆固醇，蟹类自身不能合成胆固醇
　　C. 蟹类体内存在不同活性的淀粉酶、几丁质分解酶和纤维素酶等，其利用糖类的能力远高于鱼类
　　D. 海水中富含钙，海水养殖的蟹类，其饲料中就没有必要另外添加钙

[答案] C
[解析] 蟹类体内虽存在不同活性的淀粉酶、几丁质分解酶和纤维素酶等，但其利用糖类的能力远比鱼类低，对糖类的需要量亦低于鱼类。

193. 虹鳟配合饲料中缺乏必需脂肪酸时会引起生长不良，发生( )
    A. 脂肪肝   B. 瘦背病
    C. 白内障   D. 烂鳍病

[答案] D

194. 饲料中糖含量过高，容易发生( )
    A. 脂肪肝   B. 瘦背病
    C. 白内障   D. 烂鳍病

[答案] A
[解析] 饲料中糖含量过高，将引起鱼类内脏脂肪累积，妨碍正常生理功能，引起肝脏脂肪浸润，造成肝肿大，色泽变淡，发生脂肪肝。

195. 斑点叉尾鮰缺乏维生素 K 的症状是( )
    A. 皮肤出血   B. 眼球突出、水肿
    C. 嗜睡   D. 神经失调、抽搐

[答案] A

196、斑点叉尾鮰饲料缺乏叶酸的症状是( )
    A. 皮肤出血   B. 眼球突出、水肿
    C. 嗜睡   D. 神经失调、抽搐

[答案] C

197. 鲤缺乏胆碱的症状是( )
    A. 皮肤出血   B. 神经失调、抽搐
    C. 眼球突出、水肿   D. 生长不良，脂肪肝

[答案] D

198. 鲑鳟类出现生长下降，体内钙平衡失调，白肌抽搐，可能是缺乏( )
    A. 维生素 A   B. 维生素 D
    C. 维生素 E   D. 维生素 K

[答案] B

199. 在蛋白质的所有元素中，氮元素是其特征元素，平均值为( )，即每克氮相当

于 6.25g 蛋白质。

    A. 8％   B. 10％

    C. 16％   D. 20％

［答案］C

200. 虹鳟出现头部和脊椎骨变形，白内障及短躯症。可能是缺乏（　　）

    A. 铜   B. 铁

    C. 锰   D. 锌

［答案］C

［解析］鱼体缺锰时会得软骨症。虹鳟缺锰时，会引起头部和脊椎骨变形，白内障及短躯症。

第十四篇

养殖水环境生态学

第一单元　概　　述

1. 关于池塘生态系统描述错误的是(　　)

A. 与自然生态系统相比，部分生物因子被人为强化了，部分被人为削弱甚至除去了

B. 池塘养殖生态系统结构复杂

C. 养殖池塘的生态平衡具有高产性和脆弱性

D. 养殖池塘的生态平衡具有人工调节的经常性和复杂性

[答案] B

[解析] 此题考查池塘生态系统的特点，养殖池塘是一定程度上的人工生态系统，与自然生态系统相比，部分生物因子被人为强化了，部分（如养殖生物的敌害和竞争者）被人为削弱甚至除去了，选项 A 正确。池塘养殖生态系统结构简单，不可能完全靠自我调控保持生态平衡，必须依靠人工调节，选项 B 错误。人工调节使得养殖生物能够处于最适生态环境中，所以可以获得高产；但由于其生态结构简单，应对外来干扰的自我调节能力不足，稳定性差，故其生态平衡又是脆弱的，也注定了人工调节的经常性和复杂性选项 C、D 均正确。综上，正确选项是 B 选项。

2. 关于工厂化养殖描述错误的是(　　)

A. 自动化程度高　　　　　　　　B. 养殖密度大

C. 养殖周期短　　　　　　　　　D. 占地多、产量高

[答案] D

[解析] 此题考查工厂化水产养殖的特点之一，资源利用率高的具体涵义，包括占地少、产量高、养殖密度大、可以满足最佳生长条件，养殖周期短，自动化程度高。综上，选项 D 是错误的。

3. 关于浅海、滩涂养殖描述错误的是(　　)

A. 滩涂大部分划分潮下带，浅海则在潮间带

B. 养殖对象主要是经济价值较高的海产鱼类、虾蟹类、贝类和藻类

C. 滩涂生态系统作为一种区域生态类型，以滩涂为载体，以潮间带生态系统为核心

D. 我国浅海滩涂的天然渔业资源特点是海洋动植物资源丰富、品种繁多

[答案] A

[解析] 此题考查浅海、滩涂养殖生态系统的特点。滩涂大部分划分潮间带，浅海则在潮下带，所以选项 A 描述错误，其他选项正确。

4. 关于湖泊生态系统描述错误的是(　　)

A. 一般深水湖泊水质较瘦，生物量贫乏

B. 中、大型湖泊以粗放养殖为主，饵料主要以天然饵料为主

C. 一般来说，湖泊沿岸的水生生物类群较多，相应的浮游生物和底栖动物种类比较少

D. 浅水湖容易上下混合和环流，营养物质可以反复被利用，水质肥，生物群落繁茂

[答案] C

5. 当前政策下，在基本农田开展稻虾、稻、鱼共作应优先保证(　　)

A. 鱼或虾生长　　　　　　　　　　　　B. 水稻种植面积

C. 为了经济收益，优先保证鱼虾生长水体面积　　D. 以上都不对

[答案] B

6. 关于稻鱼共作生态系统描述正确的是(　　)

A. 稻鱼共作系统由于残饵和养殖生物排泄物的大量输入，土壤的肥力更强，同时养殖生物的摄食、活动能疏松土壤，有利于水稻根系的呼吸和发育

B. 稻田内的养殖生物等可以消灭部分农业害虫，降低水稻病害的发生

C. 由于水稻的隔离作用及稻田多样生境条件，稻田鱼蟹等发病更轻于一般水体

D. 以上都对

[答案] D

7. 与水产养殖相关的国家水质标准不包括(　　)

A.《海水水质标准》　　　　　　　　B.《无公害食品　海水养殖用水水质》

C.《渔业水质标准》　　　　　　　　D.《地表水环境质量标准》

[答案] B

8. 海水水质标准规定了 4 类使用功能的水质，下面哪一个描述是错误的(　　)

A. 第一类，适用于海洋渔业水域、海上自然保护区和珍稀濒危海洋生物保护区

B. 第二类，适用于水产养殖区、海水浴场，人体直接接触海水的海上运动或娱乐区，以及与人类使用直接有关的工业用水区

C. 第三类，适用于鱼虾类越冬场、洄游通道

D. 第四类，适用于海洋港口水域、海洋开发作业区

[答案] C

9. 与水产养殖相关的国家水质标准不包括(   )

　　A.《盐碱地水产养殖用水水质》　　B.《淡水池塘养殖水排放要求》

　　C.《海水养殖水排放要求》　　D.《地表水环境质量标准》

[答案] D

10. 水质调查和检测的关键是(   )

　　A. 取得有代表性的样品

　　B. 采取一切预防措施避免在采样和分析的时间间隔内，测定成分发生变化

　　C. 要依照相应的规范进行

　　D. 以上都对

[答案] D

11. 关于池塘采样的描述错误的是(   )

　　A. 较大的池塘在四角和中心采样，取样点应离岸近点

　　B. 面积较小的池塘一般可只取中心一个水样

　　C. 取样时应避开粪堆、入水口等

　　D. 上下风位也可以设为采样点

[答案] A

[解析] 此题以池塘为例考查采样点设计的注意事项，选项 A 是错误的，正确应该是取样点应离岸远点，约 3m 处。其他选项正确。

12. 水质监测中保存水样的方法有(   )

　　A. 冷藏，2～5℃　　B. 冷冻，－20℃

　　C. 加入保护剂　　D. 以上都是

[答案] D

13. 水质监测中保存水样常用的保护剂有(   )

　　A. 酸，盐酸、硫酸、硝酸　　B. 碱，氢氧化钠

　　C. 氯仿、氯化汞　　D. 以上都是

[答案] D

14. 水质监测中保存水样常用的几种保护剂的共同功能是(   )

　　A. 防止氰、酚被氧化或挥发　　B. 防止金属化合物的絮凝和沉淀

　　C. 抑制微生物代谢　　D. 减少容器表面上的吸附

[答案] C

15. 水质监测的定义是( )

    A. 监视和测定水体中污染物的种类   B. 测定各类污染物的浓度和变化趋势

    C. 评价水质状况   D. 以上都是

[答案] D

16. 水质监测项目可分为两大类,一类是反映水质状况的综合指标,一类是一些有毒物质,下列水质项目不属于有毒物质范畴的是( )

    A. 氨氮   B. 生化需氧量

    C. 有机农药   D. 砷、铅、镉、汞等重金属

[答案] B

17. 水质环境监测根据其对象、手段、时间和空间的多变性、污染组分的复杂性等,其特点可以归纳为综合性、连续性、追踪性、优先性和科学性,其中下列哪个选项体现了优先性的特点( )

    A. 水质监测手段包括物理、化学、生物、生物化学及生物物理等一切可表征环境质量的方法

    B. 水环境监测点代表性得到确认后,必须长期坚持监测

    C. 水环境监测采用实用、经济、重点污染物优先原则,全面规划、协同监测

    D. 水质监测技术方法需要依据相关国家标准

[答案] C

18. 水质环境监测根据其对象、手段、时间和空间的多变性、污染组分的复杂性等,其特点可以归纳为综合性、连续性、追踪性、优先性和科学性,其中下列哪个选项体现了综合性的特点( )

    A. 水质监测手段包括物理、化学、生物、生物化学及生物物理等一切可表征环境质量的方法

    B. 水环境监测点代表性得到确认后,必须长期坚持监测

    C. 水环境监测采用实用、经济、重点污染物优先原则,全面规划、协同监测

    D. 水质监测技术方法需要依据相关国家标准

[答案] A

19. 水质环境监测根据其对象、手段、时间和空间的多变性、污染组分的复杂性等,其特点可以归纳为综合性、连续性、追踪性、优先性和科学性,其中下列哪个选项体现了追踪性的特点( )

    A. 水质监测手段包括物理、化学、生物、生物化学及生物物理等一切可表征环境

质量的方法

B. 为了使数据具有可比性、代表性和完整性，需要建立水环境监测的质量保证体系

C. 水环境监测采用实用、经济、重点污染物优先原则，全面规划、协同监测

D. 水质监测技术方法需要依据相关国家标准

[答案] B

20. 水质环境监测根据其对象、手段、时间和空间的多变性、污染组分的复杂性等，其特点可以归纳为综合性、连续性、追踪性、优先性和科学性，其中下列哪个选项体现了科学性的特点（　　）

A. 水质监测手段包括物理、化学、生物、生物化学及生物物理等一切可表征环境质量的方法

B. 为了使数据具有可比性、代表性和完整性，需要建立水环境监测的质量保证体系

C. 水环境监测采用实用、经济、重点污染物优先原则，全面规划、协同监测

D. 水质监测技术方法需要依据相关国家标准

[答案] D

第二单元　养殖水体的物理环境

1. 关于水温温度变化、分布特点描述错误的是（　　）

A. 养殖水体的水温随气温的变化而变化

B. 养殖水体的水温具有明显的季节和昼夜差异

C. 水温的变化和气温的变化是一致的

D. 水温的垂直分布特征受季节影响

[答案] C

[解析] 考查水温变化、分布特征，C选项应为"水温的变化和气温的变化不尽相同"，水体的比热容较空气大，所以气温变化较水温变化更为剧烈，如白天平均水温通常低于气温，而夜间高于气温等。其他选项均为正确陈述。

2. 关于池塘中水温温度变化、分布特点描述错误的是（　　）

A. 一昼夜的平均温度，水温高于气温

B. 白天平均水温通常低于气温，而夜间高于气温

C. 晴天条件下，通常早上日出前水温最低，下午14：00—15：00水温最高

D. 池塘水体一般不会发生水温的分层现象

［答案］D

［解析］D选项错误，池塘水体会发生上下层水温不同的现象，尤其是夏季和冬季。

3. 哪个季节会出现底层水温高于表层水温的现象(　　)

A. 春季　　　　　　　　　　　　B. 夏季

C. 秋季　　　　　　　　　　　　D. 冬季

［答案］D

［解析］此题考查水温的垂直分布特征，天然水体水温的垂直分布受气候的影响呈现一定的季节变化特征，且表层水水温受气温变化的影响更为显著。春、秋季节在风力引起的涡动混合以及温度变化引起的密度流双重作用下，上下水层进行充分的交换流转，水温趋于全同温；夏季表层水温高，底层水温低，在没有外力作用下中间水层常常会出现一个水温随水深急剧变化的水层即温跃层，水温垂直分布特征为正分层；冬季表层水温低，底层水温高，底层较高的水温对于底层鱼类的安全越冬具有重要意义，养殖生产实践中常常通过加大水深，或调整盐度的方法提高底层水水温。

4. 春季水体的全同温是在什么作用下完成的(　　)

A. 升温导致的密度流

B. 风力作用下水体的涡动混合

C. 降温导致的密度流

D. 升温导致的密度流和风力作用下水体的涡动混合

［答案］D

［解析］由冬季水温的逆分层，转变为春季的全同温，是在两种作用下实现的：最初表层水温低于4℃时，气温升高导致表层水温升高，发生密度流；水温高于4℃以后，水温的升高不会再造成密度流，此时主要是在风力作用下，实现水体的全同温。

5. 水体的密度随温度发生变化，请问下列哪种情况不会发生由于密度流导致的上下水层的对流(　　)

A. 晚春季节，气温升高，表层水温度高于底层水温，且上下水层水温都在4℃以上

B. 夏季的夜晚，气温降低

C. 晚秋季节，气温降低，但表层水温仍高于4℃时

D. 初春时节，气温回升，表层冰盖融化时

［答案］A

［解析］密度流发生的条件是表层水密度高于底层水体，两种温度变化可出现这种情况：第一种情况，表层水温高于4℃时，气温降低，表层水温降低，密度增大，会发生密度流；第二种情况，表层水温低于4℃时，气温升高，表层水密度变化，会发生密度流，如初春冰盖融化时。鉴于以上，选项A不会发生密度流，水温在4℃以上，继续升温，表层水密度低于底层水，不会发生密度流。

6. 水体上下水层的交换，会导致水质变化，下列哪些情况会发生密度流（　　）

    A. 深水水体春季的大循环　　　　　　B. 深水水体秋季的大循环

    C. 浅水水体夜间形成的密度流　　　　D. 以上都是

[答案] D

[解析] 密度流发生的条件是上下水层出现密度差，上层水密度高于下层水密度。春季升温期表层水温由 4℃ 以下升温的时候会发生密度流；秋季降温过程中，表层水温降低得更快也会发生密度流。此外，夜间降温也会导致上层水温低于下层水温，上层水密度高于下层水密度，发生密度流，所以选 D。

7. 关于温跃层描述错误的是（　　）

    A. 温跃层指的是上下水层之间有一个水温随深度急剧变化的水层

    B. 温跃层的存在阻隔了上下水层之间的物质和能量交换

    C. 机械搅拌的方式不能打破温跃层

    D. 水产养殖中温跃层出现与否与养殖水体深度大小有一定关系

[答案] C

[解析] 考查温跃层的概念和影响。在非人为干预的自然条件下，在一定的气候及天气状况下，如夏季、冬季，一定深度的养殖水体都会发生水体的分层，产生温跃层，温跃层的存在，阻隔了上下水层的物质和能量交换。夏季水体中形成温跃层，下层低温底层水体溶解氧来源受限，生活在底层的水生生物和有机物的氧化分解受限，底层水质容易腐败变坏。在养殖实践中经常采取机械搅拌的方式来促进上下水层的交换，避免温跃层的产生。正确选项为 C。

8. 温度对水生生物的影响描述正确的是（　　）

    A. 温度影响水生生物的摄食、生长、生殖、产卵等各项生命活动

    B. 温度可改变诸多环境因子，间接影响养殖生物

    C. 几乎所有环境因子都受温度的制约

    D. 以上都对

[答案] D

9. 关于生物与温度的关系描述正确的是（　　）

    A. 海洋生物对温度的耐受幅度比陆地或淡水生物小得多

    B. 大多数生物的最适温度是接近最大耐受温度上限的

    C. 低温对生命的破坏作用在某些方面不如高温的大

    D. 以上都对

[答案] D

10. 根据生物对外界温度的适应范围，分为（　　）

    A. 广温性和狭温性　　　　　　　　B. 喜冷性和喜热性

C. 冷水种和暖水种　　　　　　　D. 以上都不对

[答案] A

[解析] 根据生物对外界温度的适应范围分为广温性和狭温性，A 为正确选项。选项 B 中的"喜冷性和喜热性"生物都属于狭温性生物范畴，C 选项中的"冷水种和暖水种"都属于海洋上层生物类群中的"温水种"。

11. 根据生物对分布区水温的适应能力，海洋上层生物类群可分为(　　)

A. 暖水种，一般生长、生殖适温范围高于 20℃，自然分布区月平均水温高于 15℃

B. 温水种，一般生长、生殖适温范围较广，为 4～20℃，自然分布区月平均水温变化幅度很大，为 0～25℃

C. 冷水种，一般生长、生殖适温低于 4℃，自然分布区月平均水温不高于 10℃

D. 以上都是

[答案] D

12. 关于海洋上层生物类群划分正确的是(　　)

A. 温水种分为"热带种"和"亚热带种"

B. 暖水种分为"冷温种"和"暖温种"

C. 冷水种分为"寒带种"和"亚寒带种"

D. 以上都不对

[答案] C

13. 我国各地区，一年中池塘水温在 15℃以上的时期，(　　)

A. 东北有 5 个月　　　　　　　　B. 长江流域有 8 个月

C. 珠江流域有 11 个月　　　　　　D. 以上都对

[答案] D

14. 温度与新陈代谢的关系描述错误的是(　　)

A. 温度直接影响新陈代谢速率

B. 温度与新陈代谢速率的关系可以用温度系数 Q_{10} 来描述

C. Q_{10} 一般介于 3～4

D. 适宜温度范围内，温度升高时，新陈代谢速率随之加快

[答案] C

[解析] 此题考查温度与生物新陈代谢的关系，A、B、D 项皆正确，Q_{10} 一般介于 2～3，所以 C 选项描述错误。

15. "生殖区"与"不生殖区"这两个概念对应的是哪一个环境要素对生物生殖的影响(　　)

A. 光照
B. 温度

C. 盐度
D. 溶解氧

[答案] B

[解析]"生殖区"与"不生殖区"是在介绍温度与生殖、生长和发育关系时介绍的概念，反映的是环境要素中"温度"对生物生殖的影响，所以应该选 B。

16. 关于有效积温法则描述错误的是(　　)

A. 指发育期的平均水温（有效温度）与发育所经历的天数或时数的乘积，是一个常数，这个常数因种类不同而有差异

B. 发育期的平均水温（有效温度）是日的平均温度与生物学零度的差值

C. 发育期的平均水温（有效温度）是日的平均温度

D. 有效积温法则可以用于评价新品种引入的条件是否适宜，为引养成功提供技术服务

[答案] C

[解析] 此题考查有效积温法则的定义、计算公式及应用。A 选型描述的是有效积温法则的定义，正确。B、C 选项描述的是有效积温法则计算公式中的内容。选项 C 是错误的，有效积温法则中的有效温度是一个差值，是日的平均温度与生物学零度的差值，而非当日的平均温度，不同生物的生物学零度不同，有效积温也不同。有效积温法则可用于评估一个养殖品种引入新的养殖地的可行性，为引养成功提供技术服务，D 选项正确。

17. 有效积温法则的公式 $K=\sum_{i=1}^{n}(T_i-T_0)$ 中 T_0 是(　　)

A. 平均温度
B. 生物学零度

C. 有效积温
D. 发育天数

[答案] B

18. 关于生物学零度描述错误的是(　　)

A. 是生物所能忍受的最低温度

B. 具有种属特异性

C. 生物学零度以上，水温的提高可加速有机体的发育

D. 有机体必须在一定温度以上，才能开始生长和发育，这一温度界限称为生物学零度

[答案] A

19. 生物的三基点温度包括(　　)

A. 最低温度
B. 最适温度

C. 最高温度
D. 以上都有

[答案] D

20. 关于鱼病与温度的关系描述错误的是(　　)
　　A. 温度对细菌性和病毒性传染病的暴发影响较大，与水产动物病害的发生密切相关
　　B. 水温的变化，尤其是急剧变化，对鱼病影响较大，在日温差或季节温差大的地方，温度对鱼病的发生有特别大的影响
　　C. 水霉病不可以通过提高水温进行治疗
　　D. 水温陡降后的回升过程是鱼病高发，且病死多发期

[答案] C

21. 哪种鱼病多发生在冬季到早春阶段池水温度较低时(　　)
　　A. 细菌性败血症　　　　　　B. 水霉病
　　C. 烂鳃病　　　　　　　　　D. 肠炎病

[答案] B
[解析] 以上4种鱼病，除水霉病外均发生在温度较高的季节。水霉病的治疗方法之一是采用生态治疗的方法，即提高水温，当水温升至26℃以上，可有效地抑制水霉病的发生。

22. 鱼、虾、贝苗或种投放饲养阶段，由于两个水体水温温差太大，会常发一种病是(　　)
　　A. 肤霉病　　　　　　　　　B. 感冒病
　　C. 水肿病　　　　　　　　　D. 肠炎病

[答案] B
[解析] 鱼、虾、贝苗或种投放饲养阶段，常出现一种感冒病，此病是两个水体水温温差太大，刺激鱼的神经末梢而引起的。将养殖对象从一个水体转移到另一个水体时，要注意两个水体的温差，鱼苗阶段水温突然变化不超过2℃，鱼种阶段水温突然变化不超过4℃，成鱼阶段不超过5℃，选项B是正确的。

23. 在冬季寒冷的养殖地区，通常在春季升温后出现鱼病暴发及死亡突增，原因有(　　)
　　A. 冬季鱼很少摄食或完全不摄食，组织内的养分储备消耗殆尽
　　B. 冬季冰下溶解氧低，到了春季，鱼体严重贫血
　　C. 冬末春初，生殖细胞发育消耗尽了鱼体的营养，春季达到发病水温之后，易感染而死亡
　　D. 以上都是

[答案] D

24. 下列关于鱼病与温度的描述错误的是（　　）

A. 淡水鱼细菌性败血症在 9～36℃均有流行，尤其水温保持在 25℃以上时严重

B. 烂鳃病在水温 15℃以上开始发病，15～30℃范围内水温越高，致死时间越短

C. 小瓜虫病 10～25℃流行

D. 锚头鳋在水温 12～33℃都可以繁殖，主要流行于热天

[答案] B

[解析] 鱼病的发生与温度密不可分，温度为病原微生物的生长提供了条件，不同病原微生物的生长温度不同，对应的发病温度不同。四个选项中的鱼病均是在高温季节流行，C项应为"小瓜虫病 15～25℃流行"。

25. 关于极端温度与病害的关系叙述正确的是（　　）

A. 低温对生物的伤害可以分为寒害和冻害

B. 极端低温对生物的致死作用主要是体液的冰冻和结晶，使原生质受到机械损伤，蛋白质脱水变性

C. 高温对动物的有害影响主要是破坏酶的活性，使蛋白质凝固变性，造成缺氧、排泄功能失调和神经麻痹

D. 以上都对

[答案] D

26. 0℃以下的低温使生物体内形成冰晶而造成的损害是（　　）

A. 寒害　　　　　　　　　　B. 冻害

C. 过冷却　　　　　　　　　D. 以上都不是

[答案] B

[解析] 此题考查极端温度与病害的关系，低温对生物的伤害分为冻害和寒害，其中 0℃以下的低温对生物造成的伤害是冻害，选项 B 正确。寒害是 0℃以上的低温对喜温生物造成的伤害；过冷却是为了适应低温，某些生物的体液能耐 0℃以下低温不结冰。

27. 造成"蛋白质合成受阻"的是哪一种极端温度对生物的伤害类型（　　）

A. 寒害　　　　　　　　　　B. 冻害

C. 高温　　　　　　　　　　D. 以上都不是

[答案] A

[解析] 此题考查极端温度与病害的关系。0℃以上的低温对喜温生物造成的伤害，主要是蛋白质合成受阻和代谢紊乱，称之为寒害。

28. 大部分生物适应极端温度的能力较弱，只有少数生物进化出了特定的适应能力，如（　　）

A. 海水低于一定温度冬眠

B. 海水高于一定温度夏眠

C. 为了适应低温，某些生物的体液能耐 0℃ 以下低温不结冰，即可 "过冷却"

D. 以上都是

[答案] D

29. 关于适宜的昼夜温度变动（变温）促进生长的原因叙述错误的是(　　)

A. 变温下动物个体摄食量增大

B. 变温下水生生物的食物转化率提高

C. 变温下水生生物的基础代谢提高

D. 变温下水生生物的摄食能中用于生长的比例增大

[答案] C

[解析] 此题考查变温对水生生物的积极影响，变温可加速幼体发育速度，提高雌体生殖力、幼体的存活率和增强对极限温度的忍耐力等。变温的促生长作用基本上可归因为两个方面，一个方面是变温下动物个体摄食量增大，另一方面是变温改变了动物个体的生物能量学特性，使其生物能量利用得到优化，如食物转化率提高、基础代谢降低、摄食能中用于生长的比例增大等。所以选项 C 描述错误。

30. 关于通过调节养殖池塘水深调控池塘水温的措施，使用正确的是(　　)

A. 春季太阳辐射的热力较弱时，池塘宜灌较浅的水，浅水水温易升高

B. 随着季节推进，水温逐渐升高，个体长大，池水须相应加深

C. 夏季表层水的水温较高，可超过 36℃，为了保持适宜的水温和稳定的水质，水位需要调至最高

D. 以上都对

[答案] D

[解析] 三个选项描述了不同的水温调控方案以应对不同季节气温变化，三个选项描述都是正确的。升温季节降低水位，有利于水温的升高，天然饵料的繁殖，养殖生物的摄食、生长；高温季节调高水位，保持底层维持较适宜的温度，避免养殖水体水温过高对养殖对象的伤害。合理调控水位，对保持良好的养殖水体理化及生物环境、加快养殖生物的生长是非常有益的。

31. 下列调控池塘水温的措施使用错误的是(　　)

A. 一般情况下池边不宜种植高大树木，池中不应生长挺水植物和浮叶植物，以免遮挡阳光，影响水温升高

B. 在风力较大的地区，可在池塘南侧和东侧近旁种植丛林以防大风，使池塘保持一定的水温

C. 网箱内，或养殖龟鳖的池塘，水面可种植水浮莲等漂浮植物，防止水温急剧升降

D. 在一些较大的静水水体，在养殖水体的北面和西北面用作物秸秆或泥土筑成 1.5～2m 高的挡风屏障，同时搭建大棚，以防止水体结冰

[答案] B

[解析] 错误选项是B。四个选项介绍的基本都是植物在调控池塘水温中的作用。池塘四周要不要种植大型树木，以及种植的方位都要因地制宜；风力较大的地区，为了防止降温期池塘水温骤降，通常会在池塘北侧或西北侧近旁种植防风林，而不是B选项所述。池塘内种植大型水生生物如挺水植物和浮叶植物会遮挡阳光，影响水体中饵料藻类的生长，然而冬季在小龙虾塘内种植水草，可起到很好的保温作用，水体中水草的存在对水体温度变动起到了一定的调控作用，具体是否使用水草，要根据养殖品种的需要权衡定夺。

32. 生产实践管理中，经常用哪两个指标来反映组成复杂的养殖水体的光照情况（ ）

　　A. 光照强度，光谱　　　　　　　　B. 光照强度，补偿深度

　　C. 透明度，补偿深度　　　　　　　D. 透明度，光谱

[答案] C

[解析] 注意题目中介绍的前提是"生产实践管理中"，生产实践中的仪器设备条件是非常基础的，通常不能直接测定光照强度和光谱，而常常以廉价、简易和综合的透明度、补偿深度反映组成复杂的养殖水体的光照情况，所以正确选项是C。

33. 下列哪个因素与太阳光在水中辐射强度的变化无关（ ）

　　A. 季节、天气　　　　　　　　　　B. 水中悬浮物质的数量

　　C. 太阳高度角、水深　　　　　　　D. 养殖的品种

[答案] D

[解析] 此题考查影响太阳光在水中辐射强度高低变化的因素。太阳光在水中辐射强度受季节、天气的影响，这一点很容易理解，天气好，太阳辐射强度大，水体中接收到的辐射能自然多；水体中悬浮物质的数量影响太阳辐射能在水体中的传播路径及衰减的强弱，是光向下层水体传播的阻力；水面上的光辐射强度随太阳高度角的增加而增加，水中的辐射强度随水深的增加呈指数函数衰减，水越深得到的太阳辐射能越少；而选项D与太阳光在水中辐射强度变化没有直接关系。

34. "光合作用有效辐照"指的是哪个波长的光（ ）

　　A. 波长>780nm　　　　　　　　　B. 波长 400～700nm

　　C. 波长<380nm　　　　　　　　　D. 以上都不是

[答案] B

[解析] 此题考查"光合作用有效辐照"的概念，指的是光合作用所需的波长，基本都是可见光，可透入较深的水层。透入海水中的光约有50%是波长>780nm的红外辐射，很快被吸收转换为热能，有很少量波长<380nm的紫外线辐射进入海水也被迅速吸收、散射，其余50%左右的可见光可可透入较深的水层，为光合作用所利用，称之为光合作用有效辐射。所以正确选项是B。

35. 下列哪种光在水中的穿透力最强(　　)

A. 蓝光 　　　　　　　　　　B. 红光

C. 紫外线 　　　　　　　　　D. 红外线

[答案] A

[解析] 在水中穿透力最强的是蓝光，在150m深处仍有1%的蓝光；光合作用有效辐照中的红光很快被海水吸收，在最清净海水中10m深处，只剩1%左右；紫外辐射进入海水后迅速被吸收、散射，红外辐射也很快被吸收转换为热能，所以正确选项是 A。

36. 光合作用产氧量等于浮游生物呼吸作用耗氧量的深度，称之为(　　)

A. 温跃层 　　　　　　　　　B. 补偿点

C. 补偿深度 　　　　　　　　D. 光合生成层

[答案] C

37. 与"补偿深度"对应的一个概念是"补偿点"，请问补偿点的单位是(　　)

A. m 　　　　　　　　　　　B. nm

C. μE 　　　　　　　　　　D. μm

[答案] C

[解析] 补偿点指的是补偿深度处的辐照度，所以其单位是辐照度的单位，为 μE，正确选项为 C，其余都不对。

38. 下列几个养殖体系中，补偿深度最小的是(　　)

A. 精养塘 　　　　　　　　　B. 海洋

C. 水库 　　　　　　　　　　D. 湖泊

[答案] A

[解析] 补偿深度受养殖水体及养殖方法的影响，水体中有机物越高，呼吸作用耗氧量相应更高，对应的补偿深度也越小，通常海洋、水库、湖泊这种天然水体的补偿深度较深，而池塘的补偿深度较浅，特别是精养鱼塘，其补偿深度更浅，一般不超过 1.2m。

39. 精养鱼池水深通常以(　　)为佳。

A. 1～1.5 m 　　　　　　　　B. 1.5～2 m

C. 2～2.5 m 　　　　　　　　D. 2.5～3 m

[答案] C

40. 粗略地讲，补偿深度平均位于池水透明度的(　　)倍深处。

A. 2.5～3 　　　　　　　　　B. 2～2.5

C. 1.5～2 　　　　　　　　　D. 1～1.5

[答案] B

41. 关于光对养殖生物的影响描述正确的是（   ）

　　A. 不同养殖动物，在不同养殖阶段对光谱组成有不同的最适需求

　　B. 光周期和光谱组成对摄食的影响具有种属特异性

　　C. 利用光周期的生物效应进行控光，可使养殖生物提早或推迟繁殖

　　D. 以上都对

[答案] D

42. 哪种鱼的幼鱼对黄至橙光最为敏感（   ）

　　A. 鲱幼鱼　　　　　　　　　　B. 白鲑幼鱼

　　C. 银鲈幼鱼　　　　　　　　　D. 发育4周的龙虾

[答案] C

43. 不同养殖动物，在不同养殖阶段对光谱组成有不同的最适需求，下列哪种动物的幼体只对蓝光敏感（   ）

　　A. 鲱幼鱼　　　　　　　　　　B. 白鲑幼鱼

　　C. 银鲈幼鱼　　　　　　　　　D. 发育4周的龙虾

[答案] D

44. 下列哪种养殖品种的摄食量不受光周期的影响（   ）

　　A. 中华鳖　　　　　　　　　　B. 普伦白鲑幼鱼

　　C. 蛙形蟹的溞状幼体　　　　　D. 鲑、鳟幼鱼

[答案] A

45. 关于鲑鳟类的描述错误的是（   ）

　　A. 是短日照型鱼类、冷水性鱼类

　　B. 受精卵不需要在黑暗中发育

　　C. 在自然光照时间逐日变短、水温逐日降低的秋、冬季性细胞发育成熟

　　D. 鲑鳟的养殖生产实践中，可通过调节光照、水温的方法实现周年产卵

[答案] B

46. 水色由很多组分构成，如天然的金属离子、微生物和浮游生物、泥沙、有机质、悬浮的残饵和施加的各种有机肥料、腐殖质及色素，甚至和当时当地的天空和池底色彩反射等有关，其中形成养鱼池塘水色的主要原因是（   ）

　　A. 有机质　　　　　　　　　　B. 浮游生物，特别是藻类的繁殖

　　C. 天然金属离子　　　　　　　D. 泥沙

[答案] B

47. 富有溶解有机质的水体呈现哪种颜色(　　)
  A. 黄绿色　　　　　　　　　　B. 土黄色
  C. 褐色　　　　　　　　　　　D. 蓝绿色

[答案] C

48. 关于水色的作用，描述不正确的是(　　)
  A. 具有一定水色的养殖池，蓄热能力比清水弱，而散热速度又比清水快
  B. 藻类光合作用可以提高水体中的溶解氧，提高养殖动物的摄食量和消化吸收水平
  C. 藻类可累积高浓度的污染物质，吸收氨及硫化氢等
  D. 一定的水色能增加浑浊度、减少透明度，使鱼虾类有安全感，愿意栖息，减少游动和互相捕食的机会，有利于蓄积能量生长

[答案] A

49. 关于水色的作用，描述不正确的是(　　)
  A. 加快气温变化时水温的升降　　B. 稳定水质并降低有毒物质的含量
  C. 养殖生物有安全感并减少互相捕食　D. 增加溶解氧

[答案] A

50. 关于池塘优势藻种与水色对应错误的是(　　)
  A. 硅藻水黄褐色　　　　　　　B. 蓝藻水蓝绿色
  C. 绿藻水鲜绿色　　　　　　　D. 隐藻水酱红色

[答案] D

51. 关于水色变化规律描述错误的是(　　)
  A. 温度较低、光照较弱的情况下水体中的硅藻容易发展为优势藻种
  B. 温度较高、光照较强或者 N、P 比较大的情况下，水体中的蓝藻容易发展为优势藻种
  C. 投喂花生饼为主的配合饲料的虾池易繁殖绿藻
  D. 以生石灰、漂白粉清池，易滋生蓝藻

[答案] B

52. 下列哪种水色不是劣质水水色(　　)
  A. 蓝绿色　　　　　　　　　　B. 黄褐色
  C. 黑褐色　　　　　　　　　　D. 清澈水色

[答案] B

53. 清澈水色的水有青苔水和黑清水，其中哪种水在养殖上被称为"转水"（   ）
    A. 青苔水
    B. 黑清水
    C. 黑褐色水
    D. 以上都不是

[答案] B

54. 关于蓝绿色水色与病害的关系描述有误的是（   ）
    A. 蓝绿色水色是由蓝藻门中的藻类大量繁殖，主要是螺旋藻所致
    B. 在塘口下风处的水中出现大量蓝绿色悬浮颗粒
    C. 水表层有带状、云状蓝绿色藻群聚集形成油膜，并有气泡出现
    D. 死亡后的蓝藻被分解产生有毒物质，易造成养殖对象暴发大规模死亡

[答案] A

55. 关于黑褐色水与病害的关系描述有误的是（   ）
    A. 黑褐色水色，又叫酱油色，呈黑褐色或深红褐、深黄褐色
    B. 形成原因是养殖中后期水体中有机质负荷过高，水质老化，毒物积累增多
    C. 该种水色的水中优势藻种多为鞭毛藻、裸甲藻、多甲藻等，均不产生毒素
    D. 增氧机打起来的水花呈黑红色，水黏滑，并有腥臭味，水面因增氧机打起的泡沫基本不散去

[答案] C
[解析] 此题考查黑褐色水与病害的关系，A选项介绍了黑褐色水的颜色特征，B选项介绍黑褐色水是如何形成的，C选项介绍形成黑褐色水色的藻种，但是关于优势藻是否有毒的描述是错误的，黑褐色水色的藻种很多都产生毒素，如甲藻毒素；D选项介绍的是黑褐色水的表观呈现是怎样的，综上选项C是错误的。

56. 下列哪种劣质水色可以通过打捞、物理遮光、有机肥挂袋培养浮游植物的方法进行调控（   ）
    A. 绿蓝色水
    B. 黑褐色水
    C. 青苔水
    D. 黑清水

[答案] C
[解析] 青苔经常出现在养殖早期培藻失败后，水体中透明度大，为青苔的生长提供了条件，为了控制青苔的生长可以采取物理遮光的方法，比如使用腐植酸钠对水体进行遮光，控制青苔的光合作用；有机肥挂袋可以持续长久地为水体提供营养盐，有利于培养有益藻类，正确选项是C。绿蓝色水是由于蓝藻门的藻类大量繁殖而形成的；黑褐色水是由于养殖中后期，水体中有机物含量过高，水质老化，毒物

积累增多形成的；黑清水是因为水色透明见底，但呈黑清色，并散发腥臭味，水中浮游植物绝迹，有大量浮游动物出现，在养殖上称为"转水"，这几种类型的水色均不是物理遮光、有机肥挂袋能解决的。

57. 下列哪种劣质水色可以通过减少或停喂饲料、加注新水、开动增氧机、增加曝气降低毒素浓度的方法进行调控(　　)

    A. 绿蓝色水　　　　　　　　　　B. 黑褐色水

    C. 青苔水　　　　　　　　　　　D. 黑清水

[答案] B

[解析] 减少或停喂饲料是为了降低水体中有机物的来源，侧面反映该劣质水色中有机物含量非常高，开动增氧机，增加曝气，说明水体溶解氧含量低，而且有毒素，结合这几点基本可以判定该种劣质水色是黑褐色水。

58. 下列关于水体密度的描述错误的是(　　)

    A. 水的密度对水与生态系统循环和流转具有重要影响，水体的流转对水质、水生生物又会产生诸多影响，所以了解水体的密度变化特征及影响因素是非常重要的

    B. 水体的密度受温度、盐度、压强的影响

    C. 淡水的冰点和最大密度时的温度分别是0℃和4℃

    D. 海水的冰点比最大密度时的温度要低

[答案] D

[解析] D选项是错误的，正确为海水的冰点比最大密度时的温度高。水的密度、冰点、最大密度时的温度都受盐度的影响。水的密度以最大密度时的温度为分界点，温度高于最大密度时的温度时，密度随温度的升高而降低；温度低于最大密度时的温度时，密度随温度的升高而升高。冰点、最大密度时的温度随盐度的升高而降低，盐度低于24.95时，冰点小于最大密度时的温度；盐度大于24.95时，冰点大于最大密度时的温度，即使海水结冰时，其密度应然没有达到最大，而淡水最大密度时的温度是4℃。

59. 表征水中悬浮物质等阻碍光线透过的程度，表示水层对于光线散射和吸收能力的指标是(　　)

    A. 透明度　　　　　　　　　　　B. 浊度

    C. 补偿深度　　　　　　　　　　D. 颗粒悬浮物

[答案] B

60. 水中悬浮物起的有利作用包括(　　)

    A. 腐质是水生生物重要的食物源泉，悬浮腐质量常常决定着浮游动物的产量

    B. 沉积水底的腐质是摇蚊幼虫、水蚯蚓等底栖动物的主要食物

C. 腐质经过细菌分解作用又可丰富水体中氮磷等物质的浓度，从而促进浮游植物的繁殖

D. 以上都是

[答案] D

61. 水中悬浮物过多的生态危害有（　　）

A. 水中悬浮物过多，将导致透明度下降，抑制水生植物的光合作用，恶化溶解氧状况，堵塞滤食性动物的滤食器官，恶化其营养条件

B. 悬浮物直接和浮游生物或鱼类相摩擦，对生物会造成机械损伤

C. 泥沙的含量影响底栖动物的种群多样性及数量

D. 以上都是

[答案] D

62. 表征可见光在水中的衰减状况的是哪个指标（　　）

A. 透明度　　　　　　　　　　B. 浊度

C. 补偿深度　　　　　　　　　D. 真光层

[答案] A

63. 透明度的大小取决于水的哪两个指标（　　）

A. 浑浊度、泥沙含量　　　　　B. 浮游生物的丰度、泥沙含量

C. 浑浊度、色度　　　　　　　D. 浑浊度、浮游生物的丰度

[答案] C

[解析] 透明度的大小取决于水的浑浊度（指的是水中混有各种浮游生物和悬浮物质所造成的混浊程度）、色度（浮游生物、溶解有机物和无机盐形成的颜色），选项C正确，其他选项都不够全面。

64. 关于透明度描述错误的是（　　）

A. 养殖水体的透明度能大致反映水体中浮游生物的丰歉和水质的肥瘦

B. 透明度越小，水体的浮游生物量越小

C. 不同季节、一日内不同测定时间、上下风位处的透明度均不同

D. 浅水的藻型湖泊，透明度较低；浅水的草型湖泊，透明度较高

[答案] B

[解析] 通常水生浮游植物生物量越高，水色越浓，水体的透明度越低，所以选项B描述错误，注意不要把透明度跟水色搞混。其他选项的描述都是正确的，藻型湖泊相比于草型湖泊，水体中占主体的植物类群不同，通常藻型湖泊水色更深，透明度更低。

65. 下述哪种天气容易形成温跃层(   )

A. 晴天闷热天气

B. 暴雨天气

C. 台风天气

D. 冷风来袭引起的降温天气以及冷暖峰相遇引起的降雨天气

[答案] A

66. 下述哪种天气不容易发生缺氧下层水体上翻(   )

A. 冷风来袭引起的降温天气以及冷暖峰相遇引起的降雨天气

B. 暴雨天气

C. 晴天闷热天气

D. 台风天气

[答案] C

67. 强降水来临前的池塘管理对策有(   )

A. 提前使用增氧机，减少水层的温差

B. 淡水池塘降低水位，海水池塘尽量多蓄海水

C. 适时捕获上市

D. 以上都对

[答案] D

68. 暴雨过后，水质调控措施有(   )

A. 海水池塘尽快打开溢流口排出上层淡水，减小水质变化

B. 加入适量生石灰，提高 pH；开动增氧机，增加水体溶解氧，加速有毒物质氧化

C. 养殖动物在恢复期间，适当减少投喂，避免浪费饵料和污染水质

D. 以上都对

[答案] D

69. 养殖水体水交换的作用有(   )

A. 有利于维持稳定的理化因子，尤其是溶解氧

B. 有利于调节池水温度、水中污物的排除

C. 可促进鱼体的新陈代谢，有利于鱼的生长

D. 以上都是

[答案] D

70. 关于养殖水交换管理描述错误的是(   )

A. 水质状况不佳时，水交换量应小一些

B. 养殖生物应激能力强的水交换量可加大

C. 水质交换不宜过于频繁

D. 水交换量不应该过大，防止水质剧变引起的应激反应

[答案] A

第三单元　养殖水体化学环境

1. 关于广盐性和狭盐性生物描述错误的是(　　)

    A. 河口、前海等近海海域的鱼类多为广盐性鱼类

    B. 洄游性鱼类属于广盐性种类

    C. 大洋或外海的生物多是狭盐性种类

    D. 淡水鱼类不属于狭盐性生物

[答案] D

2. 水生动物对盐度变化的适应机制描述错误的是(　　)

    A. 形态适应   B. 行为适应

    C. 生理适应   D. 水生动物通常只会采取一种适应机制

[答案] D

3. 下列哪一项不属于水生动物对盐度变化的形态适应(　　)

    A. 水生昆虫的几丁质外壳   B. 轮虫的轮盘

    C. 甲壳类的甲壳   D. 鱼类皮肤鳞片

[答案] B

[解析] 此题可以用排除法，很容易看出 A、C、D 选项都属于水生动物对盐度变化的形态适应范畴。选项 B，轮虫的轮盘与其维持渗透压没有关系，其主要作用为通过轮盘上纤毛的摆动在轮虫头冠周围形成水流，促进其进食活动。轮虫身体结构中与维持渗透压相关的结构应该是背甲，所以答案为 B。

4. 下列哪一项不是造成海水池塘盐度变化的影响因素(　　)

    A. 潮汐   B. 降雨

    C. 刮风   D. 蒸发

[答案] A

5. 暴雨对海水池塘盐度影响很大，包括(　　)

    A. 水体分层，上层盐度低、下层盐度高，下层溶解氧过低

    B. 藻相、菌相改变，有益藻类、菌死亡

C. 病原菌可能大量繁殖，引起疾病暴发

D. 以上都是

[答案] D

6. 我国北方室外海水越冬池底层保温采取向池中添加低盐度的海水或淡水的措施的原理是(　　)

A. 添加低盐度的海水或淡水可加高池水深度，有利于下层水的保温

B. 高盐度的水密度大，沉在下层，低盐度的密度小，漂在上层

C. 添加低盐度的海水或淡水导致水体分层，减弱上下水层对流交换，有利于下层水维持较高的温度

D. 以上都是

[答案] D

7. 一般将天然水的酸碱性划分为 **5** 类，即强酸性、弱酸性、中性、弱碱性、强碱性，关于分类界线划定错误的是(　　)

A. 强酸性，$pH < 5.0$　　　　　　　　B. 弱酸性，$pH\ 5.0 \sim 6.5$

C. 中性，$pH\ 6.5 \sim 7.5$　　　　　　　D. 强碱性，$pH > 10.0$

[答案] C

8. 下列关于水体 **pH** 强弱的排序正确的是(　　)

A. 海水>苏打型湖泊水>淡水>地下水

B. 苏打型湖泊水>海水>淡水>地下水

C. 海水>苏打型湖泊水>地下水>淡水

D. 海水>苏打型湖泊水>淡水>地下水

[答案] B

[解析] 不同类型的天然水体的 pH 不同。地下水由于溶解有较多的 CO_2，pH 一般较低，呈弱酸性，其他三个类型的水体均为中性到碱性，其中，淡水的 pH 多在 $6.5 \sim 8.5$，海水的 pH 一般在 $8.0 \sim 8.4$，部分苏打型湖泊水的 pH 可达 $9.0 \sim 9.5$，有的可能更高，所以正确选项是 B。

9. 天然水体都有一定维持本身 **pH** 稳定的能力，即缓冲作用，天然水的缓冲作用主要取决于几种缓冲系统，其中发挥主要作用的是(　　)

A. 碳酸的一级与二级电离平衡

B. 碳酸钙的溶解和沉淀平衡

C. 水中带负电荷的黏土胶粒与 H^+ 的交换吸附平衡

D. 海水中较高的离子强度，生成很多离子对，对 pH 的缓冲作用

[答案] A

[解析] 天然水体的缓冲作用主要取决于以下几个缓冲系统：碳酸的一级与二级电离平衡、碳酸钙的溶解和沉淀平衡、离子交换缓冲系统如水中带负电荷的黏土胶粒与 H^+ 的交换吸附平衡，此外海水中较高的离子强度，生成很多离子对，对 pH 的缓冲作用。这些缓冲体系中，主要是依靠碳酸盐的一级与二级电离平衡，其他几个主要是起辅助作用。

10. 下列关于水体 pH 变化描述错误的是（　　）

    A. 池塘 pH 在动物、微生物、植物的共同作用下呈周期性变化

    B. 通常池塘早晨的 pH 最低，日出后 pH 随光合作用进行逐渐升高

    C. 与碱度相同的软水水体相比，硬水更容易产生较高的 pH

    D. 相较于淡水水体，海水水体的 pH 更加稳定

[答案] C

[解析] 考查影响水体 pH 变化的因素。天然水中凡能使水中二氧化碳体系的平衡发生移动的因素，都与水的 pH 变化有关，其中与自然水体相比，生物活动的作用对养殖池塘 pH 的影响显得更为重要，池塘 pH 在动物、微生物、植物的共同作用下呈周期性变化；白天光合作用强于呼吸作用，池塘的 pH 随着光合作用的进行逐渐升高，并在下午的某一时刻达到最大，夜晚水体的 pH 由于呼吸作用的进行逐渐降低，在日出前某一时刻达到最低；相较于淡水水体，海水水体中有较高的离子强度，生成很多离子对，对 pH 的缓冲作用使得 pH 更加稳定，所以 A、B、D 三项均为正确。水体的硬度高低影响水体的 pH 变化的强弱，是因为构成硬度的钙离子可以和碳酸氢根离子生成碳酸钙沉淀，这一反应的发生可以调控水体中碳酸根离子的浓度，水体中 Ca^{2+} 含量足够大时，可限制 CO_3^{2-} 含量的增加，因而可以限制 pH 的升高，增大水体的缓冲能力，所以选项 C 描述错误。

11. 下列关于淡水、半咸水、海水水生生物耐受 pH 变化能力最弱的是（　　）

    A. 淡水   B. 半咸水

    C. 海水   D. 不确定

[答案] C

[解析] 不同水体中的生物适应其生存环境，因而形成了不同的 pH 适应。与淡水相比，海水因有较强的缓冲系统和较大的缓冲容量而使水体的 pH 变化幅度相对较小，因此海洋生物一般不能忍耐大幅度的 pH 变动；而淡水水体的 pH 稳定性通常较差，所以多数淡水生物的 pH 适宜幅度在 6.5～9.0。在海水和河水汇集的半咸水区域的 pH 变化幅度则较大，生活在其中的鱼类和甲壳类往往能适应较广的 pH 幅度。综上，正确选项是 C。

12. 关于 pH 变化对水生生物的直接影响，描述错误的是（　　）

    A. 酸性水可使鱼类血液 pH 降低，载氧能力下降，血液氧分压降低，即使水体不

缺氧，鱼类也会浮头

  B. 碱性过强常常腐蚀鳃组织，造成呼吸障碍而窒息

  C. 降低 pH 会抑制硝酸盐还原酶的活性，导致植物缺氮

  D. 高 pH 会促进植物对铁和碳的吸收

[答案] D

[解析] 此处考查 pH 变化对水生生物的直接影响。pH 过低会抑制硝酸盐还原酶的活性，植物缺氮，一些大型枝角类无法生存，微生物活动受抑制，固氮活性降低，有机物分解矿化速率降低，鱼类血氧水平降低，代谢水平降低，摄食减少，消化变弱，生长受到抑制；pH 过高常常腐蚀鳃组织，造成呼吸障碍而窒息，同时 pH 过高会妨碍植物对铁和碳的吸收。所以 D 项是错误的。

13. 关于 pH 变化对水生生物的间接影响，描述错误的是(　　)

  A. NH_4^+、S^{2-}、CN^- 的毒性随着 pH 的降低而变大

  B. pH 改变，导致一些有毒物质存在的形式的转变，间接影响生物的生命活动

  C. pH 降低，游离重金属离子浓度增大，pH 升高，游离重金属离子浓度降低

  D. pH 通过改变有毒金属离子的存在形式而改变其毒性

[答案] A

[解析] 此处考查 pH 变化对水生生物的间接影响，即通过改变物质存在形态，对水生生物的间接影响。一些有毒物质的存在形态或溶解度受 pH 调控，如 pH 升高，NH_4^+ 转变为 NH_3，毒性增加，pH 降低，S^{2-}、CN^- 转变为具有强毒性的 H_2S、HCN。pH 降低，水体中弱酸电离减少，许多弱酸根离子不同程度地转化为相应的分子形式，因而含有这些阴离子的络合物及沉淀也相继分解和溶解，使游离重金属离子浓度增大；相反，水体 pH 升高，则弱碱电离减弱，以分子形式存在，弱酸电离增大，转化为弱酸阴离子，导致金属离子水解加剧，形成氢氧化物或碳酸盐沉淀，使游离金属离子浓度降低。

14. pH 调节措施使用错误的是(　　)

  A. 四大家鱼养殖池塘 pH 偏低，泼洒生石灰提高水体 pH

  B. 地下水用作养殖用水前通过曝气调节 pH

  C. 盐碱地池塘可用有机肥、硫酸钙、农用石膏、氯化钙等降低水体较高的 pH

  D. pH 变化只要在容许范围内就是安全的，与调控幅度、调控频率无关

[答案] D

[解析] 选项 D 错误，养殖水体的 pH 必须保持相对稳定，即使在容许范围内，pH 的变化过于频繁，变化的幅度太大，也对生长不利，其他 pH 调控措施均为正确。

15. 在无外力作用下，天然水体在夏季会出现分层，请问哪个水层氧气的溶解度更大(　　)

  A. 表层   B. 次表层

    C. 底层   D. 温跃层

[答案] C

[解析] 此题考查点有两个，一个是水体温度的垂直分布特征，一个是影响氧气在水体中溶解度的因素。在无外力作用下，天然水体在夏季会出现分层，水体的水温随深度变化，表层温度高，底层温度低，中间有一个温度随深度急剧变化的温跃层。氧气在水体中的溶解度在氧气分压、盐度恒定的条件下，受温度的影响，温度越低，氧气的溶解度越大，所以，低温水层氧气的溶解度大，正确选项是 C。

16. 在相同的温度和分压下，氧气在海水中的溶解度比在淡水中的（   ）

    A. 大   B. 小

    C. 相当   D. 以上都不对

[答案] B

[解析] 气体在水体中的溶解度受水温、气体分压、水体含盐量高低的影响，在相同的温度和分压下，氧气在水体中的溶解度随盐度的增加而降低，含盐量增加，离子对水的电缩作用（指离子吸引极性水分子，使水分子在其周围形成紧密排布的水合层的现象）加强，使水可溶解气体的空隙减少。

17. 在无人工作用且天气晴好的白天，通常池塘氧气的主要来源是（   ）

    A. 空气的溶解   B. 增氧机增氧

    C. 浮游植物光合作用   D. 补水

[答案] C

[解析] 此题考查天然水体氧气的主要来源，不同营养条件水体的氧气来源不同。富营养池塘浮游植物光合作用是氧气的主要来源，选项 C 正确；氧气是难溶气体，如果没有风力或人为扰动，由空气溶解对溶解氧贡献的比率非常低；在工厂化流水养鱼中补水增氧是氧气的主要来源，在非流水养鱼的池塘中，补水量较小，补水对池塘的直接增氧效果不大；增氧机增氧属于人工作用，所以剩余三个选项均为错误选项。

18. 工厂化流水养鱼的溶解氧主要来源是（   ）

    A. 空气的溶解   B. 增氧机增氧

    C. 水生植物光合作用   D. 补水

[答案] D

19. 关于不同养殖体系溶解氧来源的说法错误的是（   ）

    A. 富营养化的静水池，主要通过光合作用来增加氧气

    B. 高密度集约化养殖池，主要靠人工增氧

    C. 贫营养型水体空气溶解是氧气的重要来源

    D. 机械增氧或化学增氧只能作为辅助增氧，不能作为主要溶解氧来源

[答案] D

20. 水中氧气的消耗通常有 4 个途径，其中哪个途径的耗氧率最高(　　)

　　A. 鱼、虾等养殖生物呼吸　　　　　　B. 水中微生物耗氧——水呼吸

　　C. 底质耗氧　　　　　　　　　　　　D. 逸出

[答案] B

21. 关于溶解氧日较差说法错误的是(　　)

　　A. 溶解氧的日较差指的是，一日中溶解氧的最高值和最低值之差

　　B. 产氧和耗氧都较多时，日较差较大

　　C. 日较差大说明水中浮游植物多，浮游动物和有机物的量适中，也就是饵料生物
　　　较为丰富

　　D. 养鱼池的日较差越大越好

[答案] D

22. 关于溶解氧日较差说法错误的是(　　)

　　A. 在不影响养殖鱼类生长的前提下，养鱼池的日较差大一些比较好

　　B. "鱼不浮头不长"，指的是早晨轻微浮头的鱼池，鱼的生长一般较快

　　C. 全价配合饲料流水养鱼模式，"鱼不浮头不长"的说法同样适用

　　D. "鱼不浮头不长"的说法，不适用于网箱养鱼模式

[答案] C

23. 关于溶解氧垂直分布特点描述错误的是(　　)

　　A. 夏季富营养盐的湖泊，上层水溶解氧多，下层水溶解氧低

　　B. 夏季贫营养盐的湖泊，上层水溶解氧多，下层水溶解氧低

　　C. 冬季贫营养盐的湖泊，上层水溶解氧多，下层水溶解氧低

　　D. 冬季富营养盐的湖泊，上层水溶解氧多，下层水溶解氧低

[答案] B

24. 下列哪些位置的溶解氧与周围无较大差别(　　)

　　A. 湖泊、池塘的进出水口，浅海有淡水流入处

　　B. 有生活污水及工业废水污染处

　　C. 无风天气，池塘上、下风位处

　　D. 鱼、贝类集群处

[答案] C

25. 溶解氧动态对水质的影响包括(　　)

A. 水的氧化还原电位　　　　　　B. 变价元素的存在形态

C. 有机物的降解方式　　　　　　D. 以上都是

[答案] D

26. 下列哪种物质不会存在于溶解氧低的水体中（　　）

A. NO_3^-　　　　　　　　　　　B. S^{2-}

C. NH_4^+　　　　　　　　　　　D. 有机酸、胺类

[答案] A

27. 改善养殖水体溶解氧状况的方法正确的是（　　）

A. 降低耗氧速率，如清淤，合理施肥，用明矾、黄泥浆凝聚沉淀水中的有机物及细菌等

B. 使用生物、化学、机械方法增氧

C. 调节放养密度，开展生态养殖

D. 以上都是

[答案] D

28. 下列物理增氧方法与使用场景搭配不合适的是哪一项（　　）

A. 微孔增氧技术——工厂化养殖，如南美白对虾高位池标粗用

B. 水车式增氧——池塘养殖，如四大家鱼养殖

C. 射流式增氧——工厂化养殖，如鱼苗的培育池

D. 喷水式增氧——池塘养殖，如罗非鱼养殖

[答案] D

[解析] 物理增氧的方法有很多，不同的增氧方式适合不同的养殖对象、养殖阶段和模式，喷水式增氧在短时间内迅速提高表层水体的溶氧量，常出现在园林或旅游区养鱼池中，从而增强艺术观赏的效果，而不是一般的低值食用鱼类养殖中。

29. 使用过氧化钙增氧的同时对水质有很多"副作用"，描述错误的是（　　）

A. 可减缓硝化作用，影响水体中氨氮的含量

B. 提高水体硬度

C. 提高水体的碱度

D. 絮凝有机物和胶粒，净化水质

[答案] A

30. 关于水体的二氧化碳平衡体系的描述正确的是（　　）

A. 天然水中二氧化碳的平衡体系是一个复杂而又重要的体系，与许多水质参数密切相关，如温度、盐度、压力、pH、液面上大气中二氧化碳的分压及底质条件

B. 天然水中二氧化碳的平衡体系平衡移动会引起体系内一系列分量的变化

C. 天然水中二氧化碳的平衡体系平衡移动会影响 pH、硬度、缓冲能力以及重金属离子的毒性等

D. 以上都是

[答案] D

31. 天然水中二氧化碳的平衡体系平衡移动会引起体系内一系列分量的变化，包括(　　)

A. 气体二氧化碳的溶解与逸出　　　　B. 钙、镁等金属离子碳酸盐的沉淀与溶解

C. CO_3^{2-}、HCO_3^-、H_2CO_3 的相互转变　D. 以上都是

[答案] D

32. 天然水中二氧化碳的平衡体系包括哪些(　　)

A. 气相的 CO_2

B. 固相碳酸盐

C. 水中溶解的 CO_2、CO_3^{2-}、HCO_3^-、H_2CO_3

D. 以上都是

[答案] D

33. 关于 CO_2 对水生生物的影响描述错误的是(　　)

A. CO_2 是水生植物光合作用的原料

B. 高浓度 CO_2 对水生生物有毒害和麻痹作用，如呼吸困难、昏迷或仰卧现象，甚至死亡

C. CO_2 浓度过高会导致 pH 升高

D. 一般鱼池的 CO_2 浓度不会达到使鱼麻痹以至死亡的浓度，但北方冰封期，鱼池内 CO_2 的浓度可能过高，对鱼产生危害

[答案] C

34. 关于硬度与水体二氧化碳平衡体系的相关叙述错误的是(　　)

A. 有一定硬度的池水，一般能供应浮游植物光合作用所需的二氧化碳，不会发生二氧化碳对浮游植物的限制作用

B. 水体的硬度不受光合作用的影响

C. 较软的水，由于水中钙镁离子含量少，水中储存的二氧化碳总量也少，则有可能发生因二氧化碳不足而限制浮游植物生长的现象

D. 水体的硬度高低影响水体中不同形态无机碳的转变，影响水体的二氧化碳平衡体系平衡移动的方向，影响水体的 pH 和缓冲能力的高低

[答案] B

35. 关于地下水特点描述正确的是(   )

    A. 具有有机物少、有害生物少的优点

    B. 缺点是 pH 可能偏低，二氧化碳多，溶解氧少

    C. 使用前最好使用生石灰处理，提高 pH 并充分曝气增氧，除去大量的二氧化碳

    D. 以上都是

［答案］D

36. 关于缓冲能力较差的水体描述错误的是(   )

    A. 盐度高的水体，通常缓冲能力较差

    B. 水体缓冲能力差，pH 日变化较大

    C. 若水体原来 pH 较高，可增施有机肥，降低 pH 的同时，可间接补充碳源

    D. 若水体原来 pH 较低，可直接施用碳酸钙，补充碳源的同时，提高 pH

［答案］A

37. 关于养殖用水使用生石灰调节水体水质的作用描述正确的是(   )

    A. 中和过量的酸，提高水体的 pH、碱度、硬度、增大水体的缓冲能力

    B. 促进水体中有机悬浮物絮凝，减少水中有机物耗氧，使一些病原体随之沉淀，减轻某些鱼病的蔓延，沉淀有毒的重金属，对一些毒物起到颉颃作用，减轻毒物毒性

    C. 使底质中的营养元素解吸，加快有机物的分解矿化，使淤泥中的肥分释放出来

    D. 以上都是

［答案］D

38. 关于氨氮的描述错误的是(   )

    A. 氨氮包括 $NH_3 - N$ 和 $NH_4^+ - N$

    B. $NH_3 - N$ 基本没有毒，$NH_4^+ - N$ 毒性很大

    C. 死亡的生物体、鱼类的粪便、残饵经细菌分解矿化可产生氨氮

    D. 藻类可以直接吸收氨氮作为 N 源

［答案］B

39. 关于水体中非离子氨氮的含量影响因素描述错误的是(   )

    A. 取决于养殖水体中氨的输入（施肥、投饵、动物排泄）和支出（植物吸收利用、硝化作用、向大气的发散等）

    B. 非离子氨氮的含量随溶解氧含量的减少而减少

    C. pH 每增大 1，$NH_3 - N$ 占总氨氮的比值增大近 10 倍，pH 越高，$NH_3 - N$ 的比例越大，浓度越高

    D. 水体中非离子氨氮的含量受温度和离子强度的影响

[答案] B

40. 关于养殖用水中氨氮的描述错误的是（　　）
　　A. 肥水养育池塘中总氨含量常在 0.2mg/L 以上，这一数值在 pH 较低时，对鱼类已有一定的抑制作用
　　B. 我国《海水水质标准》和《渔业水质标准》中规定非离子氨氮的含量不得超过 0.020mg/L
　　C. 鱼池施用氨态氮肥时，必须根据水体的 pH 等状况，调控施肥量
　　D. 水体中足够的氧气、较低的含氮有机物以及丰富的硝化细菌菌群有利于维持较低的氨氮水平

[答案] A

41. 关于亚硝酸盐的描述错误的是（　　）
　　A. 亚硝酸盐是养殖池塘氮素循环过程中的中间产物之一
　　B. 硝化作用和反硝化作用是养殖水体中产生亚硝酸盐的两个主要过程
　　C. 亚硝酸是一种性质稳定的化合物，不易氧化或还原
　　D. 亚硝酸进入血液可将血红蛋白氧化成高铁血红蛋白，失去结合氧的能力，出现组织缺氧

[答案] C

42. 下列哪种物质不能在缺氧的水体中稳定存在（　　）
　　A. 硝酸盐　　　　　　　　　　　B. 亚硝酸盐
　　C. 铵盐　　　　　　　　　　　　D. 硫化氢

[答案] A

43. 各种形式的硫化物在总硫化物中所占比例决定于水温和水的 pH，天然水的 pH<10，水中哪种形态的硫化物含量极低（　　）
　　A. S^{2-}　　　　　　　　　　　B. HS^-
　　C. H_2S　　　　　　　　　　　D. SO_3^{2-}

[答案] A

44. 关于硫化氢毒性的描述不正确的是（　　）
　　A. 水中硫化氢的毒性随水体的 pH、温度和溶解氧含量而变
　　B. 水温升高，毒性增大
　　C. pH 越低，毒性越小
　　D. 溶解氧含量降低，毒性增大

[答案] C

45. 下列哪一条不利于养殖中消除硫化氢的危害(　　)

A. 提高水体的溶解氧，尤其避免底层水发展为还原状态

B. 避免底质、底层水呈酸性，尽可能保持底质、底层水呈中性、微碱性

C. 施用铁剂，使硫化氢转化为硫化铁或单质硫

D. 使用含有硫酸根离子较高的水体作为养殖用水水源

[答案] D

46. 根据能否与酸性钼酸盐反应，可以把水中的磷化合物分为两类(　　)

A. 溶解有机磷、颗粒有机磷

B. 活性磷化合物、非活性磷化合物

C. 有效磷、无效磷

D. 溶解有机磷、溶解无机磷

[答案] B

47. 水中有效磷的来源是(　　)

A. 水生生物的尸体、排泄物等有机物分解产生的

B. 池塘底质中的铁、铝、钙的磷酸盐沉淀

C. 池塘底质中的有机磷

D. 池塘底质中被黏土矿物等胶粒吸附的磷酸离子

[答案] A

48. 关于磷与水产养殖关系的描述错误的是(　　)

A. 磷对水体初级生产力的限制作用往往比氮强

B. 水体富营养化一般认为主要是氮，其次是磷

C. 养殖中磷肥的使用尽量选择可溶性磷肥

D. 磷可促进固氮细菌和硝化细菌的繁殖，进而促进固氮作用和硝化作用，加速含氮有机物的分解矿化

[答案] B

49. 关于碱度的描述错误的是(　　)

A. 碱度反映水结合质子的能力，即水与强酸反应的能力

B. 海水的碱度主要由碳酸根、碳酸氢根碱度构成

C. 高盐碱度的水体的水生生物的多样性通常较低，可养殖鱼类的种类较少

D. 地下水的碱度、硬度一般都较高

[答案] B

50. 当呼吸作用超过光合作用速率时，水体的碱度、硬度、pH 如何变化(　　)

A. 升高、升高、升高

B. 降低、降低、降低

C. 升高、升高、降低

D. 降低、降低、升高

[答案] C

51. 关于碱度与水产养殖的关系描述错误的是(   )

A. 碱度可以降低重金属离子的毒性

B. 碱度可以调节二氧化碳的产耗关系，稳定水体的 pH

C. 高碱度对鱼类具有毒性，且一定 pH 条件下，碱度越大，毒性越大

D. 当碱度一定时，pH 越低的水体，对鱼的致死作用也越大

[答案] D

52. 哪些操作可以提高水体的硬度(   )

A. 施用过磷酸钙

B. 施用石灰水

C. 施用氧化钙

D. 以上都是

[答案] D

53. 关于硬度与水产养殖的关系描述错误的是(   )

A. 钙、镁是生物生命过程所必需的营养元素

B. 钙、镁离子可以与碳酸根生成沉淀，降低水体的缓冲容量

C. 钙离子可降低重金属离子和一价金属离子的毒性

D. 钙、镁离子水中比例对鱼、虾、贝的存活有重要影响

[答案] B

54. 水体中有机物的描述错误的是(   )

A. 有机物含量太低的水体，其初级生产力较低，排卵和鱼苗的人工繁殖用水一般不选择这种水

B. 水体中的有机物分为颗粒有机物和溶解有机物

C. 适量有机物的存在是使水质维持一定肥力的重要条件，而过量有机物的存在将使水质恶化，鱼病蔓延

D. 有机物的降解过程消耗大量的氧气

[答案] A

[解析] 除选项 A 描述错误外，其他选项都是正确的。有机物含量太低的水体，其初级生产力较低的说法是对的，但是排卵和鱼苗的人工繁殖用水一般选用有机质含量低的水，这是因为繁殖阶段，不要求水体提供营养和饵料，若有机负荷增大，易发生传染性疾病。

55. 重金属对水生生物的危害具有(   )的特点。

A. 稳定性和累积性

B. 稳定性和传代性

C. 低剂量致毒和累积性

D. 稳定性和生物递减性

[答案] A

[解析] 重金属对水生生物的危害具有稳定性和累积性的特点，各种水生生物都对金属具有较大的富集能力，其富集系数可高达十倍甚至数十万倍。

56. 下列哪种重金属的有机形态比无机形态致毒能力更强（ ）

　　A. 铅　　　　　　　　　　　　B. 铬

　　C. 汞　　　　　　　　　　　　D. 镉

[答案] C

[解析] 汞是一种剧毒物质，它对水生生物的毒性，不仅取决于它的浓度，而且与其化学形态有关，有机汞化合物对鱼的毒性比无机汞化合物强烈得多，以甲基汞最为严重。正确选项是 C，其他几种重金属的有毒形态基本都是无机形态。

57. 水生生物体内不同组织结构对持久性有机污染物的富集能力不同，一般情况下以哪种结构中的富集浓度最大（ ）

　　A. 鳃　　　　　　　　　　　　B. 肝脏

　　C. 肾脏　　　　　　　　　　　D. 肌肉

[答案] B

58. 哪种重金属进入人体后，主要蓄积于肾脏，对肾脏造成损害，抑制维生素 D 的活性，使得钙、磷在骨质中无法沉着和储存，形成"痛痛病"（ ）

　　A. 铅　　　　　　　　　　　　B. 镉

　　C. 铬　　　　　　　　　　　　D. 砷

[答案] B

59. 关于硫酸铜在水产养殖中的作用描述错误的是（ ）

　　A. 可用于防治原生动物引起的鱼病（如口丝虫病、隐鞭虫病、鱼波豆虫病、毛管虫病、斜管虫病、车轮虫病等）以及甲壳动物引起的鱼病（如中华鳋病等）

　　B. 杀灭水中轮虫，以预防因轮虫过度繁殖引起缺氧

　　C. 可用于杀灭有害藻类及青苔

　　D. 硫酸铜对鱼类无毒，所以至今仍未被禁用

[答案] D

60. 关于影响硫酸铜的毒性和安全浓度的描述错误的是（ ）

　　A. 水温越高硫酸铜的毒性越大，安全浓度越大

　　B. 水的硬度越大硫酸铜的毒性越小，因碳酸盐能与硫酸铜生成蓝绿色的碱性碳酸盐沉淀。从而降低了药效

　　C. 水中溶解的有机物越多，毒性越小

D. 悬浮物含量越高，药效越低

[答案] A

[解析] 硫酸铜是一种水产养殖常用的药物，广泛用于鱼病的防治及水质的调控。硫酸铜的用量受诸多水质参数的影响，如池水温度、硬度、pH、有机物含量、溶氧、悬浮物等，水温越高硫酸铜的毒性越大，安全浓度越小；水的硬度越大硫酸铜的毒性越小，因碳酸盐能与硫酸铜生成蓝绿色的碱性碳酸盐沉淀，从而降低了药效；水中的溶解的有机物越多，尤其是蛋白质和多羟基化合物能与硫酸铜形成有机复合物，因而降低了毒性；溶氧越低，毒性越大；悬浮物含量越高，药效越低，因悬浮物可吸附重金属盐而降低药效。综上，选项 A 描述错误。

61. 关于持久性有机污染物的叙述错误的是（　　）

A. 持久性有机污染物又称为难降解有机污染物

B. 持久性有机污染物随食物链的传递，具有生物放大和生物富集的特点

C. 持久性有机污染物主要累积于肾脏

D. DDT、六六六都属于持久性有机污染物

[答案] C

[解析] 持久性有机污染物主要累积于脂肪，生物体内脂肪含量与其对有机物的累积能力有密切关系。选项 C 错误，其他选项均正确。

62. 下列哪一项去除养殖水体重金属污染物的方法与其他三个不属于同一类别（　　）

A. 使用沸石和活性炭　　　　　　B. 使用 EDTA 二钠等螯合剂

C. 外泼有机酸类产品　　　　　　D. 使用硫代硫酸钠去除重金属离子

[答案] A

[解析] 4 个选项中，选项 A 沸石和活性炭可以吸附重金属，用的是物理方法去除重金属，其余三个选项都是化学方法。B 选项，EDTA 二钠作为一种重要螯合剂，乙二胺四乙酸钠盐螯合多种金属离子和分离金属的能力相当强，可以与重金属发生反应生成络合物。C 选项，有机酸可以吸附、氧化或者络合重金属，缓解重金属的毒性。选项 D，硫代硫酸钠 $Na_2S_2O_3$，俗称海波。S 的表观化合价为 $+2$ 价，实际两个硫原子价态不同，一个为 $+6$ 价，另一个为 -2 价。-2 价的硫原子易于脱出，与铅、汞、镉等重金属离子（多为 $+2$ 价）结合形成盐型沉淀，避免了重金属离子使功能蛋白变性失活，从而起到解毒的作用。

63. 天然水体中氮的最丰富形态是（　　）

A. 溶解游离态氮　　　　　　B. 硝酸态氮

C. 亚硝酸态氮　　　　　　D. 总铵（氨）态氮

[答案] A

64. 天然水体中含氮物质氧化的最终产物是（   ）

    A. 溶解游离态氮   B. 硝酸态氮

    C. 亚硝酸态氮   D. 总铵（氨）态氮

[答案] B

65. 水体中的固氮途径，主要是生物固氮，下列哪个门类的藻有固氮功能（   ）

    A. 蓝藻   B. 绿藻

    C. 硅藻   D. 甲藻

[答案] A

[解析] 固氮生物一般都属于原核生物，几个选项中只有 A 项蓝藻是原核生物，固氮蓝藻约有 160 余种和变种，绝大多数属于念珠藻目，如念珠藻、鱼腥藻、单歧藻、简孢藻、项圈藻、眉藻等。

66. 养殖水体中氮的主要来源有（   ）

①施肥、②饲料、③水源、④生物代谢、⑤脱氮作用

    A. ①②④   B. ①②③

    C. ①②③④   D. ①②③④⑤

[答案] C

[解析] 养殖水体中氮的主要来源有 4 个途径，即施肥、饲料、水源、生物代谢，脱氮作用是养殖水体中氮的支出途径，不是来源。

67. 在微生物活动的作用下，硝酸盐或亚硝酸盐被还原为 N_2O 或游离氮（N_2）的过程被称为氮的（   ）

    A. 同化作用   B. 反硝化作用或脱氮作用

    C. 硝化作用   D. 氨化作用

[答案] B

68. 下列哪个过程有氨氮生成（   ）

    A. 同化作用   B. 反硝化作用或脱氮作用

    C. 硝化作用   D. 氨化作用

[答案] D

69. "磷限制"是指水体中哪种形态的磷含量低，限制水生生物生长的现象（   ）

    A. 总磷   B. 活性磷

    C. 有效磷   D. 溶解有机磷（DOP）

[答案] C

[解析] 水体中的磷以不同的形态存在，有溶解态和颗粒态，溶解态和颗粒态又分别划分为有机态和无机态。养殖体系中的磷，可以被植物吸收利用的磷称为有效磷，水生植物的生长主要是受限于有效磷的含量高低，而非总磷含量。有效磷包括全部水溶性磷（DIP＋DOP）、部分吸附态磷、一部分微溶性的无机磷和矿化的有机磷。活性磷是从化学反应的角度对磷的一个分类，不能表征磷化合物是否可被生物利用，正确选项是 C。

70. 下列参与天然水中磷循环的几个过程，哪一个过程会降低水体中有效磷的含量(　)

A. 水生植物的吸收利用　　　　　　B. 水生生物的分泌与排泄

C. 生物有机残体的分解矿化　　　　D. 沉积物的释放

[答案] A

[解析] 几个选项都属于天然水中磷循环的影响因素，其中有生物学过程，也有非生物学过程。水生生物的吸收和利用的对象是水体中的有效磷，所以该过程会降低水体中有效磷的含量。其他几个选项会提高水体中的有机、无机磷含量。正确选项是 A。

第四单元　养殖水体生物环境

1. 最原始、最古老的藻类是(　)

A. 硅藻　　　　　　　　　　　　　B. 金藻

C. 蓝藻　　　　　　　　　　　　　D. 绿藻

[答案] C

2. 蓝藻的特征描述错误的是(　)

A. 无典型细胞核　　　　　　　　　B. 无鞭毛

C. 无色素　　　　　　　　　　　　D. 无有性生殖

[答案] C

3. 蓝藻与其他藻类相区别的一个特征是(　)

A. 细胞壁上有黏质缩氨肽　　　　　B. 细胞壁由上下两壳套合而成

C. 细胞内有蛋白核　　　　　　　　D. 储存物质为淀粉粒

[答案] A

4. 对氮元素要求较低并能固定空气中氮气的藻类是(　)

A. 硅藻　　　　　　　　　　　　　B. 金藻

C. 蓝藻 D. 绿藻

[答案] C

5. 细胞壁含硅质，由上下两壳套合而成的是哪种藻类(　　)
   A. 硅藻 B. 甲藻
   C. 蓝藻 D. 绿藻

[答案] A

6. 在高温、水质碱性和肥水中常常占优势的是哪种藻类(　　)
   A. 硅藻 B. 金藻
   C. 蓝藻 D. 绿藻

[答案] C

7. 哪两种绿藻对鱼苗有一定的危害，鱼苗往往被其缠住游不出来造成死亡(　　)
   A. 水网藻、刚毛藻 B. 水网藻、水绵
   C. 水绵、刚毛藻 D. 刚毛藻、鱼腥藻

[答案] B

8. 哪种藻类被称为双鞭藻，一些种类能产生赤潮藻毒素，对渔业和人类生命安全危害很大(　　)
   A. 蓝藻 B. 绿藻
   C. 硅藻 D. 甲藻

[答案] D

9. 下列哪个选项的藻类不是饵料藻(　　)
   A. 球等鞭金藻 B. 小三毛金藻
   C. 三角褐指藻 D. 盐藻

[答案] B

10. 一般湖泊富营养化引起藻类暴发的顺序依次是(　　)
    A. 硅藻、蓝藻、绿藻 B. 绿藻、硅藻、蓝藻
    C. 蓝藻、硅藻、绿藻 D. 硅藻、绿藻、蓝藻

[答案] D

11. 关于营养盐与水华藻种关系的描述错误的是(　　)
    A. 水体中含氮量越丰富，越容易发生绿藻水华
    B. 水体中含氮量越丰富，越容易发生蓝藻水华

C. 水体中含磷量越丰富，越容易发生蓝藻水华

D. 水体中含铁量越丰富，越容易发生蓝藻水华

[答案] B

[解析] 此题考查氮、磷两种营养盐水平对绿藻、蓝藻水华的影响。富氮水体，即总氮含量丰富的水体，绿藻比例较大，易发生绿藻水华；富磷水体，在总磷含量相对高的水体中，蓝藻比例较大，易发生蓝藻水华，所以选项 A、C 均正确。此外，由于固氮酶需要大量的铁，铁也被认为是决定蓝藻水华水量的重要微量营养元素，选项 D 正确。根据排除法，正确选项是 B。

12. 下列哪一项不是促成蓝藻水华的因素(　　)

A. 氮磷比＞29　　　　　　　　　　B. 氮磷比＜29

C. 足量铁元素　　　　　　　　　　D. 充足的碳源

[答案] A

[解析] 此题考查蓝藻水华的促成因素，有几个方面，比如氮磷比、微量元素铁的含量、碳源等。蓝藻有固氮作用，自身对水体中氮存量的要求不高，所以在氮磷比比较低的水体中，蓝藻往往容易成为优势藻种发生蓝藻水华，当氮磷比高于 29：1 的时候，有利于消耗氮的绿藻生长，对改善水质有益，当氮磷比低于 29：1 的时候，蓝藻容易生长形成水华。正确选项是 A。

13. 养殖水体的浮游植物生物量大于(　　)mg/L，是预示水体物质循环不好、水质较差。

A. 100　　　　　　　　　　　　　　B. 200

C. 300　　　　　　　　　　　　　　D. 400

[答案] D

14. 养殖水体的浮游植物生物量低于 10mg/L 属于瘦水，湖泊水库的浮游生物量数值普遍低于(　　)

A. 25　　　　　　　　　　　　　　B. 15

C. 20　　　　　　　　　　　　　　D. 10

[答案] C

15. 养殖水体按照浮游植物生物量分为(　　)级。

A. 6　　　　　　　　　　　　　　　B. 8

C. 9　　　　　　　　　　　　　　　D. 10

[答案] D

[解析] 养殖水体的浮游植物生物量的高低，对应不同的宏观特点，如水色和透明度，具有不同的渔业意义，养殖水体按照浮游植物生物量分为 10 级。

16. 养鱼生产过程中能量流动朝着三个方向进行，下列选项哪个描述错误(　　)

    A. 人工饵料和少量有机肥料被鱼类和饵料动物直接摄食

    B. 有机肥料、残余人工饵料及鱼粪转化为细菌和腐屑再被动物利用

    C. 肥料、残余人工饵料与鱼粪分解后产生营养盐类和 CO_2 为自养生物所利用，并提供给初级生产者，后者再被动物利用

    D. 肥料、残余人工饵料与鱼粪分解后产生营养盐类和 CO_2 为自养生物所利用，并提供给初级消费者，后者再被动物利用

[答案] D

17. 关于罗氏沼虾池塘养殖系统能量流动描述错误的是(　　)

    A. 人为投入的饲料和有机肥料被罗氏沼虾或其他浮游动物直接摄食，此过程是异养生产，消耗水体溶解氧

    B. 有机肥料和残余人工饵料转化为细菌和腐屑再被罗氏沼虾利用，此过程是异养生产，消耗水体溶解氧

    C. 肥料、残余人工饵料与罗氏沼虾粪便分解后产生营养盐类和 CO_2，被藻类、光合或化能自养细菌等生物吸收利用，转化为初级生产量，后者再被动物利用，此过程为自养生产，为养殖体系供给氧气

    D. 异养生产和自养生产之间的关系是，自养生产可有可无，异养生产必须强化，以提高虾产量

[答案] D

18. 关于铵态氮肥的描述正确的是(　　)

    A. 铵态氮肥不能被植物直接吸收利用

    B. 铵态氮肥的铵离子带正电荷，易被带负电荷的土壤颗粒吸附

    C. 施用氨水时，将氨水和塘泥搅拌均匀，再泼洒入池塘的施肥方法是错误的，因为这种方法降低氨水的肥效

    D. 铵态氮肥可以与草木灰、石灰等肥料同时使用，可同时补充氮肥和钙源

[答案] B

19. 关于硝态氮肥的描述错误的是(　　)

    A. 硝态氮肥能被植物直接吸收利用

    B. 硝态氮肥的硝酸根离子带负电荷，不能被土壤颗粒吸附

    C. 硝态氮在缺氧环境下，经过反硝化作用，被还原为铵态氮，不影响肥效

    D. 硝态氮肥吸水能力强，储存时要注意防潮

[答案] C

20. 关于酰胺态氮肥描述错误的是(　　)

    A. 尿素是典型的酰胺态氮肥，含氮量 46%，也是含氮量最高的氮肥

B. 酰胺态氮不能被植物直接吸收利用，必须转化成铵态氮或硝态氮后才能被植物吸收

C. 尿素不是速效肥

D. 尿素适合做底肥或追肥，不适合做种肥，由于尿素相对分子质量小，体积小，是最理想的叶面喷施氮肥种类

[答案] C

21. 关于磷肥的描述错误的是(　　　)

A. 磷是细胞核的重要组成成分，能促进植物的生长发育

B. 磷肥能加强水中固氮细菌和硝化细菌的繁殖，促进氮循环

C. 海鸟粪、兽骨粉和鱼骨粉等是天然磷肥，易溶于水，可直接发挥肥效

D. 磷肥具有后效性，即在施肥后的第二、第三年仍有一定的肥效

[答案] C

22. 关于磷肥的描述错误的是(　　　)

A. 水溶性磷肥能在水中溶解生成磷酸根离子被植物吸收，肥效较快

B. 难溶性磷肥在水或弱酸中都难溶解，只有在较强的酸中才能溶解，肥效较迟，肥效延续时间较长

C. 磷肥易被池塘土壤或淤泥吸收固定，而降低肥效

D. 磷肥在酸性土壤中与钙化合成难溶解的磷酸三钙，在偏碱性土壤中与铁或铝离子生成不溶性的磷酸铁、磷酸铝

[答案] D

23. 关于磷肥使用注意事项描述错误的是(　　　)

A. 施肥时，一般控制氮磷比为 16∶1 比较适宜

B. 水体的 pH 以中性和弱碱性为好

C. 如果水体的 pH 过高，>8.5，应将磷肥溶解后，调节其 pH，使水体呈强酸性后方可使用

D. 将磷肥与有机肥一起沤制，会生成一些可溶性络合物，减少有效磷被吸附沉淀的机会，有利于提高肥效

[答案] A

24. 关于磷肥使用注意事项描述错误的是(　　　)

A. 磷肥使用时不需要溶解即可达到很好的效果

B. 磷肥使用当天，不能搅动池水，以延长可溶性有效磷肥在水中的悬浮时间，降低塘泥对磷的吸附和固定

C. 鱼类主要生长季节，水中有效磷往往极度缺乏，此时必须及时使用无机磷肥，增加水中有效磷含量，调整有效氮、有效磷的比例

D. 磷肥使用前后不能使用石灰水调节水质

[答案] A

25. 关于氮肥使用注意事项描述错误的是(　　)

A. 氮肥施肥浓度以水中总氮量略高于 0.3mg/L 为宜

B. 注意水体中氮磷比，仅在氮是真正限制因子时，施氮肥才有效

C. 氮肥施肥时对水体溶解氧没有很大影响，不用担心施肥后水体缺氧

D. 氨态氮肥施肥时水质过于浑浊会影响肥效

[答案] C

26. 关于施肥方式描述错误的是(　　)

A. 水产养殖中常规的施肥方式分为施基肥和施追肥

B. 基肥通常采用无机肥，肥效快

C. 瘦水池塘或新开挖的池塘，池底缺少或无淤泥，适合使用基肥

D. 肥水池塘和养育多年的池塘，池塘底部淤泥较多，一般少施或不施基肥

[答案] B

27. 关于施追肥描述错误的是(　　)

A. 在鱼类生长期间需要追加肥料，以陆续补充水中营养物质的消耗，使饵料生物始终保持较高水平

B. 施追肥的原则是及时、均匀、量少次多

C. 倒藻发生后，应进行解毒并及时施追肥以重新培养有益藻类

D. 鱼类主要生长季节更应该追加肥料，尤其是有机肥料，有利于微生物群落的生长，调控优良水质

[答案] C

28. 关于有机肥使用描述错误的是(　　)

A. 精养鱼池中，有机肥料以施追肥为主

B. 水温较低的早春和晚秋可以用有机肥作为追肥

C. 有机肥耗氧量大，高温季节使用容易恶化水质

D. 有机肥作为基肥使用的目的是促进天然饵料的繁殖

[答案] A

29. 有机肥使用前需要充分腐熟，原因描述错误的是(　　)

A. 可以杀灭大部分致病菌，防病，有利于卫生

B. 提高有机物的有效性，使养分易被作物吸收利用

C. 降低有机物氧债

D. 有机肥腐熟的过程中主要发生的是矿化作用

[答案] D

[解析] 此处考查有机肥使用的注意事项之一，充分腐熟。有机肥料的腐熟是一个复杂的过程，是有机物质在土壤微生物作用下发生矿质化和腐殖化的过程，分解与合成同时进行。一方面，一些有机物质由复杂的形态转变为简单的形态，由不溶于水的物质转变为水溶性的物质，从而提高养分的有效性，使养分易被作物吸收利用，这就是矿质化作用；另一方面，一些简单的化合物或分解过程中的中间产物，在微生物的作用下，重新合成为复杂的化合物，最后可合成为腐殖质，这就是腐殖化作用。因此，腐殖质的产生是有机肥料腐熟的重要标志，其含量的多少与有机肥料的质量有密切的关系。

30. 有机肥作为追肥使用的注意事项不包括哪一项（   ）

A. 避免高温季节使用   B. 避免阴雨天气

C. 勤施多施   D. 选择晴天中午全池泼洒

[答案] C

31. 浮游植物的现存量是（   ）

A. 某一瞬间单位水体中存在的浮游植物的量

B. 对环境变化敏感，随养殖水体环境变化而变化

C. 用数量即可评价不同水体饵料生物的丰歉

D. 是鱼类天然饵料的重要组成部分

[答案] C

32. 浮游植物采样点的选择原则是有代表性，关于代表性描述错误的是（   ）

A. 水库和江河在上、中、下游设点

B. 湖泊采样兼顾近岸和中部设点

C. 池塘四周离岸 1m 和池塘中央设点

D. 湖心、库心、江心有条件采样，没条件可不采样

[答案] D

33. 挺水、浮叶、漂浮、沉水植物描述错误的是（   ）

A. 是分类学概念   B. 是生态学范畴的概念

C. 属于水生大型植物   D. 属于水生维管束植物

[答案] A

[解析] 正确选项为 A，挺水、浮叶、漂浮、沉水植物是生态学范畴的概念，并不是分类学概念，这几类植物都属于水生大型植物中的水生维管束植物。

34. 关于挺水、浮叶、漂浮、沉水植物描述错误的是（   ）

A. 挺水植物的根在泥土中　　　　　　B. 浮叶植物的根悬浮在水中

C. 漂浮植物的根悬浮在水中　　　　　D. 伊乐藻是沉水植物

[答案] B

35. 关于常见水生植物的划分错误的是(　　)

A. 挺水植物有芦苇、香蒲、睡莲　　　B. 浮叶植物有菱、莼菜、芡实

C. 漂浮植物有水葫芦、浮萍、满江红　D. 沉水植物有苦草、金鱼藻、狐尾藻

[答案] A

36. 关于水生维管束植物的生态作用描述错误的是(　　)

A. 可直接作为食草性鱼、虾类的饵料

B. 沉水植物光合作用可丰富水中的溶解氧

C. 为经济动物提供生活和繁衍的场所

D. 大型水生植物与浮游植物之间不存在竞争

[答案] D

37. 下列哪类浮游动物的分布可作为寻找渔场的标志(　　)

A. 原生动物　　　　　　　　　　　　B. 轮虫

C. 枝角类　　　　　　　　　　　　　D. 桡足类

[答案] D

38. 哪种浮游动物被应用于污水的生物膜处理中(　　)

A. 原生动物　　　　　　　　　　　　B. 轮虫

C. 枝角类　　　　　　　　　　　　　D. 桡足类

[答案] A

39. 哪种浮游动物是动物界最低等、最原始、最简单的单细胞动物或其形成的简单群体(　　)

A. 原生动物　　　　　　　　　　　　B. 轮虫

C. 枝角类　　　　　　　　　　　　　D. 桡足类

[答案] A

40. 下列哪一项不属于浮游动物对渔业危害的是(　　)

A. 剑水蚤侵袭鱼卵和育苗

B. 箭虫可指示海流

C. 毒素危害人类，某些海蜇可释放毒素危害人类生命

D. 呼吸作用消耗水体的溶解氧，浮游动物生物量过高影响水体的溶解氧水平

[答案] B

[解析] A、C、D选项均是关于浮游动物有害方面的描述，通过排除法即可确定正确选项为B。箭虫作为一种海洋浮游动物，其某些种类可以用作海流的指示生物，这应属于浮游动物在水产养殖中的有利方面，而非危害。

41. 关于底栖生物的描述错误的是(　　)

A. 研究人员根据分类地位和生态习性，将底栖动物分为微型、小型、大型底栖动物

B. 底栖动物是水生态系统的重要组成

C. 根据与底质的关系，将底栖动物分为底上、底内和底游3种生活类型

D. 底栖动物的种类组成和现存量受底质、流速、水深、水草的影响

[答案] A

第五单元　养殖水体底质环境

1. 关于底质的描述正确的是(　　)

A. 底质包含养殖水域底部的土壤和沉积物

B. 底部土壤是养殖生态系统的物质仓库

C. 发生在底部土壤表层的化学反应和生物学过程对水质、养殖对象健康和养殖产量有重要影响

D. 以上都对

[答案] D

2. 下列哪一项不属于构成养殖水体底质的组成部分(　　)

A. 矿物质　　　　　　　　　　B. 有机物质

C. 无机物质　　　　　　　　　D. 生活于底质中的各种生物

[答案] C

3. 土壤质地根据哪几部分的构成进行分类(　　)

A. 沙土、粉土、黏土或壤土　　B. 沙粒、粉粒、黏粒

C. 沙砾、粉粒、壤粒　　　　　D. 沙土、粉土、黏土

[答案] B

4. 关于土壤质地的描述错误的是(　　)

A. 沙质土壤一般腐殖质含量比较低，肥力小，缓冲能力差，保水能力较弱，容易造成池塘渗漏，很难进行高密度养殖

B. 黏质土壤保水能力强

C. 壤土中各组分的比例比较均匀

D. 土壤中黏土比例高，在休耕期易于干燥和翻耕

[答案] D

5. 关于黏土的特点描述错误的是（　　　）

A. 具有较小的比表面积

B. 可吸附水分、无机离子、有机物质和气体

C. 可滞留大量水分，显著抵抗水和气体的运动

D. 在潮湿状态下，黏粒可变成黏土，具有可塑性，干燥时往往变成坚硬土块

[答案] A

6. 建造池塘比较理想的土壤材料应由不同颗粒大小的混合物所组成，一般至少含有 20%黏粒，通常为（　　　）的黏土，以减少过量渗漏的可能性。

A. 20%～30%　　　　　　　　　B. 30%～40%

C. 40%～50%　　　　　　　　　D. 50%～60%

[答案] B

7. 大多数的土壤是矿物土壤，但也含有一些有机物质。一般来说，腐殖质占矿物土壤中有机物质的比例是（　　　）

A. 30%～40%　　　　　　　　　B. 40%～50%

C. 50%～60%　　　　　　　　　D. 60%～80%

[答案] D

8. 下列关于土壤有机物含量的比较错误的是（　　　）

A. 林地和草地土壤表层有机物浓度＞10～15cm 的土层有机物浓度

B. 排水不良、气候寒冷地区发育的土壤有机物浓度＜热带和亚热带地区的土壤有机物浓度

C. 干旱地区缺乏植被的土壤有机物质含量最低

D. 东北黑土地有机物含量＞南方红土地的有机物含量

[答案] B

[解析] 考查不同类型土壤有机物的含量高低。不同有机物含量的土壤开辟池塘会形成不同特征的底质，底质有机质的含量影响养殖的产量。大多数的土壤是矿物土壤，但也含有一些有机物，通常呈现出的规律是林地、草地土壤有机物含量高，尤其是表层含量高于下层含量，缺乏植被地区的有机物含量低；排水不良、气候寒冷地区的土壤有机物含量高，而热带亚热带地区的雨水、径流多，土壤中的有机物含量低。综上，选项 B 描述错误，选项 D 是正确的，东北的黑土地之所以黑就是因为土壤中有大量的腐殖质，有机物含量高，土壤肥沃，而南方的红土肥力显著低于黑土地。

9. 关于土壤中有机物种类描述正确的是(　　)

A. 土壤中有机物包括各个分解阶段的材料，包括新添加进来的有机物和高度抗分解的旧有机物质的残余物

B. 底质中简单的有机物质如淀粉、纤维素和蛋白质很快被分解

C. 植物残余物中的木质素、蜡、树脂、脂肪和油比较能抵抗微生物的分解

D. 以上都对

[答案] D

10. 池塘底质沉积物的来源分类内源性和外源性两类，下列选项中不属于内源性来源的是(　　)

A. 地面径流

B. 生物活动

C. 湍流和波浪

D. 雨水冲刷

[答案] A

11. 关于池塘底质氧化-还原电位变化描述正确的是(　　)

A. 池塘底质与氧化水体接触的表层有一层薄薄的、棕褐色的氧化还原电位较高的表层，底质大部分为暗灰色或呈绿色，氧化还原电位低

B. 底质土壤的还原是土壤微生物呼吸的结果，在厌氧呼吸的过程中，有机物质被氧化而土壤组分被还原

C. 随着养殖过程的进行，底质不断被还原，氧化-还原电位不断降低，低氧化还原电位是养殖期间底质的最大特征之一

D. 以上都对

[答案] D

12. 关于底质特征的描述错误的是(　　)

A. 缺乏分子氧

B. 低氧化还原电位

C. 不存在氧化层

D. 泥水界面存在物质交换

[答案] C

13. 关于泥水界面物质交换的描述正确的是(　　)

A. 泥水界面氧化表层的化学屏障可以阻止一些营养元素从淤泥向水体中扩散，对营养元素起到蓄积作用

B. 泥水界面氧化表层持续运作的条件是氧化表层一直处于氧化态，风和热运动的搅动使氧化的水持续向底部供应，氧的供应超过泥水界面的消耗

C. 泥水界面变为还原性，淤泥就会向水体释放大量营养素，同时释放一些还原性的有毒物质进入水体

D. 以上都对

[答案] D

[解析] 此题目几个选项梳理了泥水界面物质交换的特征，什么时候泥水界面可以充当磷和其他植物营养素的接收-储存池作用（选项 A），什么时候又丧失这种功能（选项 C），泥水界面氧化表层持续运作的条件是什么（选项 B），正确选项是 D。

14. 养殖水域与排水良好的土壤之间最重要的化学差异是土壤的还原性，水淹土壤处于(　　)
　　 A. 氧化态　　　　　　　　　　B. 还原态
　　 C. 氧化态和还原态的中间价态　　D. 以上都不对

[答案] B

15. 哪种土壤的 pH 更高(　　)
　　 A. 酸性硫酸盐土壤　　　　　　B. 富含有机质的土壤
　　 C. 石灰质土壤　　　　　　　　D. 可还原铁含量低的土壤

[答案] C

[解析] 4 个选项中除 C 是碱性土壤外，其余三个都是酸性土壤，酸性硫酸盐土壤即使水淹几个月之后，pH 也不会超过 5；富含有机质的土壤，微生物氧化分解有机物会产生酸性物质，导致土壤 pH 降低；可还原铁含量低的土壤中的还原作用非常弱，由还原作用导致的 pH 上升作用也非常弱；所以正确选项是 C，石灰质土壤本身就是碱性土壤。

16. 底质在水淹过程中 pH 会发生变化，变化的总趋势是趋向于(　　)
　　 A. 酸性　　　　　　　　　　　B. 碱性
　　 C. 中性　　　　　　　　　　　D. 不确定

[答案] C

[解析] 底质在水淹过程中 pH 会发生变化，其变化速度与趋势与土壤的质地，有机物质含量，铁、锰等元素含量有关，但是 pH 变化总趋势是趋向中性，即淹水后酸性土壤 pH 升高而碱性土壤 pH 降低，所以正确选项是 C。

17. 下列过程会导致土壤 pH 升高的是(　　)
　　 A. 耗氧微生物的呼吸作用　　　B. 酸性硫酸盐的淋溶作用
　　 C. 有机质的不完全氧化分解　　D. 高价铁的还原作用

[答案] D

[解析] 耗氧微生物的呼吸作用会产生大量的二氧化碳，酸性硫酸盐的淋溶作用也会导致水体中溶解酸性硫酸盐，有机质的不完全氧化分解会产生有机酸，以上三个过程都会引起 pH 降低，酸性土壤 pH 的上升是依靠土壤的还原作用，所以高价铁的还原作用会导致土壤 pH 的升高。

18. 关于底质 pH 高低及底质 pH 对池塘生产力的影响，描述错误的是（ ）

A. 底质在水淹过程中 pH 变化总趋势是趋向中性

B. 酸性土壤将导致水质偏酸，影响施肥效果和浮游植物光合作用的效率，影响池塘的生物容量、生物群落和养殖产量

C. 碱性土壤上水之后 pH 很快就下降，是依靠土壤的还原作用

D. 底质 pH 过高，磷酸盐在水体中的溶解度增加，水体中的钙硬度降低

［答案］C

［解析］此处考查底质 pH 变化及对矿物溶解的影响。底质在水淹过程中 pH 会发生变化，pH 变化总趋势趋向中性，即酸性土壤 pH 升高而碱性土壤 pH 降低，碱性土壤水淹之后 pH 很快就下降，可能是好氧微生物呼吸所产生的 CO_2 的积累所造成的，酸性土壤 pH 的上升是依靠土壤的还原作用。许多矿物的溶解度都与 H^+ 浓度有关，大多数矿物都随着 H^+ 的降低（pH 变大）溶解度增加，底质 pH 高，水体中磷溶解度增加，水体中的磷酸根浓度上升，将导致钙被沉淀，造成养殖水体的钙硬度和碳酸碱度降低。

19. 底质的 pH 水平影响池塘的养殖产量，下列哪个 pH 范围更容易获得高产（ ）

A. 5.5～6.5

B. 6.5～7.5

C. 7.5～8.5

D. ＞8.5

［答案］B

20. 关于池塘底部的氧化层调节着池塘水体的营养素循环的解释正确的是（ ）

A. 底质氧化性——释放营养元素进入水体

B. 底质还原性——储存作用，阻止营养元素扩散进入水体

C. 当底泥的氧化层消失后，磷、Fe^{2+}、Mn^{2+}、硅和其他可溶性物质从养殖水体进入底泥中

D. 养殖动物的排泄物大量增加、饲料投入过多等都会导致池塘底部的氧化层变得越来越薄，最终消失，好氧和厌氧带的边界带不断上升到底泥的表面之上，并会进入水体

［答案］D

［解析］选项 A、B 的描述都是错误的，应该是"底质氧化性——储存作用，阻止营养元素从淤泥扩散进入水体；底质还原性——淤泥释放营养元素进入水体"，C 项也是错误的，营养物质的流动方向写反了，应为"当底泥的氧化层消失后，磷、Fe^{2+}、Mn^{2+}、硅和其他可溶性物质从底泥中逃逸出来进入养殖水体"。D 项是正确的。

21. 关于底质中有机物高低对底质、水质的影响描述错误的是（ ）

A. 有机物质含量过低易造成底质高度还原

B. 池塘底质中有机物质是底栖生物和底泥微生物的主要营养素

C. 底质中的腐殖质也是微量元素的螯合剂

D. 底质中有机物质低则养殖水体偏瘦

[答案] A

[解析] 此处考查底质中有机物含量高低对底质、水质的影响。池塘底质中有机物质是底栖生物和底泥微生物的主要营养素，同时，底质中的腐殖质也是微量元素的螯合剂，底质中有机物质低则养殖水体偏瘦，微量元素容易缺乏；有机物质含量过高不仅消耗大量的氧气，也容易造成底质高度还原，产生有毒物质进入养殖水体，从而破坏水质，影响水生动物健康。故选项 A 描述错误。

22. 底质中的碳氮比影响底质中氨循环，下列描述错误的是（ ）

A. C/N 过高，可能出现微生物固氮作用，底质中总氮含量升高

B. C/N 过低，微生物生长繁殖所需的能量来源受到限制，氮过量并以氨气的形式释放

C. 饲料蛋白有机物的 C/N 比值一般较高，分解过程中伴随着氮的矿化，产生的氨氮最终进入养殖水体，反而造成养殖水体中的氨氮超标

D. 大多数底质沉积物处于一种厌氧状态，反硝化过程是去氨氮的主要途径之一

[答案] C

[解析] 底质碳/氮比值影响氨循环，C/N 过高，微生物生长繁殖所需的氮元素受到限制，可能出现微生物固氮作用，底质中总氮含量升高；C/N 过低，微生物生长繁殖所需的能量来源受到限制，氮过量并以氨气的形式释放；硝化和反硝化细菌对氨氮具有显著的去除效果，由于大多数底质沉积物处于一种厌氧状态，所以反硝化过程是去氨氮的主要途径之一，所以 A、B、D 项均正确。C 项错误点在与"饲料蛋白的有机物的 C/N 比值一般较高"应该为较低，即饲料有机物中 N 占比较高。

23. 关于泥水界面磷的交换影响因子，下列描述正确的是（ ）

A. 当泥水界面处于还原态时，水体中的磷被沉淀，即被底质吸收，此时池塘底质成为磷的"汇"

B. 当泥水界面处于氧化态时，底质中的磷溶解而向水体释放，此时池塘底质成为磷的"源"

C. 矿物溶解度随 pH 增大而增大，水体中的磷浓度随 pH 的增大而提高

D. 当底质中钙含量增加时，不会影响水体中磷的浓度

[答案] C

[解析] 泥水界面磷的交换取决于界面的氧化还原电位，当泥水界面处于氧化态时，水体中的磷被沉淀，即被底质吸收，此时池塘底质成为磷的"汇"，当泥水界面处于还原态时，底质中的磷溶解而向水体释放，此时池塘底质成为磷的"源"，所以选项 A、B 都是错误的。大多数矿物都随着 H^+ 的降低（pH 变大）溶解度增加，如磷铝石、红磷铁矿、氢氧化亚铁、氢氧化锰等，C 正确。泥水界面钙的交换处于一

个动态平衡，当底质中钙含量过高时，大量的钙离子溶解于水中，使水体中的磷酸根形成磷酸钙沉淀，水体中的磷浓度降低，所以 D 描述错误。

24. 关于泥水界面维护描述错误的是(　　)

A. 水成土壤与上覆水体之间界面的状态支配着泥与水体的营养交换

B. 氧化态的泥水界面能将土壤深处还原区产生的有毒有害物质（如硫化氢）在向水体扩散的过程中氧化，对上覆水体中的水生生物起着保护作用

C. 还原态的泥水界面能限制一些矿物营养盐进入上覆水体，防止浮游植物暴发性生长

D. 泥水界面状态的稳定意味着泥水之间的物质交换的稳定，也维持着上覆水体的生态稳定

[答案] C

[解析] 此处考查的是泥水界面维护的原因。C 项是错误的，泥水界面处于还原态时，底质中的营养盐向水体释放，此时池塘底质成为营养盐的"源"；相反，氧化态的泥水界面能限制一些矿物营养盐进入上覆水体，防止浮游植物暴发性生长。所以，泥水界面维护重在维持氧化态的泥水界面。

25. 泥水界面的维护，主要是通过(　　)，将(　　)带入泥水界面，以维持泥水界面的氧化态。

A. 物理维护；溶解氧　　　　　　　　B. 物理维护；营养盐

C. 搅动；溶解氧　　　　　　　　　　D. 搅动；营养盐

[答案] C

第六单元　水体生产力和鱼生产力

1. 水体单位面积或单位体积内生物有机质的重量，指的是哪个概念(　　)

A. 现存量或生物量　　　　　　　　　B. 生产量

C. 收获量　　　　　　　　　　　　　D. 周转率

[答案] A

2. 水体单位面积内所能维持的最高的鱼重量，指的是哪个概念(　　)

A. 现存量或生物量　　　　　　　　　B. 水体鱼载力

C. 收获量　　　　　　　　　　　　　D. 周转率

[答案] B

3. 一定时间内单位面积（m^2，hm^2）或单位水体积（m^3，L）内所产生的生物有机质的

重量，指的是哪个概念(   )

  A. 生物生产力   B. 初级生产力

  C. 收获量   D. 生产量

[答案] D

 4. 生产量、鱼产量、收获量三个指标中哪个最大(   )

  A. 生产量   B. 鱼产量

  C. 收获量   D. 看具体情况

[答案] A

 5. 一定时间内新增加的生物量（P）与这段时间内平均生物量（B）的比率（通称 P/B 系数），指的是(   )

  A. 生产量   B. 周转率

  C. 收获量   D. 周转时间

[答案] B

 6. 下列哪个产量包括已被自养生物本身消耗的有机质的量(   )

  A. 初级产量   B. 初级净产量

  C. 初级毛产量   D. 群落净产量

[答案] C

 7. 下列哪个产量不包括已被自养生物本身消耗的有机质的量(   )

  A. 初级产量   B. 初级净产量

  C. 初级毛产量   D. 群落净产量

[答案] B

 8. 初级净产量－异养生物呼吸量＝(   )

  A. 初级毛产量   B. 群落净产量

  C. 初级净产量   D. 初级产量

[答案] B

 9. 群落净产量又称为(   )

  A. 生态系统净产量   B. 生态生产力

  C. 群落生产力   D. 生产力

[答案] A

 10. 自养生物，如微藻类，生活过程中经常向水中释放溶解有机物，这会导致定量方法测定的生物量增长值(　　)初级净产量。

    A. 高于   B. 低于

    C. 等于   D. 不确定

[答案] B

[解析] 正确选项是 B，自养生物光合作用固定的总能量除去自身呼吸消耗剩余的能量称之为初级净产量，但实际情况是，自养生物在生命过程中，除了自身呼吸消耗，还会向细胞外分泌溶解有机质，这一部分有机质占光合合成碳的百分比变化很大，为 $7\%\sim83\%$，这就导致其自身的生物量增加值低于初级净产量，所以选择 B。

11. 下列哪类生物是水圈的主要生产者(　　)

    A. 底生藻类   B. 光合细菌

    C. 化合细菌   D. 浮游植物

[答案] D

12. 下列哪种测定初级生产力的方法，主要用于水生维管束植物和大型藻类生物量的测定(　　)

    A. 收获量法   B. 黑白瓶测氧法

    C. 放射性 ^{14}C 示踪法   D. 叶绿素法

[答案] A

13. 下列哪种测定初级生产力的方法，一般不用于藻类生物量的测定(　　)

    A. 收获量法   B. 黑白瓶测氧法

    C. 放射性 ^{14}C 示踪法   D. 叶绿素法

[答案] A

14. 20 世纪 40 年代初，林德曼首先提出食物链中(　　)%的能量转化规律。

    A. 15～20   B. 15

    C. 10   D. 20

[答案] C

15. 关于次级产量描述正确的是(　　)

    A. 所有消费性生物的摄食、同化、生长和生殖过程，构成次级生产

    B. 表现为动物和微生物的生长、繁殖和营养物质的储存

    C. 单位时间内由于动物和微生物的生长、繁殖而增加的生物量或储存的能量即为次级产量

    D. 以上都对

[答案] D

16. 自养或异氧微生物可将光合作用过程中释放的 DOM 转化为 POM（细菌本身），并被微型浮游动物（特别是原生动物）所利用，最后这部分初级生产的能量得以进入后生动物，这一过程称为（   ）

    A. 细菌生产力   B. 次级生产力

    C. 微生物环   D. 以上都不对

［答案］C

17. 下列不属于次级生产力测定方法的是（   ）

    A. 股群法   B. 积累生长法

    C. 周转时间法   D. 放射性^{14}C 示踪法

［答案］D

18. 细菌将水体中的有机物质分解利用，并转化为自身生长的过程，称为（   ）

    A. 细菌生产力   B. 次级生产力

    C. 微生物环   D. 以上都不对

［答案］A

19. 用核酸含量来推测细菌的生物量的细菌生产力测定方法是（   ）

    A. ［甲基-^{3}H］胸腺嘧啶核苷示踪法   B. ［^{14}C］-亮氨酸示踪法

    C. 细胞分裂频率法   D. 吖啶橙荧光显微镜直接计数法（AODC 法）

［答案］A

20. 下列哪种方法是通过测定细菌蛋白质的合成速率来间接表示细菌的生产力（   ）

    A. ［甲基-^{3}H］胸腺嘧啶核苷示踪法   B. ［^{14}C］-亮氨酸示踪法

    C. 细胞分裂频率法   D. 吖啶橙荧光显微镜直接计数法（AODC 法）

［答案］B

21. 哪个指标与鱼生产力的关系最密切？（   ）

    A. 水体深度   B. 水体肥度

    C. 饵料基础   D. 气候条件

［答案］C

22. 国内外估算水体鱼生产力的方法有（   ）

    A. 根据大量数据的对比，提出饵料基础或非生物因素和鱼生产力间的数量关系

    B. 根据生态系或种群中能量流转原理，估算饵料基础可能提供的鱼生产力

    C. 根据生物因素和非生物因素的综合分析，作出水体的鱼生产力分类

    D. 以上都是

[答案] D

23. Ryder 形态土壤指数法计算鱼生产力一般情况下是否适合中国湖泊(　　)

　　A. 适合

　　B. 不适合

　　C. 不确定

　　D. Ryder 形态土壤指数法反映的是非生物因素与鱼产量之间的关系

[答案] B

24. 天然水体中，哪种鱼类多的水体的浮游植物利用率高(　　)

　　A. 鲢　　　　　　　　　　　　　B. 鲤

　　C. 鲈　　　　　　　　　　　　　D. 黄颡鱼

[答案] A

25. 评估水域鱼生产力的常用指标是 (　　)

　　A. 能量来源因素　　　　　　　　B. 营养物质供给因素

　　C. 能量利用效率因素　　　　　　D. 以上都是

[答案] D

第七单元　养殖环境修复

1. 水环境修复按照修复位置可分为原位生态修复和异位生态修复，其中自然水域、人工景观水域的环境修复采用哪种修复(　　)

　　A. 原位生态修复　　　　　　　　B. 异位生态修复

　　C. 原位＋异位生态修复　　　　　D. 以上都不对

[答案] A

2. 工业和生活污水的处理多采用哪种修复方式(　　)

　　A. 原位生态修复　　　　　　　　B. 异位生态修复

　　C. 原位＋异位生态修复　　　　　D. 以上都不对

[答案] B

3. 养殖水体的生态修复可采取哪种修复方式(　　)

　　A. 原位生态修复　　　　　　　　B. 异位生态修复

　　C. 原位＋异位生态修复　　　　　D. 以上都不对

[答案] C

4. 环境修复技术主要包括( )

A. 物理修复   B. 化学修复

C. 生物修复   D. 以上三个都是

[答案] D

5. 物理、化学、生物环境修复技术中，哪一个是最传统也是最早的生态修复技术( )

A. 物理修复   B. 化学修复

C. 生物修复   D. 不确定

[答案] A

6. 物理生态修复技术有疏浚、增氧、换水、截污等，其中哪一个有提高水体蓄水量的功效( )

A. 疏浚   B. 增氧

C. 换水   D. 截污

[答案] A

7. 化学生态修复技术有( )

A. 絮凝   B. 氧化

C. 吸附   D. 絮凝、氧化、吸附、杀藻剂等

[答案] D

8. 下列关于利用絮凝方法进行水体的修复描述错误的是( )

A. 化学絮凝所处理的对象主要是水中的微小悬浮固体和胶体杂质

B. 絮凝的原理是通过向水中投放絮凝剂，使水体中的微小颗粒、胶体杂质等，由于絮凝剂的架桥作用而相互结合，形成一个非常松散的六维结构的网状物，即絮凝体，以通过过滤沉淀法除去

C. 影响絮凝效果的因素较为复杂，主要有水温、水力条件、pH、水中杂质的成分、性质和浓度等

D. 无机盐絮凝剂的水解是放热反应，所以水温低的时候絮凝效果好

[答案] D

9. 下列关于利用絮凝方法进行水体的修复描述错误的是( )

A. 整个絮凝过程可分为两个阶段：混合和反应

B. 絮凝过程两个阶段对水力条件的要求是不同的

C. 混合阶段要求是使药剂迅速均匀地扩散到全部水中以创造良好的水解和聚合条件，反应阶段的要求是使絮凝剂的微粒通过絮凝形成大的具有良好沉淀性能的絮凝体

D. 混合阶段要求降低搅拌速度，反应阶段要求快速和剧烈搅拌

[答案] D

10. 关于氧化法进行水体的修复描述错误的是(　　　)

A. 目的是杀灭水体中对养殖生物和人体有害的微生物，降低有机物的数量，同时起到除臭等作用

B. 常用的化学试剂有氯制剂、臭氧、二溴海因、溴氯海因、聚乙烯吡咯烷酮碘等

C. 紫外线消毒不属于氧化法化学修复

D. 使用氯制剂和臭氧消毒水体后需要进行曝气、活性炭吸附等方法去除消毒剂及消毒产物如次溴酸根

[答案] C

11. 下列哪种除藻剂的天然储量丰富、价格低廉、无毒且处理工序相对简单(　　　)

A. 天然黏土矿物　　　　　　　　B. 锰铜复合除藻剂

C. 有机络合铜除藻剂　　　　　　D. 硫酸铜

[答案] A

12. 下列哪一项描述不属于生物修复的特点(　　　)

A. 是一种养殖水体环境修复的技术

B. 按照修复主体可分为微生物修复、植物修复和动物修复

C. 利用各种生物的特性，吸附、絮凝、沉淀、聚合环境中的污染物

D. 费用低、耗时短、净化彻底、不易产生二次污染、不危害养殖功能、不破坏生态平衡等

[答案] C

13. 下列关于生物操纵的描述错误的是(　　　)

A. 是由 Shapiro 等学者于 1975 年提出的

B. 生物操纵又称为食物网操纵

C. 泛指在管理水体藻类和水生植物基础上的生态操纵措施

D. 生物操纵不属于生物修复

[答案] D

14. 下列哪个选项是综合生物修复技术(　　　)

A. 人工湿地、生物浮床等技术　　　　B. 微生物修复

C. 植物修复 　　　　　　　　　　D. 动物修复

[答案] A

15. 下列哪种应用于水产养殖的微生物具有"吃掉"有害细菌的能力(　　)

A. 光合细菌 　　　　　　　　　　B. 芽孢杆菌

C. 蛭弧菌 　　　　　　　　　　D. 硝化细菌

[答案] C

16. 微生物修复的局限性有(　　)

A. 不能降解所有进入环境中的污染物

B. 特定微生物只降解特定类型的化学物质

C. 活性受温度和其他环境条件的影响较大

D. 以上都是

[答案] D

17. 哪种生物修复方法利用的是生物对营养盐的吸收、氧气释放及克生效应来改善水域环境(　　)

A. 微生物修复 　　　　　　　　　　B. 植物修复

C. 动物修复 　　　　　　　　　　D. 以上都不是

[答案] B

18. 哪种生物修复方法利用的是生物对有机污染物的吸收，以及对浮游藻类的摄食作用，把营养物质转移到食物链等级较高的水生动物体内，再通过人为捕捞形式，把营养物质从水体中去除来达到修复环境的目的(　　)

A. 微生物修复 　　　　　　　　　　B. 植物修复

C. 动物修复 　　　　　　　　　　D. 人工湿地

[答案] C

19. 经典的生物操纵案例是利用肉食性鱼类控制藻类过量生长，其原理是(　　)

A. 增加肉食性鱼类数量，以控制滤食性鱼类的种群数量

B. 减少滤食性鱼类对浮游动物的捕食

C. 利于大型浮游动物种群的增长，从而降低藻类生物量

D. 以上都是

[答案] D

20. 海水池塘、海湾用于生态修复的种类主要有大型海藻，不包括下列哪一项(　　)

A. 海带 　　　　　　　　　　B. 伊乐藻

C. 红毛菜　　　　　　　　　　　　D. 江蓠

[答案] B

21. 下列可保证有充分的浮游动物来控制藻类的操作有(　　)
A. 增加食鱼性鱼类　　　　　　　　B. 减少食浮游动物鱼类
C. 减少食底栖动物鱼类　　　　　　D. 以上都对

[答案] D

22. 下列方法可起到调控水质，控制水体藻类生物量的方法有(　　)
A. 套养鲢鳙　　　　　　　　　　　B. 投放足量滤食性贝类
C. 投放某些棘皮动物　　　　　　　D. 以上都对

[答案] D

23. 利用有机或合成材质作为载体漂浮于水面，其上栽植水生植物，以形成生物群落来改善水域生态环境的方法是(　　)
A. 人工湿地　　　　　　　　　　　B. 生物操纵
C. 生物浮床　　　　　　　　　　　D. 水生动物修复

[答案] C

第八单元　养殖水域环境污染与尾水处理

1. 养殖水域环境污染包括(　　)
A. 物理污染　　　　　　　　　　　B. 化学污染
C. 生物污染　　　　　　　　　　　D. 以上都是

[答案] D

2. 水产品中食源性致病菌污染问题，属于哪种类型的养殖水域环境污染(　　)
A. 物理污染　　　　　　　　　　　B. 化学污染
C. 生物污染　　　　　　　　　　　D. 以上都是

[答案] C

3. 光污染、热污染、电磁污染、噪声污染属于哪种类型的养殖水域环境污染(　　)
A. 物理污染　　　　　　　　　　　B. 化学污染
C. 生物污染　　　　　　　　　　　D. 以上都是

[答案] A

4. 养殖水域环境污染中的化学污染包括(　　)

A. 氨氮、重金属超标　　　　　　B. 农药残留、渔药残留

C. 有机物污染　　　　　　　　　D. 以上都是

[答案] D

5. 杀虫剂、除草剂中含有下列哪种重金属(　　)

A. 铬　　　　　　　　　　　　　B. 砷

C. 镉　　　　　　　　　　　　　D. 铅

[答案] B

[解析] 重金属污染属于化学污染，水产品中常见的重金属有污染主要有砷、铅、汞、铬、镉、锡等，不同重金属的来源、毒性及引起的症状各不相同，但大多危害较大。几种重金属中有两种来源与农药有关，一个是砷，来源有杀虫剂、除草剂等含砷农药，另外一个是锡，来自农业杀菌剂。此外，重金属镉来自磷酸盐化肥。所以正确选项是 B。

6. 下列哪种生物的重金属蓄积能力较强(　　)

A. 中上层鱼类　　　　　　　　　B. 浮游藻类

C. 双壳类　　　　　　　　　　　D. 底栖鱼类

[答案] C

[解析] 水生生物由于其摄食和生活习性的不同，对重金属的蓄积能力也不同，水产品中部分藻类、甲壳类和贝类等重金属蓄积能力较强，特别是甲壳类和贝类，因其底栖、滤食等生活习性，更易累积重金属。上述四个选项中符合底栖、滤食两种生活习性的只有选项 C。注意并不是所有的贝类都是滤食性，底栖鱼类种类也很多，仅部分是滤食性。

7. 《无公害食品 渔用药物使用规则》规定(　　)

A. 高毒、高残留和具有"三致"毒性的渔药，对水域环境有严重破坏又难以恢复的渔药严禁使用

B. 严禁向养殖水域泼洒抗生素

C. 严禁将新进开发的人用新药作为渔药主要或次要成分使用

D. 以上都对

[答案] D

8. "三致"毒性的渔药，"三致"指的是(　　)

A. 致畸　　　　　　　　　　　　B. 致癌

C. 致突变　　　　　　　　　　　D. 以上都是

[答案] D

9. (　　)包括生物主动蔓延和人为盲目引进物种，造成包括食物竞争、捕食、寄生等种间关系的破坏，有害生物或病原体等的携带及与原有自然种群或近缘种杂交而导致的基因污染等。

  A. 基因污染　　　　　　　　　　B. 微生物污染

  C. 生物污染　　　　　　　　　　D. 以上都不对

[答案] C

10. 生物污染的发生与哪个生态学名词相关(　　)

  A. 生物入侵　　　　　　　　　　B. 基因污染

  C. 优势种　　　　　　　　　　　D. 微生物污染

[答案] A

11. 下列属于基因污染的是(　　)

①养殖鱼类逃逸，与野生鱼类杂交

②养殖鱼类逃逸，传播一些包括能改变野生鱼类种群数量的传染病等疾病

③一些人购买国外水生品种后，弃养、放生到我国的野外水域

  A. ①②　　　　　　　　　　　　B. ①③

  C. ①②③　　　　　　　　　　　D. 以上都不是

[答案] C

[解析] ①、②、③均属于基因污染的范畴，其中①、③性质相似，是比较常见的基因污染实例，②的污染属于微生物范畴基因污染，如由于养殖鱼类逃逸将本在野生鱼类生境中不存在的致病菌或病毒携带、引入，导致野生鱼类出现新型病毒性或细菌性传染病。

12. 水产养殖中的微生物污染现象主要表现为(　　)

  A. 水产养殖水体中出现病毒、细菌及真菌物质，对水产生物的健康生长造成了极大危害

  B. 导致水产生物出现了大面积死亡现象，严重影响了养殖户的养殖效益

  C. 由于携带病毒、真菌、细菌的水产品进入食品系统，也造成了较大的食品安全问题

  D. 以上都不是

[答案] A

[解析] 注意题目问的是微生物污染现象的"主要表现"，正确选项是 A，选项 B 和 C 讲的是微生物污染现象结果或后果。

13. 对渔业生态环境进行评价时，既要考虑(　　)还要考虑(　　)，只有将诸多因素综合起来分析，选取有效的水污染评价方法，才能保证水污染评价的有效性、合理性和全面性。

① 水化学等非生物因素
②水体的生物学特征
③水域底质污染程度

  A. ①②   B. ①③
  C. ①②③   D. 以上都不是

[答案] C

14. 水域水质污染评定的三方面有( )
  A. 污染强度   B. 污染范围
  C. 污染历时   D. 以上都是

[答案] D

15. 通过水生生物进行水域污染评价的理论依据是( )
①水体中的水生生物对水体环境的变化极为敏感
②污染物进入水体，会导致水生生物个体、种群和群落结构特征发生变化，从而指示水体的污染状况和危害程度
③水生生物的多样性

  A. ①②   B. ①③
  C. ①②③   D. ②③

[答案] A
[解析] 此题考查利用水生生物进行水域污染评价的理论依据。水生生物生活在水体中，不同的水生生物要求的生境不同，对污染物的反应也不同，污染物进入水体后，某些水生生物的种类会增加，某些会减少，这就导致原有的生物群落结构发生变化。正是由于水生生物对水体环境的变化极为敏感，个体、种群和群落结构特征受污染物的影响，所以我们可以将水生生物作为评价水体污染的一个方法。正确选项是 A，水生生物的多样性是水生生物自身的特征，不能作为利用水生生物进行水域污染评价的理论依据。

16. 下列哪种藻不喜欢生活在透明度较大、有机质含量较低的水域中( )
  A. 甲藻门的角甲藻属的飞燕角藻 B. 绿藻门的衣藻属
  C. 甲藻门的多甲藻属   D. 硅藻门的脆杆藻属

[答案] B
[解析] 此题出自污染物的水生生物评价法中的指示生物法之浮游植物。不同的浮游藻类喜欢不同的生境，其中甲藻门的角甲藻属的飞燕角藻、多甲藻属，硅藻门的脆杆藻属、双菱藻属，绿藻门的角星鼓藻属均喜欢生活在透明度大、有机质含量较低的水域中，且是不耐污，不耐肥的种群。而绿藻门的衣藻属喜欢生活在有机质含量高的水体中，所以选 B。

17. 下列哪种藻不属于水华藻类(　　)

    A. 铜绿微囊藻

    B. 螺旋鱼腥藻

    C. 颗粒直链藻

    D. 脆杆藻属

[答案] D

18. 下列哪类生物不常用来作为污染物的指示生物，但是可以间接反映污染物的存在与否(　　)

    A. 浮游植物

    B. 浮游动物

    C. 底栖动物

    D. 中上层鱼类

[答案] D

[解析] 浮游植物、浮游动物、底栖动物这三个类群均有一些生物可以作为污染物的指示生物，直接反映污染物的污染状况。中上层鱼类移动性大，会回避混浊区和毒物而迁移，所以不能准确反映特定物的污染程度，然而，因为其迁移行动本身就是污染物存在的指标，所以可间接反映污染物的有无。正确选项是 D。

19. 水产养殖尾水中的主要污染物包括(　　)

①重金属、②亚硝酸盐、③有机物、④磷、⑤氨氮、⑥污损生物

    A. ①②③④

    B. ①②③④⑤

    C. ②③④⑤

    D. ②③④⑤⑥

[答案] D

20. 养殖尾水处理的重点包括(　　)

①营养性成分、②悬浮固体、③溶解有机物、④病原体、⑤重金属

    A. ①②③④

    B. ①②③④⑤

    C. ②③④⑤

    D. ②③④⑤⑥

[答案] A

21. 养殖尾水处理措施主要包括物理、化学和生物处理技术，其中作用于水体中悬浮固体颗粒的是哪种处理技术(　　)

    A. 物理处理技术

    B. 化学处理技术

    C. 生物处理技术

    D. 以上都有

[答案] A

22. 养殖尾水物理处理技术常用的物理的手段有：①机械过滤，②泡沫分离技术，③膜分离技术等，其中由于造价和运行成本低，在工厂化规模养殖的尾水处理中获得广泛应用的是(　　)

    A. ①②

    B. ①③

C. ②③   D. ①②③

[答案] A

23. 养殖尾水物理处理技术常用的物理的手段有：①机械过滤，②泡沫分离技术，③膜分离技术等，其中对微小悬浮物和溶解有机物有很好去处效果，且经处理后尾水富含氧气的是哪种处理手段（　　　）
A. ①   B. ②
C. ③   D. ①②

[答案] B

24. 养殖尾水化学处理中经常使用的一种药剂，长期使用容易使菌株产生耐药性，对于有保护层的孢子和虫卵难以杀灭，甚至对养殖环境造成二次污染，带给人体次生伤害的是哪一种化合物（　　　）
A. 臭氧   B. 生石灰
C. 次氯酸钙   D. 黏土矿物

[答案] C

25. 养殖尾水化学处理中使用（　　　）可以有效地氧化水产养殖尾水中的无机物和有机物，直接破坏细菌的细胞壁、脱氧核苷酸和核糖核酸使其失去活性，或对致病菌的细胞膜、酶系统进行破坏，达到净化水质、杀毒灭菌的作用。
A. 臭氧   B. 生石灰
C. 次氯酸钙   D. 黏土矿物

[答案] A

26. 水产养殖尾水生物处理技术主要有 5 种方式：①水生植物，②藻类，③水生动物，④微生物，⑤人工湿地，其中（　　　）净化水产养殖尾水技术最为成熟。
A. ②   B. ⑤
C. ①   D. ④

[答案] D

第十五篇

水产养殖学

1. 螺旋藻生长的最适 pH 是(　　)

A. 3～5　　　　　　　　　　　　　B. 5～7

C. 6～8　　　　　　　　　　　　　D. 8.5～10.5

[答案] D

[解析] 考点为螺旋藻的最适生态条件。螺旋藻生长的最适 pH 是 8.5～10.5。pH 过低，容易被其他藻类污染；pH 过高，可利用的二氧化碳量可能受到限制。

2. 盐藻单细胞前端凹陷处的等长鞭毛有(　　)根。

A. 1　　　　　　　　　　　　　　B. 2

C. 3　　　　　　　　　　　　　　D. 4

[答案] B

[解析] 考点为盐藻的形态特征。盐藻单细胞前端凹陷处有 2 根等长鞭毛是盐藻的特征性形态。

3. 盐藻培养最适 pH 范围为(　　)

A. 5～6　　　　　　　　　　　　　B. 6～7

C. 7～8.5　　　　　　　　　　　　D. 8.5～10.5

[答案] C

[解析] 考点为盐藻对 pH 的适应性。盐藻可以在稍高 pH 的碱性条件下生长，培养最适 pH 范围为 7～8.5。

4. 雨生红球藻游动细胞无性繁殖时产生的游孢子个数不会是(　　)

A. 2　　　　　　　　　　　　　　B. 4

C. 6　　　　　　　　　　　　　　D. 8

[答案] C

[解析] 考点为雨生红球藻的繁殖方式。在环境适宜时，游动细胞以无性繁殖方式产生 2、4、8 个游孢子，经过一段时间的生长发育，游孢子突破孢子囊壁释放出来，成为新的游动细胞。

5. 红球藻生长最适的光照度〔μmol/（m² · s）〕约为（　　）

A. 20 　　　　　　　　　　　　B. 30

C. 40 　　　　　　　　　　　　D. 50

〔答案〕B

〔解析〕考点为红球藻的最适生态条件。光照度是影响红球藻生长的重要因素，最适于其生长的光照度约为 30μmol/（m² · s），高于 50μmol/（m² · s）的光照度将抑制其生长。

6. 微绿球藻培养的最适 pH 是（　　）

A. 3～5 　　　　　　　　　　　B. 5～7

C. 7.5～8.5 　　　　　　　　　D. 8.5～10.5

〔答案〕C

〔解析〕考点为微绿球藻的最适生态条件。微绿球藻适宜的 pH 范围 7.5～8.5。

7. 小新月菱形藻是（　　）

A. 硅藻 　　　　　　　　　　　B. 盐藻

C. 绿藻 　　　　　　　　　　　D. 蓝藻

〔答案〕A

〔解析〕考点为常见藻的分类地位。小新月菱形藻俗称"小硅藻"，属于硅藻门。常见的硅藻有三角褐指藻、新月菱形藻、角毛藻、小环藻等；常见的盐藻有杜氏盐藻；常见的绿藻有弓形藻、集星藻、盘星藻、小球藻等；常见的蓝藻有颤藻、鱼腥藻、念珠藻、微囊藻、色球藻等。

8. 小新月菱形藻生长停止和死亡的水温为（　　）℃。

A. 10 　　　　　　　　　　　　B. 20

C. 26 　　　　　　　　　　　　D. 30

〔答案〕D

〔解析〕考点为小新月菱形藻的适宜生态条件。小新月菱形藻的生长繁殖适温范围是 5～28℃，最适温度是 15～20℃。当水温超过 28℃，藻细胞停止生长，最终大量死亡。

9. 在生长环境不良时可形成休眠孢子的藻类是（　　）

A. 绿藻 　　　　　　　　　　　B. 盐藻

C. 小新月菱形藻 　　　　　　　D. 牟氏角毛藻

〔答案〕D

〔解析〕考点是藻类在生长环境不良时的繁殖情况。以上选项只有牟氏角毛藻在生长环境不良的情况下可形成休眠孢子，一个母细胞形成一个休眠孢子。

10. 中肋骨条藻属于(　　)

    A. 硅藻门   B. 绿藻门

    C. 蓝藻门   D. 金藻门

[答案] A

[解析] 考点为中肋骨条藻的分类地位。中肋骨条藻属硅藻门、中心纲、圆形藻目、骨条藻科、骨条藻属。中肋骨条藻是斑点对虾及其他高温育苗的对虾幼体的优良饵料。

11. 按采收方式分类，微藻培养的方式不包括(　　)

    A. 一次性培养   B. 中继培养

    C. 连续培养   D. 半连续培养

[答案] B

12. 紫外线消毒杀菌能力最强的波长范围是(　　)

    A. 186～225   B. 226～256

    C. 227～285   D. 285～300

[答案] B

13. 生产上为了方便，常将微藻的营养盐培养浓度提高(　　)倍作为母液。

    A. 100   B. 200

    C. 500   D. 1 000

[答案] D

14. 微藻细胞定量计数，每个样品须重复测定(　　)次。

    A. 2   B. 3

    C. 4   D. 5

[答案] B

15. 淡水池塘里常见的轮虫种类是(　　)

    A. 壶状臂尾轮虫   B. 褶皱臂尾轮虫

    C. 圆形臂尾轮虫   D. 方形臂尾轮虫

[答案] A

16. 淡水池塘里常见的轮虫种类是(　　)

    A. 褶皱臂尾轮虫   B. 圆形臂尾轮虫

    C. 方形臂尾轮虫   D. 角突臂尾轮虫

[答案] D

17. 淡水池塘里常见的轮虫种类是（   ）

A. 褶皱臂尾轮虫

B. 圆形臂尾轮虫

C. 方形臂尾轮虫

D. 萼花臂尾轮虫

［答案］D

18. 卤虫分类上隶属于（   ）

A. 盐水丰年虫科

B. 臂尾轮虫科

C. 沙蚕科

D. 桡足亚科

［答案］A

19. 卤虫腹部的节数为（   ）节。

A. 5

B. 6

C. 8

D. 10

［答案］C

20. 卤虫Ⅰ龄无节幼体在适宜的温度条件下，一般在（   ）左右蜕壳一次而发育成Ⅱ龄无节幼体。

A. 12h

B. 24h

C. 36h

D. 48h

［答案］A

21. 初孵无节幼体经过（   ）次蜕壳后，变态发育成成虫。

A. 6～8

B. 8～10

C. 12～15

D. 16～18

［答案］C

22. 性成熟的卤虫，在环境、饵料适宜的情况下，一般每隔（   ）d，即可产卵一次。

A. 1～2

B. 3～5

C. 6～8

D. 7～10

［答案］B

23. 水分含量为 2%～8% 的干燥卤虫卵，在 $-20℃$ 中放置，存放（   ）不影响其孵化率。

A. 1 个月

B. 3 个月

C. 6 个月

D. 12 个月

［答案］D

24. 区别于其他甲壳动物，卤虫具有更高效的(　　)

    A. 血蓝蛋白　　　　　　　　　　B. 血青蛋白

    C. 血红蛋白　　　　　　　　　　D. 血绿蛋白

[答案] B

25. 沙蚕身体上的刚毛的主要作用是(　　)

    A. 协助运动　　　　　　　　　　B. 感觉声音

    C. 辅助呼吸　　　　　　　　　　D. 感觉光线

[答案] A

26. "四大家鱼"是指(　　)

    A. 青鱼、草鱼、鲢、鳙　　　　　B. 青鱼、草鱼、鲤、鲢

    C. 草鱼、鲢、鲤、鳙　　　　　　D. 青鱼、草鱼、鲤、鳙

[答案] A

27. 下面不是赤潮藻类的是(　　)

    A. 红海束毛藻　　　　　　　　　B. 盐生杜氏藻

    C. 夜光藻　　　　　　　　　　　D. 中肋骨条藻

[答案] B

28. 鱼苗的开口饵料是(　　)

    A. 大型浮游动物　　　　　　　　B. 小型浮游动物

    C. 浮游植物　　　　　　　　　　D. 红虫

[答案] B

29. 正常池塘养殖情况下，鲂 2 龄成鱼规格大概是(　　)

    A. 250g　　　　　　　　　　　　B. 500g

    C. 800g　　　　　　　　　　　　D. 1 500g

[答案] D

30. 下列鱼苗中具有幼鱼黏附器的是(　　)

    A. 鲢　　　　　　　　　　　　　B. 鲫

    C. 银鲴鱼　　　　　　　　　　　D. 青鱼

[答案] B

31. 从食性上说，长吻鮠是(　　)

    A. 杂食性鱼类　　　　　　　　　B. 草食性鱼类

C. 肉食性鱼类   D. 滤食性鱼类

[答案] C

32. 斑点叉尾鮰头部有(　　)

A. 1 对须   B. 2 对须

C. 3 对须   D. 4 对须

[答案] D

33. 塘虱是(　　)的别称。

A. 长吻鮠   B. 南方鲇

C. 斑点叉尾鮰   D. 革胡子鲇

[答案] D

34. 以下鱼类，(　　)的繁殖卵不是漂浮性卵。

A. 鲂   B. 草鱼

C. 鲢   D. 鳙

[答案] A

35. 以下鱼类，(　　)的繁殖卵不是漂浮性卵。

A. 草鱼   B. 鲢

C. 鳙   D. 鲤

[答案] D

36. 以下鱼类，(　　)的繁殖卵不是漂浮性卵。

A. 鲫   B. 草鱼

C. 鲢   D. 鳙

[答案] A

37. 以下鱼类，(　　)的繁殖卵不是黏性卵。

A. 鲫   B. 泥鳅

C. 蒙古鲌   D. 青鱼

[答案] D

38. 以下鱼类，(　　)的繁殖卵不是黏性卵。

A. 鲫   B. 泥鳅

C. 鲂   D. 鳙

[答案] D

39. 以下鱼类, ( )的繁殖卵不是黏性卵。
A. 鲫 　　　　　　　　　　B. 泥鳅
C. 蒙古鲌 　　　　　　　　D. 草鱼

[答案] D

40. 从食性上说, 胭脂鱼是( )
A. 杂食性鱼类 　　　　　　B. 草食性鱼类
C. 肉食性鱼类 　　　　　　D. 滤食性鱼类

[答案] A

41. 以下鱼类, ( )的繁殖卵不是黏性卵。
A. 草鱼 　　　　　　　　　B. 泥鳅
C. 斑点叉尾鲴 　　　　　　D. 革胡子鲇

[答案] A

42. 以下鱼类, ( )属于草食性鱼类。
A. 黄颡鱼 　　　　　　　　B. 斑点叉尾鲴
C. 长春鳊 　　　　　　　　D. 翘嘴红鲌

[答案] C

43. 以下鱼类, ( )不属于杂食性鱼类。
A. 黄颡鱼 　　　　　　　　B. 斑点叉尾鲴
C. 鲫 　　　　　　　　　　D. 翘嘴红鲌

[答案] D

44. 从食性上说, 长春鳊是( )
A. 杂食性鱼类 　　　　　　B. 草食性鱼类
C. 肉食性鱼类 　　　　　　D. 滤食性鱼类

[答案] B

45. 混养池塘中的主体鱼一般以( )种为宜。
A. 1～2 　　　　　　　　　B. 3～4
C. 5～6 　　　　　　　　　D. 7～8

[答案] A

46. 从食性上说，军曹鱼是（　　）
- A. 杂食性鱼类
- B. 草食性鱼类
- C. 肉食性鱼类
- D. 滤食性鱼类

［答案］C

47. （　　）不是海水鱼。
- A. 军曹鱼
- B. 真鲷
- C. 黄姑鱼
- D. 斗鱼

［答案］D

48. （　　）不是海水鱼。
- A. 军曹鱼
- B. 黑鲷
- C. 大菱鲆
- D. 长吻鲍

［答案］D

49. 3～16cm规格的鲢、鳙、草鱼、青鱼，其头宽的大小顺序为（　　）
- A. 草鱼＞鳙＞青鱼＞鲢
- B. 草鱼＞鳙＞鲢＞青鱼
- C. 鳙＞草鱼＞鲢＞青鱼
- D. 草鱼＞青鱼＞鳙＞鲢

［答案］C

50. 亲鱼培育池使用的增氧机类型一般是（　　）
- A. 叶轮式增氧机
- B. 水车式增氧机
- C. 射流式增氧机
- D. 喷水式增氧机

［答案］A

51. 捕捞亲鱼的适宜水温一般以（　　）℃为宜。
- A. 12～15
- B. 7～10
- C. 16～20
- D. 25～30

［答案］B

52. 一般来说，鱼苗放养密度以（　　）尾/m² 为宜。
- A. 100～200
- B. 300～400
- C. 500～600
- D. 800～1 000

［答案］B

53. 夏花鱼种的规格一般是指全长为（　　）的鱼种。
- A. 1cm
- B. 2 cm

C. 3 cm   D. 8 cm

[答案] C

54. ( )是我国饲养食用鱼的主要生产方式。
A. 池塘养殖   B. 水库养殖
C. 工厂化养殖   D. 网箱养殖

[答案] A

55. ( )不是底栖杂食性鱼类。
A. 草鱼   B. 鲤
C. 鲫   D. 罗非鱼

[答案] A

56. ( )不是底栖杂食性鱼类。
A. 鲤   B. 鲫
C. 团头鲂   D. 泥鳅

[答案] C

57. ( )不是养殖池塘里常见的原生动物。
A. 剑水蚤   B. 钟形虫
C. 喇叭虫   D. 侠盗虫

[答案] A

58. ( )不是养殖池塘里常见的原生动物。
A. 钟形虫   B. 喇叭虫
C. 侠盗虫   D. 臂尾轮虫

[答案] D

59. 具左旋口缘小膜带（唇带）的纤毛虫是( )
A. 钟形虫   B. 栉毛虫
C. 喇叭虫   D. 铃壳虫

[答案] A

60. 臂尾轮虫的头冠属于( )
A. 旋轮虫型   B. 须轮虫型
C. 聚花轮虫型   D. 猪吻轮虫型

[答案] B

61. 在繁殖过程中出现特殊的复大孢子繁殖的藻类是( )

    A. 硅藻   B. 鞘藻

    C. 蓝藻   D. 刚毛藻

[答案] A

62. 养殖上广泛用作鱼、虾活饵料的褶皱臂尾轮虫的咀嚼器属于( )

    A. 砧型   B. 砧枝型

    C. 槌型   D. 槌枝型

[答案] C

63. 用黑白瓶法测定初级生产力得出的结果除毛产量外，还包括( )

    A. 鱼产量   B. 净产量

    C. 群落净产量   D. 收获量

[答案] C

64. 在养殖池塘中，春季浮游动物高峰最先出现的一般是( )

    A. 轮虫   B. 枝角类

    C. 桡足类   D. 同时出现，无先后顺序

[答案] A

65. 绝大多数枝角类的滤食器官是( )

    A. 腹肢   B. 第一触角

    C. 第二触角   D. 头冠

[答案] C

66. 以下藻类没有细胞核的是( )

    A. 甲藻   B. 蓝藻

    C. 金藻   D. 裸藻

[答案] B

67. 从形态结构看，属于膜状体类型的绿藻是( )

    A. 浒苔   B. 小球藻

    C. 毛枝藻   D. 衣藻

[答案] A

68. 水体富营养化主要是(　　)失去平衡所致。

A. K、Na

B. Si、N

C. N、P

D. S、P

[答案] C

69. 水生生物的主要呼吸方式是(　　)

A. 鳃呼吸和肺呼吸

B. 皮肤呼吸和气管呼吸

C. 皮肤呼吸和鳃呼吸

D. 气管呼吸和肠壁呼吸

[答案] C

70. 除(　　)外，以下其他选项均生活在海洋。

A. 轮藻

B. 巨藻

C. 紫菜

D. 裙带菜

[答案] A

71. 除(　　)外，以下其他选项均为滤食性浮游动物的天然饵料。

A. 水绵

B. 细菌

C. 有机碎屑

D. 单胞藻

[答案] A

72. 从营养盐限值角度而言，大洋区浮游植物通常受(　　)限制。

A. K

B. Na

C. P

D. N

[答案] D

73. 水体中温跃层形成并保持较长时间的季节是(　　)

A. 春

B. 夏

C. 秋

D. 冬

[答案] B

74. 养殖池塘施用生石灰，目的是提高池水的(　　)，增加缓冲能力。

A. 碱度

B. 硬度

C. 溶氧

D. 二氧化碳

[答案] A

75. 鱼池中游离 CO_2 的含量，在夏季超过(　　)mg/L 时，表示池水重污染。

A. 10

B. 20

C. 30   D. 40

[答案] D

76. 在水温 20℃的晴天向鱼池施用无机肥，一般(　　)d，浮游植物增殖量达到最大值。

A. 1～2   B. 3～4

C. 5～7   D. 8～10

[答案] B

77. 在进行浮游植物定量样品的采集时，水质样品应采用(　　)固定。

A. 酸性鲁戈氏液   B. 碱性鲁戈氏液

C. 甲醛   D. 碘液

[答案] A

78. 按浮游生物大小划分，微型浮游生物的大小应在(　　)μm。

A. 小于 2   B. 2～20

C. 20～200   D. 200～500

[答案] B

79. 将鱼苗从一个水体转养到另外一个水体时，水温突然变化不宜超过(　　)

A. 1℃   B. 2℃

C. 4℃   D. 5℃

[答案] B

80. 养鱼池塘水质 pH 最高出现的时间一般在(　　)

A. 早晨   B. 上午

C. 下午   D. 夜间

[答案] C

81. 水产养殖生产上对水体溶氧的要求一般为(　　)mg/L 以上。

A. 2   B. 3

C. 5   D. 8

[答案] C

82. 水体溶解氧较低可能导致的后果不包括(　　)

A. 鱼类浮头   B. 鱼摄食量下降

C. 饵料系数增加   D. 促进水体硝化作用

[答案] D

83. 关于鱼、虾浮头,说法错误的是( )

A. 四大家鱼早晨短时间浮头危害不是很大

B. 鱼苗浮头的危害比大规格鱼浮头严重

C. 海水养殖的对虾耗氧率比鱼类高,浮头即会引起大批死亡

D. 海水养殖中应严防鱼、虾浮头

[答案] B

84. 对虾神经系统主要由脑、( )、腹神经索等组成。

A. 围食管神经   B. 神经元

C. 神经索   D. 神经节

[答案] A

85. 河蚌的内部器官主要由( )、伸足肌、外套膜和外套腔、外套线、进水管等组成。

A. 闭壳肌   B. 鳃瓣

C. 鳃丝   D. 鳃弓

[答案] A

86. 2020 年,池塘养殖总产量在全国淡水养殖总产量中的占比大约是( )

A. 25%   B. 50%

C. 75%   D. 90%

[答案] C

87. 饲养食用鱼的池塘容纳水深以( )m 为宜。

A. 0.8~1.0   B. 1.2~1.5

C. 1.5~1.8   D. 2.0~3.0

[答案] A

88. 饲养食用鱼的池塘土质以( )为佳。

A. 壤土   B. 黏土

C. 沙土   D. 砾土

[答案] B

89. 《渔业水质标准》(GB 11607—1989)中规定,非离子氨含量不得超过( )

A. 0.01mg/L   B. 0.02 mg/L

C. 0.2 mg/L   D. 0.5 mg/L

[答案] B

90. 养殖水体中氨氮含量的调节措施不当的是(   )

A. 泼洒石灰水   B. 及时清除养殖动物排泄的粪便

C. 保证水体中有足够的溶解氧   D. 施用含有硝化细菌的微生物制剂

[答案] A

91. 关于亚硝酸盐与养殖生产的关系，描述错误的是(   )

A. 在缺氧的情况下，使用硝化细菌可以有效降低水中亚硝酸盐的含量

B. 亚硝酸盐是硝化作用的中间产物

C. 亚硝酸盐是反硝化作用的中间产物

D. 在微缺氧的环境中亚硝酸盐容易积累

[答案] A

92. 鱼池加注新水的时间，不宜选择的时间为晴天的(   )

A. 6：00—8：00   B. 9：00—11：00

C. 12：00—14：00   D. 17：00—19：00

[答案] D

93. 以下选项(   )不属于合理使用增氧机的原则。

A. 天气晴朗时，在中午的时间段要打开增氧机

B. 天气晴朗时，在中午的时间段不需要打开增氧机

C. 连续阴雨天可在半夜开机

D. 在喂食饲料的前后 2h 开机

[答案] B

94. 以下选项(   )不属于合理使用增氧机的原则。

A. 阴雨天的中午不开增氧机   B. 阴雨天的中午开启增氧机

C. 连续阴雨天可在半夜开机   D. 在喂食饲料的前后 2h 开机

[答案] B

95. 下列离子中可以通过化学作用耗磷的是(   )

A. SO_4^{2-} B. Na^+

C. K^+ D. Ca^{2+}

[答案] D

96. 下列选项，可以增加养殖水体内有效磷含量的是(　　)

　　A. 泼洒石灰水　　　　　　　　　B. 泼洒黄泥浆

　　C. 晴天中午开启增氧机　　　　　D. 以上都不是

[答案] C

97. 关于碱度与水产养殖生产的关系，正确的是(　　)

　　A. 碱度可以调节 CO_2 的产耗关系和稳定水的 pH

　　B. 碱度过高对养殖生物有毒害作用

　　C. 碱度可以降低重金属的毒性

　　D. 以上都是

[答案] D

98. 不能构成水体硬度的是(　　)

　　A. Ca^{2+}　　　　　　　　　　　B. K^+

　　C. Al^{3+}　　　　　　　　　　　D. Mg^{2+}

[答案] B

99. 湖泊、水库等水域养殖对象的鱼种放养地点的选择应遵循(　　)原则。

　　A. 应适应鱼种在不同季节对生态环境的要求

　　B. 远离输水洞、溢洪道和泵站

　　C. 避免在下风沿岸浅滩投放

　　D. 以上都是

[答案] D

100. 养殖生产上通常要求水体的 pH 呈中性或弱碱性，这里所说的中性是指(　　)

　　A. pH7.0　　　　　　　　　　　　B. pH6.5～7.5

　　C. pH7.0～9.0　　　　　　　　　D. pH6.5～8.0

[答案] D

101. 用铜盐防治鱼病或消除有害藻类时，如果养殖水的硬度较高，铜盐的用量应该(　　)

　　A. 适当减少　　　　　　　　　　B. 适当增加

　　C. 与其他池塘一样　　　　　　　D. 以上都不是

[答案] B

102. 用铜盐防治鱼病或消除有害藻类时，如果养殖水悬浮物值较高，铜盐的用量应该(　　)

A. 适当减少　　　　　　　　B. 适当增加

C. 与其他池塘一样　　　　　D. 以上都不是

[答案] B

103. 最好能与有机肥一起沤制后使用的化学肥料是（　　）

A. 铵态氮肥　　　　　　　　B. 磷肥

C. 硝态氮肥　　　　　　　　D. 尿素

[答案] B

104. 絮凝剂主要用于处理（　　）

A. 有害藻类　　　　　　　　B. 铵氮

C. 细菌和病毒　　　　　　　D. 微小悬浮固体和胶体杂质

[答案] D

105. 以下（　　）在分类地位上不隶属长臂虾科。

A. 罗氏沼虾　　　　　　　　B. 克氏原螯虾

C. 日本沼虾　　　　　　　　D. 秀丽白虾

[答案] B

106. 以下（　　）在分类地位上不隶属长臂虾科。

A. 罗氏沼虾　　　　　　　　B. 中国明对虾

C. 日本沼虾　　　　　　　　D. 秀丽白虾

[答案] B

107. 以下（　　）在分类地位上不隶属长臂虾科。

A. 罗氏沼虾　　　　　　　　B. 长毛对虾

C. 日本沼虾　　　　　　　　D. 秀丽白虾

[答案] B

108. 中华绒螯蟹胃区有（　　）对称的突起。

A. 2个　　　　　　　　　　B. 4个

C. 6个　　　　　　　　　　D. 8个

[答案] C

109. 中华绒螯蟹有（　　）对称的鳃丝。

A. 3对　　　　　　　　　　B. 4对

C. 5对　　　　　　　　　　D. 6对

[答案] D

110. 中华绒螯蟹胸部两侧有( )附肢。

A. 3 对

B. 4 对

C. 5 对

D. 6 对

[答案] C

111. 三疣梭子蟹在春、夏繁殖季节，常到近岸( )的浅海产卵。

A. 3～5m

B. 8～10m

C. 10～20m

D. 30～50m

[答案] A

112. 虾蟹育苗池的水源水必须经过沉淀 24h 后，用( )以上的筛绢网过滤后再入池。

A. 60 目

B. 80 目

C. 100 目

D. 200 目

[答案] D

113. 中华绒螯蟹亲体在水泥池的培育密度一般以( )为宜。

A. 1～2 只/m²

B. 3～4 只/m²

C. 5～6 只/m²

D. 7～8 只/m²

[答案] B

114. 锯缘青蟹亲体在水泥池的培育密度一般以( )为宜。

A. 2～3 只/m²

B. 3～4 只/m²

C. 5～6 只/m²

D. 7～8 只/m²

[答案] A

115. 日本囊对虾的幼体不能耐受盐度低于( )的海水。

A. 5

B. 10

C. 15

D. 25

[答案] D

116. 虾苗场出售的虾苗规格一般为( )

A. 体长 1.0cm

B. 体长 2.0cm

C. 体长 2.5cm

D. 体长 3.0cm

[答案] A

117. 对虾养殖生产中，一般（　　）采样作生长状况测量。

    A. 每 7d
               B. 每 10d

    C. 每 15d
              D. 每 20d

[答案] B

118. 淡水池塘的养殖尾水应达到《淡水池塘养殖水排放要求》（SC/T 9101—2007）规定的（　　）

    A. 一级标准
               B. 二级标准

    C. 三级标准
              D. 没有限制

[答案] B

119. 池塘中溶解氧的主要来源是（　　）

    A. 空气中氧气的溶解
      B. 光合作用

    C. 随水源带入
            D. 呼吸作用

[答案] B

120. 细菌在生态系统中的作用，按营养功能分，其属于（　　）

    A. 生产者
             B. 消费者

    C. 分解者
             D. 因细菌的种类不同而不同

[答案] D

121. 关于藻类形态结构，（　　）阐述错误。

    A. 具有叶绿素

    B. 营异养生活

    C. 除蓝藻门无细胞核外，其余各门均具细胞核

    D. 没有真正的根、茎、叶分化

[答案] B

122. 从分类地位上说，海带属于（　　）

    A. 蓝藻门
             B. 裸藻门

    C. 褐藻门
             D. 硅藻门

[答案] C

123. （　　）属于金藻门。

    A. 紫球藻
             B. 异胶藻

    C. 绿色巴夫藻
         D. 小新月菱形藻

[答案] C

124. ( )不属于绿藻门。

　　A. 牟氏角毛藻　　　　　　　B. 盐藻

　　C. 小球藻　　　　　　　　　D. 亚心形扁藻

[答案] A

125. ( )不属于纤毛虫纲。

　　A. 单缩虫　　　　　　　　　B. 沙蚕

　　C. 草履虫　　　　　　　　　D. 游仆虫

[答案] B

126. ( )不属于硅藻门。

　　A. 中肋骨条藻　　　　　　　B. 小新月菱形藻

　　C. 牟氏角毛藻　　　　　　　D. 钝顶螺旋藻

[答案] D

127. ( )不属于桡足类。

　　A. 剑水蚤　　　　　　　　　B. 蒙古裸腹蚤

　　C. 哲水蚤　　　　　　　　　D. 镖水蚤

[答案] B

128. 关于中国明对虾生物学特性论述正确的是( )

　　A. 繁殖为体内受精、体外发育

　　B. 腹肢不发达，雄性腹肢退化，仅存第一、二对腹肢，形成交接器

　　C. 雌性纳精囊位于第四、五对步足基部间的腹甲上

　　D. 卵巢为左右相连的两叶，呈 H 状

[答案] C

129. 关于中国明对虾生物学特性论述正确的是( )

　　A. 卵子发育颜色按黄、橙、茶、茶褐、黑色的顺序变化

　　B. 身体分为头胸部和腹部

　　C. 身体分为 19 个体节

　　D. 雌性第二至第五对腹肢存在，具内、外肢，密生刚毛

[答案] B

130. 关于三疣梭子蟹生物学特性论述不正确的是( )

A. 繁殖为体内受精、体外发育

B. 腹肢不发达，雄性腹肢退化，仅存第一、二对腹肢，形成交接器

C. 雄性腹部呈圆形，雌性腹部呈三角形

D. 卵巢为左右相连的两叶，呈 H 状

[答案] C

131. 鱼类鳃上皮对(　　)是不可渗透的。

A. NH_3 　　　　　　　　　　B. HCO_3^-

C. CO_2 　　　　　　　　　　D. O_2

[答案] B

132. 不属于鱼类养殖类型的是(　　)

A. 池塘养鱼 　　　　　　　　B. 自然增殖

C. 湖泊养鱼 　　　　　　　　D. 工厂化养鱼

[答案] B

133. 关于鱼苗、鱼种的选择和放养的阐述不正确的是(　　)

A. 规模化养殖场的鱼种培育池和成鱼养殖池的面积合理配比为 2∶8 或 3∶17

B. 放养鱼种规格越大，成鱼商品规格越大，成活率高，养成时间相应缩短

C. 成鱼池鱼种的放养原则是提前早放，放养时间有夏放和冬放

D. 鱼种下塘前应用 5％的食盐水浸泡消毒 3～5min

[答案] C

134. 关于水产养殖生产施用的肥料，阐述正确的是(　　)

A. 从肥料种类上，可以分为基肥和追肥

B. 从施肥时间上，可分为有机肥和无机肥

C. 无机肥成分全面、肥效持久

D. 有机肥作为基肥，无机肥作为追肥

[答案] D

135. 关于施用磷肥阐述不正确的是(　　)

A. 施磷肥时应选择晴天上午 9∶00—10∶00 进行

B. 施磷肥后应及时开启增氧机搅水，使其分布均匀

C. 施磷肥后不宜加注新水

D. 施用磷肥不可与生石灰、草木灰同时施用，否则无机肥会失效

[答案] B

136. 关于"八字精养法"的阐述，不正确的是（　　）

    A. "八字精养法"指水、种、饵、密、混、轮、防、养

    B. "轮"是指实行轮捕轮放，捕大放小

    C. "防"是指做好鱼病防治

    D. "饵"是指要保证鱼类的营养需求

［答案］A

137. 关于"八字精养法"的阐述，不正确的是（　　）

    A. "八字精养法"指水、种、饵、密、混、轮、防、管

    B. "轮"是指实行轮捕轮放，捕大放小

    C. "防"是指做好鱼病防治

    D. "八字精养法"是范蠡最早提出的

［答案］D

［解析］"八字精养法"是我国池塘养鱼技术措施和实践经验的高度总结。尽管我国池塘养鱼历史悠久，距今已有3200多年，是世界上池塘养鱼最早的国家，且经验丰富，但"八字精养法"是在1958年，由我国水产科技人员总结提出的，而非由范蠡最早提出的。

138. 卤素类消毒剂不包括（　　）

    A. 含氯石灰　　　　　　B. 生石灰

    C. 聚维酮碘　　　　　　D. 三氯异氰脲酸粉

［答案］B

139. （　　）不属于抗生素。

    A. 吡哌酸　　　　　　　B. 青霉素

    C. 金霉素　　　　　　　D. 硫酸新霉素

［答案］A

140. （　　）不属于抗生素。

    A. 磺胺甲氧嘧啶　　　　B. 青霉素

    C. 金霉素　　　　　　　D. 硫酸新霉素

［答案］A

141. 三黄粉的主要组分不包括（　　）

    A. 大黄　　　　　　　　B. 黄芩

    C. 黄柏　　　　　　　　D. 黄连

[答案] D

142. 三黄粉的主要组分不包括(　　)

A. 大黄 　　　　　　　　　　B. 黄芩

C. 黄柏 　　　　　　　　　　D. 黄芪

[答案] D

143. (　　)是常用的杀虫驱虫药。

A. 亚甲基蓝 　　　　　　　　B. 敌百虫

C. 吡哌酸 　　　　　　　　　D. 硫酸链霉素

[答案] B

144. 养殖水环境对渔药的作用，(　　)阐述不正确。

A. 温度每升高 10℃，药物毒性会增加 2～3 倍

B. 肥水池塘用药剂量应适当降低

C. 大多数药物在碱性水体中的药性减弱

D. 一般情况下，硬水会降低药效

[答案] B

145. 鲤的消化道包括(　　)、咽、食管、肠道。

A. 上颌 　　　　　　　　　　B. 口器

C. 下颌 　　　　　　　　　　D. 口腔

[答案] D

146. 鲤的消化腺包括肝胰腺和(　　)

A. 小肠 　　　　　　　　　　B. 肾脏

C. 胆囊 　　　　　　　　　　D. 盲肠

[答案] C

147. 鲤的呼吸系统主要由鳃盖膜、鳃弓、鳃片、(　　)和鳔组成。

A. 咽 　　　　　　　　　　　B. 口器

C. 上颌 　　　　　　　　　　D. 鳃耙

[答案] D

148. 鲤循环系统主要由(　　)、动脉球、腹大动脉、入鳃动脉和出鳃动脉等组成。

A. 心脏 　　　　　　　　　　B. 静脉窦

C. 心房 　　　　　　　　　　D. 心室

[答案] A

149. 对虾体长而侧扁，分为(　　)和腹部。
A. 头部
B. 胸部
C. 吻部
D. 头胸部

[答案] D

150. 对虾第一触角原肢分为(　　)节。
A. 一
B. 二
C. 三
D. 四

[答案] C

151. 对虾腹部分为(　　)节，前6节具成对附肢，其原肢2节。
A. 6
B. 7
C. 8
D. 9

[答案] B

152. 对虾的心脏位于头胸部背方后缘，为稍扁的肌肉质囊，心孔(　　)对，背面2对。
A. 2
B. 3
C. 4
D. 5

[答案] C

图书在版编目（CIP）数据

执业兽医资格考试（水生动物类）通关必做题 / 执
业兽医资格考试（水生动物类）通关必做题编写组编 . —
北京：中国农业出版社，2023.9
ISBN 978-7-109-31079-7

Ⅰ.①执… Ⅱ.①执… Ⅲ.①水生动物－兽医学－资
格考试－习题集 Ⅳ.①S851.63-44②Q958.8-44

中国国家版本馆 CIP 数据核字（2023）第 170832 号

中国农业出版社出版
地址：北京市朝阳区麦子店街 18 号楼
邮编：100125
策划编辑：王金环
责任编辑：肖 邦
版式设计：王 晨 责任校对：周丽芳
印刷：中农印务有限公司
版次：2023 年 9 月第 1 版
印次：2023 年 9 月北京第 1 次印刷
发行：新华书店北京发行所
开本：787mm×1092mm 1/16
印张：36.75
字数：920 千字
定价：148.00 元